T0237752

Springer-Lehrbuch

Peter Hertel

Theoretische Physik

Mit 24 Abbildungen und 6 Tabellen

 Springer

Prof. Dr. Peter Hertel
Universität Osnabrück
Fachbereich Physik
Barbarastraße 7
49069 Osnabrück
e-mail: Peter.Hertel@uni-osnabrueck.de

Bibliografische Information der Deutschen Bibliothek

Die Deutsche Bibliothek verzeichnet diese Publikation in der Deutschen Nationalbibliografie;
detaillierte bibliografische Daten sind im Internet über http://dnb.ddb.de abrufbar.

ISBN 978-3-540-36644-7 Springer Berlin Heidelberg New York

Springer ist ein Unternehmen von Springer Science+Business Media

springer.de

© Springer-Verlag Berlin Heidelberg 2007

Satz: Reproduktionsfähige Vorlage des Autors
Herstellung: LE-TeX Jelonek, Schmidt & Vöckler GbR, Leipzig
Umschlaggestaltung: WMX Design GmbH, Heidelberg

Gedruckt auf säurefreiem Papier   56/3100/YL - 5 4 3 2 1 0

Vorwort

Diese Abhandlung über die Theoretische Physik gliedert sich in eine abgerundete Einführung und in eine Sammlung vertiefender Abschnitte. Beide Teile haben ich der Tradition folgend in Mechanik, Elektrodynamik, Quantentheorie und Thermodynamik unterteilt. Die Physik als ein ständig wachsendes Wissensgebiet mit langer Tradition kann heutzutage nicht mehr umfassend dargestellt und studiert werden. Daher kommt es darauf an, wenigstens die gängigen Methoden vorzuführen. Zugleich wird versucht, diejenigen Gegenstände aufzunehmen, die nach übereinstimmendem Verständnis zur physikalischen Allgemeinbildung gehören.

In der ersten Hälfte, der Einführung in die Theoretische Physik, ist der mathematische Aufwand so klein wie möglich. Die theoretischen Grundlagen der verschiedenen Gebiete werden zügig entwickelt und dann anhand sorgfältig ausgewählter Beispiele vorgeführt.

Die ersten beiden Kapitel über Mechanik und Elektrodynamik gehören zusammen, sie stellen eine Einführung in die klassische Physik dar. Weder das Plancksche Wirkungsquantum noch die Boltzmann-Konstante kommen darin vor. Ohne großes Aufheben wird die spezielle Relativitätstheorie entwickelt und für die Lösung der Bewegungsgleichung für geladene Teilchen im elektromagnetischen Feld verwendet. Geladene Teilchen und Ströme geladener Teilchen erzeugen aber auch das elektromagnetische Feld, für das wir gleich zu Beginn die Maxwell-Gleichungen aus wenigen fundamentalen Prinzipien herleiten.

Das dritte und vierte Kapitel gehören ebenfalls zusammen. So wie man die klassische Musik nach 1900 als 'modern' bezeichnet, könnte man auch von moderner Physik reden. In Emissions- oder Absorptionsprozessen benehmen sich Wellen als Teilchen, bei der Ausbreitung verhalten sich Teilchen wie Wellen. Das Plancksche Wirkungsquantum, der Proportionalitätsfaktor zwischen Wellenvektor und Impuls oder zwischen Kreisfrequenz und Energie, dominiert die Theorie. In der Quantentheorie stehen abgeschlossene Systeme aus einem oder wenigen Teilchen im Vordergrund, während die statistische Thermodynamik sich mit Systemen aus sehr vielen Teilchen beschäftigt. Hier tritt dann auch die Boltzmann-Konstante als der Umrechnungsfaktor zwischen Temperatur und Energie auf.

Der zweite Teil mit weiteren vier Kapiteln vertieft diese Übersicht. In ausgewählten Abschnitten werden Gegenstände und Methoden (auch numerische) vorgestellt, die für ein forschungsorientiertes Studium unerlässlich sind oder zu Einsichten auf höherem Niveau führen. Die Anforderungen an mathematische Kenntnisse sind nun etwas höher, aber immer noch so niedrig wie möglich.

Jedes der acht Kapitel erfordert einen Lehraufwand von wenigstens zwei Semesterwochenstunden, mit Übungen sind es drei bis vier. Der Studienaufwand wird mit vier bis fünf ECTS-Leistungspunkten abgeschätzt.

In dem Buch ist eine Auswahl aus einer viel größeren Menge von Unterrichtseinheit zusammengestellt und verwoben, die ich in mehr als vierzig Jahren Lehrtätigkeit an den Universitäten Heidelberg, Wien und Osnabrück ausgearbeitet und ständig verbessert und aktualisiert habe. Für die Auswahl und die Aufteilung in zwei Zyklen gibt es gute Gründe.

Einmal kann es von vielen Universitäten nicht geleistet werden oder es ist nicht erwünscht, die Studierenden für das Lehramt an Gymnasien und die im Bachelor-, Master- oder Diplomstudiengang getrennt zu unterrichten. Damit deckt sich, dass eine Reihe neuer Bachelor- oder Masterstudiengänge (wie z. B. Physik mit Informatik oder Technische Physik) der Theoretischen Physik nicht mehr denselben Aufwand zubilligen, wie man das vom herkömmlichen Diplomstudiengang gewohnt ist. Ein weiterer Grund ist pädagogischer Natur. Einfache Themen z. B. der Quantentheorie sind leichter und deswegen frühzeitiger zu studieren als schwierige Gegenstände der Mechanik oder der Elektrodynamik. Es ist daher vernünftig, die Säulen der Theoretischen Physik nicht nacheinander, sondern mehr oder weniger parallel zueinander aufzurichten. Der eine wird das Buch ganz durcharbeiten, der andere nur die erste Hälfte mit gelegentlichen Abstechern in den vertiefenden zweiten Teil. Beiden wird eine Übersicht über die Theoretische Physik vermittelt.

Die Theoretische Physik in einem einzigen Band vollständig abzuhandeln—das ist ohnehin unmöglich. Dafür würden auch zehn oder noch mehr Bände nicht reichen. Setzt man jedoch die Fähigkeit zur Verallgemeinerung voraus, besser noch, wird diese Fähigkeit im Studium planmäßig entwickelt, dann ist durchaus eine Überdeckung eines großen Teils des Gebietes möglich. Mit diesem Ziel vor Augen, nämlich die Übersicht zu behalten und sich nicht in Details zu verlieren, habe ich den Stoff zusammen- und dargestellt.

Theoretische Physik ist wie jede andere Wissenschaft ein Produkt des menschlichen Geistes, selbst wenn sie als Teil der Physik zu den Naturwissenschaften gerechnet wird. Man versteht sie besser, wenn auch die historischen und philosophischen Bezüge aufgezeigt und die handelnden Personen vorgestellt werden. Das habe ich in angemessenem Umfang versucht.

Ich habe bewusst die Einsteinsche Theorie der Gravitation (Allgemeine Relativitätstheorie) nur gestreift, weil der mathematische Aufwand dafür erheblich ist und kaum für die Lösung anderer Probleme gebraucht wird. Dasselbe gilt für die Quantenfeldtheorie, die zudem noch längst nicht abgeschlossen ist.

Überhaupt ist das Buch ein Kompromiss zwischen wünschenswertem Umfang und großer Tiefe auf der einen Seite und zugebilligtem Studienaufwand auf der anderen. Es musste auch ein Kompromiss geschlossen werden zwischen den Forderungen, dass der Text präzise sein soll und trotzdem leicht zu lesen ist. Ein anderer Kompromiss war zu finden zwischen verschiedenen Auffassungen, was Spezialgebiete der Theoretischen Physik sind und was zum Kern gehört. Wie auch immer: wer dieses Buch gelesen hat, ist bestens vorbereitet auf die Lektüre der Spezialliteratur und für vertiefende oder spezialisierende Studien.

Ich kann unmöglich alle Personen erwähnen, die mir direkt oder indirekt geholfen haben, den Text zu verfassen. Lediglich einen möchte ich herausheben: meinen Lehrer, Doktorvater und späteren Kollegen Walter Thirring. Vor allem er hat mir die Theoretische Physik als das Prinzip nahegebracht, physikalische Sachverhalte auf das Wesentliche zu reduzieren und zu durchdringen. Und auch, wie man das anderen vermittelt. Dankbar widme ich ihm dieses Buch.

Osnabrück, Sommer 2006

Peter Hertel

Inhaltsverzeichnis

1

Mechanik

Zu Recht gilt Galileo Galilei als der Begründer der modernen Naturwissenschaft: die Wahrheit erschließt sich nicht durch bloßes Denken oder das Studium alter Texte, sondern durch das Zusammenspiel von Experiment und theoretischer Deutung. Wir beginnen daher damit, seine Vorstellungen über *Raum und Zeit* mit heutigen Worten zu formulieren. Es gibt Bezugssysteme, in denen kräftefrei Körper sich unbeschleunigt bewegen.

Anschließende werden Newtons Ansichten über massive Körper und Wechselwirkungskräfte dargestellt. Wir führen insbesondere die Meßgrößen *Impuls und Drehimpuls* ein.

Im Abschnitt über *Potential und Energie* wird gezeigt, dass die bekannten Kräfte aus Potentialen hergeleitet werden können und dass die Summe aus kinetischer und potentieller Energie erhalten ist.

Maschinen bestehen aus Komponenten, die durch Zwangskräfte auf vorgeschriebenen Bahnen gehalten werden (*Zwangsbedingungen*). Diese Zwangskräfte leisten keine Arbeit. Das von d'Alembert formulierte Prinzip führt zu den Lagrange-Bewegungsgleichungen für problemangepasste, verallgemeinerte Koordinaten.

Wir führen an einigen *Einfachen Beispielen* vor, wie man mechanische Systeme mithilfe der Lagrange-Methode behandelt: das ebene Pendel, das sphärische Pendel und die rotierende Führung.

Ausführlicher beschäftigen wir uns dann mit *Gedämpften Schwingungen*, weil das Thema die gesamte Theoretische Physik durchzieht und weil völlig zwanglos die Methode der Greenschen Funktionen entwickelt werden kann.

Ebenso haben wir das Thema *Elastische Stöße* vor allem aus methodischen Gründen ausgewählt. Mit den Sätzen über die Erhaltung der Energie und des Impulses und mit der Möglichkeit, das Inertialsystem passend zu wählen, lassen sich die Stoßgesetze recht elegant herleiten.

Zwei Körper, die sich durch eine Zentralkraft beeinflussen, muss man im Prinzip durch sechs gekoppelte gewöhnliche Differentialgleichungen zweiter Ordnung beschreiben. Wir zeigen, warum man am Ende nur eine lösen muss (*Zweikörperproblem*).

Das Verfahren wird auf den Fall der Schwerkraft zwischen Sonne und Planet angewendet und liefert die Keplerschen Gesetze für die *Planetenbewegung*.

Am Beispiel einer Walze, die auf einer schiefen Ebene abrollt, streifen wir das Gebiet der Bewegung *Starrer Körper*. Wir stoßen erstmalig auf ein Prinzip, das die gesamte Physik durchzieht: gleiche Gleichungen haben gleiche Lösungen. Hier handelt es sich um den freien Fall mit einer effektiven Masse mit effektiver Schwerebeschleunigung.

Die Bewegung elektrisch geladener Teilchen im elektrischen und magnetischen Kraftfeld, z. B. von leichten Elektronen, kann zu hohen Beschleunigungen und damit auch zu großen Geschwindigkeiten führen. Jedoch darf die Geschwindigkeit nie die Lichtgeschwindigkeit übersteigen. Deswegen müssen wir das Prinzip der *Relativität* der Bewegung erneut diskutieren. Die Vorschriften für die Umrechnung zwischen Inertialsystemen sind abzuändern, damit die Lichtgeschwindigkeit eine Naturkonstante sein kann. Wie man sehen wird, ist die Einsteinsche spezielle Relativitätstheorie eigentlich recht einfach. Wir erörtern das *Zwillingsparadoxon* und die Konsequenzen für *Geladene Teilchen*.

1.1 Raum und Zeit

Seit Galileo Galilei[1] wissen wir, dass Körper träge (im Sinne von faul) sind. Wenn ein Körper nicht durch Kräfte gezwungen wird, dann behält er seinen Bewegungszustand (Geschwindigkeit) bei. Das steht im Gegensatz zur damals herrschenden Meinung, nach der es ohne Beweger auch keine Bewegung geben könne. Früher oder später kommen alle Körper zur Ruhe, hatte Aristoteles[2] argumentiert. Und die Meinung des Aristoteles war auch die Meinung der Kirche, die Widerspruch nicht dulden wollte.

Aristoteles hatte recht. Wenn ich einen Stein werfe, dann fliegt er eine Weile durch die Luft, rutscht oder springt noch ein wenig, und bleibt schließlich liegen. Seine Bewegung ist erloschen, weil kein Beweger mehr dafür sorgt. Beachten Sie, wie die Umgangssprache mit 'fliegen', 'rutschen' und 'springen' dem Körper ein Wollen zuschreibt, mit 'bleibt liegen' dagegen den Willen zum Tun abspricht. Auch muss 'ich', ein Beweger, den Stein erst zum Handeln anregen.

Galilei hatte auch recht. Die Reibung in der Luft war nur ein störender Nebeneffekt. In der Ebene rollten die Kugeln mit konstanter Geschwindigkeit. Ließ man sie vom Schiefen Turm in Pisa fallen, dann wuchs die Geschwindigkeit linear mit der Zeit, weil die Schwerkraft nach unten zog. Parallel zur Erdoberfläche legen die Körper in gleichen Zeiten gleiche Wege zurück. Beachten Sie,

---

[1] Galileo Galilei, 1564 - 1642, italienischer Mathematiker und Physiker
[2] Aristoteles, 384 v.Chr. - 322 v.Chr., griechischer Philosoph

wie neutral die Verben 'rollen', 'fallen' und 'einen Weg zurücklegen' klingen. Rollt jemand einen anderen, wird er gerollt, oder ist sein Bewegungszustand durch 'rollen' zu beschreiben?

Überhaupt, so Galilei, spiele sich die Bewegung aller Körper im allseitig offenen Raum ab.

Nach der geläufigen Meinung war die Erde eine Scheibe begrenzter Abmessung[3]. Über die Verhältnisse am Rand gab es keine genauen Vorstellungen, es war aber sicherlich gefährlich, aufs offene Meer immer weiter weg von bewohnbarem Land zu fahren. Über der Erdscheibe war als kristallene Kuppel das Firmament gestülpt, das Himmelszelt. Darauf verschob Gott, der den Himmel lenkt[4], die Sterne und Planeten, auch die Sonne und den Mond.

Galilei hatte mit dem neuen Fernrohr beobachtet, dass der Jupiter vier Monde an sich fesselt, und dass diese in regelmäßigen Abständen offensichtlich hinter ihm verschwanden oder vor ihm liefen. Also gab es das Firmament gar nicht! Die Himmelskörper bewegten sich im leeren Raum, und die großen banden die kleinen an sich. Die Erde den Mond, Jupiter seine vier Monde, die Sonne wiederum Jupiter, die anderen Planeten - und auch die Erde. Mit dieser Vorstellung konnte Galilei auch die von ihm entdeckten Phasen der Venus erklären.

Das durfte der Papst nicht durchgehen lassen. Die Erde nicht mehr Mittelpunkt der Welt mit seiner Hauptstadt Rom? Wo blieb da die Autorität des obersten Brückenbauers, des *pontifex maximus*? Der siebzigjährige Galilei musste seiner Vorstellung vom leeren Raum abschwören, in dem sich die Planeten um die Sonne drehen und die Monde um die Planeten. Dafür kam er mit dem Leben davon[5].

Seit Galilei wissen wir : Bewegung spielt sich in Raum und Zeit ab, und die Körper sind träge und behalten ihren Bewegungszustand bei, wenn sie nicht durch Kräfte gezwungen werden.

Die Lage eines Körpers (oder Teilchens) charakterisieren wir durch drei Zahlen $x = (x_1, x_2, x_3)$ in Bezug auf ein kartesisches Koordinatensystem. Die drei Koordinatenachsen stehen senkrecht aufeinander, und auf jeder Achse wird mit dem gleichen Maßstab gemessen. Der Abstand r zwischen zwei Punkten x und y ist dann durch den erweiterten Satz des Pythagoras[6] in drei Dimensionen gegeben:

---

[3] Zumindest stellte man sich später das Weltbild des Mittelalters so vor.

[4] 'Befiehl du deine Wege, und was dein Herze kränkt, der allertreusten Pflege, des der den Himmel lenkt.', dichtete Paul Gerhardt im 17. Jahrhundert. 'Der Wolken, Luft und Winden gibt Wege, Lauf und Bahn....'

[5] Anders als Giordano Bruno, der 33 Jahre zuvor im selben Festsaal des Klosters St. Maria sopra Minerva zu Rom zum Tode auf dem Scheiterhaufen verurteilt worden war, weil er ähnlich gefährliche Meinungen verbreitet hatte und nicht abschwören wollte

[6] Pythagoras, ca. 570 v.Chr. - 510 v.Chr., griechischer Philosoph

$$r = |\boldsymbol{y} - \boldsymbol{x}| = \sqrt{(y_1 - x_1)^2 + (y_2 - x_2)^2 + (y_3 - x_3)^2}\,. \tag{1.1}$$

Die Zeit t wird mit einer guten Uhr gemessen. Vorgänge, von denen man weiß, dass sie periodisch sind, sollen immer gleich lang dauern.

Die Bahn eines Teilchens beschreibt man durch die Trajektorie $t \to \boldsymbol{x}(t)$. $\boldsymbol{v}(t) = \dot{\boldsymbol{x}}(t)$ heißt Geschwindigkeit[7], und $\boldsymbol{a}(t) = \ddot{\boldsymbol{x}}(t)$ ist die Beschleunigung.

Die Trägheit gegenüber Kräften hängt von der Masse m ab. Zwei gleiche Körper haben zusammengenommen die doppelte Masse. Der Impuls des Teilchen ist proportional zur Geschwindigkeit und proportional zur Masse,

$$\boldsymbol{p} = m\dot{\boldsymbol{x}}\,. \tag{1.2}$$

Der Impuls eines Teilchens ändert sich nur dann, wenn eine Kraft $\boldsymbol{f}$ wirkt,

$$\dot{\boldsymbol{p}} = \boldsymbol{f}\,. \tag{1.3}$$

Die Feststellung (1.3) ist mehr als eine Definition der Kraft. Kräfte haben stets eine physikalische Ursache. Es sind die anderen Teilchen im System, die eine Kraft ausüben. (1.3) gilt nur in Bezug auf ein Inertialsystem.

Ein Inertialsystem besteht aus einer guten Uhr und aus einem sich unbeschleunigt bewegenden kartesischen Koordinatensystem. Nur dann stimmt es, dass Teilchen, auf die keine Kräfte wirken, sich unbeschleunigt bewegen (im Sinne von $\dot{\boldsymbol{p}} = 0$).

Man kann das auch anders formulieren. Die Kraft $\boldsymbol{f}$ auf ein Teilchen besteht aus den physikalisch begründeten Kräften und einem Rest, den wir als Scheinkraft bezeichnen wollen. In Inertialsystemen gibt es keine Scheinkräfte.

Es gibt Inertialsysteme, so würden wir heute Galilei interpretieren. Für nur kurz dauernde Experimente bildeten sein Pendel und das im Labor befestigte Koordinatensystem ein Inertialsystem. Für die Beschreibung des Planetensystems musste man aber ein in den Fixsternen befestigtes Koordinatensystem bemühen. Wir wissen heute, dass nicht einmal die Sonne still steht, sondern sich um das Zentrum unserer Galaxie bewegt, mit allerdings riesiger Umlaufzeit. Und auch die Galaxien bewegen sich relativ zueinander...

Für Experimente, die etwa eine Minute dauern, ist das Laborsystem ein vorzügliches Inertialsystem. Dauern die Experimente Stunden, dann muss die Erddrehung berücksichtigt werden (Foucault-Pendel)[8]. In der Astronomie ist bei wochenlangen Beobachtungen die Bewegung der Erde um die Sonne nicht mehr zu vernachlässigen, und man muss sich auf ein relativ zur Sonne ruhendes, an den Fixsternen orientiertes Inertialsystem beziehen.

Es gibt also Inertialsysteme, aber es gibt stets mehrere. Durch die folgenden Transformationen

---

[7] Der Punkt über einer Funktion bezeichnet deren Ableitung nach der Zeit
[8] Jean Bernard Léon Foucault, 1819 - 1868, französischer Physiker

$$\bar{t} = t + \tau \ \text{und} \ \bar{\boldsymbol{x}} = \boldsymbol{x} \,, \tag{1.4}$$

$$\bar{t} = t \ \text{und} \ \bar{\boldsymbol{x}} = \boldsymbol{x} + \boldsymbol{a} \,, \tag{1.5}$$

$$\bar{t} = t \ \text{und} \ \bar{\boldsymbol{x}} = R\boldsymbol{x} \ \text{mit} \ R^\dagger R = I \tag{1.6}$$

sowie

$$\bar{t} = t \ \text{und} \ \bar{\boldsymbol{x}} = \boldsymbol{x} + \boldsymbol{u}t \tag{1.7}$$

rechnet man zwischen Inertialsystemen $(t, \boldsymbol{x})$ und $(\bar{t}, \bar{\boldsymbol{x}})$ um. Es handelt sich der Reihe nach um eine Zeitverschiebung, eine Ortsverschiebung, eine Drehung[9] und um eine eigentliche Galilei-Transformation. Bei der Drehung muss die Drehmatrix R orthogonal sein, damit sich die Abstände zwischen Punkten nicht ändern.

Beliebig miteinander kombiniert, bilden diese Transformationen eine Gruppe, die Galilei-Gruppe. Dabei geht man von einer universellen Zeit aus. Signale können mit beliebig hoher Geschwindigkeit übermittelt werden. Kommt die Forderung hinzu, dass die maximale Signalgeschwindigkeit (die von Licht) immer denselben Wert c haben soll, dann muss man die neue Zeit nicht nur aus der alten Zeit berechnen, sondern auch noch den alten Ort $\boldsymbol{x}$ einbeziehen. Solche Umrechnungsvorschriften bilden dann die Poincaré-Gruppe[10]. Damit ändert sich die Bedeutung der Zeit grundlegend: jeder Körper hat seine eigene Zeit, doch darüber reden wir später.

Hier wollen wir festhalten, dass bei kleiner Geschwindigkeit, d. h. im Falle $|\boldsymbol{u}| \ll c$, zwischen Galilei- und Poincaré-Transformationen kein Unterschied besteht. Die Vorstellung des 'gesunden Menschenverstandes' von einer universellen Zeit ist eine brauchbare Fiktion.

1.2 Impuls und Drehimpuls

Wir betrachten ein System mit $a = 1, 2, \ldots N$ Teilchen. Mit System meinen wir: alle Teilchen, die beeinflusst werden, sind dabei. Jedes Teilchen a (es hat die Masse m_a) erleidet eine Kraft $\boldsymbol{f}_a$. Diese Kraft spalten wir in die äußere Kraft $\boldsymbol{F}_a$ und in den Wechselwirkungsanteil auf. Der Wechselwirkungsanteil beschreibt den Austausch von Impuls zwischen den Teilchen im System. Wir schreiben also

$$\dot{\boldsymbol{p}}_a = \boldsymbol{F}_a + \sum_{\substack{b \\ b \neq a}} \boldsymbol{F}_{ab} \,. \tag{1.8}$$

---

[9] $R^\dagger$ ist die zu R transponierte Matrix, I steht für die 3×3-Einheitsmatrix
[10] Henri Poincaré, 1854 - 1912, französischer Mathematiker und Physiker

$\boldsymbol{F}_{ab}$ ist der pro Zeiteinheit vom Teilchen b abgegebene und vom Teilchen a aufgenommene Impuls. Das Negative davon ist der pro Zeiteinheit von a abgegebene und von b aufgenommene Impuls, und das bedeutet

$$\boldsymbol{F}_{ab} + \boldsymbol{F}_{ba} = 0. \tag{1.9}$$

Isaak Newton[11] hat das als Prinzip *actio* gleich *reactio* formuliert.

Die äußeren Kräfte kommen auch von Teilchen, oder Ansammlungen von Teilchen. Allerdings ist eine Rückwirkung vom System auf diese Teilchen vernachlässigbar klein. Untersucht man den freien Fall im Schwerefeld, dann zieht die Erde den Stein und der Stein die Erde an. Weil aber die Masse der Erde so groß ist, wird diese praktisch nicht beschleunigt und zieht ihre Bahn unabhängig davon, ob ein Stein fällt oder nicht. Die Erde tritt nur als Impulslieferant auf, und daher ist die Schwerkraft in normalen Laborexperimenten als äußere Kraft aufzufassen.

Systeme ohne äußere Kräfte heißen abgeschlossen.

Mit

$$\boldsymbol{P} = \sum_a \boldsymbol{p}_a \tag{1.10}$$

bezeichnen wir den Gesamtimpuls des Systems. Es gilt

$$\dot{\boldsymbol{P}} = \sum_a \boldsymbol{F}_a. \tag{1.11}$$

Die Summe über die Wechselwirkungskräfte erstreckt sich über alle Indexpaare (a, b) mit $a \neq b$. Also kommt stets $\boldsymbol{F}_{12}$ zusammen mit $\boldsymbol{F}_{21}$ vor, usw. Wegen (1.9) verschwindet diese Summe.

Der Gesamtimpuls eines abgeschlossenen Systems ist erhalten.

Wir bezeichnen mit $M = \sum_a m_a$ die Gesamtmasse des Systems. Der Schwerpunkt $\boldsymbol{X}$ (oder Massenmittelpunkt) wird durch

$$M\boldsymbol{X} = \sum_a m_a \boldsymbol{x}_a \tag{1.12}$$

erklärt. Es handelt sich um den Mittelwert der Ortskoordinaten, die proportional zur Masse gewichtet werden. Der Beziehung

$$M\ddot{\boldsymbol{X}} = \dot{\boldsymbol{P}} = \sum_a \boldsymbol{F}_a = \boldsymbol{F} \tag{1.13}$$

entnimmt man, dass der Gesamtimpuls $\boldsymbol{P}$ der Impuls des Massenmittelpunktes $\boldsymbol{X}$ ist, dem man die Gesamtmasse M zuordnen muss. Unter dem Einfluss

---

[11] Isaak Newton, 1643 - 1727, britischer Mathematiker und Physiker

F äußerer Kräfte bewegt sich das System wie ein Teilchen beim Massenmittelpunkt X mit Gesamtmasse M.

Jedem Teilchen ordnet man einen Drehimpuls

$$\boldsymbol{\ell}_a = \boldsymbol{x}_a \times \boldsymbol{p}_a \tag{1.14}$$

zu. Wegen $\boldsymbol{p}_a \propto \dot{\boldsymbol{x}}_a$ gilt

$$\dot{\boldsymbol{\ell}}_a = \boldsymbol{x}_a \times \boldsymbol{f}_a = \boldsymbol{n}_a \,. \tag{1.15}$$

Man nennt $\boldsymbol{n} = \boldsymbol{x} \times \boldsymbol{f}$ das Drehmoment.

Wir bezeichnen den Gesamtdrehimpuls mit $\boldsymbol{L}$,

$$\boldsymbol{L} = \sum_a \boldsymbol{\ell}_a = \sum_a \boldsymbol{x}_a \times \boldsymbol{p}_a \,. \tag{1.16}$$

Für dessen Zeitableitung erhalten wir

$$\dot{\boldsymbol{L}} = \sum_a \boldsymbol{x}_a \times \boldsymbol{F}_a = \boldsymbol{N} \,. \tag{1.17}$$

Die Wechselwirkungskräfte fallen heraus, weil

$$\sum_{a \neq b} \boldsymbol{x}_a \times \boldsymbol{F}_{ab} = \sum_{a > b} (\boldsymbol{x}_a - \boldsymbol{x}_b) \times \boldsymbol{F}_{ab} \tag{1.18}$$

gilt – wegen (1.9) – und weil die Kraft von b auf a parallel zum Verbindungsvektor $\boldsymbol{x}_b - \boldsymbol{x}_a$ weist,

$$\boldsymbol{F}_{ab} \parallel \boldsymbol{x}_b - \boldsymbol{x}_a \,. \tag{1.19}$$

Andere als solche Zentralkräfte kann man nur dann konstruieren, wenn die Teilchen außer der Masse auch eine Vektoreigenschaft aufweisen, etwa ein magnetisches Moment.

Der Gesamtdrehimpuls eines abgeschlossenen Systems ist erhalten.

Eigentlich gelten die Erhaltungssätze für Impuls und Drehimpuls immer. Wenn alle Teilchen, die Kräfte ausüben und verspüren, zum System gerechnet werden, dann sind alle Kräfte Wechselwirkungen. Trotzdem ist es oft zweckmäßig, die besonders massiven Körper als Kraftquellen aufzufassen, die sich wegen ihrer großen Trägheit nicht um die Bewegung der leichten Teilchen kümmern. Man rechnet dann lediglich die von den massiven Körpern auf die leichten Teilchen ausgeübten Kräfte zum System, also $\boldsymbol{F}_a$. Die äußeren Kräfte $\boldsymbol{F}_a$ hängen nur vom Ort des impulsaufnehmenden Teilchens ab, also von $\boldsymbol{x}_a$. Der Absender des Impulses ist sozusagen anonym. Wir rechnen ihn zur Umgebung des Systems. Die Umgebung beeinflusst das System, die Rückwirkung des Systems auf die Umgebung darf jedoch vernachlässigt werden.

Diese massiven, anonymen Verursacher der äußeren Kräfte nehmen jedoch Impuls und Drehimpuls auf. Weil Gesamtimpuls und Gesamtdrehimpuls von System und Umgebung erhalten sind, können Gesamtimpuls $\boldsymbol{P}$ und Gesamtdrehimpuls $\boldsymbol{L}$ des Systems allein nicht erhalten sein.

Wenn wir die Bewegung eines fallenden Steines betrachten, dann ist das System aus Erde plus Stein abgeschlossen. Alle Körper, die Kräfte aufeinander ausüben, sind dabei. Betrachten wir aber nur den Stein als System, dann ist dieser Stein einer äußeren Kraft ausgesetzt (nämlich der Schwerkraft). Die Erde spielt die Rolle der Umgebung. Impuls und Drehimpuls des Steines allein sind demnach nicht erhalten.

1.3 Potential und Energie

Die bekannten Kräfte haben ein Potential. Das Potential $\Phi = \Phi(r)$ ist ein Skalarfeld und hängt vom Abstand r der beiden Teilchen ab, die Impuls austauschen. Teilchen b bei $\boldsymbol{x}_b$ übt auf Teilchen a bei $\boldsymbol{x}_a$ die Kraft

$$\boldsymbol{F}_{ab} = -\boldsymbol{\nabla}_a \Phi(|\boldsymbol{x}_b - \boldsymbol{x}_a|) \tag{1.20}$$

aus. Das negative Zeichen ist eine Konvention. $\boldsymbol{\nabla}_a$ (der Nabla-Operator) steht für die drei Ableitungen nach den Koordinaten $\boldsymbol{x}_a$. Man berechnet

$$\boldsymbol{F}_{ab} = \frac{\boldsymbol{x}_b - \boldsymbol{x}_a}{r} \, \Phi'(r) \ \text{ mit } \ r = |\boldsymbol{x}_b - \boldsymbol{x}_a| \,. \tag{1.21}$$

Wächst das Potential Φ mit dem Abstand r, dann handelt es sich um Anziehung: Teilchen a verspürt eine auf b gerichtete Kraft.

Die Kräfte von b auf a und von a auf b heben sich auf. Außerdem handelt es sich um Zentralkräfte.

Das Wechselwirkungspotential hängt natürlich von den Eigenschaften der wechselwirkenden Teilchen a und b ab, und deswegen schreiben wir Φ_{ab}. Das Potential für die äußere Kraft auf das Teilchen a bezeichnen wir mit Φ_a, es hängt vom Ort $\boldsymbol{x}_a$ des beeinflussten Teilchens ab, und außerdem von der Zeit, weil der anonyme Verursacher ja nicht still stehen muss.

Das Teilchen a genügt also der folgenden Bewegungsgleichung:

$$m_a \ddot{\boldsymbol{x}}_a = -\boldsymbol{\nabla}_a \left\{ \Phi_a(t, \boldsymbol{x}_a) + \sum_{\substack{b \\ b \neq a}} \Phi_{ab}(|\boldsymbol{x}_b - \boldsymbol{x}_a|) \right\}. \tag{1.22}$$

Wir multiplizieren diese Gleichung skalar mit $\dot{\boldsymbol{x}}_a$ und summieren über alle Teilchen. Auf der linken Seite steht dann die Zeitableitung von

$$T = \sum_a \frac{m_a}{2} \dot{\boldsymbol{x}}_a^2 \,, \tag{1.23}$$

der kinetischen Energie.

Auf der rechten Seite erhält man die negative Zeitableitung des Ausdruckes

$$V = \sum_a \Phi_a + \frac{1}{2} \sum_{a \neq b} \Phi_{ab} \, . \tag{1.24}$$

Das ist die potentielle Energie. Bei der Zeitableitung wurde $\partial \Phi_a(t, \boldsymbol{x}_a)/\partial t$ noch nicht berücksichtigt.

Die Gesamtenergie

$$H = T + V \tag{1.25}$$

genügt der Beziehung

$$\frac{dH}{dt} = \frac{\partial H}{\partial t} \, . \tag{1.26}$$

Ohne explizit zeitabhängige äußere Kräfte ist die Gesamtenergie erhalten.

Die Gravitations-Wechselwirkung wird durch das Potential

$$\Phi_{ab}(r) = -G \frac{m_a m_b}{r} \tag{1.27}$$

beschrieben. Weil Massen immer positiv sind, ziehen sie sich auch immer an. G ist die Gravitationskonstante[12].

Das Potential für die elektrostatische Wechselwirkung zwischen zwei Ladungen q_a und q_b ist

$$\Phi_{ab}(r) = \frac{1}{4\pi\epsilon_0} \frac{q_a q_b}{r} \, . \tag{1.28}$$

Die Konstante ϵ_0 ist die Vakuums-Dielektrizitätskonstante[13]. Ladungen mit gleichem Vorzeichen (zwei Elektronen) stoßen sich ab. Ladungen mit verschiedenem Vorzeichen (Elektron und Proton) ziehen sich an.

Experimente mit kleinen Massen in der Nähe der Erdoberfläche werden durch das Potential

$$\Phi(\boldsymbol{x}) = mgx_3 \tag{1.29}$$

beschrieben. Dabei ist das Koordinatensystem so gewählt, dass x_3 von der Erdoberfläche wegweist. x_3 bezeichnet die Höhe über dem Erdboden, m die Masse des die Schwerkraft verspürenden Teilchens, und g ist die Schwerebeschleunigung[14].

---

[12] $G = 6.67260 \times 10^{-11}$ m^{3}kg^{-1}s^{-2}
[13] $\epsilon_0 = 8.85419 \times 10^{-12}$ m^{-3}kg^{-1}s^{4}A^2
[14] $g = 9.81$ m s^{-2}

Dieses Potential für äußere Kräfte hängt <u>nicht</u> explizit von der Zeit ab. Die Zeit kommt nur indirekt vor, weil der Ort $\boldsymbol{x}$ des beeinflussten Teilchens von der Zeit abhängen wird. Deswegen ist die Summe aus kinetischer und potentieller Energie zeitlich konstant, d.h. erhalten.

Ein Kraftfeld $\boldsymbol{F} = \boldsymbol{F}(\boldsymbol{x})$, das gemäß (1.20) als Gradient geschrieben werden kann, ist automatisch rotationsfrei. Umgekehrt lässt sich zu jedem rotationsfreien Kraftfeld $\boldsymbol{F}$ ein Potential konstruieren.

Man wählt einen Referenzpunkt $\boldsymbol{x}_0$ und eine Kurve $\mathcal{C}$, die von $\boldsymbol{x}_0$ zu $\boldsymbol{x}$ führt. Wir erklären das Potential

$$\Phi(\mathcal{C}) = - \int_{\mathcal{C}} d\boldsymbol{s}\, \boldsymbol{F} \tag{1.30}$$

als Kurvenintegral. Diese Arbeit muss man aufwenden, um das Teilchen entlang der Kurve $\mathcal{C}$ im Kraftfeld $\boldsymbol{F}$ von $\boldsymbol{x}_0$ an die Stelle $\boldsymbol{x}$ zu verschieben.

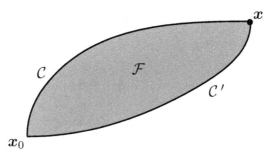

Abb. 1.1. Zwei verschiedene Wege $\mathcal{C}$ und $\mathcal{C}'$ führen vom Referenzpunkt $\boldsymbol{x}_0$ zum Aufpunkt $\boldsymbol{x}$. Der Weg $\mathcal{C} - \mathcal{C}'$ umschließt die Fläche $\mathcal{F}$.

$\mathcal{C}'$ sei eine andere Kurve, die von $\boldsymbol{x}_0$ nach $\boldsymbol{x}$ führt. Der Weg $\mathcal{C} - \mathcal{C}'$ führt von $\boldsymbol{x}_0$ nach $\boldsymbol{x}$ und zurück nach $\boldsymbol{x}_0$, ist also geschlossen. Man kann ihn als den Rand einer Fläche $\mathcal{F}$ auffassen. Wegen

$$\Phi(\mathcal{C}) - \Phi(\mathcal{C}') = - \int_{\partial\mathcal{F}} d\boldsymbol{s}\, \boldsymbol{F} = - \int_{\mathcal{F}} d\boldsymbol{A} \cdot (\boldsymbol{\nabla} \times \boldsymbol{F}) = 0 \tag{1.31}$$

ist das gemäß (1.30) konstruierte Potential vom Weg $\mathcal{C}$ unabhängig. Dabei haben wir uns auf den Satz von Stokes[15] berufen. Jeder Weg, der vom festgehaltenen Punkt $\boldsymbol{x}_0$ nach $\boldsymbol{x}$ führt, liefert dasselbe Kurvenintegral, und deswegen ist das Potential nur eine Funktion des Ortes $\boldsymbol{x}$.

Weil man den Referenzpunkt $\boldsymbol{x}_0$ willkürlich wählen kann, ist das Potential nur bis auf eine additive Konstante eindeutig. Häufig wird das Potential im

---

[15] George Gabriel Stokes, 1819 - 1903, britischer Mathematiker und Physiker

Unendlichen zu Null festgesetzt, wie in (1.27) und (1.28). In (1.30) hat man den Referenzpunkt in die Ebene $x_3 = 0$ gelegt.

1.4 Zwangsbedingungen

Wir haben bisher so getan, als ob sich die Teilchen (oder Massenpunkte, oder Körper ...) frei im Raum bewegen könnten. Das stimmt sicherlich für das Planetensystem, auch für Ionen, die an den Gitterbausteinen eines Kristalls gestreut werden.

Das gilt aber nicht für die Gasmoleküle, die in einem Gefäß $\mathcal{G}$ eingesperrt sind. Hier muss man die Bewegungsgleichungen für die Moleküle $a = 1, 2, \ldots$ mit der Nebenbedingung

$$\boldsymbol{x}_a \in \mathcal{G} \tag{1.32}$$

lösen.

Jeder starre Körper ist aus Gitterbausteinen bei $\boldsymbol{x}_1, \boldsymbol{x}_2, \ldots$ aufgebaut, die feste Abstände zueinander haben:

$$|\boldsymbol{x}_b - \boldsymbol{x}_a| = d_{ab} \, . \tag{1.33}$$

Ein sphärisches Pendel besteht aus einem massiven Körper, der durch eine (beliebig leichte) Stange im Abstand ℓ vom Aufhängepunkt gehalten wird. Die drei Ortskoordinaten der Masse sind nicht frei, sondern unterliegen der Einschränkung

$$x_1 = \ell \sin\theta \cos\phi \ , \quad x_2 = \ell \sin\theta \sin\phi \quad \text{und} \quad x_3 = \ell(1 - \cos\theta) \, . \tag{1.34}$$

Die Zwangsbedingung besteht hier darin, dass die Pendellänge ℓ einen festen Wert hat.

Noch ein Beispiel. Man kann eine (durchbohrte) Kugel dazu zwingen, dass sie sich nur auf einer Geraden bewegen darf, etwa $x_2 = x_3 = 0$. Wird diese Gerade zudem selber gedreht, z. B. mit konstanter Winkelgeschwindigkeit ω, dann ergeben sich Zwangsbedingungen der Art

$$x_1 = r \cos\omega t \ , \quad x_2 = r \sin\omega t \quad \text{und} \quad x_3 = 0 \, . \tag{1.35}$$

Oft lassen sich die Zwangsbedingungen nicht durch Gleichungen zwischen den Koordinaten ausdrücken, sondern nur durch Beziehungen zwischen deren Differentialen. Wenn beispielsweise zwei Wellen 1 und 2 durch Zahnräder mit N_1 bzw. N_2 Zähnen gekoppelt sind, dann gilt für die Drehwinkel

$$N_1 d\phi_1 + N_2 d\phi_2 = 0 \, . \tag{1.36}$$

Alle diese Zusatzbedingungen werden durch Kräfte realisiert, die man treffend als Zwangskräfte bezeichnet. Wir schreiben also

$$\dot{\boldsymbol{p}}_a = \boldsymbol{f}_a + \boldsymbol{f}_a^* \,. \tag{1.37}$$

Während die freien Kräfte $\boldsymbol{f}_a$ von den Positionen (und auch von den Geschwindigkeiten) der Teilchen im System abhängen, sind die Zwangskräfte $\boldsymbol{f}_a^*$ durch ihre Auswirkung definiert. Sie stellen sicher, dass die Zwangsbedingungen eingehalten werden. Die Zwangskräfte können erst dann ermittelt werden, wenn das Problem gelöst ist.

Wer einen Stein an eine Schnur anbindet und diesen auf einer Kreisbahn um sich kreisen lässt, weiß, wovon die Rede ist. Je schneller der Stein kreist, umso größer ist die Zwangskraft, die auf den Stein einwirkt.

Vorgegeben sind

- die Anfangskonfiguration $\boldsymbol{x}_a(0)$ und $\dot{\boldsymbol{x}}_a(0)$,
- die freien Kräfte $\boldsymbol{f}_a$,
- die Zwangsbedingungen.

Gesucht werden die Trajektorien $\boldsymbol{x}_a(t)$, aus denen sich dann die Zwangskräfte $\boldsymbol{f}_a^*$ berechnen lassen. In dieser Allgemeinheit lässt sich das Problem nicht lösen. Man muss mehr über die Zwangskräfte wissen.

Das Pendelbeispiel (1.34) legt folgenden Gedanken nahe. Zuerst einmal handelt es sich um die Umrechung von kartesischen in Kugelkoordinaten. Die Forderung, dass ℓ einen festen Wert haben soll, legt eine Kugeloberfläche mit Radius ℓ fest. Die beiden Winkel θ und ϕ sind frei variabel, so dass sich die Masse infinitesimal um

$$\delta\boldsymbol{x} = \ell \begin{pmatrix} \cos\theta\cos\phi \\ \cos\theta\sin\phi \\ \sin\theta \end{pmatrix} \delta\theta + \ell \begin{pmatrix} -\sin\theta\sin\phi \\ \sin\theta\cos\phi \\ 0 \end{pmatrix} \delta\phi \tag{1.38}$$

bewegen darf. Eine mit den Zwangsbedingungen verträgliche infinitesimale und instantane Änderung $\delta\boldsymbol{x}$ bezeichnet man als 'virtuelle Verrückung'.

Die Zwangskraft $\boldsymbol{f}^*$ wird in Richtung $\boldsymbol{x}$ weisen, vom Aufhängepunkt zur Masse, entlang der Pendelstange. Weil $\boldsymbol{x}$ und $\delta\boldsymbol{x}$ senkrecht aufeinander stehen, verschwindet die Arbeit[16] der Zwangskraft bei einer virtuellen Verrückung:

$$\boldsymbol{f}^*\delta\boldsymbol{x} = 0 \,. \tag{1.39}$$

---

[16] Das Skalarprodukt aus Kraft und Verschiebung wird bekanntlich als Arbeit bezeichnet

Dieser Befund, auf das System verallgemeinert, heißt d'Alembertsches[17] Prinzip:

$$\sum_a \boldsymbol{f}_a^* \delta \boldsymbol{x}_a = 0 \,. \tag{1.40}$$

Bei einer virtuellen Verrückkung des Systems leisten die Zwangskräfte keine Arbeit.

Aus heutiger Sicht <u>definiert</u> das d'Alembertsche Prinzip ein mechanisches System. Eine Nähmaschine etwa muss zwar angetrieben werden, aber nur, um die Reibung zu überwinden. Der Zusammenhalt und das Zusammenspiel der vielen Komponenten erfordert keine Arbeit. Auch dass ein Festkörper beisammen bleibt, bedarf keiner Zufuhr von Energie.

Zwangsbedingungen heißen holonom, wenn die Teilchenkoordinaten durch verallgemeinerte Koordinaten $q_1, q_2 \ldots$ ausgedrückt werden können,

$$\boldsymbol{x}_a = \boldsymbol{x}_a(t, q_1, q_2, \ldots, q_n) \,, \tag{1.41}$$

die als Parameter dienen und voneinander unabhängig sind. n ist die Zahl der Freiheitsgrade. Beispiele sind θ und ϕ für das sphärische Pendel (1.34) oder r für die auf einer drehenden Stange fixierte Masse (1.35).

Die holonomen Zwangsbedingungen unterteilt man weiter in zeitunabhängige (skleronome) und zeitabhängige (rheonome). (1.34) und (1.35) mögen als Beispiele dienen.

Ungleichungen – wie (1.32) – oder Beziehungen zwischen Differentialen – wie (1.36) – sind nicht-holonom. Mit solchen Randbedingungen muss man von Fall zu Fall verfahren. In dieser Einführung werden wir uns nur mit holonomen Zwangsbedingungen beschäftigen.

1.5 Lagrange-Formalismus

Wir wollen in diesem Abschnitt zeigen, wie man von der Beschränkung auf kartesische Koordinaten loskommt. Zugleich sollen holonome Zwangsbedingungen berücksichtigt werden. Dazu müssen wir auch die Zwangskräfte loswerden.

Der zuletzt genannte Schritt ist am einfachsten. Die Impulsänderungsrate $\dot{\boldsymbol{p}}_a$ für das Teilchen a setzt sich aus einer freien Kraft $\boldsymbol{f}_a$ und einer Zwangskraft $\boldsymbol{f}_a^*$ zusammen. Bei einer virtuellen Verrückung $\delta \boldsymbol{x}_a$ des Systems leisten die Zwangskräfte keine Arbeit, so das d'Alembertsche Prinzip. Demnach gilt

$$\sum_a \{ \dot{\boldsymbol{p}}_a - \boldsymbol{f}_a \} \, \delta \boldsymbol{x}_a = 0 \,. \tag{1.42}$$

---

[17] Jean-Baptiste d'Alembert, 1717 - 1783, französischer Mathematiker und Physiker

Die Zwangskräfte sind damit aus der Rechnung eliminiert.

Wir führen die verallgemeinerten Koordinaten q_i als Parameter ein, von denen die kartesischen Koordinaten abhängen:

$$\boldsymbol{x}_a = \boldsymbol{x}_a(t, q_1, q_2, \ldots, q_n).$$

(1.43)

Die verallgemeinerten Koordinaten sind voneinander unabhängig und beschreiben die Lage des Systems vollständig. Sie berücksichtigen holonome Zwangsbedingungen.

Für die Geschwindigkeiten berechnet man

$$\boldsymbol{v}_a = \frac{\partial \boldsymbol{x}_a}{\partial t} + \sum_i \frac{\partial \boldsymbol{x}_a}{\partial q_i} \dot{q}_i.$$

(1.44)

Eine virtuelle Verrückung des Systems ist eine instantane, mit den Zwangsbedingungen verträgliche kleine Lageänderung:

$$\delta \boldsymbol{x}_a = \sum_i \frac{\partial \boldsymbol{x}_a}{\partial q_i} \delta q_i.$$

(1.45)

Bei einer virtuellen Verrückung leisten die Kräfte die Arbeit

$$\sum_a \boldsymbol{f}_a \delta \boldsymbol{x}_a = \sum_i Q_i \delta q_i,$$

(1.46)

mit den durch

$$Q_i = \sum_a \boldsymbol{f}_a \frac{\partial \boldsymbol{x}_a}{\partial q_i}$$

(1.47)

definierten verallgemeinerten Kräften. Man beachte, dass die verallgemeinerte Koordinate q_i keine Länge sein muss, die verallgemeinerte Kraft Q_i demzufolge auch keine Kraft. Das Produkt $Q_i \delta q_i$ ist aber immer eine Energie.

Damit ist der Term $\sum_a \boldsymbol{f}_a \delta \boldsymbol{x}_a$ in (1.42) auf verallgemeinerte Koordinaten umgeschrieben. Nun zum Rest.

Mit (1.45) dürfen wir gemäß

$$\sum_a \dot{\boldsymbol{p}}_a \delta \boldsymbol{x}_a = \sum_a m_a \ddot{\boldsymbol{x}}_a \delta \boldsymbol{x}_a = \sum_{a,i} m_a \ddot{\boldsymbol{x}}_a \frac{\partial \boldsymbol{x}_a}{\partial q_i} \delta q_i$$

(1.48)

umformen.

Weiter:

$$\ddot{\boldsymbol{x}}_a \frac{\partial \boldsymbol{x}_a}{\partial q_i} = \frac{d}{dt} \dot{\boldsymbol{x}}_a \frac{\partial \boldsymbol{x}_a}{\partial q_i} - \dot{\boldsymbol{x}}_a \frac{d}{dt} \frac{\partial \boldsymbol{x}_a}{\partial q_i}.$$

(1.49)

Man kann die Ableitungen nach den verallgemeinerten Koordinaten und nach der Zeit vertauschen, wegen

$$\frac{d}{dt}\frac{\partial \boldsymbol{x}_a}{\partial q_i} = \frac{\partial^2 \boldsymbol{x}_a}{\partial t \partial q_i} + \sum_j \frac{\partial^2 \boldsymbol{x}_a}{\partial q_i \partial q_j}\dot{q}_j = \frac{\partial \boldsymbol{v}_a}{\partial q_i}. \tag{1.50}$$

Dabei berufen wir uns auf (1.44). Wir betrachten die verallgemeinerten Koordinaten q_i und die verallgemeinerten Geschwindigkeiten $\dot{q}_i$ als voneinander unabhängige Variablen. Deswegen folgt auch

$$\frac{\partial \boldsymbol{v}_a}{\partial \dot{q}_i} = \frac{\partial \boldsymbol{x}_a}{\partial q_i} \tag{1.51}$$

aus (1.44).

Setzt man das alles in (1.48) ein, so erhält man

$$\sum_a \dot{\boldsymbol{p}}_a \delta \boldsymbol{x}_a = \sum_i \left\{ \frac{d}{dt}\frac{\partial T}{\partial \dot{q}_i} - \frac{\partial T}{\partial q_i} \right\} \delta q_i. \tag{1.52}$$

Dabei ist T die kinetische Energie des Systems,

$$T = \sum_a \frac{m_a}{2}\dot{\boldsymbol{x}}_a^2. \tag{1.53}$$

Führt man nun (1.42), (1.46) und (1.52) zusammen, so ergibt sich, weil die Verrückungen δq_i beliebig wählbar sind, der folgende Satz von Bewegungsgleichungen:

$$\frac{d}{dt}\frac{\partial T}{\partial \dot{q}_i} - \frac{\partial T}{\partial q_i} = Q_i. \tag{1.54}$$

Man spricht von den Lagrange-Gleichungen[18] der ersten Art. Für jede verallgemeinerte Koordinate gibt es eine Bewegungsgleichung. Die verallgemeinerten Kräfte Q_i können ganz beliebig sein.

Bringt man nun noch ein, dass sich die Kräfte aus einem Potential herleiten lassen,

$$\boldsymbol{f}_a = -\boldsymbol{\nabla}_a \phi_a, \tag{1.55}$$

dann gilt

$$Q_i = -\sum_a \frac{\partial \phi_a}{\partial q_i} = -\frac{\partial V}{\partial q_i} \quad \text{mit} \quad V = \sum_a \phi_a. \tag{1.56}$$

---

[18] Joseph Louis Lagrange, 1736 - 1813, italienisch/französischer Mathematiker, Physiker und Astronom

Die verallgemeinerten Kräfte kann man also als negative Ableitungen der potentiellen Energie V nach den verallgmeinerten Koordinaten gewinnen. Wir setzen hier voraus, dass die potentielle Energie nur von den verallgemeinerten Koordinaten und nicht auch von den Geschwindigkeiten abhängt. Dann lassen sich mit der Lagrange-Funktion

$$L = T - V \tag{1.57}$$

die Bewegungsgleichungen als

$$\frac{d}{dt}\frac{\partial L}{\partial \dot{q}_i} - \frac{\partial L}{\partial q_i} = 0 \tag{1.58}$$

schreiben. Das sind die Lagrange-Gleichungen der zweiten Art.

Die Lagrange-Funktion $L = T - V$ ist die Differenz zwischen kinetischer und potentieller Energie. Sie muss in verallgemeinerten Koordinaten q_i und verallgemeinerten Geschwindigkeiten $\dot{q}_i$ dargestellt werden. Die potentielle Energie soll keine Geschwindigkeitsterme enthalten[19]. Für jede verallgemeinerte Koordinate gibt es eine Lagrange-Bewegungsgleichung (1.58).

1.6 Einfache Beispiele

Wir führen an drei ganz einfachen Beispielen die Stärke der Lagrange-Methode vor. Die Probleme können in natürlichen Variablen formuliert werden, und von Zwangskräften ist nicht mehr die Rede. Am ebenen Pendel lernt man, dass sich in der Nähe des Gleichgewichtes harmonische Schwingungen ergeben. Das sphärische Pendel ist ein gutes Beispiel dafür, dass Symmetrien auf Erhaltungsgrößen führen. Auch zeitabhängige Zwangsbedingungen sind nichts Besonderes.

1.6.1 Ebenes Pendel

Die Masse m kann sich nur auf der Kreisbahn

$$\boldsymbol{x} = \ell \begin{pmatrix} \sin\theta \\ 0 \\ 1 - \cos\theta \end{pmatrix} \tag{1.59}$$

im Schwerefeld bewegen.

Die kinetische Energie ist

---

[19] Wir behandeln später, wie man geschwindigkeitsabhängige Kräfte einbezieht.

$$T = \frac{m}{2}\dot{x}^2 = \frac{m\ell^2}{2}\dot{\theta}^2 \,, \tag{1.60}$$

und für die potentielle Energie erhalten wir

$$V = mgx_3 = mg\ell(1 - \cos\theta) \,. \tag{1.61}$$

Damit ist

$$L(\theta, \dot{\theta}) = \frac{m\ell^2}{2}\dot{\theta}^2 - mg\ell(1 - \cos\theta) \tag{1.62}$$

die Lagrange-Funktion des ebenen Pendels. $\theta = 0$ beschreibt den Zustand, dass das Pendel nach unten hängt, das ist seine Ruhelage. θ ist damit die Auslenkung von der Ruhelage. Ansonsten treten in (1.62) noch die Pendellänge ℓ, die Pendelmasse m und die Schwerebeschleunigung g auf. Beachten Sie, dass das Koordinatensystem nicht mehr vorkommt.

Zur Lagrange-Funktion (1.62) gehört die Bewegungsgleichung

$$\ddot{\theta} + \frac{g}{\ell}\sin\theta = 0 \,. \tag{1.63}$$

Bei kleinen Ausschlägen kann man $1 - \cos\theta \approx \theta^2/2$ in der Lagrange-Funktion setzen oder $\sin\theta \approx \theta$ in der Bewegungsgleichung:

$$\ddot{\theta} + \frac{g}{\ell}\theta = 0 \,. \tag{1.64}$$

Die allgemeine Lösung dieser Standard-Differentialgleichung ist

$$\theta(t) = a\cos(\omega t + \alpha) \quad \text{mit} \quad \omega = \sqrt{\frac{g}{\ell}} \,. \tag{1.65}$$

a heißt Amplitude, $\omega = 2\pi/\tau$ ist die Kreisfrequenz der Schwingung und τ die Schwingungsdauer. Die Konstante α bezeichnet man als Phase. Insbesondere ist bei kleinen Ausschlägen die Schwingungsdauer nicht vom Ausschlag abhängig. Das hat schon den jungen Galilei gewundert, als er während der Messe im Dom von Pisa die langsam schwingenden Leuchter beobachtet hat.

1.6.2 Sphärisches Pendel

Die Masse m kann sich auf der Kugeloberfläche

$$\boldsymbol{x} = \ell \begin{pmatrix} \sin\theta\cos\phi \\ \sin\theta\sin\phi \\ 1 - \cos\theta \end{pmatrix} \tag{1.66}$$

im Schwerefeld bewegen. Sorgt man für $\phi = 0$, dann hat man das ebene Pendel realisiert. Jetzt aber sind der Azimut ϕ und die Auslenkung θ von der Ruhelage die verallgemeinerten Koordinaten. Für die Geschwindigkeit berechnen wir

$$\dot{\boldsymbol{x}} = \ell\dot{\theta} \begin{pmatrix} \cos\theta\cos\phi \\ \cos\theta\sin\phi \\ \sin\theta \end{pmatrix} + \ell\dot{\phi} \begin{pmatrix} -\sin\theta\sin\phi \\ \sin\theta\cos\phi \\ 0 \end{pmatrix} . \tag{1.67}$$

Die kinetische Energie ist

$$T = \frac{m}{2}\dot{\boldsymbol{x}}^2 = \frac{m\ell^2}{2}(\dot{\theta}^2 + \sin^2\theta\,\dot{\phi}^2) , \tag{1.68}$$

die potentielle Energie bleibt wie in (1.61).

Man hat es also mit der Lagrange-Funktion

$$L(\theta, \dot{\theta}, \phi, \dot{\phi}) = \frac{m\ell^2}{2}(\dot{\theta}^2 + \sin^2\theta\,\dot{\phi}^2) - mg\ell(1 - \cos\theta) \tag{1.69}$$

zu tun.

Übrigens, die Lagrange-Funktion (1.69) hängt nicht vom Winkel ϕ ab, weil es eine Symmetrieachse gibt. Das ist die Achse durch den Aufhängepunkt in Richtung $\boldsymbol{g}$, der Schwerebeschleunigung. Weil $\partial L/\partial\phi$ verschwindet, ist der zugehörige verallgemeinerte Impuls $\partial L/\partial\dot{\phi}$ erhalten.

1.6.3 Rotierende Führung

Als Beispiel für eine zeitabhängige (rheonome) Zwangsbedingung hatten wir den Fall angeführt, dass eine Masse auf einer sich drehenden Führung angebracht ist,

$$\boldsymbol{x} = r \begin{pmatrix} \cos\omega t \\ \sin\omega t \\ 0 \end{pmatrix} . \tag{1.70}$$

Mit

$$\dot{\boldsymbol{x}} = \dot{r} \begin{pmatrix} \cos\omega t \\ \sin\omega t \\ 0 \end{pmatrix} + r\omega \begin{pmatrix} -\sin\omega t \\ \cos\omega t \\ 0 \end{pmatrix} \tag{1.71}$$

berechnen wir

$$T = \frac{m}{2}\dot{x}^2 = \frac{m}{2}(\dot{r}^2 + \omega^2 r^2). \tag{1.72}$$

Wir nehmen an, dass die Stange horizontal kreist. Die potentielle Energie $V = mgx_3$ verschwindet dann, so dass die Lagrange-Funktion nur aus der kinetischen Energie (1.72) besteht,

$$L(r, \dot{r}) = \frac{m}{2}(\dot{r}^2 + \omega^2 r^2). \tag{1.73}$$

Das führt auf die Bewegungsgleichung

$$\ddot{r} - \omega^2 r = 0. \tag{1.74}$$

Die Kraft $m\omega^2 r$ auf das geführte Teilchen ist eine Scheinkraft. Das erkennt man schon daran, dass sie zur Masse m proportional ist. Die Wahl eines Nicht-Inertialsystems führt nämlich zu einer scheinbaren Beschleunigung, die man als Kraft verkauft.

Die Schwerkraft auf einen Körper ist ebenfalls zu dessen Masse proportional. Ist die Schwerkraft vielleicht auch eine Scheinkraft? Albert Einstein[20] hat diesen Gedanken aufgegriffen und deswegen einen Grundpfeiler der Physik umgestürzt, indem er die Vorstellung von universellen Inertialsystemen aufgegeben hat. Die Schwerkraft kann wegtransformiert werden. Die Körper bewegen sich dann auf geodätischen Linien, also auf Trajektorien mit dem kürzesten Zeit-Raum-Abstand. Das sind aber im Allgemeinen keine Geraden. Die Schwerkraft macht sich dadurch bemerkbar, dass Raum und Zeit verbogen werden. Leider können wir in diesem Buch die Allgemeine Relativitätstheorie nicht gründlich abhandeln. Wir kommen aber im Abschnitt über *Zeit und Raum* darauf zurück.

1.7 Gedämpfte Schwingungen

Wir betrachten irgendein schwingungsfähiges Gebilde. Das kann ein ebenes Pendel sein, eine an einer Feder befestigte Masse, ein Molekül, usw. Wir behandeln hier nur den einfachsten Fall: es gibt lediglich einen Freiheitsgrad. Das System soll eine stabile Ruhelage haben, und die Abweichung davon werden wir mit q bezeichnen. Die kinetische Energie soll in $\dot{q}$ quadratisch sein, die potentielle Energie muss bei $q = 0$ ein Minimum besitzen. Das legt den folgenden Ansatz nahe:

$$L(q, \dot{q}) = \frac{m}{2}\dot{q}^2 - \frac{m\Omega^2}{2}q^2 + \dots. \tag{1.75}$$

Die potentielle Energie wird um die Ruhelage entwickelt. Der in q lineare Term verschwindet, weil die potentielle Energie bei $q = 0$ minimal ist. Dann kommt

---

[20] Albert Einstein, 1879 - 1955, deutscher Physiker

der in q quadratische Term, dessen Vorfaktor positiv sein muss. Folglich kann man ihn als $m\Omega^2/2$ schreiben. Die fortgelassenen Terme spielen bei kleinen Abweichungen von der Ruhelage keine Rolle.

Die Lagrange-Funktion (1.75) führt auf die Bewegungsgleichung

$$\ddot{q} + \Omega^2 q = 0 \qquad (1.76)$$

für harmonische Schwingungen. Ein Pendel der Länge ℓ unter dem Einfluss der Schwerebeschleunigung g ist ein Beispiel. Dann gilt $\Omega^2 = g/\ell$.

Wir wollen in diese Bewegungsgleichung noch die Reibung einbauen. Die Reibungskraft muss mit der Geschwindigkeit wachsen und gegen die Beschleunigung gerichtet sein. Wir ändern unsere Bewegungsgleichung ab in

$$\ddot{q} + \Gamma\dot{q} + \Omega^2 q = 0 \qquad (1.77)$$

Es wird sich gleich herausstellen, dass Γ die Zeitkonstante für das Abklingen der Energie in der Schwingung ist.

An der Bewegungsgleichung (1.77) ist noch etwas auszusetzen. Bis jetzt kann die Energie nur dissipiert, an die Umgebung als Reibungswärme abgegeben werden. Wir führen noch einen Term $b = b(t)$ ein, der die Bewegung antreibt:

$$\ddot{q} + \Gamma\dot{q} + \Omega^2 q = b\,. \qquad (1.78)$$

$b = b(t)$ ist proportional zu einer äußeren antreibenden Kraft (*driving force*). Auf diesen Antrieb reagiert das gedämpfte schwingungsfähige System mit einer Abweichung $q = q(t)$ von der Ruhelage.

Nun, die Funktion q hängt linear vom Antrieb b ab. Das stellen wir durch

$$q(t) = \int dt'\, G(t,t')b(t') \qquad (1.79)$$

dar. Mehr noch, die Zeit taucht in (1.78) gar nicht explizit auf. Daher hängt die Einflussfunktion G (auch Greensche[21] Funktion genannt) nur von der Zeitdifferenz zwischen der Ursache $b(t')$ und der Wirkung $q(t)$ ab, $G(t,t') = G(t - t')$. Außerdem soll die Ursache der Wirkung vorausgehen, deswegen verschwindet $G(\tau)$ für negatives Argument τ. Diese Überlegungen lassen sich in dem Ansatz

$$q(t) = \int_{-\infty}^{t} dt'\, G(t - t')b(t') = \int_{0}^{\infty} d\tau\, G(\tau)b(t - \tau) \qquad (1.80)$$

zusammenfassen. τ ist das Alter eines Einflusses.

Wir setzen (1.80) und die Zeitableitungen, nämlich

---

[21] George Green, 1793 - 1841, britischer Mathematiker und Physiker

$$\dot{q}(t) = G(0)b(t) + \int_{-\infty}^{t} dt' \dot{G}(t - t')b(t') \tag{1.81}$$

und

$$\ddot{q}(t) = G(0)\dot{b}(t) + \dot{G}(0)b(t) + \int_{-\infty}^{t} dt' \ddot{G}(t - t')b(t') \tag{1.82}$$

in die Bewegungsgleichung (1.78) ein und vergleichen:

$$G(0) = 0 \ , \ \dot{G}(0) = 1 \ \text{und} \ \ddot{G} + \Gamma\dot{G} + \Omega^2 G = 0. \tag{1.83}$$

Diese Beziehungen garantieren, dass jede gemäß (1.80) berechnete Auslenkung tatsächlich der Bewegungsgleichung (1.78) genügt, und zwar so, dass die Ursache immer der Wirkung vorausgeht.

Wir setzen hier unterkritische Dämpfung voraus, also $0 < \Gamma < 2\Omega$. Dann wird (1.83) durch

$$G(\tau) = \frac{1}{\bar{\omega}} e^{-\Gamma\tau/2} \sin\bar{\omega}\tau \tag{1.84}$$

gelöst, mit

$$\bar{\omega} = \sqrt{\Omega^2 - \frac{\Gamma^2}{4}}. \tag{1.85}$$

Die von außen einwirkende Beschleunigung $b(t)$ bewirkt also die Auslenkung

$$q(t) = \frac{1}{\bar{\omega}} \int_0^{\infty} d\tau\, e^{-\Gamma\tau/2} \sin\bar{\omega}\tau\, b(t - \tau). \tag{1.86}$$

Ein einmaliger Kraftstoß bei $t = 0$ führt zu

$$q(t) = A\, e^{-\Gamma\tau/2} \sin\bar{\omega}t. \tag{1.87}$$

Die Energie $E = m(\dot{q}^2 + \Omega^2 q^2)/2$ fällt also exponentiell ab, mit der Zerfallskonstanten Γ. Nach der Zeit $\tau = 1/\Gamma$ ist die Energie auf den Bruchteil $1/e$ abgesunken. Man bezeichnet $\tau = \Gamma^{-1}$ als die Lebensdauer der Anregung.

Wird das schwingungsfähige System dauerhaft mit $b(t) = B\cos\omega t$ angeregt, dann ergibt sich $q(t) = A\cos(\omega t - \phi)$.
Die Amplitude ist

$$A = \frac{B}{\sqrt{(\Omega^2 - \omega^2)^2 + \omega^2 \Gamma^2}}. \tag{1.88}$$

Bei $\omega \approx \Omega$ ist diese Amplitude besonders groß, und man spricht von Resonanz. Die Resonanz ist umso schärfer ausgeprägt, je kleiner die Dämpfung ausfällt.

Für die Phasenverschiebung ϕ ergibt sich

$$\tan\phi = \frac{\omega\Gamma}{\Omega^2 - \omega^2} \, . \tag{1.89}$$

Wie es sein sollte, ist bei sehr niedriger Frequenz die Antwort $q(t)$ in Phase mit der Anregung $b(t)$. Mit wachsender Frequenz erhöht sich die Phasenverschiebung bis zur Resonanz, wo sie abrupt von $\pi/2$ zu $-\pi/2$ wechselt. Mit immer höheren Anregungsfrequenzen strebt die Phasenverschiebung dann wieder gegen Null.

Am System wird in der Zeit dt die Arbeit $mb\,dq$ geleistet. Für die Leistung $P = mb\dot{q}$ berechnet man im Zeitmittel

$$\bar{P} = \frac{m}{2} \frac{\omega^2\Gamma}{(\Omega^2 - \omega^2)^2 + \omega^2\Gamma^2} B^2 \, . \tag{1.90}$$

Weil das System gedämpft ist ($\Gamma > 0$), fällt diese Leistung immer positiv aus. Die Leistungsaufnahme als Funktion der Kreisfrequenz liefert die Kenngrößen des Oszillators: Masse m, Resonanzfrequenz Ω und Dämpfungskonstante Γ. Je schwächer die Dämpfung, umso größer ist die Leistungsaufnahme an der Resonanz. Das erkennt man an $\bar{P} = mB^2/2\Gamma$ bei $\omega = \Omega$.

1.8 Elastische Stöße

Wir betrachten zwei Teilchen mit Massen m_1 und m_2. Diese Teilchen wechselwirken mittels einer kurzreichweitigen Kraft. Die Wechselwirkung soll elastisch sein in dem Sinne, dass keine Energie verloren geht, etwa durch bleibende Verformung.

Vor dem Stoß haben die Massen die Impulse $\boldsymbol{p}_1$ und $\boldsymbol{p}_2$. Nach dem Stoß hat Teilchen 1 den Impuls $\boldsymbol{p}_3$ und Teilchen 2 den Impuls $\boldsymbol{p}_4$. Weil der Gesamtimpuls erhalten ist, gilt

$$\boldsymbol{p}_1 + \boldsymbol{p}_2 = \boldsymbol{p}_3 + \boldsymbol{p}_4 \, . \tag{1.91}$$

Weil auch die Energie erhalten ist, muss zusätzlich

$$\frac{\boldsymbol{p}_1^2}{2m_1} + \frac{\boldsymbol{p}_2^2}{2m_2} = \frac{\boldsymbol{p}_3^2}{2m_1} + \frac{\boldsymbol{p}_4^2}{2m_2} \tag{1.92}$$

beachtet werden.

Wir machen uns zuerst einmal das Leben leicht, indem wir uns auf das Schwerpunktsystem beziehen. Die Teilchen laufen dann mit gleichem Impuls aufeinander zu, und als Laufrichtung wählen wir die z-Achse:

$$\boldsymbol{p}_1 = \begin{pmatrix} 0 \\ 0 \\ p \end{pmatrix} \quad \text{und} \quad \boldsymbol{p}_2 = \begin{pmatrix} 0 \\ 0 \\ -p \end{pmatrix}. \tag{1.93}$$

Die Gesamtenergie beträgt

$$E = \frac{p^2}{2\mu}, \tag{1.94}$$

wobei die reduzierte Masse μ durch

$$\frac{1}{\mu} = \frac{1}{m_1} + \frac{1}{m_2} \tag{1.95}$$

erklärt ist.

Die Impulse nach der Streuung sind

$$\boldsymbol{p}_3 = \begin{pmatrix} p\sin\theta \\ 0 \\ p\cos\theta \end{pmatrix} \quad \text{und} \quad \boldsymbol{p}_4 = \begin{pmatrix} -p\sin\theta \\ 0 \\ -p\cos\theta \end{pmatrix}. \tag{1.96}$$

Damit haben wir bereits eingearbeitet, dass auch nach dem Stoß der Gesamtimpuls verschwinden und dass die Gesamtenergie ihren Wert behalten muss. Lediglich die Flugrichtung der Teilchen darf sich ändern, und zwar um den Ablenkwinkel θ.

Das ist eigentlich schon alles. Die beiden Teilchen haben im Schwerpunktsystem zusammen die Energie E und werden jeweils um den Ablenkwinkel θ abgelenkt.

Allerdings führt man Stoßexperimente häufig so aus, dass Teilchen 1 auf das anfänglich ruhende Teilchen 2 geschossen wird. Denken Sie etwa an α-Teilchen aus einem radioaktiven Präparat, die auf die Bleikerne in einer dünnen Folie (das *target*) aufprallen. Das Inertialsystem, in dem das Teilchen 2 ruht, bezeichnen wir als Laborsystem.

Die Impulse im Laborsystem nennen wir $\boldsymbol{p}_k'$, wobei vereinbarungsgemäß $\boldsymbol{p}_2' = 0$ gelten soll. Die Umrechnung vom Schwerpunktsystem in das Laborsystem wird also durch die Galilei-Transformation $\boldsymbol{x} \rightarrow \boldsymbol{x}' = \boldsymbol{x} + \boldsymbol{u}t$ vermittelt. Weil sich dabei die Impulse um den Term $m_k\boldsymbol{u}$ ändern, ist $\boldsymbol{p}_2 = m_2\boldsymbol{u}$ zu wählen.

Das ergibt einmal

$$\boldsymbol{p}_1' = \begin{pmatrix} 0 \\ 0 \\ p \end{pmatrix} + \frac{m_1}{m_2}\begin{pmatrix} 0 \\ 0 \\ p \end{pmatrix} \tag{1.97}$$

für den Impuls des einlaufenden Teilchens und damit

$$E' = (1 + \frac{m_1}{m_2})E \, . \tag{1.98}$$

E' ist die Gesamtenergie im Laborsystem. Sie ist stets größer als die entsprechende Energie E im Schwerpunktsystem. Nur wenn das Targetteilchen sehr schwer ist, gibt es keinen Unterschied.

Der Impuls des gestreuten Teilchens ist

$$\boldsymbol{p'_3} = \boldsymbol{p_3} + m_1\boldsymbol{u} = \begin{pmatrix} p\sin\theta \\ 0 \\ p\cos\theta \end{pmatrix} + \frac{m_1}{m_2} \begin{pmatrix} 0 \\ 0 \\ p \end{pmatrix} \, . \tag{1.99}$$

Für den Ablenkwinkel θ' im Laborsystem (das ist der Winkel zwischen $\boldsymbol{p'_1}$ und $\boldsymbol{p'_3}$) berechnen wir

$$\cos\theta' = \frac{m_1 + m_2\cos\theta}{\sqrt{m_1^2 + m_2^2 + 2m_1 m_2\cos\theta}} \, . \tag{1.100}$$

Wieder gilt, dass es bei einem sehr schweren Targetteilchen zwischen dem Ablenkwinkel θ im Schwerpunktsystem und dem Ablenkwinkel θ' im Laborsystem keinen Unterschied gibt.

Auch der andere Grenzfall ist plausibel. Wenn das gestreute Teilchen sehr viel schwerer ist als das Targetteilchen, $m_1 \gg m_2$, dann wird es praktisch nicht abgelenkt: $\theta' = 0$.

Wenn die beiden Teilchen überhaupt nicht wechselwirken, verschwindet der Ablenkwinkel, und zwar sowohl im Schwerpunkt- als auch im Laborsystem.

Ein Stoß ist zentral, falls der Ablenkwinkel im Schwerpunktsystem gerade π (180°) beträgt. Im Laborsystem heißt das dann $\theta' = 0$ im Falle $m_1 > m_2$ und $\theta = \pi$ bei $m_1 < m_2$. Auch das ist plausibel. Bei einem zentralen Stoß fliegt das massivere Teilchen weiter in Vorwärtsrichtung, während ein leichteres reflektiert wird.

Bei einem zentralen Stoß zweier gleich schwerer Teilchen kommt das erste zur Ruhe, während das zweite mit dem aufgenommenen Impuls weiterfliegt. Das gilt so natürlich nur im Laborsystem.

Der vom Teilchen 1 auf das Teilchen 2 übertragene Impuls ist

$$\boldsymbol{\Delta} = \boldsymbol{p_3} - \boldsymbol{p_1} \, . \tag{1.101}$$

Als Impulsdifferenz ist der Betrag dieses Vektors unter Galilei-Transformationen invariant. Der Impulsübertrag kann durch den Schwerpunktimpuls p und den Ablenkwinkel θ im Schwerpunktsystem gemäß

$$\Delta = 2p \sin \frac{\theta}{2} \qquad (1.102)$$

ausgedrückt werden.

1.9 Zweikörperproblem

Wir betrachten zwei Teilchen mit Massen m_1 und m_2 bei $\boldsymbol{x}_1$ bzw. $\boldsymbol{x}_2$. Denken Sie beispielsweise an Erde und Sonne. Der Impulsaustausch (die Kraft) zwischen den beiden Massenpunkten wird durch ein Potential Φ beschrieben.

Die Lagrange-Funktion für dieses System ist

$$L(\boldsymbol{x}_1, \dot{\boldsymbol{x}}_1, \boldsymbol{x}_2, \dot{\boldsymbol{x}}_2) = \frac{m_1}{2}\dot{\boldsymbol{x}}_1^2 + \frac{m_2}{2}\dot{\boldsymbol{x}}_2^2 - \Phi(|\boldsymbol{x}_2 - \boldsymbol{x}_1|). \qquad (1.103)$$

Wir wollen ausnützen, dass die Koordinaten der Massenpunkte nur über den Abstand $r = |\boldsymbol{x}_2 - \boldsymbol{x}_1|$ eingehen. Dafür definieren wir neue verallgemeinerte Koordinaten durch

$$\boldsymbol{X} = \frac{m_1\boldsymbol{x}_1 + m_2\boldsymbol{x}_2}{m_1 + m_2} \quad \text{und} \quad \boldsymbol{x} = \boldsymbol{x}_2 - \boldsymbol{x}_1. \qquad (1.104)$$

Die $\boldsymbol{X}$ beschreiben den Schwerpunkt, die $\boldsymbol{x}$ heißen Relativkoordinaten. Die alten Koordinaten lassen sich durch die neuen wie folgt ausdrücken:

$$\boldsymbol{x}_1 = \boldsymbol{X} - \frac{m_2}{m_1 + m_2}\boldsymbol{x} \quad \text{und} \quad \boldsymbol{x}_2 = \boldsymbol{X} + \frac{m_1}{m_1 + m_2}\boldsymbol{x}. \qquad (1.105)$$

In den neuen Koordinaten hat die Lagrange-Funktion die Gestalt

$$L = L_s + L_r \qquad (1.106)$$

mit

$$L_s(\boldsymbol{X}, \dot{\boldsymbol{X}}) = \frac{M}{2}\dot{\boldsymbol{X}}^2 \qquad (1.107)$$

und

$$L_r(\boldsymbol{x}, \dot{\boldsymbol{x}}) = \frac{\mu}{2}\dot{\boldsymbol{x}}^2 - \Phi(|\boldsymbol{x}|). \qquad (1.108)$$

$M = m_1 + m_2$ ist die Gesamtmasse, $\mu = m_1 m_2/M$ heißt reduzierte Masse. Man sieht, dass die Lagrange-Funktion in zwei Teile zerfällt.

Der erste Teil L_s beschreibt die Bewegung des Schwerpunktes. Es handelt sich um eine Masse M an der Stelle X, die sich kräftefrei bewegt. Die verallgemeinerten Koordinaten $\boldsymbol{X}$ sind zyklisch, denn sie kommen in L_s nicht vor. Folglich sind die Komponenten

$$P_k = \frac{\partial L_s}{\partial \dot{X}_k} = M\dot{X}_k \tag{1.109}$$

zeitlich konstant.

Der zweite Teil L_r ist für die Bewegung relativ zum Schwerpunkt zuständig. Nur damit müssen wir uns weiter befassen.

Wir haben es mit der folgenden Bewegungsgleichung zu tun:

$$\mu\ddot{\boldsymbol{x}} = -\frac{\boldsymbol{x}}{r}\,\Phi'(r) \;\; \text{mit}\;\; r = |\boldsymbol{x}|\,. \tag{1.110}$$

$\Phi'(r) > 0$ bedeutet Anziehung, wie wir das schon im Abschnitt über *Potential und Energie* festgestellt hatten. Die Relativbewegung sieht so aus, als ob die reduzierte Masse sich in einem äußeren Zentralkraftfeld bewegte. $\boldsymbol{p} = \mu\dot{\boldsymbol{x}}$ ist der Relativimpuls, $\boldsymbol{\ell} = \boldsymbol{x} \times \boldsymbol{p}$ der Drehimpuls, nämlich in Bezug auf den Schwerpunkt des Systems. Indem man die Bewegungsgleichung (1.110) vektoriell mit $\boldsymbol{x}$ multipliziert, kann man

$$\dot{\boldsymbol{\ell}} = 0 \tag{1.111}$$

nachweisen. Der auf den Massenmittelpunkt bezogene Drehimpuls eines Zweikörper-Systems ist erhalten. $\boldsymbol{x}$ und $\dot{\boldsymbol{x}}$ stehen auf dem zeitlich konstanten Drehimpulsvektor $\boldsymbol{\ell}$ senkrecht. Das bedeutet:

Die beiden Körper bewegen sich in einer festen Ebene.

Ohne Beschränkung der Allgemeingültigkeit dürfen wir also

$$\boldsymbol{x} = \begin{pmatrix} r\cos\phi \\ r\sin\phi \\ 0 \end{pmatrix} \tag{1.112}$$

ansetzen. Anders ausgedrückt, wir wählen das Inertialsystem so, dass der Koordinatenursprung im Massenmittelpunkt angebracht wird und der Drehimpulsvektor in 3-Richtung zeigt.

Die Lagrange-Funktion für die Relativbewegung ist nun

$$L_r(r, \dot{r}, \phi, \dot{\phi}) = \frac{\mu}{2}(\dot{r}^2 + r^2\dot{\phi}^2) - \Phi(r)\,. \tag{1.113}$$

Wir müssen also die beiden Bewegungsgleichungen

$$\mu\ddot{r} - \mu r\dot{\phi}^2 + \Phi'(r) = 0 \tag{1.114}$$

und

$$\frac{d}{dt}\mu r^2\dot{\phi} = 0 \tag{1.115}$$

lösen. Mit der zweiten geht das einfach: $\ell = \mu r^2 \dot{\phi}$ ist konstant. Nicht nur die Richtung des Drehimpulsvektors ist zeitlich erhalten, sondern auch der Drehimpuls um diese Richtung, also ℓ.

Wir können nun die störende Winkelgeschwindigkeit $\dot{\phi}$ in (1.114) entfernen,

$$\mu \ddot{r} - \frac{\ell^2}{\mu r^3} + \Phi'(r) = 0 \,. \tag{1.116}$$

Nun endlich haben wir es geschafft, das Problem auf den einen wesentlichen Freiheitsgrad zurückzuführen, den Abstand r zwischen den Massenpunkten. Übrigens kann man (1.116) aus der Lagrange-Funktion

$$L(r, \dot{r}) = \frac{\mu}{2} \dot{r}^2 - V_{\text{eff}}(r) \quad \text{mit} \quad V_{\text{eff}}(r) = \frac{\ell^2}{2\mu r^2} + \Phi(r) \tag{1.117}$$

ableiten. Das effektive Potential besteht aus dem abstoßenden Term (Zentrifugalbarriere) $\ell^2/2\mu r^2$ und dem wirklichen Potential. Im folgenden Abschnitt werden wir das Potential für die Gravitations-Wechselwirkung einsetzen und die Planetenbewegung studieren.

Das effektive Potential für Gravitationswechselwirkung ist in Abbildung 1.2 dargestellt.

Die Energie der Relativbewegung unserer beiden Massenpunkte ist

$$E = T + V_{\text{eff}} = \frac{\mu}{2} \dot{r}^2 + \frac{\ell^2}{2\mu r^2} + \Phi(r) \,. \tag{1.118}$$

Diese Energie ist ebenso wie der Drehimpuls erhalten. Das verwundert nicht, weil die Gesamtenergie und die Schwerpunktsenergie für sich erhalten sind.

1.10 Planetenbewegung

Die Sonne $\odot$ ist 333000 mal schwerer als die Erde. Alle Planeten zusammen wiegen etwa 500 Erdmassen. Es ist daher eine gute Näherung, zuerst einmal nur das System aus Sonne und jeweils einem Planeten zu betrachten. Die übrigen Planeten stören dann die so berechneten Planetenbahnen ein wenig. Das kann man anschließend korrigieren.

Wegen $1/\mu = 1/m + 1/m_\odot$ darf man die Planetenmasse m mit der reduzierten Masse μ identifizieren. Bei Doppelsternen muss man genauer rechnen.

Wir wissen bereits, dass sich die Sonne und ein Planet in einer festen Ebene bewegen. Der Vektor (Leitstrahl) von der Sonne zum Planeten hat die Länge r, und der Winkel in Bezug auf eine Bezugsrichtung in dieser Ebene wird mit ϕ bezeichnet.

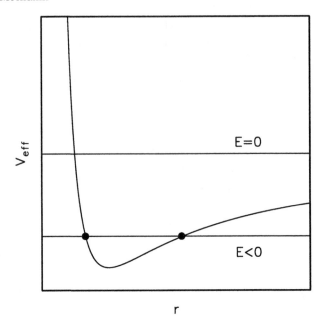

Abb. 1.2. Wenn das System die negative Energie E hat, dann kann der Radius nur zwischen den beiden markierten Werten variieren (Umkehrpunkte). Nur in diesem Bereich ist die kinetische Energie positiv, wie es sein muss.

Nicht nur der Normalenvektor auf der Bahnebene ist eine Erhaltungsgröße, sondern auch der Drehimpuls um diese Achse, nämlich

$$\ell = mr^2\dot{\phi}\,. \tag{1.119}$$

Diese Beziehung kann man als

$$\frac{d}{dt} = \frac{\ell}{mr^2}\frac{d}{d\phi} \tag{1.120}$$

lesen. Das ist nützlich, wenn man die Bahnform $r = r(\phi)$ direkt berechnen möchte.

Das Wechselwirkungspotential zwischen Planet und Sonne ist

$$\Phi(r) = -G\frac{mm_\odot}{r}\,. \tag{1.121}$$

Damit haben wir die Bewegungsgleichung

$$m\ddot{r} = \frac{\ell^2}{mr^3} - \frac{Gmm_\odot}{r^2} \tag{1.122}$$

zu lösen.

Mit (1.120) wird daraus

$$m \frac{\ell}{mr^2} \frac{d}{d\phi} \frac{\ell}{mr^2} \frac{d}{d\phi} r = \frac{\ell^2}{mr^3} - \frac{Gmm_\odot}{r^2} . \tag{1.123}$$

Wegen

$$\frac{1}{r^2} \frac{dr}{d\phi} = -\frac{dr^{-1}}{d\phi} \tag{1.124}$$

können wir mit $u = 1/r$ in

$$\frac{\ell^2 u^2}{m} \left(\frac{d^2 u}{d\phi^2} + u\right) = Gmm_\odot u^2 \tag{1.125}$$

umformen, also in

$$\frac{d^2 u}{d\phi^2} + u = \frac{1}{R} \quad \text{mit} \quad R = \frac{\ell^2}{Gm^2 m_\odot} . \tag{1.126}$$

Die allgemeine Lösung dieser linearen inhomogenen Differentialgleichung besteht aus der allgemeinen Lösung der homogenen Differentialgleichung und einer speziellen Lösung der inhomogenen Gleichung. Also:

$$u(\phi) = \frac{1 + \epsilon \cos\phi}{R} \quad \text{bzw.} \quad r(\phi) = \frac{R}{1 + \epsilon \cos\phi} . \tag{1.127}$$

Dabei haben wir den kleinsten Abstand willkürlich mit $\phi = 0$ zusammengelegt.

Solche Bahnen sind Kegelschnitte. Bei $\epsilon = 0$ handelt es sich um einen Kreis. Exzentrizitäten im Bereich $0 < \epsilon < 1$ beschreiben Ellipsen. Im Falle $\epsilon = 1$ erreicht der Abstand r beim Winkel $\phi = \pi$ das Unendliche, es handelt sich also um eine Parabel. Kegelschnitte mit Exzentrizitäten $\epsilon > 1$ sind Hyperbeln.

Unter Planeten versteht man einigermaßen große Massen, die auf Dauer an die Sonne gefesselt sind. Ihr Abstand bleibt also immer endlich, und deswegen bewegen sie sich auf Ellipsen um die Sonne. Der Massenmittelpunkt ist ein Brennpunkt dieser Ellipse.

Die Planetenbahnen sind Ellipsen. In einem der beiden Brennpunkte steht die Sonne.

So hat Johannes Kepler[22] sein erstes Planetengesetz formuliert. Das zweite heißt:

Der Leitstrahl von der Sonne zum Planeten überstreicht in gleicher Zeit die gleiche Fläche.

---

[22] Johannes Kepler, 1571 - 1630, deutscher Astronom und Mathematiker

In der Tat, pro Zeiteinheit überstreicht der Vektor x die Fläche $dA/dt = r^2\dot{\phi}/2 = \ell/2m$, und das ist eine Konstante der Bewegung.

Das dritte Keplersche Gesetz handelt von den großen Halbachsen a der Ellipsen und von den Umlaufzeiten τ.

Die große Halbachse ist der Mittelwert aus kleinstem und größtem Planetenabstand. Dafür berechnet man

$$a = \frac{R}{1 - \epsilon^2} \,. \tag{1.128}$$

Die kleine Halbachse ist dann

$$b = a\sqrt{1 - \epsilon^2} = \frac{R}{\sqrt{1 - \epsilon^2}} \,. \tag{1.129}$$

Das Produkt aus (konstanter) Flächengeschwindigkeit $\ell/2m$ und Umlaufzeit τ ist gerade πab, die Fläche einer Ellipse mit Halbachsen a und b. Das bedeutet

$$\tau = 2\pi \frac{mR^2}{\ell}(1 - \epsilon^2)^{-3/2} = 2\pi\sqrt{\frac{a^3}{Gm_\odot}} \,. \tag{1.130}$$

In der Fassung

$$\frac{a^3}{\tau^2} = \frac{Gm_\odot}{4\pi^2} \tag{1.131}$$

ist das Keplers drittes Planetengesetz:

Das Verhältnis aus dem Kubus der großen Halbachse zum Quadrat der Umlaufzeit ist für alle Planeten dasselbe.

Die beiden ersten Gesetze hat der schwäbische Protestant Johannes Kepler 1609 publiziert[23], das dritte 1619[24]. Sie waren das Ergebnis sorgfältiger Beobachtung und Auswertung. Sie stützen sich auf die Einsichten des Domherren Nikolaus Kopernikus[25], der an dem Tag gestorben ist, als er sein Lebenswerk[26] gedruckt zu sehen bekam. Manche meinen, dass er das Buch erst dann hat drucken lassen, als er sich vor Verfolgung nicht mehr fürchten musste.

Galileo Galilei kannte die von Johannes Kepler vorgetragenen Argumente zu den Gesetzen der Planetenbewegung. Warum aber bewegen sich die Planeten auf Ellipsen, so dass der Leitstrahl von der Sonne zum Planeten in gleicher Zeit gleiche Flächen überstreicht? Was ist die Erklärung dafür, dass die dritte Potenz des mittleren Abstandes proportional zum Quadrat der Umlaufzeit

---

[23] Astronomia nova (Neue Astronomie)
[24] Harmonia mundi (Weltharmonie)
[25] Nikolaus Kopernikus, 1473 - 1543, polnisch/deutscher Astronom
[26] De revolutionibus orbium coelestium (Über die Umläufe der Himmelskörper), 1543

ist? Der Grund dafür muss darin liegen, dass die Planeten eigentlich geradeaus laufen wollen, durch die Kraft der Sonne aber auf eine elliptische Bahn um die Sonne gezwungen werden. Durch welche Kraft? Galilei hat diese Frage nicht mehr beantworten können. Erst Isaak Newton hat es geschafft, mit dem von ihm erfundenen Instrument der Differentialrechnung die Keplerschen Gesetze zu begründen. Dieselbe Schwerkraft, die einen Apfel vom Baum fallen lässt, fesselt auch die Planeten an die Sonne. Wenn die Schwerkraft zwischen zwei Massen wie $1/r^2$ mit dem Abstand r abfällt, dann müssen sich die Planeten auf Ellipsen um die Sonne bewegen, so dass die Flächengeschwindigkeit zeitlich konstant und das Verhältnis a^3/τ^2 für alle Planeten gleich ist.

Die Planetenbahn wird geometrisch durch die große Halbachse a und die Exzentrizität ϵ beschrieben. Physikalisch interessant sind jedoch die Erhaltungsgrößen, nämlich Drehimpuls ℓ und Energie E der Relativbewegung.

1.11 Starre Körper

Die Kräfte, die einen starren Körper zusammenhalten, haben wir schon im Abschnitt über *Zwangsbedingungen* erwähnt. Sie müssen sicherstellen, dass alle Abstände

$$|\boldsymbol{x}_b - \boldsymbol{x}_a| = d_{ab} \tag{1.132}$$

der Bestandteile gleich bleiben. Da wir über das Werkzeug der Lagrange-Theorie verfügen, brauchen wir uns nicht mehr um diese Zwangskräfte zu kümmern. Wir müssen lediglich den starren Körper durch verallgemeinerte Koordinaten beschreiben. Wenn dann kinetische und potentielle Energie in den verallgemeinerten Koordinaten und Geschwindigkeiten ausgedrückt sind, ist es zu den Bewegungsgleichungen nicht mehr weit.

Als Ort $\boldsymbol{X}$ des starren Körpers vereinbaren wir den Schwerpunkt :

$$M\boldsymbol{X} = \sum_a m_a \boldsymbol{x}_a \quad \text{mit} \quad M = \sum_a m_a \,. \tag{1.133}$$

Wir können das auch für kontinuierlich verteilte Masse aufschreiben. Mit der Massendichte $\varrho = \varrho(\boldsymbol{x})$ gilt

$$M\boldsymbol{X} = \int d^3x \, \varrho \, \boldsymbol{x} \quad \text{mit} \quad M = \int d^3x \, \varrho \,. \tag{1.134}$$

Dabei ist über den gesamten starren Körper zu integrieren.

Im Schwerpunkt befestigen wir (in Gedanken) ein kartesisches Koordinatensystem, das sich mit dem Körper mitbewegen soll. Die Koordinaten eines Punktes in Bezug auf das körperfeste Koordinatensystem wollen wir mit $\bar{\boldsymbol{x}}$

bezeichnen. Mit $\bar{\varrho} = \bar{\varrho}(\bar{\boldsymbol{x}})$ bezeichnen wir die Massendichte im bewegten System. Definitionsgemäß gilt

$$\int d^3\bar{x}\,\bar{\varrho}\,\bar{\boldsymbol{x}} = 0\,, \tag{1.135}$$

denn in Bezug auf ein im Schwerpunkt angebrachtes Koordinatensystem hat der Schwerpunkt die Koordinaten $\bar{\boldsymbol{X}} = 0$.

Ein und derselbe Punkt im starren Körper hat in Bezug auf das Inertialsystem die Koordinaten $\boldsymbol{x}$, in Bezug auf das körperfeste Koordinatensystem dagegen $\bar{\boldsymbol{x}}$. Die Umrechungsvorschrift formulieren wir als

$$\boldsymbol{x} = \boldsymbol{X} + R\bar{\boldsymbol{x}}\,. \tag{1.136}$$

Dabei ist R eine orthogonale Matrix, $RR^T = I$.

Die Schwerpunktkoordinaten X und die Drehmatrix R beschreiben die Freiheitsgrade des starren Körpers, insgesamt sechs, und wir werden sie als verallgemeinerte Koordinaten verwenden.

In dieser Einführung in die klassische Mechanik können wir uns nur auf Drehungen um eine feste Achse einlassen. Die allgemeine Theorie für die Bewegung eines starren Körpers (Kreiseltheorie) ist recht kompliziert.

Nehmen wir also an, der Körper drehe sich um die 3-Achse. In Bezug auf das Inertialsystem bewegt sich Teilchen a auf der Bahnkurve

$$\boldsymbol{x}_a = \boldsymbol{X} + \begin{pmatrix} \cos\phi\,\bar{x}_{a1} + \sin\phi\,\bar{x}_{a2} \\ -\sin\phi\,\bar{x}_{a1} + \cos\phi\,\bar{x}_{a2} \\ \bar{x}_3 \end{pmatrix} \tag{1.137}$$

und hat die Geschwindigkeit

$$\dot{\boldsymbol{x}}_a = \dot{\boldsymbol{X}} + \dot{\phi} \begin{pmatrix} -\sin\phi\,\bar{x}_{a1} + \cos\phi\,\bar{x}_{a2} \\ -\cos\phi\,\bar{x}_{a1} - \sin\phi\,\bar{x}_{a2} \\ 0 \end{pmatrix}\,. \tag{1.138}$$

Für die kinetische Energie berechnen wir

$$T = \sum_a \frac{m_a}{2}\dot{\boldsymbol{x}}_a^2 = \frac{M}{2}\dot{\boldsymbol{X}}^2 + \frac{\Theta}{2}\dot{\phi}^2\,. \tag{1.139}$$

Dabei wurde $\bar{\boldsymbol{X}} = 0$ berücksichtigt (im ortsfesten Koordinatensystem ist der Schwerpunkt der Koordinatenursprung). Außerdem haben wir das Trägheitsmoment Θ um die 3-Achse eingeführt,

$$\Theta = \sum_a m_a(\bar{x}_{a1}^2 + \bar{x}_{a2}^2).$$ (1.140)

Dafür sollten wir aber besser

$$\Theta = \int d^3x\, \bar\varrho\, (\bar{x}_1^2 + \bar{x}_2^2)$$ (1.141)

schreiben. Das Trägheitsmoment einer homogenen Walze (Länge L, Durchmesser $2R$, Masse M) beispielsweise ist

$$\Theta = \frac{M}{L\pi R^2}L\int_0^R dr\, 2\pi r\, r^2 = \frac{1}{2}MR^2\,.$$ (1.142)

Alle Trägheitsmomente sind zur Gesamtmasse und zum Quadrat der typischen Achsenentfernung proportional. Der Vorfaktor (hier $1/2$) hängt dann von der Geometrie des Körpers und von der Massenverteilung ab.

Wir bleiben bei diesem Beispiel. Wie rollt diese Walze auf einer schiefen Ebene?

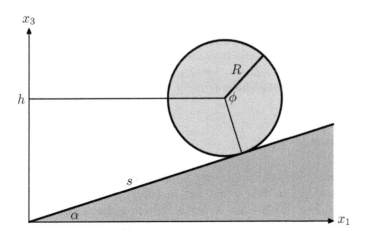

Abb. 1.3. Eine Walze mit Radius R rollt auf der um den Winkel α geneigten Ebene unter dem Einfluss der Schwerebeschleunigung

Nun, ändert sich der Drehwinkel ϕ um $d\phi$, dann legt die Walze den Weg

$$ds = -Rd\phi$$ (1.143)

zurück. Diese Bedingung ist als Zwangsbedingung für 'rollen' aufzufassen, eine Beziehung zwischen Differentialen. Allerdings lässt sich (1.143) zu $s = s_0 - R\phi$

integrieren, so dass wir 'rollen' durch eine holonome Zwangsbedingung beschreiben können, als einen funktionalen Zusammenhang zwischen Koordinaten.

Wir entschließen uns jetzt, die zurückgelegte Strecke s auf der schiefen Ebene als verallgemeinerte Koordinate zu benutzen. Damit ist

$$T = \frac{M}{2}\dot{s}^2 + \frac{\Theta}{2}\frac{\dot{s}^2}{R^2} \qquad (1.144)$$

die kinetische Energie.

Der Neigungswinkel der Ebene sei α. Die potentielle Energie der Walze im Schwerefeld ist dann

$$V = (mg\sin\alpha)\,s\,. \qquad (1.145)$$

Dabei haben wir die potentielle Energie bei $s = 0$ willkürlich zu 0 festgesetzt. Die rollende Walze wird damit durch die Lagrange-Funktion

$$L(s,\dot{s}) = \frac{1}{2}\,(M + \frac{\Theta}{2R^2})\,\dot{s}^2 - (mg\sin\alpha)\,s \qquad (1.146)$$

und durch den Ausdruck (1.142) für das Trägheitsmoment beschrieben.

Es handelt sich also um ein Problem der Art $M^*\ddot{s} = -g^*$. Die effektive Masse $M^* = M + \Theta/2R^2$ ist wegen des Rotations-Freiheitsgrades größer als die wirkliche Masse M und die effektive Schwerebeschleunigung $g^* = g\sin\alpha$ kleiner als die wirkliche Schwerebeschleunigung g.

1.12 Relativität

Ganz am Anfang dieser Einführung haben wir den Begriff eines Inertialsystems diskutiert. In Bezug auf ein Inertialsystem werden die Bahnen kräftefreier Teilchen durch einen linearen Zusammenhang zwischen Ort und Zeit beschrieben. Die Umrechnungsvorschriften zwischen verschiedenen Inertialsystemen müssen diese Linearität erhalten.

Die Galilei-Transformationen

$$t' = t \quad \text{und} \quad \boldsymbol{x}' = \boldsymbol{a} + R\boldsymbol{x} + \boldsymbol{u}t \qquad (1.147)$$

genügen diesen Anforderungen. Sie formulieren die naive Vorstellung, dass das Weltall einen universellen Taktgeber (Zeit) hat.

Wir werden bald sehen, dass die rundum erfolgreichen Maxwell-Gleichungen[27] für das elektromagnetische Feld vorhersagen, dass Licht im Vakuum immer

---

[27] James Clerk Maxwell, 1831 - 1871, britischer Physiker

dieselbe Geschwindigkeit c hat. Damit steht (1.147) im Widerspruch, denn man kann ja offensichtlich jede Geschwindigkeit um u vermehren. (1.147) darf man nur dann anwenden, wenn die Geschwindigkeiten klein bleiben. Unter diesem Vorbehalt stehen beispielsweise die Ergebnisse des Abschnittes über *Elastische Stöße*. Bei der Umrechnung vom Schwerpunkt- auf das Laborsystem haben wir die Galilei-Transformation (1.147) angewendet. Das ist nur bei kleinen Geschwindigkeiten zulässig.

Um die richtige Umrechnungsvorschrift aufzuspüren, folgen wir Albert Einstein. Er hat konsequent das Relativitätsprinzip in den Vordergrund seiner Überlegungen gestellt: Bewegung ist immer relativ.

Offensichtlich ist der naive Zeitbegriff, der hinter (1.147) steckt, genauer zu untersuchen. Zeit ist, was man mit einer Uhr misst. Wir bauen uns daher erst einmal eine Modelluhr.

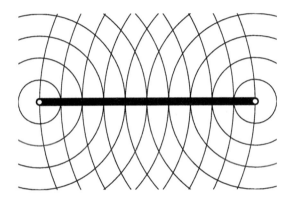

Abb. 1.4. Eine Modelluhr

Dazu möge eine Stange der Länge ℓ dienen, die an beiden Enden Blitzgeräte hat, die beim Eintreffen von Licht (idealisiert verzögerungsfrei) aktiviert werden. Der Takt einer solchen Uhr beträgt also

$$\tau = \frac{2\ell}{c}. \tag{1.148}$$

Das gilt für den relativ zur Uhr ruhenden Beobachter.

Wir wollen nun die Uhr mit Geschwindigkeit u in 3-Richtung bewegen, wobei die Uhr senkrecht dazu steht.

Kann sich die Querabmessung ändern? Stellen Sie sich zwei Bänder der Breite b vor. Das eine wird relativ zum anderen bewegt. Wenn das bewegte Band schmaler würde, dann stünde das ruhende Band hervor, und man könnte

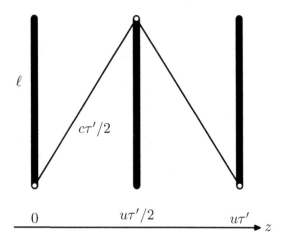

Abb. 1.5. Die Stabuhr steht senkrecht auf der Bewegungsrichtung

zwischen den Zuständen 'ruhend' und 'bewegt' unterscheiden. Das darf nicht sein.

Ein bewegter Maßstab zeigt eine unveränderte Querabmessung.

Bei $(ct, x_1, x_2, x_3) = (0, 0, 0, 0)$ wird ein Lichtblitz am unteren Ende der Stabuhr ausgesendet. Dieser Lichtblitz trifft bei $(c\tau'/2, \ell, 0, u\tau'/2)$ am oberen Ende ein und löst einen neuen Blitz aus, der wiederum bei $(c\tau', 0, 0, u\tau')$ am unteren Ende eintrifft. Nach dem Satz des Pythagoras gilt

$$(\tau'c/2)^2 = (\tau'u/2)^2 + \ell^2 \tag{1.149}$$

oder

$$\tau' = \frac{\tau}{\sqrt{1 - (u/c)^2}}\,. \tag{1.150}$$

Der Takt einer sich bewegenden Uhr wird länger.

Zwar haben wir das nur für eine Stabuhr gezeigt, die senkrecht auf der Bewegungsrichtung steht. Die Aussage gilt aber für alle Uhren, die im Ruhesystem mit unserer Stabuhr synchron laufen. Denn würden andere Uhren eine andere Taktverlängerung oder gar keine aufweisen, dann könnte man damit feststellen, ob sich eine Uhr bewegt oder ob sie ruht. Nach dem Relativitätsprinzip ist das unmöglich. Die Taktverlängerung ist also nicht eine Eigenschaft der Stabuhr, sondern aller Uhren, also der Zeit. Deswegen spricht man in diesem Zusammenhang auch von Zeitdehnung[28].

---

[28] Zeitdilatation

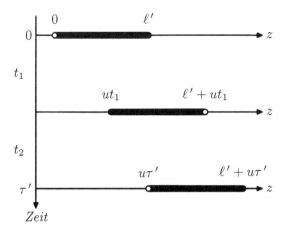

Abb. 1.6. Die Stabuhr liegt parallel zur Bewegungsrichtung

Wir kippen jetzt unsere Stabuhr, so dass sie in Längsrichtung zeigt. Bewegt sich der Stab mit Geschwindigkeit u, dann ist mit einer möglicherweise veränderten Länge ℓ' zu rechnen.

Wieder wird bei $(ct, x_1, x_2, x_3) = (0, 0, 0, 0)$ ein Lichtblitz am hinteren Stabende ausgeschickt. Der trifft bei $(ct_1, 0, 0, \ell' + ut_1)$ am vorderen Stabende ein. Das unmittelbar emittiert Signal läuft nun mit Lichtgeschwindigkeit rückwärts und wird an dem hinteren Stabende bei $(ct_1 + ct_2, 0, 0, u(t_1 + t_2))$ empfangen. Es gilt $ct_1 = \ell' + ut_1$ und $ct_2 = \ell' + ut_1 - u(t_1 + t_2)$. Zusammen mit $t_1 + t_2 = \tau'$ führt das auf [29]

$$\ell' = \ell \sqrt{1 - (u/c)^2}\,. \tag{1.151}$$

Ein bewegter Maßstab zeigt eine verkürzte Längsabmessung.

Unter Inertialsystem wollen wir weiterhin ein kartesisches Koordinatensystem mit einer im Ursprung angebrachten Uhr verstehen. Ereignisse bei $\boldsymbol{x}$ werden mit Lichtgeschwindigkeit zum Ursprung gemeldet und dort registriert, wobei die Eintreffzeit um die Laufzeit $|\boldsymbol{x}|/c$ zu vermindern ist. So setzt man die Raum-Zeit-Koordinaten eines Ereignisses t und $\boldsymbol{x}$ fest.

Zwischen zwei Inertialsystemen, die sich relativ zueinander in 3-Richtung mit Geschwindigkeit $u = \beta c$ bewegen, wird durch die folgende Beziehung umgerechnet:

---

[29] die Zeitdehnung ist bei allen Uhren dieselbe

$$
\begin{pmatrix} ct' \\ x_1' \\ x_2' \\ x_3' \end{pmatrix} = \begin{pmatrix} 1/\sqrt{1-\beta^2} & 0 & 0 & \beta/\sqrt{1-\beta^2} \\ 0 & 1 & 0 & 0 \\ 0 & 0 & 1 & 0 \\ \beta/\sqrt{1-\beta^2} & 0 & 0 & 1/\sqrt{1-\beta^2} \end{pmatrix} \begin{pmatrix} ct \\ x_1 \\ x_2 \\ x_3 \end{pmatrix} . \tag{1.152}
$$

Damit haben wir die voranstehenden Überlegungen zusammengefasst:

- Der alte Koordinatenursprung hat in Bezug auf das neue System die Geschwindigkeit u
- Querabmessungen bleiben unverändert
- Die Zeit wird um den Faktor $1/\sqrt{1-\beta^2}$ gedehnt
- Das Ereignis $(-\beta\ell, 0, 0, \ell)$ wird in $(0, 0, 0, \ell')$ abgebildet, und in diesem Sinne verkürzt sich die Längsabmessung eines Maßstabes um den Faktor $\sqrt{1-\beta^2}$.

(1.152) ist eine Lorentz-Transformation[30]. Wie man sieht, ist die Galilei-Transformation mit $\boldsymbol{u} = (0, 0, u)$ die Näherung an die entsprechende Lorentz-Transformation im Falle $|u| \ll c$.

So wie Zeit und Ort gemäß $(ct, \boldsymbol{x})$ zu einem Vierervektor zusammengefasst werden, kann man auch Energie E und Impuls $\boldsymbol{p}$ zu einem Vierervektor $(E/c, \boldsymbol{p})$ vereinigen. Ein ruhendes Teilchen mit Masse m hat die Energie $E = mc^2$ und damit den Viererimpuls $(mc, 0, 0, 0)$. Die Lorentz-Transformation (1.152) und eine anschließende Drehung machen daraus

$$
E = \frac{mc^2}{\sqrt{1-u^2/c^2}} \quad \text{und} \quad \boldsymbol{p} = \frac{m\boldsymbol{u}}{\sqrt{1-u^2/c^2}} . \tag{1.153}
$$

Das ist der korrekte Zusammenhang zwischen Masse m, Geschwindigkeit $\boldsymbol{u}$, Impuls $\boldsymbol{p}$ und Energie E eines Teilchens.

1.13 Zwillingsparadoxon

Von Anfang an hat die Relativitätstheorie Einsteins die Gemüter bewegt und ist dabei auch auf heftige Ablehnung[31] gestoßen. Dass bewegte Uhren langsamer gehen als ruhende—das widerspricht dem gesunden Menschenverstand, der durch die Jahrtausende hindurch geprägt worden ist durch Erfahrungen mit kleinen Geschwindigkeiten.

---

[30] Hendrik Antoon Lorentz Lorentz, 1853 - 1928, niederländischer Mathematiker und Physiker

[31] Beispielsweise hat der Nobelpreisträger Philipp Lenard die Relativitätstheorie als 'typisch jüdische Spitzfindigkeit' geschmäht.

Man verdeutlicht den Widerspruch zum gesunden Menschenverstand gern am Zwillingsparadoxon. Die Zwillinge Castor und Pollux waren gleich alt, als Pollux eine Reise antritt. Castor bleibt zu Haus, und Pollux entfernt sich mit Geschwindigkeit v. Nach einiger Zeit dreht er um und bewegt sich nun auf Castor zu, wiederum mit Geschwindigkeit v. Wenn sich die beiden wieder treffen, ist Castor die Zeitspanne Δt älter, während Pollux nur um

$$\Delta\tau = \sqrt{1 - \frac{v^2}{c^2}}\,\Delta t \qquad (1.154)$$

gealtert ist. Nach der Reise sind Castor und Pollux zwar noch immer Zwillinge, sie sind aber verschieden alt, eine paradoxe Feststellung.

Oft wird argumentiert, das Ergebnis (1.154) müsse falsch sein, weil Castor und Pollux verschieden behandelt werden. Tatsächlich, so der Einwand, bewegen sich die Zwillinge eine Zeit lang voneinander weg, und dann wieder aufeinander zu. Castor und Pollux kommen in dieser Beschreibung austauschbar vor, also können sie nicht verschieden schnell altern. Der Widerspruch ist nur scheinbar (Paradoxon), denn Castor hat immer in Bezug auf ein und dasselbe Inertialsystem geruht, aber von Pollux kann man das nicht sagen.

Der Altersunterschied macht sich allerdings nur bei großen Geschwindigkeiten bemerkbar. Wenn ein Pilot insgesamt 10 Jahre lang mit 1060 km/h fliegt, dann sind die anderen danach nur 0.16 ms älter als er. Bei $v/c = 0.9$ dagegen ist der Faktor in (1.154) bereits 0.44, der Effekt ist also nicht zu übersehen. Allerdings wird bei der obigen Argumentation die Geschwindigkeit abrupt von v in $-v$ geändert. Vielleicht geschehen dabei merkwürdige Dinge, so dass (1.154) nicht mehr stimmt?

Um auch diesen Einwand zu entkräften, führen wir das folgende Gedankenexperiment durch.

Castor bleibt beim Bodenpersonal, und Pollux begibt sich auf eine Reise zum Sirius in 8.6 Lichtjahren Entfernung. Damit während des gesamten Fluges Bedingungen wie auf der Erde herrschen, beschleunigt das Raumschiff mit g, der Schwerebeschleunigung auf der Erdoberfläche. Auf halbem Wege wird die Raumstation umgedreht und bremst auf diese Weise. Beim Sirius steht man für einen Moment still, macht schnell alle Beobachtungen und fliegt zurück zur Erde. In der Mitte wird wieder umgedreht, so dass das Raumschiff bei der Bodenstation zur Ruhe kommt.

Wir bezeichnen die Zeit, die von der Borduhr abgelesen wird, mit s. Diese Eigenzeit hängt mit der Zeit t der ruhenden Bodenstation gemäß

$$dt = \frac{ds}{\sqrt{1 - \dfrac{v^2}{c^2}}} \qquad (1.155)$$

zusammen. Dabei ist $\boldsymbol{v} = d\boldsymbol{x}/dt$ die Geschwindigkeit des Raumschiffes.

Wir beschreiben die Trajektorie der Raumstation durch $t = t(s)$, $x = y = 0$ und $z = z(s)$. t ist die Zeit der Bodenstation und z die Entfernung von der Bodenstation auf dem direkten Weg zum Sirius.

Man überzeugt sich leicht von

$$c^2 \dot{t}^2 - \dot{z}^2 = c^2 \,. \tag{1.156}$$

Dabei bedeutet von jetzt ab der Punkt über einer Funktion die Ableitung nach der Eigenzeit s.

Außerdem fordern wir

$$c^2 \ddot{t}^2 - \ddot{z}^2 = -g^2 \,. \tag{1.157}$$

Bei kleiner Geschwindigkeit stimmen die Zeit t der Bodenstation und die Zeit s des Raumschiffes überein, und (1.157) besagt, dass es mit g beschleunigt oder gebremst wird. (1.157) verallgemeinert diese Aussage auf beliebige Geschwindigkeiten. Das wird im Abschnitt über *Zeit und Raum* ausführlicher begründet.

Wir geben hier eine Lösung von (1.156) und (1.157) an:

$$t(s) = \frac{1}{g^*} \sinh(g^* s) \ \text{ und } \ z(s) = \frac{c}{g^*} \left\{ \cosh(g^* s) - 1 \right\} \,. \tag{1.158}$$

Dabei wurde g/c mit g^* abgekürzt[32].

Dass (1.158) den beiden Bedingungen (1.156) und (1.157) genügt, lässt sich einfach nachrechnen. Für den Anfang der Reise gilt

$$t = s + \dots \ \text{ sowie } \ z = \frac{g}{2} s^2 + \dots \,, \tag{1.159}$$

wie es sein muss.

Wir verwenden die Lösung (1.158) bis zur Mitte zwischen Sonnensystem und Sirius. Danach schließen wir stetig und mit stetiger erster Ableitung eine ähnliche Lösung mit $-g^*$ an, und dasselbe auf dem Rückweg in der Mitte.

Man sieht, dass nach der Rückkehr von der Sirius-Mission der Raumfahrer Pollux etwa 9 Jahre älter ist, Castor vom Bodenpersonal dagegen 21 Geburtstage gefeiert hat.

Experimente mit Elementarteilchen bestätigen es: jedes Teilchen, jeder Körper hat seine eigene innere Uhr. Die Lebensdauer eines instabilen Teilchens beispielsweise richtet sich nach der Eigenzeit. Myonen, die in den oberen Luftschichten erzeugt werden, können durchaus bis zur Erdoberfläche gelangen, obgleich sie nicht länger als zwei Mikrosekunde leben und dabei selbst mit Lichtgeschwindigkeit nur etwa 600 Meter weit fliegen dürften.

---

[32] g^* hat den Wert 1.035/Jahr.

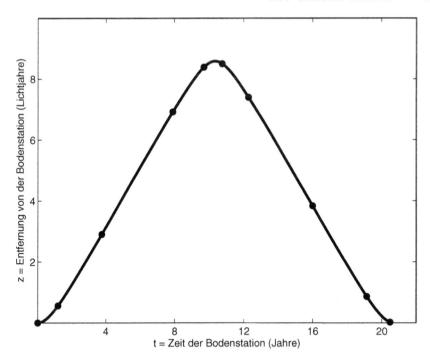

Abb. 1.7. Abstand des Raumschiffes von der Erde in Abhängigkeit von der Zeit der Bodenstation. Die Marken auf der Trajektorie sind in Abständen von einem Jahr Bordzeit angebracht.

1.14 Geladene Teilchen

Das elektromagnetische Feld macht sich durch seine Wirkung auf geladene Teilchen bemerkbar. Unter Ladung ist hier die elektrische Ladung gemeint. Das Elektron trägt die Ladung $-e$, das Proton die Ladung $+e$. Die Naturkonstante e bezeichnet man als Elementarladung[33].

Durch das Vorhandensein und die Bewegung anderer geladener Teilchen ist jeder Punkt des Raumes eine Impulsquelle:

$$\dot{\boldsymbol{p}} = q\,(\,\boldsymbol{E} + \boldsymbol{v} \times \boldsymbol{B}\,). \tag{1.160}$$

$\boldsymbol{E}$ heißt elektrische Feldstärke, $\boldsymbol{B}$ ist die (magnetische) Induktion. Die beiden Felder $\boldsymbol{E} = \boldsymbol{E}(t, x_1, x_2, x_3)$ und $\boldsymbol{B} = \boldsymbol{B}(t, x_1, x_2, x_3)$ zusammen beschreiben das elektromagnetische Feld. Wie das elektromagnetische Feld erzeugt wird und wie es sich verändert, ist Gegenstand der Elektrodynamik. Hier wollen

---

[33] $e = 1.602 \times 10^{-19}$ As

wir uns mit einfachen, vorgegebenen Feldern beschäftigen und wie diese auf geladene Teilchen einwirken.

(1.160) besagt, dass ein geladenes Teilchen pro Zeiteinheit einen zur Ladung q proportionalen Impulszuwachs erfährt, also eine Kraft verspürt. Diese so genannte Lorentz-Kraft setzt sich aus einem von der Teilchengeschwindigkeit v unabhängigen Teil und einem zur Geschwindigkeit proportionalen Anteil zusammen. Das erklärt die Aufspaltung des elektromagnetischen Feldes in den elektrischen und magnetischen Anteil.

Diese Aufteilung hängt übrigens vom Bezugssystem ab. Unter einer Lorentz- oder Galilei-Transformation ändert sich die Geschwindigkeit, und damit die Aufteilung des elektromagnetischen Feldes in elektrischen und magnetischen Anteil. Davon jedoch später.

In einem konstanten elektrischen Feld wird ein geladenes Teilchen in Feldrichtung beschleunigt. Zum Feld

$$
\boldsymbol{E}(t, x_1, x_2, x_3) = \begin{pmatrix} 0 \\ 0 \\ E \end{pmatrix} \tag{1.161}
$$

passt z. B. die Lösung

$$
\boldsymbol{p}(t) = \begin{pmatrix} 0 \\ 0 \\ qEt \end{pmatrix}. \tag{1.162}
$$

Wenn man sich auf genügend kleine Geschwindigkeiten beschränkt, darf man alle klassischen Ergebnisse über Wurfparabeln verwenden.

In einem homogenen Magnetfeld

$$
\boldsymbol{B}(t, x_1, x_2, x_3) = \begin{pmatrix} 0 \\ 0 \\ B \end{pmatrix} \tag{1.163}
$$

werden elektrisch geladene Teilchen auf Kreisbahnen geführt.

Wir setzen

$$
\boldsymbol{x} = R \begin{pmatrix} \cos \omega t \\ \sin \omega t \\ 0 \end{pmatrix} \tag{1.164}
$$

an. Die Geschwindigkeit ist

$$\boldsymbol{v} = R\omega \begin{pmatrix} -\sin\omega t \\ \cos\omega t \\ 0 \end{pmatrix}, \tag{1.165}$$

der Impuls also

$$\boldsymbol{p} = \frac{mR\omega}{\sqrt{1 - R^2\omega^2/c^2}} \begin{pmatrix} -\sin\omega t \\ \cos\omega t \\ 0 \end{pmatrix}. \tag{1.166}$$

Für die Zeitableitung des Impulses berechnen wir

$$\dot{\boldsymbol{p}} = -\frac{mR\omega^2}{\sqrt{1 - R^2\omega^2/c^2}} \begin{pmatrix} \cos\omega t \\ \sin\omega t \\ 0 \end{pmatrix}. \tag{1.167}$$

Das soll nun mit $q\,\boldsymbol{v} \times \boldsymbol{B}$ übereinstimmen, also mit

$$q\,R\omega B \begin{pmatrix} \cos\omega t \\ \sin\omega t \\ 0 \end{pmatrix}. \tag{1.168}$$

Der Vergleich ergibt

$$\frac{\omega}{\sqrt{1 - R^2\omega^2/c^2}} = -\frac{q}{m}B. \tag{1.169}$$

Mit der magnetischen Induktion wächst auch die Kreisfrequenz. Allerdings kann die Umlaufgeschwindigkeit nicht größer als die Lichtgeschwindigkeit werden. Bei kleinem Magnetfeld geht der Bahnradius gar nicht ein.

2

Elektrodynamik

Maxwells zweibändiges Werk über Elektrizität und Magnetismus, das 1873 erschienen ist, sollte in die Liste der einflussreichsten Bücher aufgenommen werden. Man wird lange nach einem Gedankengebäude suchen müssen, das nie wieder umgebaut werden musste und von dem so viele Impulse für die moderne Zivilisation ausgegangen sind. Die Maxwellsche Theorie des elektromagnetischen Feldes ist die wissenschaftliche Grundlage für Elektrotechnik, Elektronik und Optik, um nur die wichtigsten Disziplinen zu nennen. Die enorme Spannweite der Anwendungen hat die Stoffauswahl für das einführende Kapitel in die Elektrodynamik bestimmt.

Wir definieren das elektromagnetische Feld durch seine Wirkung auf geladene Teilchen. Geladene Teilchen verspüren nicht nur das Feld, sie erzeugen es auch, wie wir im Abschnitt *Ladung und Feld* erörtern.

An allgemeinen Prinzipien orientierte Überlegungen—Überlagerungsprinzip, Invarianz gegen Verschiebungen und Drehungen, Spiegelsymmetrie und Invarianz unter Zeitumkehr, Ladungserhaltung—führen zwangsläufig auf die *Maxwell-Gleichungen*.

Im statischen Grenzfall kann man das elektrische und das magnetische Feld jeweils für sich behandeln. Wir entwickeln die Begriffe *Elektrisches Potential*, *Elektrische Dipole*, *Polarisierung*, *Magnetische Dipole*, Magnetisierung und führen diese Überlegungen zu einem Abschnitt über die *Maxwell-Gleichungen in Materie* zusammen.

Diese partiellen Differentialgleichungen lassen sich in Beziehungen zwischen integralen Größen überführen. Damit kann man Probleme mit hoher Symmetrie elegant lösen. Die *Maxwell-Gleichungen in Integralform* liefern insbesondere Stetigkeitsbedingungen an Grenzflächen zwischen verschiedenen Medien.

Der Abschnitt über das *Biot-Savart-Gesetz* behandelt die technisch wichtige Situation, dass der elektrische Strom in dünnen Drähten geführt wird.

Ohne Ladung und ohne Strom, also auch im Vakuum gilt: eine zeitlich veränderliche Induktion induziert ein zeitlich veränderliches elektrisches Feld, das wiederum eine zeitlich veränderliche Induktion hervorruft. Die Maxwell-Gleichungen enthalten Lösungen für *Elektromagnetische Wellen*, im Vakuum und in Materie.

Ebene Wellen gibt es nur in einem homogenen Medium. Bei zwei verschiedenen homogenen Medien mit einer ebenen Grenzfläche braucht man drei ebene Wellen, um die Maxwell-Gleichungen mitsamt den Stetigkeitsanforderungen zu befriedigen. Zur einlaufenden ebenen Welle kommt eine transmittierte und eine reflektierte hinzu. Das Snelliussche Brechungsgesetz, die Reflexionskoeffizienten für orthogonal und parallel polarisiertes Licht, das Phänomen der Totalreflexion und vieles mehr lassen sich ohne große Mühe herleiten. Wir behandeln das im Abschnitt über *Brechung und Reflexion*.

Zum Abschluss dieser Einführung gehen wir auch noch auf *Das elektromagnetische Feld im leitende Medium* ein und erklären unter anderem den Faraday-Käfig und den Skin-Effekt.

2.1 Ladung und Feld

Das elektromagnetische Feld macht sich durch seine Wirkung auf geladene Teilchen bemerkbar.

Jedes Teilchen hat eine elektrische Ladung q. Diese Ladung ist immer ein ganzzahliges Vielfaches der Elementarladung $e=1.602 \times 10^{-19}$ As. Beispielsweise hat das Proton die Ladung e, das Neutron die Ladung 0 und das Elektron die Ladung $-e$.

Ein mit q geladenes Teilchen, das sich mit Geschwindigkeit $\boldsymbol{v}$ bewegt, nimmt aus seiner Umgebung pro Zeiteinheit den Impuls

$$\dot{\boldsymbol{p}} = q\left\{ \boldsymbol{E} + \boldsymbol{v} \times \boldsymbol{B} \right\} \tag{2.1}$$

auf. Dabei ist $\boldsymbol{E}$ die elektrische Feldstärke am Ort des Teilchens und $\boldsymbol{B}$ die Induktion. (2.1) beschreibt die Lorentz-Kraft auf ein geladenes Teilchen, das von dem elektromagnetischen Feld $(\boldsymbol{E}, \boldsymbol{B})$ ausgeübt wird.

Das elektromagnetische Feld hat sechs Komponenten. Wie wir später sehen werden, hängt die Trennung in elektrisches und magnetisches Feld vom Bezugssystem ab. Ein rein elektrisches Feld, wenn von einem bewegten Inertialsystem aus beobachtet, hat dann plötzlich eine magnetische Komponente, und umgekehrt.

Felder F sind Funktionen von Raum und Zeit. In Bezug auf ein Inertialsystem beschreiben wir Feldkomponenten durch Funktionen $F = F(t, \boldsymbol{x})$. Dreht man das kartesische Koordinatensystem, dann transformieren sich die Felder entweder als Skalare, als Vektoren oder als Tensoren höherer Stufe.

Ein Skalarfeld S rechnet sich bei der Transformation $\boldsymbol{x} \to \boldsymbol{x}' = R\boldsymbol{x}$ wie $S \to S'$ im Sinne von

$$S'(t, \boldsymbol{x}') = S(t, \boldsymbol{x}) \tag{2.2}$$

um. R ist eine Drehmatrix, $RR^T = I$. Die neue Feldstärke bei den neuen Koordinaten stimmt mit der alten Feldstärke bei den alten Koordinaten überein. Ein Vektorfeld $\boldsymbol{V}$ dagegen rechnet sich wie $\boldsymbol{V} \to \boldsymbol{V}' = R\boldsymbol{V}$ um, und zwar im Sinne von

$$\boldsymbol{V}'(t, \boldsymbol{x}') = R\boldsymbol{V}(t, \boldsymbol{x})\,. \tag{2.3}$$

Der neue Feldstärkevektor bei den neuen Koordinaten ist der alte Feldstärkevektor bei den alten Koordinaten desselben Punktes. Allerdings wird er noch wie ein Vektor gedreht.

Sowohl die Geschwindigkeit und der Impuls eines Teilchens zur Zeit t sind Vektoren. Folglich ist sowohl das elektrische Feld $\boldsymbol{E} = \boldsymbol{E}(t, \boldsymbol{x})$ als auch das Induktionsfeld $\boldsymbol{B} = \boldsymbol{B}(t, \boldsymbol{x})$ ein Vektorfeld.

Das elektromagnetische Feld wirkt auf geladene Teilchen, es wird aber auch von geladenen Teilchen erzeugt. Dabei kommt es sicherlich nicht darauf an, wo genau jedes Teilchen sitzt. Nahe benachbarte Teilchen um den Punkt $\boldsymbol{y}$ tragen gleichartig zur Feldstärke bei $\boldsymbol{x}$ bei. Es kommt also nicht auf die genauen Positionen der felderzeugenden Ladungen an, sondern auf die Verteilung vieler kleiner Ladungen im Raum. Das kennzeichnet die klassische Elektrodynamik: es ist sinnvoll, von einer Ladungsdichte $\varrho = \varrho(t, \boldsymbol{x})$ zu reden. Die Ladung Q zur Zeit t im Gebiet $\mathcal{G}$ ist gerade durch

$$Q(t, \mathcal{G}) = \int_{\boldsymbol{x} \in \mathcal{G}} dV \, \varrho(t, \boldsymbol{x}) \tag{2.4}$$

gegeben.

Das elektromagnetische Feld bewirkt bei sich bewegenden Teilchen eine zusätzliche Kraft $q(\boldsymbol{v} \times \boldsymbol{B})$. Man muss also auch davon ausgehen, dass sich bewegende geladene Teilchen magnetische Effekte hervorrufen.

Strömende elektrische Ladung erfassen wir durch den Begriff der elektrischen Stromdichte $\boldsymbol{j} = \boldsymbol{j}(t, \boldsymbol{x})$[1]. Durch ein Flächenstück dA mit Normalenvektor $\boldsymbol{n}$ (also durch $d\boldsymbol{A} = \boldsymbol{n}\,dA$) tritt während der Zeit dt die elektrische Ladung $dQ = d\boldsymbol{A} \cdot \boldsymbol{j}$, und zwar von der Rück- zur Vorderseite. Durch eine Fläche $\mathcal{F}$ strömt pro Zeiteinheit die elektrische Ladung

$$I(t, \mathcal{F}) = \int_{\boldsymbol{x} \in \mathcal{F}} d\boldsymbol{A} \cdot \boldsymbol{j}(t, \boldsymbol{x})\,. \tag{2.5}$$

I ist ein elektrischer Strom. Ein elektrischer Strom wird in Ampère[2] (A) gemessen, die elektrische Ladung in As, die Stromdichte in Am^{-2}. Die Ladungsdichte ϱ ist in Asm^{-3} anzugeben.

---

[1] Der Punkt über dem $\jmath$ gehört zum Buchstaben j und bedeutet hier nicht die Ableitung nach der Zeit.

[2] André-Marie Ampère, 1775 - 1836, französischer Physiker und Mathematiker

Die elektrische Ladung ist erhalten in dem Sinne, dass sie nur umverteilt, nicht aber erzeugt oder vernichtet werden kann. Der Zuwachs an Ladung in einem Gebiet $\mathcal{G}$ und der Nettoabfluss durch die Oberfläche $\partial\mathcal{G}$ müssen sich zu Null aufheben:

$$\frac{d}{dt}Q(t,\mathcal{G}) + I(t,\partial\mathcal{G}) = 0 \,. \tag{2.6}$$

Mit dem Satz von Gauß[3] lässt sich der Strom durch die Oberfläche in den Ausdruck

$$I(t,\partial\mathcal{G}) = \int_{\boldsymbol{x}\in\mathcal{G}} dV \, \boldsymbol{\nabla} \cdot \boldsymbol{j}(t,\boldsymbol{x}) \tag{2.7}$$

umformen. Weil (2.6) mit (2.7) für alle Zeiten t und für beliebige Gebiete $\mathcal{G}$ gelten, schließen wir

$$\dot{\varrho} + \boldsymbol{\nabla} \cdot \boldsymbol{j} = 0 \,. \tag{2.8}$$

Diese Gleichung haben wir als eine Feldgleichung geschrieben: sie ist zu allen Zeiten und an allen Orten erfüllt. (2.8) heißt Kontinuitätsgleichung, sie beschreibt die Erhaltung der elektrischen Ladung. $\boldsymbol{\nabla} \cdot \boldsymbol{j}$ ist die Divergenz der elektrischen Stromdichte.

Die Ladungsdichte ϱ ist ein skalares Feld, ebenso die Zeitableitung $\dot{\varrho}$. Die drei Komponenten der Stromdichte $\boldsymbol{j}$ bilden ein Vektorfeld. Die Divergenz eines Vektorfeldes ist immer ein skalares Feld.

Noch eine Bemerkung zur Schreibweise. Wir haben bisher stets fettgedruckte Symbole für Vektoren verwendet, z. B.

$$\boldsymbol{a} = \begin{pmatrix} a_1 \\ a_2 \\ a_3 \end{pmatrix} \quad \text{oder} \quad \boldsymbol{b} = \begin{pmatrix} b_1 \\ b_2 \\ b_3 \end{pmatrix} \,. \tag{2.9}$$

Skalar- und Vektorprodukt sind durch

$$\boldsymbol{a} \cdot \boldsymbol{b} = a_1 b_1 + a_2 b_2 + a_3 b_3 \quad \text{bzw.} \quad \boldsymbol{a} \times \boldsymbol{b} = \begin{pmatrix} a_2 b_3 - a_3 b_2 \\ a_3 b_1 - a_1 b_3 \\ a_1 b_2 - a_2 b_1 \end{pmatrix} \tag{2.10}$$

erklärt.

---

[3] Johann Carl Friedrich Gauß, 1777 - 1855, deutscher Mathematiker, Astronom, Geodät und Physiker

Wir werden von jetzt ab immer öfter vom Vektor a_i reden, das Skalarprodukt als $a_i b_i$ schreiben und das Vektorprodukt als $\epsilon_{ijk} a_j b_k$. Diese Schreibweise geht auf Albert Einstein zurück: wenn in einem Term derselbe Index doppelt auftritt, ist eine Summe (über den natürlichen Wertebereich) gemeint. Die partielle Ableitung nach der Zeit wird gewöhnlich durch einen Punkt über dem Feld dargestellt. Wir verwenden im folgenden oft den Operator ∇_t dafür. Die Kontinuitätsgleichung kann man also auch als

$$\nabla_t \varrho + \nabla_i j_i = 0 \qquad (2.11)$$

schreiben. Man vergleiche das mit (2.8).

2.2 Maxwell-Gleichungen

Das elektromagnetische Feld $(\boldsymbol{E}, \boldsymbol{B})$ wird durch die Ladungs- und Stromdichte $(\varrho, \boldsymbol{j})$ erzeugt. Der Zusammenhang wird, wie immer in der Physik, durch Differentialgleichungen beschrieben.

Dabei ist das Superpositionsprinzip zu beachten. Wenn $(\varrho_1, \boldsymbol{j}_1)$ das elektromagnetische Feld $(\boldsymbol{E}_1, \boldsymbol{B}_1)$ erzeugt und $(\varrho_2, \boldsymbol{j}_2)$ das Feld $(\boldsymbol{E}_2, \boldsymbol{B}_2)$, dann erzeugt die gesamte Ladungs- und Stromdichte $(\varrho_1 + \varrho_2, \boldsymbol{j}_1 + \boldsymbol{j}_2)$ das Gesamtfeld $(\boldsymbol{E}_1 + \boldsymbol{E}_2, \boldsymbol{B}_1 + \boldsymbol{B}_2)$.

Das elektromagnetische Feld ist linear in der erzeugenden Ladungs- und Stromverteilung.

Nur Ausdrücke mit dem gleichen Transformationsverhalten dürfen miteinander linear kombiniert werden, damit die gesuchten Gleichungen in allen Inertialsystemen gelten. Skalarfelder können also nur zu Skalarfeldern addiert werden und Vektorfelder nur zu Vektorfeldern.

Die elektromagnetische Wechselwirkung zeichnet keine Zeitrichtung aus. Sie ist mit der Zeitspiegelung T verträglich, $t \to t' = -t$.

Dasselbe gilt für die Raumspiegelung P: $\boldsymbol{x} \to \boldsymbol{x}' = -\boldsymbol{x}$ ist eine Symmetrie.

Die Gleichungen für das elektromagnetische Feld sind lineare Beziehungen zwischen Feldern mit dem gleichen Transformationsverhalten unter Drehungen (D) sowie Zeitspiegelung und Raumspiegelung.

Wir klassifizieren nun die beteiligten Felder danach, ob sie skalare (s) oder Vektorfelder (v) sind und wie sie sich unter Zeit- und Raumspiegelung verhalten: ob sie in sich selber übergehen (+) oder in das Negative (-).

Als Ableitungen kommen die Zeitableitung, der Gradient, die Divergenz und die Rotation in Frage:

D	T	P	Feld	∇_t	grad	div	rot
s	+	+	ϱ			$\nabla \cdot E$	
s	+	-					
s	-	+		$\nabla_t \varrho$		$\nabla \cdot j$	
s	-	-				$\nabla \cdot B$	
v	+	+		$\nabla_t B$			$\nabla \times E$
v	+	-	E	$\nabla_t j$	$\nabla \varrho$		
v	-	+	B				$\nabla \times j$
v	-	-	j	$\nabla_t E$			$\nabla \times B$

$$(2.12)$$

Nur die Ausdrücke in derselben Zeile dürfen miteinander linear kombiniert werden, wobei einer der nicht verschwindenden Koeffizienten als eins gewählt werden sollte.

Die erste Zeile schreiben wir als

$$\epsilon_0 \nabla \cdot E = \varrho \qquad (2.13)$$

mit einer vom Maßsystem abhängigen Konstanten ϵ_0. Ladung ist die Quelle des elektrischen Feldes.

Die nächste Zeile ist leer.

Die dritte Zeile haben wir bereits erörtert:

$$\nabla_t \varrho + \nabla \cdot j = 0 \qquad (2.14)$$

garantiert, dass die elektrische Ladung erhalten bleibt.

Die vierte Zeile führt auf

$$\nabla \cdot B = 0 \,. \qquad (2.15)$$

Es gibt keine magnetische Ladung.

Die fünfte Zeile verknüpft die Zeitableitung der Induktion mit der Rotation des elektrischen Feldes. Wir werden später begründen, warum nur der Faktor 1 zulässig ist,

$$\nabla \times E = -\nabla_t B \,. \qquad (2.16)$$

Die sechste Zeile bereitet Schwierigkeiten. Eine Gleichung $aE = b\nabla_t j + c\nabla \varrho$ würde ausschließen, dass es elektrische Felder im Vakuum gäbe. Die gibt es aber, sonst könnten wir nicht die Sonne sehen. Die sechste Zeile muss also mit $a = b = c = 0$ verarbeitet werden.

Auch bei der siebten Zeile unserer Tabelle berufen wir uns auf das Argument, dass das elektromagnetische Feld im Vakuum existieren kann. Folglich sind B und $\nabla \times j$ mit den Koeffizienten 0 linear zu kombinieren.

Die letzte Zeile der Tabelle (2.12) schreiben wir als

$$\frac{1}{\mu_0} \nabla \cdot B = j + \epsilon_0 \nabla_t E. \tag{2.17}$$

Einen Koeffizienten in der linearen Beziehung kann man auf den Wert 1 setzen, hier vor der Stromdichte. Der Faktor vor $\nabla \times B$ hängt vom Maßsystem ab, wir bezeichnen ihn wie üblich mit $1/\mu_0$. Dass der Faktor von der Zeitableitung des elektrischen Feldes gerade das ϵ_0 aus (2.13) sein muss, hängt mit der Ladungserhaltung zusammen.

(2.13), (2.15), (2.16) und (2.17) sind die bekannten Maxwell-Gleichungen.

Allerdings bleibt noch zu begründen, warum in der linearen Beziehung (2.16) nur der Faktor $\alpha = 1$ vor $\nabla_t B$ zulässig ist.

Dazu führen wir durch

$$t' = t \quad \text{und} \quad x' = x + ut \tag{2.18}$$

ein anderes Inertialsystem ein. Solange $|u| \ll c$ gilt, ist diese Galilei-Transformation erlaubt. Schließlich wollen wir hier nicht nachweisen, dass die soeben hergeleiteten Maxwell-Gleichungen dem Relativitäts-Prinzip genügen. Dafür müsste man alle Inertialsysteme betrachten. Hier wollen wir lediglich den Wert der Konstanten α bestimmen, und dafür reichen kleine Relativgeschwindigkeiten aus.

Die Kraft auf ein geladenes Teilchen ändert sich nicht, wenn man das Bezugssystem wechselt,

$$E'(t, x') + v' \times B'(t, x') = E(t, x) + v \times B(t, x). \tag{2.19}$$

Wegen $v' = v + u$ schließen wir

$$B'(t, x') = B(t, x) \quad \text{und} \quad E'(t, x') = E(t, x) - u \times B(t, x). \tag{2.20}$$

Damit kein Inertialsystem ausgezeichnet ist, muss die Feldgleichung

$$\nabla' \times E' + \alpha \nabla'_t B' = 0 \tag{2.21}$$

gelten. Wir berechnen dafür

$$\nabla \times E - \nabla \times (u \times B) + \alpha \nabla_t B - \alpha (u \nabla) B. \tag{2.22}$$

Mit

$$\nabla \times (u \times B) = u(\nabla \cdot B) - (u \nabla) B \tag{2.23}$$

und wegen $\nabla \cdot B = 0$ folgt

$$\nabla' \times E' + \alpha \nabla'_t B' = \nabla \times E + \alpha \nabla_t B + (1 - \alpha)(u \nabla) B. \tag{2.24}$$

Der zur Relativgeschwindigkeit proportionale Beitrag muss in jeder experimentellen Situation wegfallen, und das ist nur mit $\alpha = 1$ möglich. Das war noch nachzutragen.

Die Konstante μ_0 wird als Permeabilität des Vakuums bezeichnet. Ihr Wert im Internationalen Einheitensystem ist zu $4\pi \times 10^{-7}$ VsA^{-1}m^{-1} festgesetzt worden.

ϵ_0 ist die Dielektrizitätskonstante des Vakuums. Ihr Wert[4] ergibt sich aus der Beziehung $\epsilon_0 \mu_0 c^2 = 1$. Dabei ist c die Lichtgeschwindigkeit im Vakuum.

Wir halten fest:

- Die elektrische Ladung kann nicht erzeugt oder vernichtet, sondern nur umverteilt werden.

- Das elektromagnetische Feld E, B wird durch die elektrische Ladungsdichte ϱ und die elektrische Stromdichte j erzeugt.

- Das elektromagnetische Feld kann auch im Vakuum existieren.

- Die Maxwell-Gleichungen verknüpfen die einfachen partiellen Ableitungen des elektromagnetischen Feldes linear mit der Ladungs- und Stromdichte.

- Die Maxwell-Gleichungen zeichnen kein Inertialsystem, keinen Drehsinn und keine Zeitrichtung aus.

- Diese Forderungen haben eine eindeutige Lösung, nämlich

$$\epsilon_0 \nabla \cdot E = \varrho, \tag{2.25}$$

$$-\epsilon_0 \nabla_t E + \frac{1}{\mu_0} \nabla \times B = j, \tag{2.26}$$

$$\nabla \cdot B = 0, \tag{2.27}$$

$$\nabla_t B + \nabla \times E = 0. \tag{2.28}$$

2.3 Elektrisches Potential

Das sind die Maxwell-Gleichungen für das elektromagnetische Feld:

$$\epsilon_0 \nabla \cdot E = \varrho \quad \text{und} \quad \nabla \times E = -\nabla_t B \tag{2.29}$$

sowie

$$\nabla \cdot B = 0 \quad \text{und} \quad \frac{1}{\mu_0} \nabla \times B = j + \epsilon_0 \nabla_t E. \tag{2.30}$$

---

[4] 8.854×10^{-12} AsV^{-1}m^{-1}

Wenn die Zeitableitungen verschwinden oder vernachlässigbar klein sind, hat man es mit der Elektro- und Magnetostatik zu tun. Die Maxwell-Gleichungen zerfallen dann nämlich in zwei Gruppen von Gleichungen.

$$\epsilon_0 \boldsymbol{\nabla} \cdot \boldsymbol{E} = \varrho \ \text{ und } \ \boldsymbol{\nabla} \times \boldsymbol{E} = 0 \tag{2.31}$$

beschreibt das statische elektrische Feld.

Die zweite Gruppe von Gleichungen

$$\boldsymbol{\nabla} \cdot \boldsymbol{B} = 0 \ \text{ und } \ \frac{1}{\mu_0} \boldsymbol{\nabla} \times \boldsymbol{B} = \boldsymbol{j} \tag{2.32}$$

ist für das statische Magnetfeld zuständig. Darauf kommen wir etwas später wieder zurück. Dieser Abschnitt und die nächsten beiden befassen sich mit dem statischen elektrischen Feld.

Gleichung (2.31) besagt, dass es in jedem Falle rotationsfrei ist und von der Ladungsdichte erzeugt wird, die eine Divergenz verursacht.

Die Rotationsgleichung lösen wir durch den Ansatz

$$\boldsymbol{E}(\boldsymbol{x}) = -\boldsymbol{\nabla}\phi(\boldsymbol{x}) \,. \tag{2.33}$$

Wir setzen das elektrische Feld[5] also als Gradienten eines Potentials ϕ an. Jedes Gradientenfeld ist rotationsfrei,

$$\boldsymbol{\nabla} \times (\boldsymbol{\nabla} S) = 0 \,. \tag{2.34}$$

Gibt es elektrostatische Felder, die sich nicht als Gradient eines Potentials darstellen lassen und trotzdem rotationsfrei sind? Nein, wie wir sogleich zeigen werden.

Dafür wählen wir einen Bezugspunkt $\boldsymbol{x}_0$ und setzen das Potential dort als ϕ_0 fest. Von $\boldsymbol{x}_0$ zum Aufpunkt $\boldsymbol{x}$ ziehen wir eine stückweise glatte Kurve $\mathcal{C}$ und definieren

$$\phi(\boldsymbol{x}) = \phi_0 - \int_{\mathcal{C}} d\boldsymbol{s}\, \boldsymbol{E} \,. \tag{2.35}$$

Dieses Wegintegral hängt allein vom Feld (hier $\boldsymbol{E}$) und vom Weg (hier $\mathcal{C}$) ab, nicht aber davon, wie der Weg (die Kurve) parametrisiert wird.

Allerdings kann man vom Punkt $\boldsymbol{x}_0$ auf verschiedenen Wegen zum Punkt $\boldsymbol{x}$ kommen. $\mathcal{C}$ sei ein Weg, $\mathcal{C}'$ ein anderer. Der Weg $\mathcal{C} - \mathcal{C}'$ führt vom Punkt $\boldsymbol{x}_0$ zu $\boldsymbol{x}$ und zurück nach $\boldsymbol{x}_0$, ist also geschlossen. Solch ein geschlossener Weg kann immer als Rand $\partial\mathcal{F}$ einer Fläche $\mathcal{F}$ aufgefasst werden. Mit dem Satz von Stokes

---

[5] Beachten Sie, dass wir die Zeit nicht mehr in die Argumentenliste aufnehmen

$$\int_{\mathcal{F}} d\boldsymbol{A}\, \boldsymbol{\nabla} \times \boldsymbol{V} = \int_{\partial\mathcal{F}} d\boldsymbol{s}\, \boldsymbol{V} \tag{2.36}$$

lässt sich das Flächenintegral über die Rotation eines Vektorfeldes $\boldsymbol{V}$ auf das Kurvenintegral über den Rand der Fläche zurückführen. In unserem Falle verschwindet die Rotation des elektrischen Feldes, und damit auch das Randintegral. Daraus schließen wir, dass das Wegintegral der elektrischen Feldstärke über verschiedene Wege $\mathcal{C}$ und $\mathcal{C}'$ denselben Wert hat. Anders ausgedrückt: Zu jedem rotationsfreien elektrostatischen Feld gibt es ein Potential, das bis auf eine additive Konstante $\phi_0 = \phi(\boldsymbol{x}_0)$ eindeutig ist. Diese Mehrdeutigkeit stört aber nicht, weil das Potential erst wirksam wird, nachdem man es differenziert hat. Eine ähnliche Argumentation haben wir schon im Abschnitt 1.3 über *Potential und Energie* vorgestellt.

Das elektrostatische Feld ist der negative Gradient eines elektrischen Potentials. Das Potential ist bis auf einen additiven Zusatz eindeutig.

(2.33) in (2.31) eingesetzt ergibt die Poisson-Gleichung[6] der Elektrostatik:

$$-\epsilon_0 \Delta\phi = \varrho \,. \tag{2.37}$$

$\Delta = \boldsymbol{\nabla}^2 = \nabla_i \nabla_i$ ist der Laplace-Operator[7].

Wir wollen nun die allereinfachste Aufgabe der Elektrodynamik lösen: welches Potential gehört zu einer bei $\boldsymbol{x} = 0$ ruhenden Punktladung q?

Für das Feld setzen wir an, dass es vom Koordinatenursprung wegzeigt und ansonsten nur vom Abstand $r = |\boldsymbol{x}|$ abhängt:

$$\boldsymbol{E}(\boldsymbol{x}) = \frac{\boldsymbol{x}}{r} E(r) \,. \tag{2.38}$$

Die zuständige Maxwell-Gleichung $\epsilon_0 \boldsymbol{\nabla} \cdot \boldsymbol{E} = \varrho$ kann man über ein Gebiet $\mathcal{G}$ integrieren:

$$\int_{\partial\mathcal{G}} d\boldsymbol{A}\, \epsilon_0 \boldsymbol{E} = \int_{\mathcal{G}} dV\, \varrho = Q(\mathcal{G}) \,. \tag{2.39}$$

$Q(\mathcal{G})$ ist die Ladung im Gebiet $\mathcal{G}$. Das stimmt mit dem Oberflächenintegral über die Feldstärke überein, nachdem man mit ϵ_0 multipliziert hat.

Mit unserem Ansatz (2.38) berechnen wir $4\pi\epsilon_0 r^2 E(r) = q$ oder

$$E(r) = \frac{1}{4\pi\epsilon_0} \frac{q}{r^2} \,. \tag{2.40}$$

---

[6] Siméon-Denis Poisson, 1781 - 1840, französischer Physiker und Mathematiker
[7] Pierre-Simon Laplace, 1749 - 1827, französischer Mathematiker und Astronom

Dieses Feld gewinnt man aus

$$\phi(\boldsymbol{x}) = \frac{q}{4\pi\epsilon_0 |\boldsymbol{x}|}\,, \tag{2.41}$$

dem Coulomb-Potential[8], wie man einfach nachrechnen kann.

Das Potential einer Ladungsverteilung ϱ ist demnach

$$\phi(\boldsymbol{x}) = \frac{1}{4\pi\epsilon_0} \int d^3y\, \frac{\varrho(\boldsymbol{y})}{|\boldsymbol{x} - \boldsymbol{y}|}\,. \tag{2.42}$$

Übrigens wusste schon Newton, dass ein r^{-2}-Kraftgesetz etwas besonderes ist. Newton hat sich zwar nicht mit dem elektrischen Feld beschäftigt, sondern mit der Schwerkraft. Trotzdem sind die Probleme dieselben, wenn man unter ϱ die Massendichte versteht und $1/4\pi\epsilon_0$ durch die universelle Gravitationskonstante G ersetzt.

Wenn die Ladungsverteilung ϱ sphärisch symmetrisch ist, also von $\boldsymbol{y}$ nur über $|\boldsymbol{y}|$ abhängt, dann ist auch der Betrag der Feldstärke allein eine Funktion des Abstandes $r = |\boldsymbol{x}|$ vom Zentrum. Es gilt

$$\boldsymbol{E}(\boldsymbol{x}) = \frac{Q(r)}{4\pi\epsilon_0}\frac{\boldsymbol{x}}{r^3} \;\; \text{mit}\;\; Q(r) = \int_{|\boldsymbol{y}|\le r} d^3y\, \varrho(\boldsymbol{y})\,. \tag{2.43}$$

Die Ladungen im Außenbereich (bei $|\boldsymbol{y}| > r$) tragen nicht zur Feldstärke bei. Wohlgemerkt: bei einer symmetrischen Ladungs- oder Massenverteilung.

2.4 Elektrische Dipole

Die Ladungsverteilung ϱ erzeugt das elektrische Potential

$$\phi(\boldsymbol{x}) = \frac{1}{4\pi\epsilon_0} \int d^3y\, \frac{\varrho(\boldsymbol{y})}{|\boldsymbol{x} - \boldsymbol{y}|}\,, \tag{2.44}$$

wie wir soeben gezeigt haben.

Wir wollen nun annehmen, dass die gesamte Ladung in einem Bereich mit der Abmessung R um den Koordinatenursprung konzentriert ist. Denken Sie dabei an ein Molekül wie H_2O. In einigen Nanometern Abstand vom Massenmittelpunkt wird man von der Ladung nichts mehr verspüren. Ein H_2O-Molekül sieht dann wie ein Massenpunkt ohne Ladung aus.

Wir wollen das Potential in der Fernzone $r = |\boldsymbol{x}| \gg R$ berechnen. Zu diesem Zweck unterscheiden wir zwischen der Richtung $\boldsymbol{n}$ und dem Abstand r des

---

[8] Charles Augustin Coulomb, 1736 - 1806, französischer Physiker

Aufpunktes, untersuchen also das Potential (2.44) in Richtung $\boldsymbol{n}$ als Funktion des Abstandes r. Wir entwickeln den Nenner in (2.44) wie folgt:

$$\frac{1}{|r\boldsymbol{n} - \boldsymbol{y}|} = \frac{1}{r}\left(1 - \frac{2\boldsymbol{n}\boldsymbol{y}}{r} + \frac{\boldsymbol{y}^2}{r^2}\right)^{-1/2} = \frac{1}{r} + \frac{\boldsymbol{n}\boldsymbol{y}}{r^2} + \dots . \tag{2.45}$$

Damit können wir nun das Potential der Ladungsverteilung ϱ entwickeln:

$$\phi(r\boldsymbol{n}) = \frac{1}{4\pi\epsilon_0}\left(\frac{Q}{r} + \frac{\boldsymbol{n}\boldsymbol{d}}{r^2} + \dots\right). \tag{2.46}$$

$$Q = \int d^3y\,\varrho(\boldsymbol{y}) \tag{2.47}$$

ist die Gesamtladung. Der Beitrag der Gesamtladung zum Potential fällt am schwächsten ab, nämlich wie $1/r$.

Mit

$$\boldsymbol{d} = \int d^3y\,\varrho(\boldsymbol{y})\,\boldsymbol{y} \tag{2.48}$$

haben wir das Dipolmoment der Ladungsverteilung ϱ bezeichnet. Der Beitrag des Dipolmomentes zum Potential fällt wie $1/r^2$ ab.

Falls die Gesamtladung nicht verschwindet, dominiert sie das Potential. Die Dipolkorrektur spielt dann meistens keine Rolle.

Ist die Ladungsverteilung insgesamt neutral, dann wird der dominierende Beitrag zum elektrischen Potential durch das Dipolmoment beschrieben. Beispielsweise hat das H_2O-Molekül ein Dipolmoment.

Die beiden Wasserstoff-Kerne und der Sauerstoff-Kern liegen <u>nicht</u> auf einer Linie. Dann gäbe es kein Dipolmoment. Vielmehr bilden die Kerne ein gleichschenkliges Dreieck. Das Dipolmoment eines Wassermoleküls zeigt vom Sauerstoffkern weg und hat den Wert $d = ea$ mit $a = 0.40$ Å. Dieses Dipolmoment ist für die vielen außergewöhnlichen Eigenschaften des Wassers verantwortlich.

Eigentlich ist das Dipolmoment eine schlecht definierte Größe. Verschiebt man nämlich das Koordinatensystem um $\boldsymbol{a}$, rechnet also mit $\boldsymbol{x}' = \boldsymbol{x} + \boldsymbol{a}$, dann ändert sich das Dipolmoment in

$$\boldsymbol{d}' = \boldsymbol{d} + Q\boldsymbol{a}. \tag{2.49}$$

Dabei ist Q die Gesamtladung des Systems.

Nur wenn das System insgesamt elektrisch neutral ist, hat das Dipolmoment einen vom Bezugssystem unabhängigen Wert.

Die Angaben über das Dipolmoment eines H_2O-Moleküls machen also Sinn, denn die Kern- und Elektronenladungen heben sich zu Null auf.

Eine Ladungsverteilung mit Gesamtladung $Q = 0$, Dipolmoment $\boldsymbol{d}$ und vernachlässigbarer Ausdehnung bezeichnet man als einen elektrischen Dipol. Das H_2O-Molekül ist ein elektrischer Dipol. Der elektrische Dipol $\boldsymbol{d}$ bei $\boldsymbol{x}$ hat an der Stelle $\boldsymbol{y} = \boldsymbol{x} + r\boldsymbol{n}$ das Potential

$$\phi^{\mathrm{d}}(\boldsymbol{x} + r\boldsymbol{n}) = \frac{1}{4\pi\epsilon_0}\frac{\boldsymbol{n}\boldsymbol{d}}{r^2} \tag{2.50}$$

und erzeugt dort das Feld

$$E_i^{\mathrm{d}}(\boldsymbol{x} + r\boldsymbol{n}) = \frac{1}{4\pi\epsilon_0}(3n_i n_j - \delta_{ij})\frac{d_j}{r^3} \,. \tag{2.51}$$

Beachten Sie, dass die Summe über $j = 1, 2, 3$ gemeint ist.

Ein äußeres elektrostatisches Feld übt auf den Dipol die Kraft

$$F_i = \int d^3\xi \, \varrho(\boldsymbol{\xi})E_i(\boldsymbol{x} + \boldsymbol{\xi}) \tag{2.52}$$

und das Drehmoment

$$N_i = \epsilon_{ijk}\int d^3\xi \, \xi_j \varrho(\boldsymbol{\xi})E_k(\boldsymbol{x} + \boldsymbol{\xi}) \tag{2.53}$$

aus.

Um (2.52) und (2.53) auszuwerten, entwickeln wir das äußere Feld um den Ort $\boldsymbol{x}$ des Dipols,

$$E_i(\boldsymbol{x} + \boldsymbol{\xi}) = E_i(\boldsymbol{x}) + \xi_j\nabla_j E_i(\boldsymbol{x}) + \dots \,. \tag{2.54}$$

Für das Drehmoment $\boldsymbol{N}$ berechnet man

$$N_i = \epsilon_{ijk}d_j E_k(\boldsymbol{x}) + \dots \,, \tag{2.55}$$

also

$$\boldsymbol{N} = \boldsymbol{d} \times \boldsymbol{E} \,. \tag{2.56}$$

Die Kraft auf den Dipol $\boldsymbol{d}$ bei $\boldsymbol{x}$ ist

$$F_i = \nabla_j E_i(\boldsymbol{x})\, d_j + \dots \,. \tag{2.57}$$

Weil das elektrostatische Feld $\boldsymbol{E}$ rotationsfrei ist, gilt $\nabla_j E_i = \nabla_i E_j$. Damit können wir (2.57) in

$$\boldsymbol{F} = \boldsymbol{\nabla}(\boldsymbol{E}\boldsymbol{d}) \tag{2.58}$$

umformen. Einem Dipol $\boldsymbol{d}$ bei $\boldsymbol{x}$ im elektrostatischen Feld $\boldsymbol{E}$ darf man gemäß (2.58) die potentielle Energie

$$V(\boldsymbol{x}, \boldsymbol{d}) = -\boldsymbol{E}(\boldsymbol{x})\,\boldsymbol{d} \tag{2.59}$$

zuschreiben.

Die potentielle Energie ist am kleinsten, wenn das Dipolmoment $\boldsymbol{d}$ in die Richtung der elektrischen Feldstärke $\boldsymbol{E}$ zeigt. Ein Dipol will sich also immer parallel zum Feld einstellen. Das ist mit (2.56) verträglich.

Ein äußeres elektrisches Feld richtet die vorhandenen Dipolmomente in Feldrichtung aus. Allerdings nur teilweise, weil sich bei endlicher Temperatur ein Kompromiss zwischen minimaler Energie (Ordnung) und maximaler Entropie (Unordnung) einstellt. Doch davon später.

Wir werden auf die Formel (2.59) auch noch an anderer Stelle zurückkommen. Wenn wir in der Quantenmechanik die Bewegung eines Elektrons im Coulomb-Feld des Atomkerns studieren, stellt man fest, dass nur bestimmte Bewegungsformen mit diskreten Energiewerten zulässig sind. Wie verändern sich diese Energiewerte, wenn man das Atom in ein äußeres elektrostatisches Feld bringt? Wir werden dann

$$H = H_0 + e\sum_a \boldsymbol{x}_a \boldsymbol{E} \tag{2.60}$$

für die Energie ansetzen. Die Elektronen haben die Ladung $-e$ und halten sich bei $\boldsymbol{x}_a$ auf. Folglich ist ihr Dipolmoment durch $-e\boldsymbol{x}_a$ gegeben, die gesamte zusätzliche Energie also durch den Zusatz zur Energie H_0 des Systems.

2.5 Polarisierung

Unter Polarisierung $\boldsymbol{P}$ versteht man das elektrische Dipolmoment pro Volumeneinheit. Das kann spontan vorhanden sein, wie in ferroelektrischen Kristallen, oder durch ein äußeres elektrisches Feld induziert werden, wie in dielektrischen Substanzen. Bei der induzierten Polarisierung unterscheidet man, ob bereits vorhandene Dipolmomente ausgerichtet oder ob die Schwerpunkte der positiven und negativen Ladung unter dem Einfluss eines elektrischen Feldes getrennt werden.

Wir wissen, dass <u>ein</u> Dipol $\boldsymbol{d}$ bei $\boldsymbol{y}$ das Potential

$$\phi^{\mathrm{d}}(\boldsymbol{x}) = \frac{1}{4\pi\epsilon_0}\,\frac{d_i(x_i - y_i)}{|\boldsymbol{x} - \boldsymbol{y}|^3} \tag{2.61}$$

verursacht. Die Dipoldichte $\boldsymbol{P} = \boldsymbol{P}(x)$ erzeugt dann das Potential

$$\phi^{\mathrm{d}}(\boldsymbol{x}) = \frac{1}{4\pi\epsilon_0}\int d^3y\,\frac{P_i(\boldsymbol{y})(x_i - y_i)}{|\boldsymbol{x} - \boldsymbol{y}|^3}\,. \tag{2.62}$$

Das lässt sich in

$$\phi^{\mathrm{d}}(\boldsymbol{x}) = -\frac{1}{4\pi\epsilon_0} \int d^3y\, P_i(\boldsymbol{y})\, \frac{\partial}{\partial x_i} \frac{1}{|\boldsymbol{x}-\boldsymbol{y}|} \tag{2.63}$$

umformen und weiter in

$$\phi^{\mathrm{d}}(\boldsymbol{x}) = \frac{1}{4\pi\epsilon_0} \int d^3y\, P_i(\boldsymbol{y})\, \frac{\partial}{\partial y_i} \frac{1}{|\boldsymbol{x}-\boldsymbol{y}|}\,. \tag{2.64}$$

Wir nehmen nun an, dass die Polarisierung ganz im Endlichen konzentriert ist. Dann darf man partiell integrieren und den Oberflächenbeitrag weglassen. Wir erhalten

$$\phi^{\mathrm{d}}(\boldsymbol{x}) = -\frac{1}{4\pi\epsilon_0} \int d^3y\, \frac{1}{|\boldsymbol{x}-\boldsymbol{y}|} \frac{\partial}{\partial y_i}\, P_i(\boldsymbol{y})\,. \tag{2.65}$$

Wir entnehmen diesem Ergebnis, dass die Polarisierung $\boldsymbol{P}$ ein Potential ϕ^{d} erzeugt, welches die Ladungsdichte

$$\varrho^{\mathrm{P}} = -\boldsymbol{\nabla}\boldsymbol{P} \tag{2.66}$$

als Quelle hat. Diese Polarisierungsladung stellt ein schweres Problem dar.

Man muss die gesamte Ladungsdichte ϱ kennen, um das elektrische Feld $\boldsymbol{E}$ ausrechnen zu könne. Das elektrische Feld führt dann zu einer Polarisierung $\boldsymbol{P}$ der Materie, so dass man nun den Anteil der Polarisierungsladung ϱ^{P} ermitteln kann. Diese Ladungsdichte ist aber ein Teil der gesamten Ladungsdichte, die man kennen muss, um das elektrische Feld ausrechnen zu können. Ein *circulus vitiosus*, ein Teufelskreis.

Zum Glück gibt es einen Ausweg. Wir zerlegen die Ladungsdichte in die Polarisierungsladung $\varrho^{\mathrm{P}} = -\boldsymbol{\nabla}\boldsymbol{P}$ und den Rest, die Dichte der frei manipulierbaren Ladung $\varrho^{\mathrm{f}} = \varrho - \varrho^{\mathrm{P}}$.

Mit der dielektrischen Verschiebung

$$\boldsymbol{D} = \epsilon_0 \boldsymbol{E} + \boldsymbol{P} \tag{2.67}$$

können wir nun

$$\boldsymbol{\nabla} \cdot \boldsymbol{D} = \varrho^{\mathrm{f}} \tag{2.68}$$

schreiben. Die dielektrische Verschiebung hat nur die frei manipulierbare Ladung als Quelle!

Dafür muss man allerdings einen Preis bezahlen. Bisher konnten wir das elektrostatische Feld allein durch $\boldsymbol{E} = -\boldsymbol{\nabla}\phi$ beschreiben. Nun haben wir es mit zwei Vektorfeldern zu tun, mit dem elektrischen Feld und dem Feld der dielektrischen Verschiebung. Zusätzlich zu den Maxwell-Gleichungen benötigen wir noch eine Materialgleichung, die den Zusammenhang zwischen dielektrischer Verschiebung D (oder der Polarisierung P) und der elektrischen Feldstärke beschreibt.

Im Vakuum, das ist klar, heißt der Zusammenhang $D = \epsilon_0 E$.

Normale Isolatoren (Substanzen, die den Strom nicht leiten) genügen der Beziehung

$$D = \epsilon\epsilon_0 E \,. \tag{2.69}$$

Dabei ist ϵ die relative (dimensionslose) Dielektrizitätskonstante des betreffenden Mediums. ϵ wird häufig auch als Permittivität bezeichnet. Diese einfache Formel muss man erläutern.

Gemeint ist, dass die elektrische Feldstärke jetzt und hier die dielektrische Verschiebung bestimmt und dass beide Größen in dieselbe Richtung weisen. Allgemeiner kann man für den linearen Zusammenhang zwischen dielektrischer Verschiebung und elektrischer Feldstärke den folgenden Ausdruck ansetzen:

$$D_i(t, \boldsymbol{x}) = \epsilon_0 \int_0^\infty d\tau \int d^3\xi \, \Gamma_{ij}(\tau, \boldsymbol{\xi}) \, E_j(t - \tau, \boldsymbol{x} - \boldsymbol{\xi}) \,. \tag{2.70}$$

Wenn sich das elektrische Feld sowohl örtlich als auch zeitlich langsam genug verändert und wenn das Medium (elektrisch) isotrop ist, dann läuft das auf (2.69) hinaus. Es gilt dann nämlich

$$\Gamma_{ij} = \Gamma\delta_{ij} \text{ und } \epsilon = \int_0^\infty d\tau \int d^3\xi \, \Gamma(\tau, \boldsymbol{\xi}) \,. \tag{2.71}$$

Allgemein muss man aber damit rechnen, dass die Vorgeschichte (die elektrische Feldstärke zu Zeiten $t - \tau$) und die Umgebung (an den Stellen $\boldsymbol{x} - \boldsymbol{\xi}$) auf die Verschiebung zum Zeitpunkt t am Ort $\boldsymbol{x}$ Einfluss nimmt.

Wir halten fest, dass wir es mit einem elektrostatischen Feld zu tun haben, das durch

$$\boldsymbol{\nabla} \cdot \boldsymbol{D} = \varrho^{\,\mathrm{f}} \,, \quad \boldsymbol{\nabla} \times \boldsymbol{E} = 0 \text{ und } \boldsymbol{D} = \epsilon_0 \boldsymbol{E} + \boldsymbol{P} \tag{2.72}$$

beschrieben wird. Die Ladungsdichte $\varrho^{\,\mathrm{f}}$ enthält nicht mehr die Polarisierungsladung. Die Besonderheiten des Materials berücksichtigt man dadurch, wie die Polarisierung $\boldsymbol{P}$ von der erregenden elektrischen Feldstärke $\boldsymbol{E}$ abhängt.

An der Beziehung $\boldsymbol{E} = -\boldsymbol{\nabla}\phi$ ändert sich natürlich nichts, denn das elektrische Feld ist nach wie vor rotationsfrei.

Bringt man die infinitesimale Ladung dq aus dem Unendlichen (wo das Potential zu Null festgesetzt wird) an die Stelle $\boldsymbol{x}$, dann muss man gegen die Kraft $dq\boldsymbol{E}$ angehen, also die Arbeit

$$dW = -dq \int d\boldsymbol{s} \, \boldsymbol{E} = dq \, \phi(\boldsymbol{x}) \tag{2.73}$$

leisten. Bei einem linearen Medium, wie es durch (2.69) beschrieben wird, hängen die dielektrische Verschiebung $\boldsymbol{D}$ und die elektrische Feldstärke $\boldsymbol{E}$ linear miteinander zusammen. Dasselbe gilt immer für die Beziehung zwischen $\boldsymbol{D}$ und der Dichte ϱ^{f} der freien Ladung. Ebenso hängen elektrische Feldstärke und das Potential ϕ linear zusammen. Wir schließen: in einem linearen Medium hängen ϱ^{f} und ϕ linear zusammen. Daher kann man (2.73) zu

$$W = \frac{1}{2} \int d^3x \, \varrho^{\mathrm{f}}(\boldsymbol{x}) \, \phi(\boldsymbol{x}) \tag{2.74}$$

integrieren.

Dieser Ausdruck beschreibt die Arbeit, die man aufwenden muss, um in einem linearen Medium das elektrische Potential ϕ aufzubauen. Wir werden diese Arbeit als Energie des entsprechenden elektrischen Feldes interpretieren.

2.6 Magnetische Dipole

Die beiden Maxwell-Gleichungen

$$\boldsymbol{\nabla} \cdot \boldsymbol{B} = 0 \ \text{ und } \ \frac{1}{\mu_0} \boldsymbol{\nabla} \times \boldsymbol{B} = \boldsymbol{j} \tag{2.75}$$

regieren das magnetostatische Feld. Wir erinnern uns, dass die magnetische Induktion $\boldsymbol{B}$ für die zur Teilchengeschwindigkeit $\boldsymbol{v}$ proportionale Lorentz-Kraft $q(\boldsymbol{v} \times \boldsymbol{B})$ verantwortlich ist. Entsprechend wird das Magnetfeld von der Ladungsstromdichte $\boldsymbol{j}$ angetrieben.

Übrigens folgt aus (2.75) unmittelbar, dass die Stromdichte divergenzfrei ist. Das ist mit $\dot{\varrho} + \boldsymbol{\nabla}\boldsymbol{j} = 0$ verträglich, schließlich reden wir hier über statische Felder.

Wir gehen analog zum elektrostatischen Feld vor. Die erste der beiden Gleichungen kann man nämlich durch den Ansatz

$$\boldsymbol{B} = \boldsymbol{\nabla} \times \boldsymbol{A} \tag{2.76}$$

lösen. Die Divergenz eines Rotationsfeldes verschwindet immer.

Im Gegensatz zum elektrostatischen Fall kann man das Vektorpotential $\boldsymbol{A}$ nicht auf einfache Weise aus dem Induktionsfeld herleiten. Es ist auch wirklich sehr mehrdeutig. Addiert man zum Vektorpotential ein beliebiges Gradientenfeld $\boldsymbol{\nabla}\Lambda$, dann ergibt das dieselbe Induktion. Diese Freiheit einer so genannten Eichtransformation kann man ausnützen, um dem Vektorpotential weitere Einschränkungen aufzuerlegen, z. B. die Coulomb-Eichung

$$\boldsymbol{\nabla}\boldsymbol{A} = 0 \,. \tag{2.77}$$

Die Coulomb-Eichung hat für die Magnetostatik den folgenden Vorzug. Wegen

$$\boldsymbol{\nabla} \times (\boldsymbol{\nabla} \times \boldsymbol{A}) = -\Delta \boldsymbol{A} + \boldsymbol{\nabla}(\boldsymbol{\nabla}\boldsymbol{A}) \tag{2.78}$$

können wir das Analogon zur Poisson-Gleichung als

$$-\frac{1}{\mu_0}\Delta \boldsymbol{A} = \boldsymbol{j} \tag{2.79}$$

schreiben. Nach dem Motto 'equal equations have equal solutions' (Richard Feynman)[9] dürfen wir das bekannte Ergebnis einfach übernehmen,

$$\boldsymbol{A}(x) = \frac{\mu_0}{4\pi} \int d^3y \, \frac{\boldsymbol{j}(\boldsymbol{y})}{|\boldsymbol{x} - \boldsymbol{y}|} \, . \tag{2.80}$$

Wir wollen wieder annehmen, dass die Stromdichte in einem Bereich mit der Abmessung R um den Ursprung konzentriert ist. Das Vektorpotential wird dann wie das elektrische Potential im Abschnitt über *Elektrische Dipole* entwickelt:

$$A_i(r\boldsymbol{n}) = \frac{\mu_0}{4\pi}\left(\frac{1}{r} \int d^3y \, j_i(\boldsymbol{y}) + \frac{1}{r^2} n_k \int d^3y \, y_k j_i(\boldsymbol{y}) + \ldots \right). \tag{2.81}$$

Der wie $1/r$ abfallende Beitrag (das Analogon zur Ladung) verschwindet. Wegen $\partial y_k/\partial y_i = \delta_{ik}$ zeigt man[10]

$$\int d^3y \, j_i = \int d^3y \, j_k \nabla_k y_i = -\int d^3y \, y_i \nabla_k j_k = 0 \, , \tag{2.82}$$

weil die Stromdichte divergenzfrei ist. In (2.82) haben wir schon berücksichtigt, dass das Raumintegral über $\nabla_k(j_k y_i)$ zu einem Oberflächenintegral über $j_k y_i$ im Unendlichen wird. Dort verschwindet die Stromdichte nach Voraussetzung.

Es gibt kein magnetisches Gegenstück zur elektrischen Ladung.

Auch den wie $1/r^2$ abfallenden Term kann man umformen. Weil das Raumintegral über $\nabla_\ell j_\ell y_i y_k$ verschwindet, lässt sich

$$\int d^3y \, y_k j_i + \int d^3y \, y_i j_k = 0 \tag{2.83}$$

beweisen.

(2.83) in (2.81) eingesetzt liefert

---

[9] Richard Feynman, 1918 - 1988, US-amerikanischer Physiker
[10] ∇_i bedeutet hier $\partial/\partial y_i$

$$2n_k \int d^3y \, y_k j_i = n_k \int d^3y \, (y_k j_i - y_i j_k)$$

$$= -n_k (\delta_{ia}\delta_{kb} - \delta_{ib}\delta_{ka}) \int d^3y \, y_a j_b \,, \tag{2.84}$$

und das dürfen wir weiter in

$$2n_k \int d^3y \, y_k j_i = -n_k \epsilon_{\ell i k}\epsilon_{\ell a b} \int d^3y \, y_a j_b \tag{2.85}$$

umwandeln.

Damit können wir nun endlich für die Dipolentwicklung des Vektorpotentials

$$\boldsymbol{A}(r\boldsymbol{n}) = \frac{\mu_0}{4\pi} \frac{1}{r^2} \, \boldsymbol{m} \times \boldsymbol{n} + \dots \tag{2.86}$$

schreiben, mit dem magnetischen Dipolmoment

$$\boldsymbol{m} = \frac{1}{2} \int d^3y \, \boldsymbol{y} \times \boldsymbol{j}(\boldsymbol{y}) \,. \tag{2.87}$$

Zu diesem Vektorpotential gehört das Magnetfeld

$$B_i = \epsilon_{ijk}\nabla_j A_k = \frac{\mu_0}{4\pi}\epsilon_{ijk}\nabla_j \epsilon_{kab} m_a \frac{n_b}{r^2} + \dots \,, \tag{2.88}$$

und dafür rechnet man

$$B_i^{\mathrm{d}}(r\boldsymbol{n}) = \frac{\mu_0}{4\pi}(3n_i n_j - \delta_{ij})\frac{m_j}{r^3} \tag{2.89}$$

aus.

Das Magnetfeld eines magnetischen Dipols hat die gleiche Form wie das elektrische Feld eines elektrischen Dipols.

Es gibt noch mehr Gemeinsamkeiten.

Im äußeren Induktionsfeld $\boldsymbol{B}$ erfährt ein bei $\boldsymbol{x}$ sitzender magnetischer Dipol das Drehmoment

$$\boldsymbol{N} = \boldsymbol{m} \times \boldsymbol{B}(\boldsymbol{x}) \,, \tag{2.90}$$

und man muss ihm die potentielle Energie

$$V(\boldsymbol{x}) = -\boldsymbol{m}\boldsymbol{B}(\boldsymbol{x}) \tag{2.91}$$

zuordnen. Nur im inhomogenen Induktionsfeld werden Dipole beschleunigt. Sie wollen sich aber immer zum Feld parallel stellen. Denken Sie an eine Kompassnadel!

2.7 Maxwell-Gleichungen in Materie

Die Dichte $\boldsymbol{M}$ der magnetischen Dipole bezeichnet man als Magnetisierung. Wir wissen, dass <u>ein</u> magnetischer Dipol $\boldsymbol{m}$, der bei $\boldsymbol{y}$ sitzt, das Vektorpotential

$$\boldsymbol{A}(\boldsymbol{y} + r\boldsymbol{n}) = \frac{\mu_0}{4\pi} \frac{\boldsymbol{m} \times \boldsymbol{n}}{r^2} \tag{2.92}$$

erzeugt. Damit kann man sofort anschreiben, welches Dipol-Vektorpotential $\boldsymbol{A}^{\mathrm{d}}$ zur Magnetisierung $\boldsymbol{M}$ gehört:

$$\boldsymbol{A}^{\mathrm{d}}(\boldsymbol{x}) = \frac{\mu_0}{4\pi} \int d^3y \, \frac{\boldsymbol{M}(\boldsymbol{y}) \times (\boldsymbol{x} - \boldsymbol{y})}{|\boldsymbol{x} - \boldsymbol{y}|^3} \,. \tag{2.93}$$

Dasselbe in Indexschreibweise, die sich für die folgenden Schritte besser eignet:

$$A_i^{\mathrm{d}}(\boldsymbol{x}) = \frac{\mu_0}{4\pi} \epsilon_{ijk} \int d^3y \, \frac{M_j(\boldsymbol{y}) \, (x_k - y_k)}{|\boldsymbol{x} - \boldsymbol{y}|^3} \,. \tag{2.94}$$

Analog zum Abschnitt über *Polarisierung* nutzen wir aus, dass hier die Ableitung des $1/r$-Potentials auftritt:

$$\frac{x_k - y_k}{|\boldsymbol{x} - \boldsymbol{y}|^3} = -\frac{\partial}{\partial x_k} \frac{1}{|\boldsymbol{x} - \boldsymbol{y}|} = \frac{\partial}{\partial y_k} \frac{1}{|\boldsymbol{x} - \boldsymbol{y}|} \,. \tag{2.95}$$

Wieder setzen wir voraus, dass die Magnetisierung im Unendlichen rasch genug verschwindet, so dass nach partieller Integration in

$$A_i^{\mathrm{d}}(\boldsymbol{x}) = \frac{\mu_0}{4\pi} \epsilon_{ijk} \int d^3y \, \frac{1}{|\boldsymbol{x} - \boldsymbol{y}|} \frac{\partial}{\partial y_j} M_k(\boldsymbol{y}) \tag{2.96}$$

umgeformt werden kann, also in

$$\boldsymbol{A}^{\mathrm{d}}(\boldsymbol{x}) = \frac{\mu_0}{4\pi} \int d^3y \, \frac{\boldsymbol{\nabla} \times \boldsymbol{M}(\boldsymbol{y})}{|\boldsymbol{x} - \boldsymbol{y}|} \,. \tag{2.97}$$

Die Magnetisierung $\boldsymbol{M}$ erzeugt eine Überlagerung von Dipolfeldern, und das Vektorpotential $\boldsymbol{A}^{\mathrm{d}}$ dazu ist (2.97). Dieses Vektorpotential wird von einer Stromdichte

$$\boldsymbol{j}^{\mathrm{m}} = \boldsymbol{\nabla} \times \boldsymbol{M} \tag{2.98}$$

erzeugt. Der Magnetisierungsbeitrag $\boldsymbol{j}^{\mathrm{m}}$ zur Stromdichte $\boldsymbol{j}$ ist das Gegenstück zum Polarisierungsbeitrag ϱ^{p} zur Ladungsdichte ϱ.

Materie ist polarisiert, wenn die Moleküle im Gas oder in der Flüssigkeit oder wenn die Einheitszellen des Festkörpers polarisiert sind. Die Schwerpunkte der positiven Ladungsträger (Atomkerne) und negativen Ladungsträger (Elektronen) fallen nicht mehr zusammen. Ändert sich die Polarisierung zeitlich, dann ändert sich auch der Abstand a der Schwerpunkte positiver und negativer Ladung. Das heißt aber: Ladungen bewegen sich, und das ist ein elektrischer Strom. Man kann sich leicht davon überzeugen, dass

$$j^{\,\mathrm{p}} = \dot{P} \qquad\qquad (2.99)$$

der entsprechende Polarisierungsbeitrag zur Stromdichte ist.

Wir fassen das erst einmal zusammen.

In Materie müssen wir mit einer gewissen Dichte an elektrischem Dipolmoment rechnen, mit der Polarisierung P. Wir müssen auch mit einer Dichte M an magnetischem Dipolmoment rechnen, mit der Magnetisierung M. Deswegen gibt es zur Dichte $\varrho^{\,\mathrm{f}}$ der frei beweglichen Ladung und zur entsprechenden Stromdichte $j^{\,\mathrm{f}}$ Zusätze, nämlich einen Polarisierungsbeitrag zur Ladungsdichte sowie einen Polarisierungsbeitrag und einen Magnetisierungsbeitrag zur Stromdichte. Wir müssen also für die Ladungsdichte

$$\varrho = \varrho^{\,\mathrm{f}} - \nabla P \qquad\qquad (2.100)$$

ansetzen und

$$j = j^{\,\mathrm{f}} + \nabla \times M + \dot{P} \qquad\qquad (2.101)$$

für die Stromdichte.

Das Dilemma haben wir schon früher erörtert. Materie wird dadurch polarisiert, dass ein elektrisches Feld oder ein Induktionsfeld einwirkt. Diese Felder werden durch die Ladungs- und Stromdichte erzeugt. Nur wenn man die Felder kennt, lassen sich die Polarisierung und die Magnetisierung ermitteln, und erst dann lassen sich auch die Polarisierungs- und Magnetisierungsbeiträge zur Ladungs- und Stromdichte ausrechnen. Die aber braucht man, um aus bekannten Dichten und Stromdichten der frei manipulierbaren Ladung die Felder zu berechnen. Das ist ein echter *circulus vitiosus*.

Nun, wieder gibt es einen Ausweg. Wir führen nicht nur das Hilfsfeld D ein, die dielektrische Verschiebung, sondern auch das Magnetfeld H, und zwar durch die Definitionen

$$D = \epsilon_0 E + P \quad \text{und} \quad H = \frac{1}{\mu_0} B - M\,. \qquad\qquad (2.102)$$

Damit lassen sich die Maxwell-Gleichungen sehr schön als

$$\nabla D = \varrho^{\,\mathrm{f}} \;,\; \nabla \times H = j^{\,\mathrm{f}} + \dot{D} \;,\; \nabla B = 0 \;\text{ und }\; \nabla \times E = -\dot{B} \qquad (2.103)$$

schreiben. Nur noch die freibeweglichen und damit manipulierbaren Ladungen und ihre Ströme treten auf.

Der Pferdefuß ist, dass es für zwölf Felder nur acht Gleichungen gibt. Es sind übrigens nicht einmal acht, weil man z. B. die Kontinuitätsgleichung ableiten kann.

Das System der Maxwell-Gleichungen (2.103) muss durch zusätzliche Gleichungen ergänzt werden, die näher beschreiben, wie die Materialien auf elektrische und magnetische Felder reagieren. Wir führen hier nur einige Beispiele an.

Für Metalle oder Halbleiter gilt das Ohmsche[11] Gesetz,

$$\boldsymbol{j}^{\mathrm{f}} = \sigma \boldsymbol{E}\,, \tag{2.104}$$

und zwar über viele Größenordnungen der elektrischen Feldstärke. σ heißt (elektrische) Leitfähigkeit.

Ein Dielektrikum wird durch

$$\boldsymbol{D} = \epsilon\epsilon_0 \boldsymbol{E} \tag{2.105}$$

beschrieben. Die (relative) Dielektrizitätskonstante ϵ ist immer größer als 1.

Para- oder diamagnetische Werkstoffe sind durch eine Beziehung

$$\boldsymbol{B} = \mu\mu_0 \boldsymbol{H} \tag{2.106}$$

charakterisiert. μ wird als (relative) Permeabilität bezeichnen. Wenn der Dipol-ausrichtende Effekt überwiegt und $\mu > 1$ gilt, nennt man den Werkstoff paramagnetisch. Wenn aber der diamagnetische Effekt überwiegt, der das Induktionsfeld abschwächt, dann handelt es sich um eine diamagnetische Substanz. Der diamagnetische Effekt kommt dadurch zustande, dass die in den Atomen gebundenen Elektronen derartig beeinflusst werden, dass die Magnetisierung entgegengesetzt zum erregenden Feld wirkt. Hinzu kommt aber immer die ausrichtende Wirkung auf die magnetischen Momente der Elektronen.

Wir wollen an dieser Stelle noch einmal die Energie im elektromagnetischen Feld erörtern. Man geht vom bekannten Beitrag für das elektrische Feld aus und ergänzt um den entsprechenden magnetischen Anteil. Es ist zu vermuten, dass

$$w = \frac{1}{2}\boldsymbol{D}\boldsymbol{E} + \frac{1}{2}\boldsymbol{H}\boldsymbol{B} \tag{2.107}$$

die Energiedichte des elektromagnetischen Feldes beschreibt. Wir setzen dabei ein lineares Medium voraus, wie im Abschnitt *Polarisierung* ausführlicher erörtert.

Ist die Energie im elektromagnetischen Feld erhalten? Beinahe, wie wir gleich sehen werden.

---

[11] Georg Simon Ohm, 1789 - 1854, deutscher Physiker

Man berechnet

$$\dot{w} = \boldsymbol{E}\dot{\boldsymbol{D}} + \boldsymbol{H}\dot{\boldsymbol{B}} = \boldsymbol{E}(\boldsymbol{\nabla} \times \boldsymbol{H} - \boldsymbol{j}^{\,\mathrm{f}}) - \boldsymbol{H}(\boldsymbol{\nabla} \times \boldsymbol{E})\,, \tag{2.108}$$

und das lässt sich in

$$\dot{w} + \boldsymbol{\nabla}\boldsymbol{S} = -\boldsymbol{j}^{\,\mathrm{f}}\boldsymbol{E} \quad \text{mit} \quad \boldsymbol{S} = \boldsymbol{E} \times \boldsymbol{H} \tag{2.109}$$

umformen.

(2.109), das Poyntingsche Theorem[12], ist eine Bilanzgleichung, analog zur Kontinuitätsgleichung für die elektrische Ladung. Die Zeitableitung einer Dichte, entweder ϱ^{f} oder w, zusammen mit der Divergenz der entsprechenden Stromdichte, entweder $\boldsymbol{j}^{\mathrm{f}}$ oder $\boldsymbol{S}$, heben sich auf. Das gilt so aber nur für die elektrische Ladung, denn die ist erhalten. Auf der rechten Seite steht eine Quellstärke: wieviel Feldenergie wird pro Zeit- und Volumeneinheit erzeugt.

Die Stromdichte $\boldsymbol{S} = \boldsymbol{E} \times \boldsymbol{H}$ der Feldenergie wird als Poynting-Vektor bezeichnet. Die Quellstärke der Feldenergie ist eigentlich eine Arbeit, sie wird aber üblicherweise Joulesche[13] Wärme genannt. Sehr oft nämlich macht sich dieser Term zusammen mit dem Ohmschen Gesetz (2.104) bemerkbar, führt also zu einem Verlust an Feldenergie und zu einem Zuwachs an innerer Energie der Materie: diese erwärmt sich.

2.8 Maxwell-Gleichungen in Integralform

Wir haben bisher die Maxwell-Gleichungen als Differentialgleichungen geschrieben. Sie lassen sich aber auch in integraler Form darstellen. Wie wir gleich sehen werden, eignen sich die Maxwell-Gleichung in integraler Form besser für die Untersuchung der Stetigkeitsbedingungen des elektromagnetischen Feldes an Grenzflächen.

In der integralen Fassung kommt die freie Ladung[14]

$$Q^{\mathrm{f}}(\mathcal{G}) = \int_{\boldsymbol{x}\in\mathcal{G}} dV\, \varrho^{\mathrm{f}}(\boldsymbol{x}) \tag{2.110}$$

im Gebiet $\mathcal{G}$ vor, auch der Strom

$$I^{\mathrm{f}}(\mathcal{F}) = \int_{\boldsymbol{x}\in\mathcal{F}} d\boldsymbol{A}\, \boldsymbol{j}^{\,\mathrm{f}}(\boldsymbol{x}) \tag{2.111}$$

der freien Ladung durch die Fläche $\mathcal{F}$.

---

[12] John Henry Poynting, 1852 - 1914, britischer Physiker
[13] James Prescot Joule, 1818 - 1889, britischer Physiker
[14] In der Literatur wird nicht immer klar genug zwischen Ladung und freier Ladung unterschieden.

Den Fluss der dielektrischen Verschiebung durch die Fläche $\mathcal{F}$ erklären wir als

$$\Phi_{\mathrm{D}}(\mathcal{F}) = \int_{\boldsymbol{x} \in \mathcal{F}} d\boldsymbol{A}\, \boldsymbol{D}(\boldsymbol{x})\,, \tag{2.112}$$

und ebenso den Induktionsfluss

$$\Phi_{\mathrm{B}}(\mathcal{F}) = \int_{\boldsymbol{x} \in \mathcal{F}} d\boldsymbol{A}\, \boldsymbol{B}(\boldsymbol{x})\,. \tag{2.113}$$

Unter Zirkulation $\mathcal{Z}$ versteht man das Wegintegral über eine geschlossen Kurve $\mathcal{C}$. Wir haben es mit der elektrischen Zirkulation

$$\mathcal{Z}_{\mathrm{E}}(\mathcal{C}) = \int_{\boldsymbol{x} \in \mathcal{C}} d\boldsymbol{s}\, \boldsymbol{E}(\boldsymbol{x}) \tag{2.114}$$

zu tun und mit der magnetischen Zirkulation

$$\mathcal{Z}_{\mathrm{H}}(\mathcal{C}) = \int_{\boldsymbol{x} \in \mathcal{C}} d\boldsymbol{s}\, \boldsymbol{H}(\boldsymbol{x})\,. \tag{2.115}$$

Alle diese Größen sind Skalare, die von der Zeit abhängen können.

Indem man die Divergenz-Maxwell-Gleichungen über das Gebiet $\mathcal{G}$ integriert, erhält man

$$\Phi_{\mathrm{D}}(\partial\mathcal{G}) = Q^{\mathrm{f}}(\mathcal{G}) \tag{2.116}$$

und

$$\Phi_{\mathrm{B}}(\partial\mathcal{G}) = 0\,. \tag{2.117}$$

Der Verschiebungsfluss durch die Oberfläche eines Gebietes stimmt mit der (freien) elektrischen Ladung darin überein. Es gibt keine magnetische Ladung, daher verschwindet der Induktionsfluss durch die Oberfläche eines jeden Gebietes. (2.116) wird oft als Gaußsches Gesetz[15] bezeichnet.

Integrieren wir nun die beiden Rotations-Maxwell-Gleichungen über eine beliebige Fläche $\mathcal{F}$. Man erhält das Induktionsgesetz

$$\mathcal{Z}_{\mathrm{E}}(\partial\mathcal{F}) = -\dot{\Phi}_{\mathrm{B}}(\mathcal{F}) \tag{2.118}$$

und das nach Ampère benannte Gesetz

$$\mathcal{Z}_{\mathrm{H}}(\partial\mathcal{F}) = I^{\mathrm{f}}(\mathcal{F}) + \dot{\Phi}_{\mathrm{D}}(\mathcal{F})\,. \tag{2.119}$$

---

[15] Beachten Sie den feinen Unterschied. Der Satz von Gauß ist eine mathematische Wahrheit. Das Gesetz von Gauß ist ein Naturgesetz, für dessen Wahrheit nicht allein die Regeln der Logik zuständig sind.

Das Induktionsgesetz heißt so, weil man durch die zeitliche Änderung des Induktionsflusses eine elektrische Ringspannung hervorrufen (induzieren) kann. Nach diesem Prinzip arbeitet jeder Dynamo.

Das Ampèresche Gesetz besagt, dass sich um jeden Strom ein Magnetfeld wickeln muss. Dazu trägt auch die Änderungsrate des Verschiebungsflusses bei.

Die Maxwell-Gleichungen in Integralform sind bei Aufgaben mit einer hohen Symmetrie das Mittel der Wahl. Wir haben sie schon bei der Herleitung des elektrischen Feldes einer Punktladung eingesetzt.

Die Maxwell-Gleichungen in Integralform sind aber auch noch aus einem anderen Grunde den Differentialgleichungen überlegen. Man kann unstetige Funktionen durchaus integrieren, aber nicht differenzieren[16].

Wir betrachten eine Grenzfläche zwischen zwei verschiedenen Medien. Bei hinreichender Vergrößerung ist das eine Ebene, und ohne Beschränkung der Allgemeingültigkeit wählen wir die 1-2-Ebene dafür. Man kann die Maxwell-Gleichungen im Halbraum $x_3 > 0$ lösen und im Halbraum $x_3 < 0$, aber wie sind die Lösungen bei $x_3 = 0$ miteinander zu verbinden?

Um diese Frage zu beantworten, legen wir eine kleine flache Dose der Fläche A und der Höhe $2h$ in die Grenzfläche, so dass sich die Hälfte oben und die andere Hälfte unten befindet.

Der Fluss der dielektrischen Verschiebung durch die Oberfläche dieser Dose ist

$$AD_3(h) - AD_3(-h) + h \dots . \tag{2.120}$$

Der zur Höhe proportionale Beitrag über den Mantel der Dose verschwindet mit $h \to 0$.

Falls es auf der Oberfläche eine flächenhaft konzentrierte Ladungs-Flächendichte σ gibt, ist die Ladung in der Dose gerade $A\sigma$. Daher ergibt sich für den Sprung $\Delta D_3 = D_3(+0) - D_3(-0)$ die Beziehung

$$\Delta D_3 = \sigma . \tag{2.121}$$

Damit ist folgendes gemeint. Man kann sich der Grenzfläche von oben her nähern, das ergibt den Grenzwert $D_3(+0)$. Der Grenzwert von unten her ist $D_3(-0)$. ΔD_3 ist der Sprung der dielektrischen Verschiebung. Wenn es eine Flächenladungsdichte σ gibt, dann springt die Komponente D_3 um diesen Wert. Weil wir die Grenzfläche willkürlich als 1-2-Ebene angenommen haben, steht D_3 für die zur Grenzfläche normale Komponente der dielektrischen Verschiebung.

---

[16] Verallgemeinerte Funktionen, oder Distributionen, die nur unter einem Integral Sinn machen, sollen in dieser Einführung vermieden werden. Insbesondere versuchen wir, ohne die Diracsche δ-Distribution auszukommen.

An einer Grenzfläche springt die Normalkomponente der dielektrischen Verschiebung um die Flächenladungsdichte.

Die Normalkomponente $D_\perp$ der dielektrischen Verschiebung ist allgemein durch $\boldsymbol{Dn}$ erklärt, mit dem Normalenvektor $\boldsymbol{n}$ an der aktuellen Stelle der Grenzfläche.

Dieselbe Überlegung für die Induktion besagt

$$\Delta B_3 = 0\,. \tag{2.122}$$

Die Normalkomponente der magnetischen Induktion ist stetig.

Wir betrachten nun den Weg auf Geraden von $(\ell/2, 0, h)$ zu $(\ell/2, 0, -h)$ zu $(-\ell/2, 0, -h)$ zu $(-\ell/2, 0, h)$ und zurück zum Ausgangspunkt.

Im Limes $h \to 0$ liefert uns das Induktionsgesetz die Aussage $\ell E_1(h) - \ell E_1(-h) + h \ldots = \ell h \ldots$. Dasselbe lässt sich natürlich für E_2 zeigen. Hier kommen die durch $\boldsymbol{E}_\| = \boldsymbol{E} - E_\perp \boldsymbol{n}$ definierten Tangentialkomponenten der elektrischen Feldstärke ins Spiel.

Tangentialkomponenten der elektrischen Feldstärke sind an Grenzflächen stetig.

Das Ampèresche Gesetz ist etwas schwieriger. Hier muss man mit einem flächenhaft konzentrierten Strom κ_2 rechnen. Durch ein Rechteck mit Länge ℓ und Höhe $2h$ fließt dann der Strom $\kappa_2 \ell$, auch bei $h \to 0$.

Das Ergebnis $\Delta H_1 = \kappa_2$ muss man so lesen.

Tangentialkomponenten der magnetischen Feldstärke springen nur dann, und zwar um $\boldsymbol{\kappa} \times \boldsymbol{n}$, wenn auf der Grenzfläche ein flächenhaft konzentrierter Strom $\boldsymbol{\kappa}$ fließt.

Und so einfach lässt sich damit das Feld einer langen Spule berechnen. Sie soll dicht und homogen gewickelt sein, mit n Windungen pro Längeneinheit. Durch den Draht fließt der Strom I. Im Außenraum verschwindet das Magnetfeld. Das löst dort sicherlich die Maxwell-Gleichungen. Im Inneren setzen wir eine konstante magnetische Feldstärke H an, die parallel zur Spulenachse zeigt. Ein konstantes Magnetfeld löst ebenfalls die Maxwell-Gleichungen. Die Wicklung selber sehen wir als Grenzfläche an. Die Normalkomponente der Induktion ist weder im Innen- noch im Außenraum vorhanden, also stetig. Die Tangentialkomponente springt allerdings um den Wert H, wenn man von außen nach innen durch die Grenzfläche geht. Dort fließt senkrecht dazu ein Flächenstrom $\kappa = nI$, also gilt

$$H = nI\,. \tag{2.123}$$

Noch einfacher geht es wirklich kaum! Beachten Sie, dass das Spuleninnere mit einem homogenen Medium gefüllt sein kann, um die Induktion zu erhöhen. An (2.123) ändert sich dadurch nichts. Beachten Sie ebenfalls, dass der Spulenquerschnitt nicht eingeht, weder seine Form noch Fläche. (2.123) gilt überall im Inneren der Spule, solange man genügend weit weg von den Spulenenden ist. Dort weitet sich das Feld auf.

2.9 Biot-Savart-Gesetz

In der Praxis hat man es fast immer mit elektrischen Strömen zu tun, die in dünnen Drähten geführt werden. Solche Drähte kann man zu Spulen wickeln und so den Strom mehrfach wirken lassen. Wir wollen uns in diesem Abschnitt damit beschäftigen, welches Magnetfeld durch eine drahtgeführte Stromdichte erzeugt wird.

Der Draht wird durch eine Kurve $\mathcal{C}$ dargestellt, die man etwa gemäß $\boldsymbol{\xi} = \boldsymbol{\xi}(s)$ parametrisiert. Ladung darf sich entlang der Kurve bewegen, aber nicht seitlich austreten. Bei Spulen müssen deswegen die Windungen gut voneinander isoliert sein.

Die Rede ist von Gleichstrom oder Wechselstrom mit niedriger Frequenz. Dann nämlich ist die Stromdichte divergenzfrei. Das bedeutet, dass durch jeden Querschnitt des Drahtes derselbe Strom I fließen muss. Wir können daher

$$\int d^3y\, \boldsymbol{j}^{\,\mathrm{f}}(\boldsymbol{y}) \ldots = I \int_{\mathcal{C}} d\boldsymbol{s} \ldots \tag{2.124}$$

schreiben. Die Punkte deuten den restlichen Integranden an, der an den Punkten der Kurve auszuwerten ist. Das muss man in die Formeln einsetzen, die das Magnetfeld als Integral über die Stromdichte ausdrücken.

Wir haben es hier mit den Maxwell-Gleichungen

$$\boldsymbol{\nabla} \cdot \boldsymbol{B} = 0 \tag{2.125}$$

und

$$\boldsymbol{\nabla} \times \boldsymbol{H} = \boldsymbol{j}^{\,\mathrm{f}} \tag{2.126}$$

zu tun. Man kommt also nur weiter, wenn der Zusammenhang zwischen Induktion $\boldsymbol{B}$ und magnetischer Feldstärke $\boldsymbol{H}$ bekannt ist.

Wir behandeln im Weiteren ein unmagnetisches Medium, zum Beispiel Luft oder das Vakuum[17]. Dann gilt $\boldsymbol{B} = \mu_0 \boldsymbol{H}$. Der Ansatz $\boldsymbol{B} = \boldsymbol{\nabla} \times \boldsymbol{A}$ löst (2.125). Wir verlangen zusätzlich $\boldsymbol{\nabla} \boldsymbol{A} = 0$, so dass (2.126) zu

$$-\frac{1}{\mu_0} \Delta \boldsymbol{A} = \boldsymbol{j}^{\,\mathrm{f}} \tag{2.127}$$

wird. Die Lösung

---

[17] Zwischen $\boldsymbol{j}^{\,\mathrm{f}}$ und $\boldsymbol{j}$ besteht nun kein Unterschied mehr

$$A(x) = \frac{\mu_0}{4\pi} \int d^3y \, \frac{j^{\,f}(y)}{|x - y|} \tag{2.128}$$

haben wir bereits im Abschnitt über *Magnetische Dipole* ausgewertet. Wir setzen jetzt (2.124) ein und erhalten für den drahtgeführten Strom

$$A(x) = \frac{\mu_0}{4\pi} I \int_{\xi \in C} ds \, \frac{1}{|x - \xi|} . \tag{2.129}$$

ds steht hier für $ds\, d\xi(s)/ds$.

Davon bilden wir die Rotation und erhalten das Magnetfeld

$$H(x) = \frac{I}{4\pi} \int_{\xi \in C} \frac{ds \times (x - \xi)}{|x - \xi|^3} . \tag{2.130}$$

Durch eine geschlossene Kurve C fließt der Gleichstrom I, und das nach den Entdeckern Biot[18] und Savart[19] genannte Gesetz (2.130) beschreibt das zugehörige Magnetfeld.

Diese Formel ist einfach zu programmieren, und deswegen ist die Berechnung des Magnetfeldes stromführender Drähte eine einfache Sache.

In hochsymmetrischen Situationen sind auch analytische Lösungen bekannt.

Berechnen wir beispielsweise das Feld eines unendlich langen geraden Drahtes, den wir in die 3-Achse legen wollen. Wir parametrisieren ihn zweckmäßig durch

$$\xi(s) = \begin{pmatrix} 0 \\ 0 \\ s \end{pmatrix} \quad \text{mit} \quad ds = ds \begin{pmatrix} 0 \\ 0 \\ 1 \end{pmatrix} . \tag{2.131}$$

Damit ergibt sich

$$H(x) = \frac{I}{4\pi} \begin{pmatrix} -y \\ x \\ 0 \end{pmatrix} \int_{-\infty}^{\infty} ds \, (x_1^2 + x_2^2 + s^2)^{-3/2} . \tag{2.132}$$

Dabei haben wir bereits $s - x_3$ in s umbenannt.

Mit $r = \sqrt{x^2 + y^2}$ als Abstand vom Draht können wir das Integral als

$$\frac{1}{r^2} \int_{-\infty}^{\infty} dz \, (1 + z^2)^{-3/2} = \frac{2}{r^2} \tag{2.133}$$

---

[18] Jean-Baptiste Biot, 1774 - 1862, französischer Physiker und Mathematiker
[19] Félix Savart, 1791 - 1841, französischer Arzt und Physiker

schreiben. Das magnetische Feld wickelt sich also kreisförmig um den Draht. Im Abstand r vom Draht hat es den Betrag

$$H(r) = \frac{I}{2\pi r}.$$ (2.134)

Und hier noch ein anderes Beispiel, wie man mit dem Gesetz von Biot und Savart das Magnetfeld berechnen kann.

Wir betrachten die kreisförmige Leiterschleife

$$\boldsymbol{\xi}(\alpha) = R \begin{pmatrix} \cos\alpha \\ \sin\alpha \\ 0 \end{pmatrix},$$ (2.135)

durch die der Strom I fließen soll. Wir wollen hier nur die magnetische Feldstärke auf der Symmetrieachse ausrechnen, und zwar im Abstand z von der Leiterschleife. Man erhält

$$\boldsymbol{H}(0,0,z) = \frac{IR^2}{4\pi(R^2+z^2)^{3/2}} \int_0^{2\pi} d\alpha \begin{pmatrix} -\sin\alpha \\ \cos\alpha \\ 0 \end{pmatrix} \times \begin{pmatrix} -\cos\alpha \\ -\sin\alpha \\ z/R \end{pmatrix}.$$ (2.136)

Das Integral hat den Wert 2π und zeigt in Achsenrichtung, wie nicht anders zu erwarten. Die magnetische Feldstärke auf der Achse ist damit

$$H(z) = \frac{I}{2R}\left(1 + \frac{z^2}{R^2}\right)^{-3/2}.$$ (2.137)

2.10 Elektromagnetische Wellen

Ein oszillierendes elektrisches Feld regt über den Term $\dot{\boldsymbol{D}}$ ein oszillierendes Magnetfeld an. Dieses wiederum erzeugt nach dem Induktionsgesetz ein oszillierendes elektrisches Feld. Das oszillierende elektrische Feld... Wir wollen in diesem Abschnitt nachweisen, dass das elektromagnetische Feld im Vakuum oder in einem homogenen Medium Schwingungslösungen hat.

Dafür betrachten wir unsere Maxwell-Gleichungen ohne freie Ladungen und ohne Ströme freier Ladungen:

$$\boldsymbol{\nabla} \cdot \boldsymbol{D} = 0 \ , \ \boldsymbol{\nabla} \cdot \boldsymbol{B} = 0 \ , \ \boldsymbol{\nabla} \times \boldsymbol{E} = -\nabla_t \boldsymbol{B} \ , \ \boldsymbol{\nabla} \times \boldsymbol{H} = \nabla_t \boldsymbol{D}.$$ (2.138)

Wir setzen ein isotropes und homogenes dielektrisches Medium an,

$$\boldsymbol{D} = \epsilon\epsilon_0 \boldsymbol{E} \quad \text{und} \quad \boldsymbol{B} = \mu_0 \boldsymbol{H}.$$ (2.139)

Isotrop bedeutet, dass dielektrische Verschiebung und elektrische Feldstärke parallel zueinander sind. Mit homogen meinen wir, dass die Materialkonstante ϵ nicht vom Ort abhängt. Bei optischen Frequenzen kann die Magnetisierung der Induktion nicht mehr folgen, daher rechnen wir mit $\mu = 1$.

Jetzt kann man

$$\boldsymbol{\nabla} \times \boldsymbol{\nabla} \times \boldsymbol{E} = -\mu_0 \epsilon \epsilon_0 \nabla_t^2 \boldsymbol{E} \tag{2.140}$$

zeigen. Weil die Divergenz der dielektrischen Verschiebung verschwindet, ist (im homogenen Medium) auch das elektrische Feld divergenzfrei. Damit lässt sich die linke Seite von (2.140) in $-\Delta \boldsymbol{E}$ umschreiben, und es gilt

$$\left(\frac{1}{v^2}\nabla_t^2 - \Delta\right)\boldsymbol{E} = 0 \, . \tag{2.141}$$

Wie wir gleich sehen werden, ist

$$v = \frac{c}{\sqrt{\epsilon}} \quad \text{mit} \quad c = \frac{1}{\sqrt{\mu_0 \epsilon_0}} \tag{2.142}$$

die Geschwindigkeit der elektromagnetischen Welle im Medium und c die Lichtgeschwindigkeit im Vakuum.

(2.141) bezeichnet man als Wellengleichung. Warum, werden wir gleich sehen.

Die Wellengleichung ist eine lineare homogene partielle Differentialgleichung. Sie ist linear in der elektrischen Feldstärke $\boldsymbol{E}$. Auf der rechten Seiten von (2.141) fehlt ein antreibender, von $\boldsymbol{E}$ unabhängiger Term, daher ist die Wellengleichung homogen.

Wir führen nun eine spezielle Lösung vor und behandeln später, warum sie doch die allgemeine ist.

Betrachten Sie das elektrische Feld

$$\boldsymbol{E}(t, \boldsymbol{x}) = E_0 \begin{pmatrix} \cos(kx_3 - \omega t) \\ 0 \\ 0 \end{pmatrix} . \tag{2.143}$$

Dieses Feld erfüllt die Wellengleichung, wenn man

$$\omega = vk \tag{2.144}$$

setzt. Das bedeutet: Ein Maximum der Feldstärke, etwa beim Winkel 0 des Kosinus, breitet sich mit der Geschwindigkeit

$$\frac{x_3}{t} = v \tag{2.145}$$

in 3-Richtung aus. ω heißt Kreisfrequenz, k wird als Wellenzahl bezeichnet.

Die Lösung (2.143) der Wellengleichung ist obendrein divergenzfrei, wie sich sofort zeigen lässt.

Die Flächen gleicher Phase $\alpha = kx_3 - \omega t$ zu einer festen Zeit sind Ebenen, daher spricht man von einer ebenen Welle.

Die Flächen gleicher Phasen breiten sich mit der Phasengeschwindigkeit $v = c/\sqrt{\epsilon}$ aus.

Die elektrische Feldstärke einer ebenen Welle steht senkrecht auf der Ausbreitungsrichtung der Phase.

Die Verbindung zwischen elektrischer und magnetischer Feldstärke wird durch die Induktionsgleichung $\nabla \times \boldsymbol{E} = -\dot{\boldsymbol{B}}$ hergestellt. Das legt den Ansatz

$$\boldsymbol{B}(t, \boldsymbol{x}) = B_0 \begin{pmatrix} 0 \\ \cos(kx_3 - \omega t) \\ 0 \end{pmatrix} \tag{2.146}$$

nahe. In der Tat, das Induktionsgesetz ist erfüllt, wenn man

$$vB_0 = E_0 \tag{2.147}$$

wählt.

Die elektrische Feldstärke einer ebenen Welle steht senkrecht auf der Ausbreitungsrichtung. Die magnetische Feldstärke der ebenen Welle wiederum steht senkrecht auf der Ausbreitungsrichtung und auf der elektrischen Feldstärke.

Die Energiestromdichte im Zeitmittel ist

$$\boldsymbol{S} = \frac{\sqrt{\epsilon}E_0^2}{2R_0} \begin{pmatrix} 0 \\ 0 \\ 1 \end{pmatrix} \quad \text{mit} \ \ R_0 = \sqrt{\frac{\mu_0}{\epsilon_0}}. \tag{2.148}$$

Auch daran erkennt man, dass unsere Lösung eine in 3-Richtung laufende Welle beschreibt. Die Konstante R_0 wird gelegentlich als Wellenwiderstand des Vakuums bezeichnet.

Die ebene Welle ist eine Idealisierung. Sie ist jederzeit und überall vorhanden. Sie müsste unendlich viel Feldenergie enthalten und transportieren. Trotzdem ist die ebene Welle für viele Zwecke eine sehr brauchbare Idealisierung.

Wir wollen jetzt erörtern, in welchem Sinne die ebene Welle (2.143) bereits die allgemeinste Lösung der Wellengleichung beschreibt.

Man kann ein beliebiges Feld F stets als Fourier-Integral[20]

$$F(t, \boldsymbol{x}) = \int \frac{d\omega}{2\pi} \frac{d^3k}{(2\pi)^3} e^{-i\omega t} e^{i\boldsymbol{k}\boldsymbol{x}} f(\omega, \boldsymbol{k}) \qquad (2.149)$$

darstellen. In diesem Sinne entsprechen sich

- das Vektorpotential $\boldsymbol{A} = \boldsymbol{A}(t, \boldsymbol{x})$ und seine Fourier-Transformierte $\boldsymbol{a} = \boldsymbol{a}(\omega, \boldsymbol{k})$
- die Induktion $\boldsymbol{B} = \boldsymbol{\nabla} \times \boldsymbol{A}$ und ihre Fourier-Transformierte $\boldsymbol{b} = i\boldsymbol{k} \times \boldsymbol{a}$
- das elektrische Feld $\boldsymbol{E}$, mit der Induktion $\boldsymbol{B}$ durch die Beziehung

$$\frac{1}{\mu_0} \boldsymbol{\nabla} \times \boldsymbol{B} = \epsilon\epsilon_0 \dot{\boldsymbol{E}} \qquad (2.150)$$

verknüpft, und die Fourier-Transformierte

$$\boldsymbol{e} = -i\frac{c^2}{\omega\epsilon} \boldsymbol{k} \times (\boldsymbol{k} \times \boldsymbol{a}) . \qquad (2.151)$$

Soll das elektrische Feld auch noch die Wellengleichung (2.141) erfüllen, dann muss

$$\omega = \pm\omega(\boldsymbol{k}) \quad \text{mit} \quad \omega(\boldsymbol{k}) = v|\boldsymbol{k}| \qquad (2.152)$$

gewählt werden. Aus der Fourier-Zerlegung eines beliebigen Feldes wird nun die Fourier-Zerlegung in ebene Wellen,

$$F(t, \boldsymbol{x}) = \int \frac{d^3k}{(2\pi)^3} e^{-i\omega(\boldsymbol{k})t} e^{i\boldsymbol{k}\boldsymbol{x}} f_+(\boldsymbol{k})$$
$$+ \int \frac{d^3k}{(2\pi)^3} e^{+i\omega(\boldsymbol{k})t} e^{i\boldsymbol{k}\boldsymbol{x}} f_-(\boldsymbol{k}) . \qquad (2.153)$$

Übrigens, F soll ein reellwertiges Feld sein, und das wird durch

$$f_-^*(-\boldsymbol{k}) = f_+(\boldsymbol{k}) \equiv f(\boldsymbol{k}) \qquad (2.154)$$

sichergestellt.

Die allgemeine reelle Lösung der Wellengleichung ist also durch

$$F(t, \boldsymbol{x}) = \int \frac{d^3k}{(2\pi)^3} e^{-i\omega(\boldsymbol{k})t} e^{i\boldsymbol{k}\boldsymbol{x}} f(\boldsymbol{k}) + \text{c.c.} \qquad (2.155)$$

---

[20] Jean Baptiste Joseph Fourier, 1768 - 1830, französischer Mathematiker und Physiker

gegeben. Dabei bezeichnet c.c. den komplex konjugierten Beitrag des voranstehenden Termes.

Wählen wir drei beliebige komplexwertige Funktionen $\boldsymbol{a} = \boldsymbol{a}(\boldsymbol{k})$, dann ist das elektromagnetische Feld

$$\boldsymbol{B}(t, \boldsymbol{x}) = \int \frac{d^3 k}{(2\pi)^3} \, e^{-i\omega(\boldsymbol{k})t} \, e^{i\boldsymbol{k}\boldsymbol{x}} \left\{ i\boldsymbol{k} \times \boldsymbol{a}(\boldsymbol{k}) \right\} + \quad \text{c.c.} \tag{2.156}$$

und

$$\boldsymbol{E}(t, \boldsymbol{x}) = \frac{c^2}{\epsilon} \int \frac{d^3 k}{(2\pi)^3} \, e^{-i\omega(\boldsymbol{k})t} \, e^{i\boldsymbol{k}\boldsymbol{x}} \frac{i\boldsymbol{k} \times \left\{ i\boldsymbol{k} \times \boldsymbol{a}(\boldsymbol{k}) \right\}}{-i\omega(\boldsymbol{k})} + \quad \text{c.c.} \tag{2.157}$$

die allgemeine Lösung der homogenen Maxwell-Gleichungen[21] im linearen Dielektrikum. Diese allgemeine Lösung ist nichts anderes als die Überlagerung von passend gedrehten ebenen Wellen (2.143).

Übrigens kann man an diesen Formeln gut erkennen, dass nur der auf dem Wellenvektor $\boldsymbol{k}$ senkrechte Anteil an $\boldsymbol{a}(\boldsymbol{k})$ zu (2.156) und (2.157) beiträgt. Die Forderung $\boldsymbol{k}\boldsymbol{a} = 0$, d. h. $\boldsymbol{\nabla}\boldsymbol{A} = 0$, ist also ganz natürlich.

2.11 Brechung und Reflexion

Dass eine einzige ebene Welle die Maxwell-Gleichungen löst ist nur möglich, weil die Dielektrizitätskonstante überall dieselbe ist. Hat man es mit verschiedenen Medien oder mit einem inhomogenen Medium zu tun, dann setzt sich eine Lösung aus mehreren ebenen Wellen zusammen.

Wir betrachten zwei verschiedene transparente Medien. Darunter verstehen wir Materialien mit verschwindender Leitfähigkeit σ, so dass das elektromagnetische Feld nicht absorbiert wird.

Das muss erklärt werden.

Wenn es im Medium ein elektrisches Feld gibt, dann ruft die Feldstärke eine Stromdichte $\boldsymbol{j}^{\,\mathrm{f}} = \sigma \boldsymbol{E}$ hervor, so das Ohmsche Gesetz. In der Energiebilanzgleichung bewirkt das eine negative Quellstärke $-\sigma \boldsymbol{E}^2$ für die Energie des elektromagnetischen Feldes, also Absorption. Nur bei nahezu verschwindender Leitfähigkeit kann sich eine Welle nahezu verlustfrei ausbreiten. Medien mit $\sigma = 0$ bei der betrachteten Wellenlänge nennt man transparent.

$x_3 = 0$ sei die Grenzfläche zwischen den Medien. Über der Grenzfläche, im Halbraum $x_3 > 0$, hat die Dielektrizitätskonstante den Wert ϵ'. Auf der anderen Seite befindet sich auch ein homogenes Medium mit der Dielektrizitätskonstanten ϵ''.

---

[21] ohne antreibende Dichte oder Strom freier Ladungen

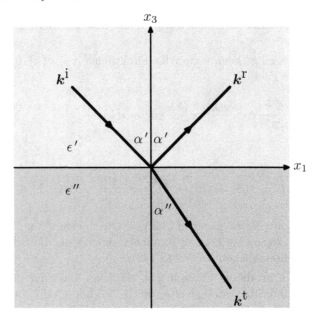

Abb. 2.1. Eine einlaufende ebene Welle wird an der Grenzschicht verschiedener transparenter Medien teilweise durchgelassen und gebrochen. Der Rest wird reflektiert.

Die Ausbreitungsgeschwindigkeit für elektromagnetische Wellen beträgt also $v' = c/\sqrt{\epsilon'}$ oberhalb und $v'' = c/\sqrt{\epsilon''}$ unterhalb.

Auf der Grenzfläche müssen alle drei Komponenten der Induktion $\boldsymbol{B}$ stetig sein, ebenso die Normalkomponente der Verschiebung, also (ϵE_1), und die Tangentialkomponenten E_2 und E_3. Und zwar überall und zu allen Zeiten.

Mit <u>einer</u> ebenen Welle ist das nicht zu erreichen. Schon deshalb nicht, weil auf beiden Seiten der Grenzfläche die Beziehung zwischen Kreisfrequenz und Wellenzahl verschieden ist,

$$\omega = v'k \ \text{ bei } x_3 > 0 \text{ und } \ \omega = v''k \ \text{ bei } x_3 < 0 \ . \tag{2.158}$$

Die einfallende[22] ebene Welle hat die Kreisfrequenz ω und läuft in Richtung $\boldsymbol{n}^{\mathrm{i}}$. Diese Richtung und die Grenzflächennormale spannen die Einfallsebene auf. Ohne Beschränkung der Allgemeingültigkeit wählen wir dafür $x_2 = 0$. Mit dem Einfallswinkel α' ist der Wellenvektor der einlaufenden Welle durch

---

[22] engl. *incident*

$$\boldsymbol{k}^{\,\mathrm{i}} = \frac{\omega}{c}\sqrt{\epsilon'}\begin{pmatrix} \sin\alpha' \\ 0 \\ -\cos\alpha' \end{pmatrix} \qquad\qquad (2.159)$$

gegeben.

Den Wellenvektor der nach unten auslaufenden Welle[23] bezeichnen wir mit $\boldsymbol{k}^{\,\mathrm{t}}$. Die Phasen der einlaufenden Welle und der auslaufenden Welle auf der Grenzschicht müssen gleich sein. Andernfalls könnte man die Stetigkeitsbedingungen nicht zu allen Zeiten und an allen Orten der Grenzfläche erfüllen. Das bedeutet insbesondere, dass die auslaufende Welle die gleiche Kreisfrequenz hat.

Die Frequenz einer elektromagnetischen Welle ändert sich nicht beim Übergang zu einem anderen Medium.

Außerdem müssen $k_1^{\mathrm{i}} = k_1^{\mathrm{t}}$ sowie $k_2^{\mathrm{i}} = k_2^{\mathrm{t}}$ erfüllt werden. Die zweite Forderung bedeutet:

Einfalls- und Ausfallsebene stimmen überein.

Der Wellenvektor der auslaufenden Welle ist also

$$\boldsymbol{k}^{\,\mathrm{t}} = \frac{\omega}{c}\sqrt{\epsilon''}\begin{pmatrix} \sin\alpha'' \\ 0 \\ -\cos\alpha'' \end{pmatrix}. \qquad\qquad (2.160)$$

α'' ist der Ausfallswinkel. Die Forderung $k_1^{\mathrm{i}} = k_1^{\mathrm{t}}$ bedeutet daher

$$\sqrt{\epsilon'}\sin\alpha' = \sqrt{\epsilon''}\sin\alpha''. \qquad\qquad (2.161)$$

Das ist das Brechungsgesetz von Snellius[24]:

Das Produkt aus Brechzahl $n = \sqrt{\epsilon}$ und dem Sinus des Winkels zwischen Laufrichtung und der Normalen bleibt beim Übergang in ein anderes Medium erhalten.

Wenn alle sechs Komponenten des elektromagnetischen Feldes $\boldsymbol{E}, \boldsymbol{B}$ an der Grenzfläche stetig wären, könnte man die einlaufende Welle stetig an die auslaufende Welle anschließen. Sind die beiden Medien aber wirklich verschieden, dann macht uns die Bedingung, dass ϵE_3 stetig sein soll, einen Strich durch die Rechnung. Die einlaufende Welle wird nicht nur gebrochen[25] sondern auch teilweise reflektiert.

---

[23] durchgelassen, engl. *transmitted*

[24] Willebrord van Roijen Snell (Snellius), 1580 - 1626, niederländischer Astronom und Mathematiker

[25] umgelenkt, von α' in α''

Um alle Stetigkeitsbedingungen zu erfüllen, benötigen wir im oberen Halbraum ein reflektierte Welle. Die reflektierte Welle muss die gleiche Kreisfrequenz haben wie die einfallende. Auch die zur Grenzfläche parallelen Komponenten des Wellenvektors müssen mit denen der einfallenden Welle übereinstimmen. Obendrein muss der Wellenvektor $\boldsymbol{k}^{\mathrm{r}}$ der reflektierten Wellen den gleichen Betrag haben wie $\boldsymbol{k}^{\mathrm{i}}$. Das alles läuft auf

$$\boldsymbol{k}^{\mathrm{r}} = \frac{\omega}{c}\sqrt{\epsilon'}\begin{pmatrix} \sin\alpha' \\ 0 \\ \cos\alpha' \end{pmatrix} \tag{2.162}$$

hinaus.

Einfallsebene und Reflexionsebene stimmen überein, ebenso Einfallswinkel und Reflexionswinkel.

Das optisch dichtere Medium hat eine größere Brechzahl als das optisch dünnere Medium. Beim Übergang vom optisch dünneren ins optisch dichtere Medium ist der Ausfallswinkel α'' kleiner als der Einfallswinkel α'. Diese Situation haben wir in Abbildung 2.1 angedeutet.

Beim Übergang vom optisch dichteren ins optisch dünnere Medium ist der Ausfallswinkel α'' größer als der Einfallswinkel. Bei dem durch

$$\sin\alpha^{\mathrm{TR}} = \frac{n''}{n'} \tag{2.163}$$

bestimmten Einfallswinkel wird der Ausfallswinkel gerade $\pi/2$. Für noch größere Einfallswinkel kann es dann keine auslaufende Welle geben, und die gesamte Energie wird reflektiert. Beim Übergang vom optisch dichteren zum dünneren Medium wird bei genügend großem Einfallswinkel alles Licht reflektiert.

Wir wollen uns nun damit befassen, welcher Teil der einfallenden Welle reflektiert wird. Dabei sind zwei Fälle zu unterscheiden. Die einfallende Strahlung kann parallel zur Einfallsebene polarisiert sein oder senkrecht dazu. Wir diskutieren zuerst den Fall der parallelen Polarisation.

Im Gebiet $x_3 > 0$ setzen wir

$$\boldsymbol{E}(t,\boldsymbol{x}) = E^{\mathrm{i}}\begin{pmatrix} +\cos\alpha' \\ 0 \\ +\sin\alpha' \end{pmatrix}\cos(\boldsymbol{k}^{\mathrm{i}}\boldsymbol{x} - \omega t)$$

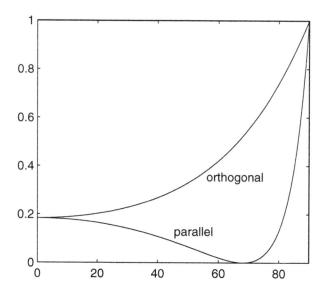

Abb. 2.2. Über dem Einfallswinkel α' ist das Reflexionsvermögen für parallel und orthogonal polarisiertes Licht aufgetragen. Die Brechungsindizes sind $n' = 1.0$ und $n'' = 2.5$. Der Brewster-Winkel beträgt dann etwa $68°$.

$$+ E^{\mathrm{r}} \begin{pmatrix} +\cos\alpha' \\ 0 \\ -\sin\alpha' \end{pmatrix} \cos(\boldsymbol{k}^{\mathrm{r}}\boldsymbol{x} - \omega t) \tag{2.164}$$

an, für $x_3 < 0$ entsprechend

$$\boldsymbol{E}(t,\boldsymbol{x}) = E^{\mathrm{t}} \begin{pmatrix} +\cos\alpha'' \\ 0 \\ +\sin\alpha'' \end{pmatrix} \cos(\boldsymbol{k}^{\mathrm{t}}\boldsymbol{x} - \omega t)\,. \tag{2.165}$$

Die Stetigkeitsbedingungen an das elektrische Feld führen auf die beiden Forderungen

$$n'(E^{\mathrm{i}} - E^{\mathrm{r}}) = n''E^{\mathrm{t}} \tag{2.166}$$

sowie

$$\cos\alpha'(E^{\mathrm{i}} + E^{\mathrm{r}}) = \cos\alpha''E^{\mathrm{t}}\,. \tag{2.167}$$

Mit $x = n''/n'$ und $y = \cos\alpha''/\cos\alpha'$ schreibt sich die Lösung der beiden Gleichungen (2.166) und (2.167) als

$$\frac{E^{\,\mathrm{t}}}{E^{\,\mathrm{i}}} = \frac{2}{x+y} \quad \text{und} \quad \frac{E^{\,\mathrm{r}}}{E^{\,\mathrm{i}}} = \frac{y-x}{y+x} \,. \tag{2.168}$$

Das Reflexionsvermögen R ist das Verhältnis von reflektierter zu einfallender Intensität:

$$R = \frac{|\boldsymbol{E}^{\,\mathrm{r}} \times \boldsymbol{H}^{\,\mathrm{r}}|}{|\boldsymbol{E}^{\,\mathrm{i}} \times \boldsymbol{H}^{\,\mathrm{i}}|} \,. \tag{2.169}$$

Für parallel zur Einfallsebene polarisiertes Licht berechnet man

$$R_{\parallel} = \frac{(y-x)^2}{(y+x)^2} \,. \tag{2.170}$$

Dieses Ergebnis ist plausibel. R kann nur Werte im Bereich $0 \leq R \leq 1$ annehmen. Und wenn die beiden Medien gleich sind, $\epsilon_1 = \epsilon_2$, gilt $x = y = 1$ und damit $R = 0$.

Im Falle senkrechter Polarisation (die elektrische Feldstärke steht senkrecht zur Einfallsebene) gilt

$$R_{\perp} = \frac{(1-xy)^2}{(1+xy)^2} \,. \tag{2.171}$$

Wieder liegt das Reflexionsvermögen zwischen 0 und 1 und verschwindet, wenn die Medien gleich sind.

Bei senkrechtem Einfall ($\alpha' = \alpha'' = 0$) macht die Unterscheidung zwischen parallel und senkrecht polarisiert keinen Sinn. Wie es sein muss, gilt dann auch $R_{\parallel} = R_{\perp}$.

Das Reflexionsvermögen bei paralleler Polarisation verschwindet, wenn $x = y$ gilt. Das bedeutet $\sin 2\alpha' = \sin 2\alpha''$. Bei verschiedenen Medien ist die Lösung $\alpha' = \alpha''$ auszuschließen, daher kommt nur

$$\alpha' + \alpha'' = \pi/2 \tag{2.172}$$

in Frage. Transmittierte Wellen und reflektierte Wellen stehen also gerade senkrecht aufeinander. Der entsprechende Einfallswinkel α^{Br} heißt Brewster-Winkel[26]. Fällt eine irgendwie polarisierte ebene Lichtwelle unter diesem Winkel auf die Grenzfläche transparenter Medien, dann gibt es keine parallel polarisierte reflektierte Welle. Der unter dem Brewster-Winkel reflektierte Strahl ist in jedem Falle senkrecht polarisiert. Wir haben das in Abbildung 2.2 dargestellt.

---

[26] David Brewster, 1781 - 1868, britischer Physiker

2.12 Das elektromagnetische Feld im leitenden Medium

Wir betrachten ein Medium mit nicht-verschwindender Leitfähigkeit $\sigma > 0$. Es gilt also das Ohmsche Gesetz

$$\boldsymbol{j}^{\mathrm{f}} = \sigma \boldsymbol{E}\,, \tag{2.173}$$

nach dem das elektrische Feld einen Strom beweglicher Ladung antreibt.

Ein elektrostatisches Feld im Leiter sorgt dafür, dass die Ladung umverteilt wird. Wenn es keinen Zu- und Abfluss gibt, wird sich wegen der Jouleschen Wärme $-\sigma \boldsymbol{E}^2$ in der Energie-Bilanzgleichung ein Gleichgewicht einstellen. Das bedeutet $\boldsymbol{j}^{\mathrm{f}} = 0$ und damit $\boldsymbol{E} = 0$.

Im leitenden Medium gibt es kein statisches elektrisches Feld, und das Potential ϕ ist konstant.

Weil an der Oberfläche eines Leiters die Tangentialkomponente des elektrischen Feldes stetig sein muss, gilt das auch im Außenraum über dem Leiter.

Das statische elektrische Feld steht senkrecht auf der Leiteroberfläche.

Wenn ein Gebiet $\mathcal{G}$ vollständig von einem Leiter umgeben ist, dann muss das Potential ϕ auf dem Rand $\partial \mathcal{G}$ des Gebietes (seiner Oberfläche) konstant sein. Im Gebiet selbst ist die Laplace-Gleichung $\Delta\phi = 0$ zu lösen. Zusammen mit $\phi = \phi_0$ auf $\partial\mathcal{G}$ ergibt das $\phi = \phi_0$ in $\mathcal{G}$.

Man kann ein Gebiet gegen statische elektrische Felder abschirmen, indem man es mit leitendem Material umgibt (Faraday-Käfig[27]).

Gilt das auch für Wechselfelder? Das wollen wir an einer ganz einfachen Situation untersuchen.

Der Halbraum $x_3 > 0$ sei leer, darunter befindet sich ein lineares Medium. Im Bereich $x_3 < 0$ setzen wir also

$$\boldsymbol{D} = \epsilon\epsilon_0\boldsymbol{E}\ ,\ \ \boldsymbol{B} = \mu\mu_0\boldsymbol{H}\ \ \text{und}\ \ \boldsymbol{j}^{\mathrm{f}} = \sigma\boldsymbol{E} \tag{2.174}$$

an. Auf die Grenzschicht soll unter dem Einfallswinkel $\alpha = 0$ eine ebene Welle fallen. Mit den Erfahrungen des voranstehenden Abschnittes müssen wir auch eine reflektierte und eine transmittierte ebene Welle ansetzen, also

$$\boldsymbol{E}(t, \boldsymbol{x}) = \begin{pmatrix} E^{\mathrm{i}} \\ 0 \\ 0 \end{pmatrix} e^{-i(\omega t + kx_3)} + \begin{pmatrix} E^{\mathrm{r}} \\ 0 \\ 0 \end{pmatrix} e^{-i(\omega t - kx_3)} \tag{2.175}$$

im Vakuum und

---

[27] Michael Faraday, 1791 - 1867, britischer Physiker und Chemiker

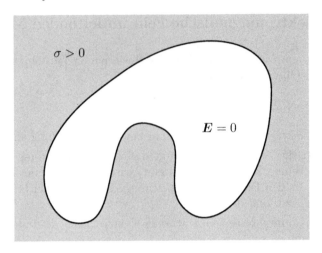

Abb. 2.3. Das statische elektrische Feld in einem Faraday-Käfig verschwindet.

$$
\boldsymbol{E}(t\boldsymbol{x}) = \begin{pmatrix} E^{\mathrm{t}} \\ 0 \\ 0 \end{pmatrix} e^{-i(\omega t + qx_3)} \tag{2.176}
$$

im Medium[28].

Auf der Vakuumseite ist alles in Ordnung: zwei ebene Wellen mit Kreisfrequenz ω und Wellenzahl $k = \omega/c$.

Im Medium muss man neu untersuchen, weil es jetzt eine Stromdichte $\boldsymbol{j} = \sigma\boldsymbol{E}$ gibt.

Die Maxwell-Gleichung $\boldsymbol{\nabla} \cdot \boldsymbol{D} = 0$ ist erfüllt. $\boldsymbol{\nabla} \times \boldsymbol{E} = -\dot{\boldsymbol{B}}$ führt auf

$$
\boldsymbol{B}(t,\boldsymbol{x}) = -\frac{q}{\omega} \begin{pmatrix} E^{\mathrm{t}} \\ 0 \\ 0 \end{pmatrix} e^{-i(\omega t - qx_3)} . \tag{2.177}
$$

Die Divergenz dieses Induktionsfeldes verschwindet. Nun bleibt noch $\boldsymbol{\nabla} \times \boldsymbol{H} = \boldsymbol{j} + \dot{\boldsymbol{D}}$. Alle Beiträge zeigen in 1-Richtung, und die Gleichung ist erfüllt, wenn man

$$
q^2 = \mu\epsilon\frac{\omega^2}{c^2}\left(1 + \frac{i\sigma}{\omega\epsilon\epsilon_0}\right) \tag{2.178}
$$

---

[28] Diese Ausdrücke sind jeweils um die komplex konjugierten zu ergänzen

wählt. Die Wellenzahl $q = q' + iq''$ ist komplex. Überwiegt der Realteil q', spricht man von einer gedämpften Welle. Überwiegt dagegen der Imaginärteil q'', dann kann die Welle kaum in das leitende Medium eindringen.

$\ell = 1/q''$ kennzeichnet die Eindringtiefe: sowohl das elektrische als auch das Magnetfeld sind auf den Wert $1/e$ abgefallen. Die Energie fällt also mit der Tiefe z wie $e^{-2z/\ell}$ ab.

Das Verhältnis der beiden Beiträge zur rechten Seite wird durch die Maxwell-Frequenz

$$\omega^{M} = \frac{\sigma}{\epsilon\epsilon_0} \tag{2.179}$$

bestimmt.

Mit (2.176), (2.177) und (2.178) haben wir alle Maxwell-Gleichungen auch im linearen Medium erfüllt. Außerdem sind die Stetigkeitsbedingungen auf der Grenzfläche $x_3 = 0$ zu beachten.

Die Normalkomponente der Verschiebung ist stetig, weil nicht vorhanden. Dasselbe gilt für die Normalkomponente der Induktion. Die Transversalkomponenten der elektrischen Feldstärke sind stetig, wenn man

$$E^{t} = E^{i} + E^{r} \tag{2.180}$$

wählt.

Die Forderung, dass auch die Transversalkomponenten der magnetischen Feldstärke stetig sein sollen, führt auf

$$E^{t} = \frac{k}{q}\left(E^{i} - E^{r}\right). \tag{2.181}$$

2.12.1 Niederfrequenz

Wenn die Frequenz der auftreffenden Welle sehr viel kleiner als die Maxwell-Frequenz ist, $\omega \ll \omega^{M}$, dann fällt q^2 rein imaginär aus. Es gilt

$$q' = q'' = \sqrt{\frac{\mu\mu_0\omega\sigma}{2}}. \tag{2.182}$$

Je höher die Frequenz und die Leitfähigkeit, umso mehr ist das Feld in der Leiteroberfläche konzentriert. Man spricht vom Skin-Effekt[29].

Der Vergleich mit (2.177) zeigt, dass bei immer niedrigeren Frequenzen das elektromagnetische Feld im leitenden Medium vorwiegend magnetisch ist. Damit wird klar, warum im Grenzfall $\omega \to 0$ im Leiter die elektrische Feldstärke verschwindet, während es durchaus dort ein Magnetfeld geben kann.

---

[29] engl. *skin*: Haut

2.12.2 Hochfrequenz

Wenn die Frequenz ω der einfallenden Welle erheblich über der Maxwell-Frequenz ω^M liegt, dann berechnet man

$$q' = \sqrt{\epsilon\mu}\,\frac{\omega}{c} \quad \text{und} \quad q'' = \frac{\sigma}{2\omega\epsilon\epsilon_0}\,q'. \tag{2.183}$$

In dem schlecht leitenden Medium breitet sich eine ebene Welle aus, deren Intensität mit der Eindringtiefe z wie $e^{-\alpha z}$ abnimmt. Die Dämpfungskonstante α ist durch

$$\alpha = \frac{\mu}{\epsilon}\,\sigma R_0 \tag{2.184}$$

gegeben. $R_0 = \sqrt{\mu_0/\epsilon_0} = 376.7$ Ohm ist der Wellenwiderstand des Vakuums. In der Optik wird α als Dämpfungs- oder Absorptionskonstante bezeichnet.

3

Quantenmechanik

Röntgenstrahlen werden an Kristallen gebeugt, was einst als Hinweis gewertet wurde, dass es sich um Wellen handelt. Neutronen werden aber auch gebeugt, mit einem identischen Beugungsmuster, obgleich niemand bezweifelt, dass es sich um Teilchen handelt. Die Quantentheorie löst diesen scheinbaren Widerspruch auf. Wellen entstehen oder verschwinden als Teilchen. Teilchen breiten sich als Wellen aus. *Wellen und Teilchen* sind die beiden Seiten ein und derselben Münze.

Ausgehend von der Neutronenbeugung entwickeln wir heuristische Regeln für *Wahrscheinlichkeitsamplituden*. Schritt für Schritt werden die Schlüsselbegriffe Zustand, Messgröße, Eigenwert, Erwartungswert, Hilbertraum, linearer Operator, Impuls, Energie, Schrödinger-Gleichung usw. eingeführt. Der Abschnitt über *Zustände und Messgrößen* enthält den mathematischen Apparat für die Quantenmechanik.

Als Prototyp für Quanteneffekte behandeln wir das *Ammoniak-Molekül*, bei dem das Stickstoff-Ion über oder unter dem gleichseitigen Dreieck der Protonen sitzen kann. Die symmetrische und die antisymmetrische Überlagerung dieser beiden Zustände haben verschiedene, aber scharf definierte Energien, deren Differenz den Mikrowellen-Frequenzstandard festlegt. Im äußeren elektrischen Feld verändern sich die Energieeigenwerte, ein Phänomen, das als quadaratischer und linearer Stark-Effekt bekannt ist.

Das Hopping-Modell für *Elektronenbänder* kennt nicht nur zwei, sondern abzählbar viele Konfigurationen (eindimensionaler Kristall). Wir zeigen ohne großen mathematischen Aufwand, dass aus einem Valenzelektron ein quasifreies Elektron (Quasiteilchen) wird, mit einer durch die Wechselwirkung bestimmten Beziehung zwischen Energie und Impuls und mit einer effektiven Masse. Wellenpakete und die Gruppengeschwindigkeit kommen von ganz allein ins Spiel.

Nach zwei und abzählbar vielen Konfigurationen behandeln wir ein Kontinuum von möglichen Werten, als Beispiel den Kernabstand in einem zweiatomigen Molekül, der um seinen Gleichgewichtswert schwingt. Wir studieren im Abschnitt *Molekülschwingungen* den harmonischen Oszillator, allein mit algebraischen Mitteln. Nur die Vertauschungsregeln der beteiligten Operatoren werden herangezogen.

Der Übergang zum dreidimensionalen Raum verlangt, dass man sich mit Drehungen beschäftigt, mit Operationen also, die nicht miteinander vertauschen. Wiederum stützen wir uns lediglich auf Vertauschungsregeln, um weitreichende Aussagen über den *Drehimpuls* herzuleiten. Der Abschnitt über den *Bahndrehimpuls* konkretisiert das für Wellenfunktionen im gewöhnlichen Raum.

Nach diesen Vorarbeiten können wir uns dem wichtigsten Gegenstand der Quantenmechanik zuwenden, dem *Wasserstoff-Atom*. Die Berechnung der gebundenen Zustände ist zum Glück mit verhältnismäßig geringem mathematischen Aufwand möglich, und die Ergebnisse sind der Ausgangspunkt für die gesamte Atom- und Molekularphysik und für vieles mehr.

In dem Abschnitt über *Spin und Statistik* greifen wir solch eine Fortentwicklung auf. Wenn der Atomkern mehrere Elektronen an sich fesseln kann, muss ernst genommen werden, dass Elektronen wirklich identisch sind. Elektronen sind Einzelgänger, sie können denselben Zustand nicht mehrfach besetzen. Damit kann man das periodische System der Elemente verstehen.

Der letzte Abschnitt bringt eine kursorische Übersicht über das heutige Verständnis von *Elementarteilchen*. Eine ausführliche Erörterung würde den Umfang dieses Buches sprengen. Wir kommen allerdings später auf einen Aspekt zurück und zeigen, warum man aus Streuexperimenten auf die Struktur vermeintlicher Elementarteilchen schließen kann, woher man weiß, dass Protonen und Neutronen aus Quarks mit drittelzahliger Ladung zusammengesetzt sind.

3.1 Wellen und Teilchen

Wir betrachten einen Einkristall. Der Kristall wird durch Verschieben der Einheitszelle um die Gittervektoren $x_G = g_1 a_1 + g_2 a_2 + g_3 a_3$ aufgebaut, mit ganzen Zahlen g_1, g_2, g_3.

Lässt man auf diesen Kristall monochromatische Röntgenstrahlung auffallen, so beobachtet man bei ganz bestimmten Orientierungen des Kristalls sehr scharf gebündelte abgebeugte Strahlung.

Beugung tritt auf, wenn die Laue-Bedingungen[1]

$$k a_j (n_{\text{aus}} - n_{\text{ein}}) = 2\pi \nu_j \qquad (3.1)$$

für $j = 1, 2, 3$ mit ganzen Zahlen ν_1, ν_2, ν_3 erfüllt sind. Dabei ist n_{ein} ein Einheitsvektor in Richtung des Primärstrahles und n_{aus} ein Einheitsvektor in

---

[1] Max von Laue, 1879 - 1960, deutscher Physiker

Richtung des abgebeugten Strahles, siehe hierzu die Abbildung 3.1. λ steht für die Wellenlänge der Röntgenstrahlung und $k = 2\pi/\lambda$ für die zugehörige Wellenzahl.

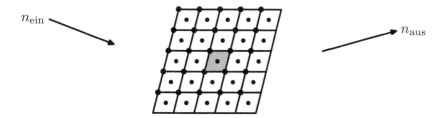

Abb. 3.1. Monochromatische Röntgenstrahlung fällt auf einen Kristall.

(3.1) lässt sich begründen. Bei $\boldsymbol{x}_Q = -R_Q \boldsymbol{n}_{\text{ein}}$ gibt es eine Quelle für Röntgenstrahlung. Das entsprechende elektromagnetische Feld polarisiert die Kristall-Einheitszellen, und das oszillierende Dipolmoment der Einheitszellen ist ein Sender für auslaufende elektromagnetische Strahlung derselben Frequenz. Jede Einheitszelle bei $\boldsymbol{x}_G$ sendet also Strahlung aus, die bei $\boldsymbol{x}_D = R_D \boldsymbol{n}_{\text{aus}}$ nachgewiesen wird. Sind Quelle und Detektor weit vom Kristall entfernt, dann berechnet man

$$e^{-i\boldsymbol{\Delta}\boldsymbol{x}_G} \tag{3.2}$$

als Phasenfaktor für eine Welle, die bei $\boldsymbol{x}_Q$ ausgesendet wird, die Einheitszelle bei $\boldsymbol{x}_G$ als Empfangs- und Sendeantenne benutzt und bei $\boldsymbol{x}_D$ empfangen wird. $\boldsymbol{\Delta} = k(\boldsymbol{n}_{\text{aus}} - \boldsymbol{n}_{\text{ein}})$ ist der Wellenvektorübertrag.

Wir leiten (3.2) im nächsten Abschnitt her.

Summiert man über sehr viele Einheitszellen, dann heben sich die auslaufenden Wellen im allgemeinen auf. Nur wenn die Laue-Bedingung (3.1) erfüllt ist, kommt es zur konstruktiven Interferenz, und man kann einen abgebeugten Röntgenstrahl beobachten.

Das erkennt man an der folgenden Rechnung. Wir gehen von $N_1 \times N_2 \times N_3$ Einheitszellen aus. Die Summe über (3.2) ergibt dann

$$A = \sum_G e^{-i\boldsymbol{\Delta}\boldsymbol{x}_G}$$
$$= \prod_{r=1}^{3} \sum_{g_r=0}^{N_r-1} e^{-ig_r\boldsymbol{\Delta}\cdot\boldsymbol{a}_r}$$

$$= z \prod_{r=1}^{3} \frac{\sin(N_r \boldsymbol{\Delta} \cdot \boldsymbol{a}_r / 2)}{\sin(\boldsymbol{\Delta} \cdot \boldsymbol{a}_r / 2)} \qquad (3.3)$$

z ist ein unbedeutender Phasenfaktor, $|z| = 1$.

Die Intensität der auslaufenden Röntgen-Strahlung ist also proportional zu

$$I \propto |A|^2 = \prod_{r=1}^{3} \left| \frac{\sin(N_r \boldsymbol{\Delta} \cdot \boldsymbol{a}_r / 2)}{\sin(\boldsymbol{\Delta} \cdot \boldsymbol{a}_r / 2)} \right|^2 . \qquad (3.4)$$

Die rechte Seite hat im allgemeinen einen Wert um 1. Nur wenn simultan die drei Laue-Bedingungen (3.1) erfüllt sind, erhält man einen scharfen Peak.

Dass Röntgenstrahlen an Kristallen gebeugt werden, hat Max von Laue schon 1912 entdeckt. Damit war damals klar: Röntgenstrahlen sind elektromagnetische Wellen.

Andererseits hat Max Planck[2] um 1900 die Gesetze der Hohlraumstrahlung damit erklären können, dass Licht nichts anderes ist als ein Photonengas (in heutigen Worten). Je kleiner die Wellenlänge des Lichtes, umso energiereicher die Photonen, $E = \hbar \omega$.

Will man Elektronen aus einem Metall ins Freie katapultieren, muss man mindestens die Austrittsarbeit E_B (Bindungsenergie) aufwenden, indem man beispielsweise mit Licht bestrahlt. Wenn das nicht funktioniert, hat es keinen Zweck, mehr Licht anzubieten, also die Intensität zu erhöhen. Man muss die Energie (Frequenz) der Lichtteilchen soweit erhöhen, dass die Bedingung $\hbar \omega > E_B$ erfüllt ist. Diese Erklärung des Photo-Effektes durch Albert Einstein hat die Vorstellung gefestigt, dass Licht (als Lösung der Maxwell-Gleichungen klar eine Welle) auch Teilcheneigenschaften hat.

Wellen entstehen oder verschwinden als Teilchen. Teilchen breiten sich als Wellen aus.

Mit 'Teilchen' spielen wir darauf an, dass eine Eigenschaft überhaupt nicht, einmal, zweimal usw. vorhanden ist. Teilchen lassen sich abzählen.

Bei Wellen denken wir an Felder $\psi = \psi(t, \boldsymbol{x})$ und an das Überlagerungsprinzip. Wellen können sich aufschaukeln oder auslöschen.

Dass 'Teilchen' und 'Wellen' keine Alternativen sind, sondern die beiden Seiten derselben Münze, wurde mit der Entdeckung der Elektronenbeugung und Neutronenbeugung an Kristallen ganz klar.

Bestrahlt man einen Kristall mit Teilchen, Elektronen oder Neutronen, die den Impuls $\boldsymbol{p} = p\,\boldsymbol{n}_{\mathrm{ein}}$ haben, dann findet man einen abgebeugten Strahl in der Richtung $\boldsymbol{n}_{\mathrm{aus}}$ genau dann, wenn die Laueschen Bedingungen gelten:

$$\frac{p}{\hbar}\, \boldsymbol{a}_j (\boldsymbol{n}_{\mathrm{aus}} - \boldsymbol{n}_{\mathrm{ein}}) = 2\pi \nu_j , \qquad (3.5)$$

---

[2] Max Planck, 1858 - 1947, deutscher Physiker

mit drei ganzen Zahlen ν_1, ν_2 und ν_3. Das ist ein durch unzählige Experimente erhärteter Befund.

Die Proportionalitätskonstante $\hbar$ hat denselben Wert für alle Teilchen[3]. Wellen mit Wellenvektor $\boldsymbol{k}$ treten als Teilchen mit Impuls

$$\boldsymbol{p} = \hbar\boldsymbol{k} \tag{3.6}$$

auf, so die Beziehung von de Broglie[4].

3.2 Wahrscheinlichkeitsamplituden

Wir betrachten ein typisches Beugungsexperiment mit langsamen Neutronen. Durch Laufzeitmessung kann man die Geschwindigkeit v der Neutronen messen, und damit den Impuls $p = mv$. Es ist möglich, einen Strahl von einfallenden Neutronen so zu präparieren, dass alle Neutronen (nahezu) denselben Impuls haben und in die gleiche Richtung $\boldsymbol{n}_{\text{ein}}$ fliegen.

Dieser Neutronenstrahl trifft auf ein Target, einen Einkristall. Wir nehmen an, dass der Einkristall sorgfältig justiert worden ist, so dass in Richtung $\boldsymbol{n}_{\text{aus}}$ Beugung möglich ist, weil die Laue-Bedingungen erfüllt sind. Natürliche werden nicht alle Neutronen abgebeugt, viele fliegen von dem Kristall unbehelligt einfach geradeaus weiter.

I_{i} sei die Intensität des einfallenden (incident) Strahles: Anzahl der Neutronen pro Flächen- und Zeiteinheit. Mit I_{t} bezeichnen wir die Intensität des Strahles hinter dem Einkristall (transmitted). Der abgebeugte Strahl hat die Intensität I_{r} (refracted).

Mit der Wahrscheinlichkeit $W_{\text{t}} = I_{\text{t}}/I_{\text{i}}$ fliegt ein Neutron also unbehelligt weiter, mit der Wahrscheinlichkeit $W_{\text{r}} = I_{\text{r}}/I_{\text{i}}$ wird es abgebeugt.

Für Strahlen macht diese Redeweise Sinn, aber wie soll sich ein einzelnes Neutron entscheiden, ob es geradeaus weiterfliegen will oder sich abbeugen lässt?

Fast einhundert Jahre Nachdenken und Experimentieren lassen sich so zusammenfassen: Einzelprozesse sind nicht determiniert, nur die Wahrscheinlichkeiten stehen fest.

Das hat die Generation unserer Großeltern schwer erschüttert. Schließlich hatte die moderne Naturwissenschaft einwandfrei gezeigt, dass nicht Gott[5], sondern unveränderbare Gesetze alles Geschehen bestimmen. Der Kosmos – eine Maschine, im Gegensatz dazu der freie Wille[6]. Einstein hat sich zeitlebens

---

[3] $\hbar = 1.054 \times 10^{-34}$ Js

[4] Louis-Victor Pierre Raymond de Broglie, 1892 - 1987, französischer Physiker

[5] ... der den Himmel lenkt – so heißt es in einem bekannten evangelischen Kirchenlied

[6] meist nur den Menschen zugestanden

nicht mit der Vorstellung abfinden können, dass einzelne Ereignisse wirklich zufällig sind. 'Der *Alte* würfelt nicht' ist einer seiner bekannten Aussprüche. Dass es den *Alten* gibt, dass er bestimmt, was geschieht – das wird nicht in Frage gestellt. Nur dass der *Alte* dabei würfelt, will er nicht hinnehmen. Wir sollten uns aber damit abfinden, dass es so ist – oder dass es so aussieht.

Den Prozessen wird eine Wahrscheinlichkeit zugeordnet. Interferenzphänomene, wie die Beugung am Kristall, kann man aber nur mit Amplituden verstehen, die sich zu Null aufheben können. Jede Wahrscheinlichkeit W ist das Betragsquadrat einer Wahrscheinlichkeitsamplitude Φ, einer komplexen Zahl. Läuft der Prozess $C \leftarrow A$ über das Zwischenstadium B ab, als $C \leftarrow B \leftarrow A$, dann multiplizieren sich bekanntlich die entsprechenden Wahrscheinlichkeiten. Wir fordern das auch für die Wahrscheinlichkeitsamplituden:

$$\Phi_{\mathrm{CBA}} = \Phi_{\mathrm{CB}}\Phi_{\mathrm{BA}} \,. \tag{3.7}$$

Kann nicht festgestellt werden, über welches Zwischenstadium der Prozess abgelaufen ist, dann sind die Amplituden zu addieren:

$$\Phi_{\mathrm{CA}} = \sum_B \Phi_{CB}\Phi_{\mathrm{BA}} \,. \tag{3.8}$$

Wie mit diesen noch vage formulierten Regeln umzugehen ist, soll am Beispiel der Neutronenbeugung vorgeführt werden.

Bei $\boldsymbol{x}_Q = -R\boldsymbol{n}_{\mathrm{ein}}$ wird ein Neutron mit Energie $E = p^2/2m$ emittiert. Die Wahrscheinlichkeit, bei $\boldsymbol{x}$ aufzutauchen, nimmt wie $1/|\boldsymbol{x} - \boldsymbol{x}_Q|^2$ ab. Zudem soll die Ausbreitung Wellencharakter haben, deswegen muss die Wellenzahl $k = p/\hbar$ vorkommen. Wir setzen daher

$$\Phi_Q(\boldsymbol{x}) \propto \frac{e^{ik|\boldsymbol{x} - \boldsymbol{x}_Q|}}{|\boldsymbol{x} - \boldsymbol{x}_Q|} \tag{3.9}$$

an: eine Kugelwelle um $\boldsymbol{x}_Q$ mit Wellenzahl k.

Von der Einheitszelle bei $\boldsymbol{x}_G$ wird das Neutron mit der Wahrscheinlichkeitsamplitude f <u>nicht</u> ignoriert, sondern eingefangen und wieder emittiert. Weil die Einheitszellen identisch sind, hängt die sog. Streuamplitude f nicht von G ab.

Die Wahrscheinlichkeitsamplitude dafür, danach bei $\boldsymbol{x}$ aufzutauchen, ist

$$\Phi_G(\boldsymbol{x}) \propto \frac{e^{ik|\boldsymbol{x} - \boldsymbol{x}_G|}}{|\boldsymbol{x} - \boldsymbol{x}_G|} \,. \tag{3.10}$$

Die Wahrscheinlichkeitsamplitude dafür, dass ein bei $\boldsymbol{x}_Q$ erzeugtes Neutron irgendwo im Kristall abgebeugt wird und danach im Detektor bei $\boldsymbol{x}_D$ eingefangen wird, ist

$$\Phi_{DQ} \propto \sum_G \Phi_G(\boldsymbol{x}_D) \, f \, \Phi_Q(\boldsymbol{x}_G) . \tag{3.11}$$

Wir bauen nun ein, dass sowohl die Quelle als auch der Detektor sich weit weg vom Kristall befinden: $\boldsymbol{x}_Q = -R_Q \boldsymbol{n}_{\mathrm{ein}}$ und $\boldsymbol{x}_D = R_D \boldsymbol{n}_{\mathrm{aus}}$. Für (3.9) darf man dann

$$\Phi_Q(\boldsymbol{x}_G) = \frac{e^{ikR_Q}}{R_Q} \, e^{ik\boldsymbol{n}_{\mathrm{ein}}\boldsymbol{x}_G} \tag{3.12}$$

schreiben und einen entsprechenden Ausdruck für (3.10).

Mit dem Wellenvektorübertrag $\boldsymbol{\Delta} = \boldsymbol{k}_{\mathrm{aus}} - \boldsymbol{k}_{\mathrm{ein}} = k(\boldsymbol{n}_{\mathrm{aus}} - \boldsymbol{n}_{\mathrm{ein}})$ gilt demnach

$$W_{DQ} = |\Phi_{DQ}|^2 \propto \frac{|f|^2}{R_D^2 R_Q^2} \left| \sum_G e^{-i\boldsymbol{\Delta}\boldsymbol{x}_G} \right|^2 . \tag{3.13}$$

Daraus folgen unmittelbar die Laue-Bedingungen, wie wir schon wissen.

Von entscheidender Bedeutung für diese Herleitung ist die Annahme, dass nicht festgestellt werden kann, an welcher Einheitszelle das Neutron abgebeugt worden ist. Blumig formuliert: das Neutron hinterlässt im Kristall keinen Fußabdruck.

Das ist nicht immer so.

Bekanntlich haben Teilchen nicht nur einen Bahndrehimpuls, sondern auch einen Spindrehimpuls. Der Spindrehimpuls des Neutrons beträgt $\pm\hbar/2$, etwa in Bezug auf die 3-Achse. Bei der Wechselwirkung mit einem Atomkern ist der gesamte Drehimpuls erhalten. Der Bahndrehimpuls darf nur ein ganzzahliges Vielfaches von $\hbar$ sein, wie wir später zeigen werden. Weil die Neutronen, mit denen man Beugungsexperimente macht, sehr langsam sind, kommt nur der Bahndrehimpuls 0 in Frage. Folglich ist bei einer Wechselwirkung die Summe aus Neutronenspin und Kernspin erhalten, wiederum in Bezug auf die 3-Achse.

Wenn die Kerne des Kristalls den Spin 0 besitzen, wie z. B. ^{12}C, dann kann sich bei der Wechselwirkung der Spin des Neutrons nicht umkehren. In diesem Falle stimmt alles, was wir oben dargelegt haben.

Wenn der Kernspin aber von Null verschieden ist, z. B. $\pm\hbar/2$ bei ^{23}Al, dann muss man zwei Fälle unterscheiden: entweder hat sich der Neutronenspin umgedreht oder nicht. Im ersten Fall ist auch mit dem Kernspin nichts passiert, und das abgebeugte Neutron hat tatsächlich keinen Fußabdruck hinterlassen.

Wenn sich der Neutronenspin aber umdreht, von $\hbar/2$ in $-\hbar/2$, dann muss sich auch der Spin des Kernes ändern, mit dem das Neutron eine Wechselwirkung gehabt hat. Im Prinzip, auch wenn das technisch schwierig oder unmöglich ist, lässt sich feststellen, welcher Kernspin sich um $\hbar$ erhöht hat. Man muss dann in (3.13) erst die Amplituden quadrieren und danach über alle Gitterbausteine summieren. Natürlich gibt es in diesem Fall keine Beugung, sondern nur Streuung. Die aus dem direkten Strahl entfernten Neutronen laufen mit gleicher Wahrscheinlichkeit in irgendeine Richtung (isotrope Streuung). Wie gesagt, nur dann, wenn die Kerne des Kristalls einen von Null verschiedenen Spin haben und wenn man nur die Neutronen nachweist, die ihren Spin umgedreht haben.

Wir halten fest:

- Teilchen breiten sich als Wellen aus.
- Wellen werden als Teilchen erzeugt oder absorbiert.
- Zum Wellenvektor $\boldsymbol{k}$ der Welle gehört der Impuls $\boldsymbol{p} = \hbar\boldsymbol{k}$ des Teilchens.
- Prozesse mit einzelnen Teilchen sind nicht determiniert, sondern mehr oder weniger wahrscheinlich.
- Solche Wahrscheinlichkeiten sind Betragsquadrate von Amplituden.
- Läuft ein Prozess über ein Zwischenstadium ab, dann sind die entsprechenden Amplituden zu multiplizieren.
- Lässt sich nicht feststellen, über welches der verschiedenen Zwischenstadien ein Prozess abgelaufen ist, dann sind die Amplituden über alle verschiedenen Zwischenstadien zu summieren.

Diese Regeln haben sich (zumindest für die Beschreibung der Neutronen-Beugung) bewährt. Bewährt hat sich zugleich der Ansatz für eine Kugelwelle: Ein Teilchen mit Impuls p wird bei $\boldsymbol{y}$ erzeugt und bei $\boldsymbol{x}$ nachgewiesen. Die Amplitude für diesen Prozess ist zu

$$\Phi = \Phi(\boldsymbol{x}, \boldsymbol{y}) = \frac{1}{\sqrt{4\pi}} \frac{e^{ik|\boldsymbol{x} - \boldsymbol{y}|}}{|\boldsymbol{x} - \boldsymbol{y}|} \quad \text{mit} \ p = \hbar k \qquad (3.14)$$

proportional.

3.3 Zustände und Messgrößen

Wir fragen nach der Wahrscheinlichkeit $dW = dW(\boldsymbol{x})$ dafür, dass ein irgendwie erzeugtes Teilchen bei $\boldsymbol{x}$ im Volumen dV nachgewiesen wird. Die Amplitude $\psi = \psi(\boldsymbol{x})$ dafür ist eine Wellenfunktion. Es gilt

$$dW(\boldsymbol{x}) = dV \, |\psi(\boldsymbol{x})|^2 \quad \text{mit} \ \int dV \, |\psi(\boldsymbol{x})|^2 = 1 \, . \qquad (3.15)$$

Die Wellenfunktion $\psi = \psi(\boldsymbol{x})$ beschreibt den Zustand des Teilchens. Wir werden den Begriff 'Zustand eines Systems' noch mehrfach erweitern. Von normiert im Sinne von (3.15) zu 'normierbar' im Sinne von (3.24) Von einem auf viele Teilchen. Von reinen auf gemischte Zustände. Doch davon später.

Man kann jede Wellenfunktion in ebene Wellen zerlegen:

$$\psi(\boldsymbol{x}) = \int \frac{d^3k}{(2\pi)^3}\, \hat{\psi}(\boldsymbol{k})\, e^{i\boldsymbol{k}\boldsymbol{x}}\,. \tag{3.16}$$

Wir interpretieren

- das Integral als Summe über verschiedene Zustände,
- $e^{i\boldsymbol{k}\boldsymbol{x}}$ als Amplitude dafür, den Impuls $\boldsymbol{p} = \hbar\boldsymbol{k}$ zu haben und bei $\boldsymbol{x}$ nachgewiesen zu werden,
- $\hat{\psi}(\boldsymbol{k})$ als Amplitude dafür, gemäss ψ erzeugt worden zu sein und den Impuls $\boldsymbol{p} = \hbar\boldsymbol{k}$ zu besitzen.

Wenn das so ist, dann erwarten wir für den Impuls den Wert

$$\langle\,\boldsymbol{P}\,\rangle = \int \frac{d^3k}{(2\pi)^3}\, |\hat{\psi}(\boldsymbol{k})|^2\, \boldsymbol{p} = \int dV\, \psi^*(\boldsymbol{x})\, \frac{\hbar}{i}\, \boldsymbol{\nabla}\, \psi(\boldsymbol{x})\,. \tag{3.17}$$

Diese Interpretation ist verträglich mit der Feststellung

$$\int \frac{d^3k}{(2\pi)^3}\, |\hat{\psi}(\boldsymbol{k})|^2 = \int dV\, |\psi(\boldsymbol{x})|^2\,. \tag{3.18}$$

Mit Wahrscheinlichkeit 1 ist das Teilchen irgendwo und hat irgendeinen Impuls.

Der Erwartungswert für den Aufenthaltsort des Teilchens ist

$$\langle\,\boldsymbol{X}\,\rangle = \int dV\, |\psi(\boldsymbol{x})|^2\, \boldsymbol{x} = \int dV\, \psi^*(\boldsymbol{x})\, \boldsymbol{x}\, \psi(\boldsymbol{x})\,. \tag{3.19}$$

(3.15), (3.17) und (3.19) legen die folgende Sprechweise nahe.

- Einem Paar (ϕ, ψ) von Wellenfunktion wird das Skalarprodukt

$$(\phi, \psi) = \int dV\, \phi^*(\boldsymbol{x})\, \psi(\boldsymbol{x}) \tag{3.20}$$

  zugeordnet.

- Normierte Funktionen ϕ sind durch

$$||\phi||^2 = (\phi, \phi) = 1 \tag{3.21}$$

  gekennzeichnet.

- Den physikalischen Messgrößen sind lineare Operatoren zuzuordnen, die Wellenfunktionen umformen.

- Der Erwartungswert einer Messgröße M im Zustand ϕ wird gemäß

$$\langle M \rangle = (\phi, M\phi) \tag{3.22}$$

berechnet, mit einer normierten Wellenfunktion ϕ.

- Der Ortsoperator wird durch die Vorschrift 'multipliziere die Wellenfunktion mit ihrem Argument' dargestellt.

- Der Impulsoperator wird durch 'partiell Ableiten, anschließend mit $\hbar/i$ multiplizieren' dargestellt.

Den Ausdruck (3.22) für den Erwartungswert einer Messgröße M im Zustand ψ kann man in

$$\langle M \rangle = \frac{(\psi, M\psi)}{(\psi, \psi)} \tag{3.23}$$

umschreiben. Dabei wird nur noch verlangt, dass ψ normierbar ist im Sinne von

$$\int dV \, |\psi(\boldsymbol{x})|^2 < \infty \,. \tag{3.24}$$

Die Wellenfunktionen ψ und $z\psi$ (mit $z \neq 0$) beschreiben denselben Zustand.

Die Menge der im Sinne von (3.24) quadratintegrablen Wellenfunktionen ist ein linearer Raum. Dieser Raum wird durch das Skalarprodukt (3.20) sogar zu einem Hilbertraum[7] $\mathcal{H}$.

Lineare Abbildungen $L : \mathcal{H} \to \mathcal{H}$ bezeichnen wir als lineare Operatoren. Leider sind gerade die physikalisch interessanten linearen Operatoren, wie Ort und Impuls, nicht im gesamten Hilbertraum definiert, sondern nur auf dichten Teilräumen[8]. Das stört aber viel weniger, als man meint. Kein physikalisch interessantes Ergebnis darf davon abhängen, ob der Raum wirklich unendlich ausgedehnt oder nur sehr groß, aber endlich ist[9].

3.4 Messwerte und Eigenwerte

Zu jedem physikalischen System gehört ein Hilbertraum $\mathcal{H}$. Die Zustände werden durch Strahlen in diesem Hilbertraum beschrieben. Das bedeutet: die von Null verschiedene Wellenfunktion ψ und die Wellenfunktion $z\psi$ (mit $z \neq 0$) beschreiben denselben Zustand des Systems.

---

[7] David Hilbert, 1862-1943, deutscher Mathematiker

[8] Ein Teilraum $\mathcal{H}'$ ist in $\mathcal{H}$ dicht, wenn sich jede Wellenfunktion $\psi \in \mathcal{H}$ als Grenzwert einer Folge $\psi_1, \psi_2, \dots$ von Wellenfunktionen in $\mathcal{H}'$ schreiben lässt.

[9] Dann wäre der Ortsoperator im gesamten Hilbertraum definiert, und der Impuls auch.

Die Messgrößen[10] werden durch lineare Operatoren $M : \mathcal{H} \rightarrow \mathcal{H}$ dargestellt. Aber nicht jeder lineare Operator entspricht einer Messgröße. Es muss nämlich sichergestellt werden, dass die Messergebnisse immer reelle Zahlen sind.

Es lässt sich leicht zeigen, dass $(\psi, M\psi)$ und $(M\psi, \psi)^*$ dasselbe sind. Wenn man auch noch

$$(\psi, M\psi) = (M\psi, \psi) \quad \text{für alle} \quad \psi \in \mathcal{H} \tag{3.25}$$

fordert, dann darf man sich darauf verlassen, dass die Messgröße M für jeden Zustand einen reellen Erwartungswert hat.

(3.25) ist mit

$$(\phi, M\psi) = (M\phi, \psi) \quad \text{für alle} \quad \phi, \psi \in \mathcal{H} \tag{3.26}$$

gleichwertig. Operatoren, die (3.26) erfüllen, heißen symmetrisch, oder hermitesch, oder selbstadjungiert. Symmetrisch: wegen der Symmetrie in (3.26). Hermitesch, weil sich Hermite[11] mit solchen linearen Abbildungen ausgiebig beschäftigt hat. Selbstadjungiert: weil der Operator M mit seinem adjungierten Operator übereinstimmt. Zu jedem linearen Operator M gibt es nämlich einen adjungierten Operator $M^{\dagger}$, so dass

$$(\phi, M\psi) = (M^{\dagger}\phi, \psi) \quad \text{für alle} \quad \phi, \psi \in \mathcal{H} \tag{3.27}$$

gilt.

Die Unterschiede zwischen diesen Begriffen spielen nur bei unbeschränkten Operatoren[12] eine Rolle, und darauf wollen wir hier nicht näher eingehen.

Messgrößen werden durch selbstadjungierte Operatoren dargestellt.

Selbstadjungierte Operatoren sind interessante Objekte. Sie haben ein vollständiges Orthonormalsystem von Eigenvektoren mit reellen Eigenwerten. Das muss erklärt werden.

Die Gleichung

$$M\chi = m\chi \quad \text{mit} \quad \chi \neq 0 \tag{3.28}$$

definiert einen Eigenvektor χ. Abbilden mit M führt dazu, dass der Eigenvektor lediglich um den Eigenwert m gestreckt oder gestaucht wird. Die Richtung bleibt.

Die Eigenvektoren $\chi_1, \chi_2, \ldots$ eines selbstadjungierten Operators M können so gewählt werden, dass

$$(\chi_j, \chi_k) = \delta_{jk} \tag{3.29}$$

---

[10] oder Observablen
[11] Charles Hermite, 1822 - 1901, französischer Mathematiker
[12] A ist beschränkt, wenn $||A\phi||^2 \leq K||\phi||^2$ für alle $\phi \in \mathcal{H}$ gilt.

gilt. Das Kronecker[13]-Delta δ_{nm} verschwindet, wenn die Indizes nicht übereinstimmen und hat für $m = n$ den Wert 1. In diesem Sinne sind die Eigenvektoren normiert und orthogonal[14] zueinander.

Dass die Eigenvektoren normiert sind, kann man immer durch einen passenden Vorfaktor erreichen. Schließlich ist ein Eigenvektor von Null verschieden und liegt im Hilbertraum, hat also eine endliche Norm.

Eigenvektoren zu verschiedenen Eigenwerten stehen orthogonal aufeinander, wie man leicht zeigen kann.

Überhaupt bilden die Eigenvektoren zu einem Eigenwert einen linearen Raum, den Eigenraum. Der Eigenraum kann eindimensional oder mehrdimensional sein. Es lässt sich aber immer eine orthogonale Basis für den Eigenraum finden.

Anders ausgedrückt: wenn die Eigenwerte für mehrere Eigenfunktionen gleich sind, dann lässt es sich erreichen, dass letztere orthogonal zueinander sind. In diesem Sinne ist (3.29) zu lesen.

Das System der Eigenvektoren eines selbstadjungierten Operators M ist zudem vollständig: jeder Vektor $\psi \in \mathcal{H}$ kann als Summe

$$\psi(\boldsymbol{x}) = \sum_j z_j \chi_j(\boldsymbol{x}) \tag{3.30}$$

geschrieben werden. Die Eigenvektoren eines selbstadjungierten Operators eignen sich als Basis für den gesamten Hilbertraum.

(3.29) präzisiert, was 'verschieden' bedeuten soll. Zustände sind verschieden, wenn die entsprechenden Wellenfunktionen orthogonal zueinander sind, so dass ihr Skalarprodukt verschwindet.

Zu jeder Messgröße M kann man die Schwankung δM im Zustand ψ angeben:

$$\delta M^2 = \langle M^2 \rangle - \langle M \rangle^2 . \tag{3.31}$$

Die Schwankung der Messgröße M in einem Eigenzustand verschwindet. Umgekehrt: nur in den Eigenzuständen einer Messgröße M verschwindet die Schwankung. Hat man das System in einen Eigenzustand χ der Messgröße M gebracht und misst M, dann ergibt sich der entsprechende Eigenwert m ohne Schwankung.

Die Zerlegung (3.30) lesen wir folgendermaßen. Der Prozess, das Teilchen bei $\boldsymbol{x}$ vorzufinden, läuft über die Zwischenstadien ab, im Eigenzustand χ_j zu sein. Die Amplituden dafür sind z_j. Mit der Amplitude $\chi_j(\boldsymbol{x})$ wird ein Teilchen im Eigenzustand χ_j bei $\boldsymbol{x}$ angetroffen. Der Erwartungswert der Messgröße M im (normierten) Zustand ψ ist

---

[13] Leopold Kronecker, 1823 - 1891, deutscher Mathematiker

[14] Zwei Vektoren ϕ und ψ stehen aufeinander senkrecht (sind orthogonal), wenn $(\psi, \phi) = 0$ gilt.

$$\langle\, M\,\rangle_\psi = (\psi, M\psi) = \sum_j |z_j|^2 m_j\,. \tag{3.32}$$

Völlig klar: Mit der Wahrscheinlichkeit $|z_j|^2$ ist im Zustand ψ der Eigenzustand χ_j der Messgröße M enthalten. Die Messung von M im Eigenzustand χ_j ergibt m_j, und (3.32) ist ein gewichtetes Mittel.

Wir halten fest:

- Zu jeder Messgröße M gehört ein selbstadjungierter linearer Operator, den wir ebenfalls mit M bezeichnen.
- Die Eigenwerte m_j dieses Operators M sind gerade die möglichen Messwerte.
- Ist das System im Eigenzustand χ_j der Messgröße M, dann wird das Messergebnis m_j schwankungsfrei gemessen.
- Jeder Zustand kann in die Eigenzustände $\chi_1, \chi_2, \dots$ der Messgröße M zerlegt werden.

Übrigens kann man Funktionen von selbstadjungierten Operatoren ganz einfach erklären. Wenn M die Eigenwerte $m_1, m_2, \dots$ hat, dann besitzt $f(M)$ die Eigenwerte $f(m_1), f(m_2), \dots$. Die Eigenvektoren sind dieselben.

Für beliebige lineare Operatoren lassen sich Polynome und konvergente Potenzreihen erklären:

- aL durch $(aL)\psi = a(L\psi)$
- $L_1 + L_2$ durch $(L_1 + L_2)\psi = (L_1\psi) + (L_2\psi)$
- $L_2 L_1$ durch $(L_2 L_1)\psi = L_2(L_1\psi)$
- Für jedes Polynom p ist damit der lineare Operator $p(L)$ erklärt.
- mit

$$||L|| = \sup_{||\psi||=1} ||L\psi|| \tag{3.33}$$

als Operator-Norm kann man nun entscheiden, ob eine Potenzreihe konvergiert[15].

Für konvergente Potenzreihen selbstadjungierter Operatoren gibt es also zwei Definitionen, die jedoch zum Glück übereinstimmen.

Wir schließen mit einer Bemerkung zum Begriff 'gemeinsame Diagonalisierung'. Damit ist gemeint, dass zwei Messgrößen A und B denselben Satz von Eigenvektoren $\chi_1, \chi_2, \dots$ haben. Mit $A\chi_j = a_j\chi_j$ und $B\chi_j = b_j\chi_j$ gilt dann $AB\chi_j = BA\chi_j = a_j b_j \chi_j$ für jeden Eigenvektor. Weil das System der

---

[15] Schon wieder ein Hinweis, dass unbeschränkte Operatoren Schwierigkeiten bereiten.

Eigenvektoren vollständig ist, gilt $AB = BA$ im gesamten Hilbertraum. Gemeinsam diagonalisierbare Messgrößen vertauschen. Die Umkehrung ist auch richtig: vertauschende Messgrößen können gemeinsam diagonalisiert werden.

Ort und Impuls vertauschen nicht miteinander. Vielmehr gilt

$$[X, P] = i\hbar I .\tag{3.34}$$

Aus diesen kanonischen Vertauschungsregeln lässt sich ableiten[16], dass

$$\delta X \delta P \geq \frac{\hbar}{2}\tag{3.35}$$

gilt, und zwar für jede der drei Raumrichtungen. Diese als Unschärfe-Beziehung bekannte Ungleichung geht auf Heisenberg[17] zurück.

3.5 Zeit und Energie

Ein linearer Operator U heißt unitär, wenn

$$(U\phi, U\psi) = (\phi, \psi) \quad \text{für alle} \quad \phi, \psi \in \mathcal{H}\tag{3.36}$$

gilt. Unitäre Operatoren beschreiben Symmetrien.

Die Verschiebung eines Systems um die Strecke $\boldsymbol{a}$ ist eine Symmetrie.

Wir ordnen jeder Wellenfunktion ψ die verschobene Wellenfunktion $\psi_{\boldsymbol{a}}$ durch

$$\psi_{\boldsymbol{a}}(\boldsymbol{x}) = \psi(\boldsymbol{x} + \boldsymbol{a})\tag{3.37}$$

zu. Man erkennt sofort, dass

$$(\psi_{\boldsymbol{a}}, \psi_{\boldsymbol{a}}) = (\psi, \psi)\tag{3.38}$$

gilt.

Eine Taylor-Entwicklung[18] liefert

$$\psi_{\boldsymbol{a}}(\boldsymbol{x}) = \psi(\boldsymbol{x}) + \frac{(\boldsymbol{a}\boldsymbol{\nabla})}{1!}\psi(\boldsymbol{x}) + \frac{(\boldsymbol{a}\boldsymbol{\nabla})^2}{2!}\psi(\boldsymbol{x}) + \dots .\tag{3.39}$$

Mit dem Impuls-Operator $\boldsymbol{P} = \frac{\hbar}{i}\boldsymbol{\nabla}$ kann man das in

$$\psi_{\boldsymbol{a}} = e^{\frac{i}{\hbar}\boldsymbol{a}\boldsymbol{P}}\psi = U(\boldsymbol{a})\psi\tag{3.40}$$

---

[16] die Rechnung ist nicht ganz einfach
[17] Werner Heisenberg, 1901 - 1976, deutscher Physiker
[18] Brook Taylor, 1685 - 1731, britischer Mathematiker

umschreiben[19]. Zu jeder Ortsverschiebung (Translation) a gehört ein unitärer Operator $U(a)$.

Im Sinne von $U(a_2)U(a_1) = U(a_2 + a_1)$ bilden diese Operatoren eine Gruppe.

So wie Ort und Zeit zusammengehören, gehören auch Impuls und Energie zusammen. Die Zeitverschiebung um t wird durch den Warte-Operator (Zeittranslation)

$$U(t) = e^{-\frac{i}{\hbar} tH} \qquad (3.41)$$

beschrieben. Die Messgröße H ist die Energie des Systems, oder der Hamilton-Operator[20].

Bisher haben wir nur behandelt, wie man einen Zustand ψ präpariert und dann die Messgröße M misst. Jetzt wollen wir die Zeit ins Spiel bringen. Ehe man M misst, wartet man die Zeit t.

Begrifflich kann man 'Präparieren und Warten' als neue Präparationsvorschrift auffassen. Erst den Zustand ψ herstellen und dann die Zeitspanne t verstreichen lassen, ist eine neue Präparationsvorschrift, nämlich für

$$\psi_t = U(t)\psi \,. \qquad (3.42)$$

Das Tripel {Zustand,Warten,Messen} = $\{\psi, t, M\}$ wird im Schrödinger-Bild[21] zu $\{\psi_t, M\}$ verkürzt.

Der Zustand ist von der Zeit abhängig. Diese Zeitabhängigkeit (3.42) kann man übrigens auch als eine Differentialgleichung schreiben:

$$-\frac{\hbar}{i} \dot{\psi}_t = H\psi_t \,, \qquad (3.43)$$

die berühmte Schrödinger-Gleichung.

Im Schrödinger-Bild schreibt man für den Erwartungswert der Messgröße M im Zustand ψ_t den Ausdruck

$$(\psi_t, M\psi_t) = (U(t)\psi, MU(t)\psi) \qquad (3.44)$$

an. Das ist dasselbe wie

$$(\psi, U(t)^{\dagger} MU(t)\psi) = (\psi, M_t\psi) \qquad (3.45)$$

mit[22]

$$M_t = U(-t)MU(t) \,. \qquad (3.46)$$

---

[19] Die Exponentialfunktion eines linearen Operators ist durch die entsprechende Potenzreihe erklärt
[20] William Rowan Hamilton, 1805 - 1865, britischer Mathematiker und Physiker
[21] Erwin Schrödinger, 1887 - 1961, österreichischer Physiker
[22] $U^{\dagger} = U^{-1}$ (unitär) und $U(t)U(-t) = I$ (Gruppe)

Diesmal hat man 'Warten, dann Messen' als neue Messvorschrift verstanden. Das ist das Heisenberg-Bild, nach dem die Messgrößen zeitabhängig sind.

Dasselbe Tripel {Zustand,Warten,Messen} = $\{\psi, t, M\}$ wird nun zu $\{\psi, M_t\}$ verkürzt.

Die Heisenberg-Gleichung für zeitabhängige Observable ist

$$\dot{M}_t = \frac{i}{\hbar}\left[H, M_t\right].\tag{3.47}$$

Messgrößen, die mit der Energie vertauschen, sind Konstante der Bewegung. Es folgt sofort: die Energie selber ist eine Konstante der Bewegung.

Wir werden im folgenden Text meist im Schrödinger-Bild argumentieren. Insbesondere interessieren wir uns für die Eigenzustände des Hamilton-Operators. Energie-Eigenzustände, also Lösungen der Gleichung

$$H\chi = E\chi,\tag{3.48}$$

sind nämlich stationär. Sie hängen von der Wartezeit t wie

$$\chi_t = e^{-\frac{i}{\hbar}tE}\chi = e^{-i\omega t}\chi\tag{3.49}$$

ab. Der Faktor vor χ ist lediglich ein Phasenfaktor, er hat keinen Einfluss auf irgendein Messergebnis. Die Energie-Eigenzustände sind also in der Tat stationär. Messungen an Energie-Eigenzuständen hängen nicht von der Wartezeit zwischen Präparation und Messung ab.

Man beachte die Analogie: denkt man an Teilchen, ist von Impuls p und Energie E die Rede. Bei Wellen spricht man von Wellenvektor k und Kreisfrequenz ω. Beidesmal ist das Plancksche Wirkungsquantum $\hbar$ der Proportionalitätsfaktor.

Übrigens kann man auch im Schrödinger-Bild von der Änderungsrate $\dot{M}$ einer Observablen M sprechen. Wegen

$$\begin{aligned}\frac{d}{dt}(\psi_t, M\psi_t) &= \frac{d}{dt}(\psi, M_t\psi)\\ &= (\psi, \frac{i}{\hbar}[H, M_t]\psi)\\ &= (\psi_t, \frac{i}{\hbar}[H, M]\psi_t)\end{aligned}\tag{3.50}$$

gilt

$$\dot{M} = \frac{i}{\hbar}\left[H, M\right].\tag{3.51}$$

3.6 Ammoniak-Molekül

Das Ammoniak-Molekül NH$_3$ ist folgendermaßen gebaut. Die drei Protonen bilden ein gleichseitiges Dreieck (in der x, y-Ebene). Der Stickstoffkern liegt auf der Mittelsenkrechten (z-Achse), und die gemeinsamen zehn Elektronen halten das Molekül zusammen.

Die energetisch günstigste Lage des Stickstoff-Kernes auf der Mittelsenkrechten ist <u>nicht</u> die Position $z = 0$, wie man aus Symmetriegründen erwarten könnte. Vielmehr gibt es zwei günstigste Positionen. In der Abbildung 3.2 haben wir die Energie des Moleküls über der Position des Stickstoff-Kernes aufgetragen:

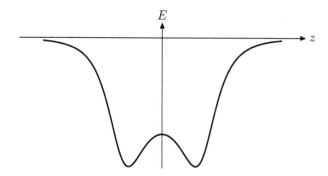

Abb. 3.2. Gesamtenergie E eines Ammoniak-Moleküls als Funktion der Position des Stickstoff-Kernes (schematisch)

Wir bezeichnen mit $\phi_\uparrow$ den normierten Zustand minimaler Energie, bei dem der Stickstoffkern über den Protonen sitzt. Das gespiegelte Molekül wird durch den Zustand $\phi_\downarrow$ beschrieben. Diese beiden Zustände sind verschieden, daher dürfen wir uns auf $(\phi_\downarrow, \phi_\uparrow) = 0$ verlassen. Aus Symmetriegründen gilt $E = (\phi_\uparrow, H\phi_\uparrow) = (\phi_\downarrow, H\phi_\downarrow)$.

Das Matrixelement $V = (\phi_\downarrow, H\phi_\uparrow)$ wird nicht verschwinden. Es beschreibt die Möglichkeit, dass das Ammoniakmolekül den Zustand wechselt, von $\phi_\uparrow$ zu $\phi_\downarrow$. Durch geeignete Wahl einer relativen Phase kann man erreichen, dass V reell, sogar positiv wird. Angeregte Zustände des Ammoniak-Moleküls spielen für die folgende Diskussion keine Rolle, so dass die Energie (der Hamilton-Operator) durch die Matrix

$$H = \begin{pmatrix} (\phi_\uparrow, H\phi_\uparrow) & (\phi_\uparrow, H\phi_\downarrow) \\ (\phi_\downarrow, H\phi_\uparrow) & (\phi_\downarrow, H\phi_\downarrow) \end{pmatrix} = \begin{pmatrix} E & V \\ V & E \end{pmatrix} \tag{3.52}$$

beschrieben wird.

Weil V nicht verschwindet, sind $\phi_\uparrow$ und $\phi_\downarrow$ keine Energieeigenzustände. Die Eigenwerte der Matrix (3.52) sind vielmehr

$$E_\pm = E \pm V \,, \tag{3.53}$$

die zugehörigen Eigenzustände sind

$$\phi_\pm = \frac{\phi_\uparrow \pm \phi_\downarrow}{\sqrt{2}} \,. \tag{3.54}$$

Diese Zustände sind ebenfalls normiert. Sie sind auch orthogonal zueinander, weil die Eigenwerte verschieden sind.

Mit unserer Verabredung über das Vorzeichen von V ist die Kombination ϕ_- der Grundzustand des Moleküls: der Energieeigenzustand mit dem kleinsten Eigenwert. Auch der Zustand ϕ_+ ist stationär. Die Energiedifferenz zum Grundzustand beträgt

$$2V = \hbar\omega = 2\pi\hbar f \,, \tag{3.55}$$

sie definiert den Frequenzstandard für die Mikrowellen-Technik[23].

Mikrowellen dieser Frequenz können Übergänge $\phi_+ \leftrightarrow \phi_-$ bewirken und werden daher in gasförmigem Ammoniak stark gedämpft.

Im Zustand $\phi_\uparrow$ hat das NH_3-Molekül das elektrische Dipolmoment d, im Zustand $\phi_\downarrow$ beträgt es $-d$. Mit $\mathcal{E}$ als elektrischer Feldstärke, die in z-Richtung zeigen soll, müssen wir (3.52) folgendermaßen abändern:

$$H = \begin{pmatrix} E - \mathcal{E}d & V \\ V & E + \mathcal{E}d \end{pmatrix} \,. \tag{3.56}$$

$-\mathcal{E}d$ ist der Beitrag eines elektrischen Dipols d im äußeren elektrischen Feld $\mathcal{E}$ zur Energie, und genau das haben wir in (3.56) eingearbeitet.

Wir setzen

$$\phi_+(\mathcal{E}) = \cos\alpha\, \phi_\uparrow - \sin\alpha\, \phi_\downarrow \quad \text{und} \quad \phi_-(\mathcal{E}) = \cos\alpha\, \phi_\uparrow + \sin\alpha\, \phi_\downarrow \tag{3.57}$$

an und berechnen für die entsprechenden Eigenwerte

$$E_+(\mathcal{E}) = E + \sqrt{V^2 + \mathcal{E}^2 d^2} \quad \text{und} \quad E_-(\mathcal{E}) = E - \sqrt{V^2 + \mathcal{E}^2 d^2} \,. \tag{3.58}$$

Die Diagonalisierung der Matrix (3.56) liefert außerdem das Ergebnis

---

[23] $f=23.87012$ GHz, dem entspricht die Wellenlänge $\lambda=1.2559$ cm

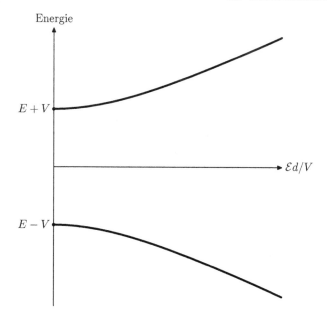

Abb. 3.3. Stark-Effekt am Ammoniak-Molekül

$$\tan 2\alpha = \frac{V}{\mathcal{E}d}\,. \tag{3.59}$$

Wie man sieht, ändern sich die Energieeigenwerte mit der Stärke $\mathcal{E}$ des äußeren elektrischen Feldes, und zwar quadratisch bei kleinen Feldstärken und linear bei großen. Dieses Phänomen ist als linearer und quadratischer Stark-Effekt[24] bekannt.

Übrigens ist selbst bei $\mathcal{E}$=10 kV/cm das Verhältnis $\mathcal{E}d/V$ sehr viel kleiner als 1, so dass man für gewöhnlich im Bereich des quadratischen Stark-Effektes bleibt.

3.7 Elektronenbänder

Man betrachtet eines der locker gebundenen Elektronen eines Atoms, ein Valenzelektron. Hat man ein einfach ionisiertes Atom, dann wird das zusätzliche Elektron mit Energie $E < 0$ gebunden. Mit welcher Energie wird das Elektron in einem Kristall gebunden?

Wir untersuchen einen hypothetischen eindimensionalen Kristall, eine regelmäßige Kette, aus identischen Ionen die wir durch $r = \ldots, -1, 0, 1, \ldots$

---

[24] Johannes Stark, 1874 - 1957, deutscher Physiker

nummerieren. Der Zustand, dass das Elektron beim r-ten Gitterbaustein lokalisiert ist, wird mit u_r bezeichnet. Für die Observable H = Energie des Elektrons setzen wir

$$H\,u_r = E\,u_r - \frac{V}{2}(u_{r-1} + u_{r+1})$$ (3.60)

an und berücksichtigen damit, dass jedes Ion in der Kette gleichberechtigt ist und dass das Elektron zum nächsten Nachbarn hüpfen kann (hopping model). Wir vereinbaren $V > 0$, das lässt sich durch Multiplizieren der u_r mit passenden Phasen immer erreichen.

Mit $I u_r = u_r$ führen wir den Einsoperator, durch $X u_r = ra\,u_r$ den Ortsoperator, durch $R u_r = u_{r+1}$ die Rechts- und durch $L u_r = u_{r-1}$ die Linksverschiebung ein. Die Elektronenenergie lässt sich damit als

$$H = EI - \frac{V}{2}(R + L)$$ (3.61)

schreiben, und es gelten die Vertauschungsregeln

$$[R, L] = 0 \;\;,\;\; [X, R] = aR \;\;,\;\; [X, L] = -aL\,.$$ (3.62)

Man kann sofort Eigenfunktionen für H angeben:

$$\phi_k = \sum_r e^{ikar}\,u_r\,,$$ (3.63)

denn $R\phi_k = e^{-ika}\,\phi_k$ und $L\phi_k = e^{+ika}\,\phi_k$ bedeutet

$$H\phi_k = E(k)\phi_k \;\; \text{mit} \;\; E(k) = E - V\cos ka\,.$$ (3.64)

Wegen $\phi_k = \phi_{k+2\pi/a}$ sind nur Wellenzahlen im Intervall $-\pi/a < k < \pi/a$ von Interesse. Das Atomniveau E ist in das Energieband $E - V < E(k) < E + V$ aufgespalten.

Die ϕ_k sind nicht normierbar, man muss sie vielmehr zu Wellenpaketen

$$\psi_t = a\int_{-\pi/a}^{+\pi/a} \frac{dk}{2\pi}\,\tilde{c}(k)\,e^{-\frac{i}{\hbar}E(k)t}\,\phi_k = \sum_r c_r(t)\,u_r$$ (3.65)

überlagern, mit

$$c_r(t) = a\int_{-\pi/a}^{+\pi/a} \frac{dk}{2\pi}\,\tilde{c}(k)\,e^{ikar}\,e^{-\frac{i}{\hbar}E(k)t}\,.$$ (3.66)

Das ist eine Lösung der Schrödinger-Gleichung, die gemäß

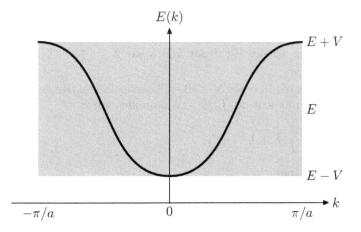

Abb. 3.4. Energieband

$$a \int_{-\pi/a}^{+\pi/a} \frac{dk}{2\pi} |\tilde{c}(k)|^2 = \sum_r |c_r(t)|^2 \tag{3.67}$$

normiert werden kann.

Wählt man $\tilde{c}$ so, dass die Funktion um die Wellenzahl $\bar{k}$ beliebig gut konzentriert ist, dann hat man einen Quasi-Eigenzustand mit der Energie $E(\bar{k})$ gefunden.

Bei der Zeitabhängigkeit haben wir im Schrödinger-Bild gedacht. Wie schon im Abschnitt *Zeit und Energie* erörtert, gibt es im Schrödinger-Bild zu jeder Observablen M die Änderungsrate

$$\dot{M} = \frac{i}{\hbar} [H, M]. \tag{3.68}$$

Für die Geschwindigkeit eines Elektrons berechnen wir in unserem Modell

$$\dot{X} = \frac{i}{\hbar} [H, X] = \frac{Va}{\hbar} \frac{L - R}{2i}, \tag{3.69}$$

und das bedeutet

$$\dot{X} \phi_k = v(k) \, \phi_k \ \text{ mit } \ v(k) = \frac{Va}{\hbar} \sin ka = \frac{E'(k)}{\hbar}. \tag{3.70}$$

Das Elektron mit Wellenzahl $\bar{k}$[25] bewegt sich im Kristall mit der Gruppengeschwindigkeit $v(\bar{k})$. Die Gruppengeschwindigkeit ist immer die Ableitung der Energie nach dem Impuls. Dieses Ergebnis bleibt, auch wenn die Möglichkeit

---

[25] die Amplitude $\tilde{c}(k)$ ist scharf bei $\bar{k}$ konzentriert

einbezogen wird, dass ein Elektron weiter als bis zum nächsten Nachbarn hüpfen kann.

Für die Beschleunigung des Elektrons finden wir $\ddot{X} = \frac{i}{\hbar}[H, \dot{X}] = 0$, wie es sein muss. Bis jetzt.

Nun nämlich bauen wir in unser Modell ein konstantes elektrisches Feld $\mathcal{E}$ ein. Mit $-eX$ als Dipolmoment des Elektrons schreiben wir

$$H(\mathcal{E}) = EI - \frac{V}{2}(R + L) + e\mathcal{E}X \tag{3.71}$$

für den Hamilton-Operator.

An dem Ausdruck (3.69) für die Geschwindigkeit eines Elektrons ändert sich nichts, weil die zusätzliche potentielle Energie $e\mathcal{E}X$ mit dem Ort X vertauscht. Für die Beschleunigung jedoch berechnen wir

$$\ddot{X} = -\frac{Va^2}{2\hbar^2} e\mathcal{E}(L + R), \tag{3.72}$$

also

$$\ddot{X}\phi_k = -\frac{Va^2}{\hbar^2} e\mathcal{E} \cos ka \, \phi_k = -e\mathcal{E} \frac{E''(k)}{\hbar^2} \phi_k. \tag{3.73}$$

Für ein Wellenpaket (3.65) gilt damit

$$m^*\langle \ddot{X} \rangle = -e\mathcal{E} \quad \text{mit} \quad \frac{1}{m^*} = a \int_{-\pi/a}^{+\pi/a} \frac{dk}{2\pi} |\tilde{c}(k)|^2 \frac{E''(k)}{\hbar^2}. \tag{3.74}$$

Die effektive Masse m^* der Elektronen im Festkörper wird durch die Wechselwirkung mit den Gitterbausteinen bestimmt; sie ist von der Wellenzahl k abhängig und kann auch negativ werden.

Dass die beschleunigten Elektronen nicht immer schneller werden, sondern fortwährend anstoßen und dadurch Energie abgeben, liegt an Effekten, die wir noch nicht berücksichtigt haben. Dazu gehören Kristallfehler aller Art. Zum Beispiel schwingen die Gitterbausteine um ihre Ruhelage und haben daher nicht immer denselben Abstand. Das führt dazu, dass die Übergangsamplitude V nicht wirklich konstant ist. Hinzu kommen andere Gitterfehler wie Fremdatome, Fehlstellen, Versetzungen usw.

Wir haben hier nur den allereinfachsten Fall behandelt: an jedem Gitterbaustein kann das Elektron in einem einzigen Zustand gebunden werden. Die Amplitude für das Hüpfen zum nächsten Nachbarn sorgt dafür, dass dieses Energieniveau nicht entartet ist (also mit gleicher Energie mehrfach auftritt), sondern in ein Energieband aufspaltet. Im Allgemeinen gibt es mehrere Valenzelektronen und damit mehrere Bänder. Diese können sich überlappen oder durch einen Bandabstand (energetisch) getrennt sein. Die Einteilung der Kristalle in Isolatoren, elektrische Leiter und Halbleiter kann verstanden werden, wenn man weiß, dass jeder elektronische Zustand nur einfach besetzt werden darf (Pauli-Prinzip[26]).

3.8 Molekülschwingungen

Wir betrachten ein ganz einfaches Molekül, etwa HCl. Im Spiel sind die beiden Kerne sowie achtzehn Elektronen. Schon der leichteste Kern, das Proton, ist knapp zweitausendmal so massiv wie ein Elektron. Die Elektronen sind sehr, sehr viel beweglicher als die Kerne. Deswegen, so der Vorschlag von Born[27] und Oppenheimer[28], soll man erst einmal die Kerne an feste Plätze setzen und nur die Bewegung der Elektronen freigeben. Die suchen sich dann eine Konfiguration, bei der die Summe aus kinetischer Energie der Elektronen und Coulomb-Energie für die Wechselwirkung untereinander und mit den Kernen am kleinsten wird. Das ergibt den Grundzustand der Elektronenhülle bei festgehaltener Konfiguration x_H, x_{Cl} der Kerne. Bei einem zweiatomigen Molekül wie HCl kommt es natürlich nur auf den Kernabstand R an. Wenn man die optimale Energie $V(R)$ bei vorgegebenem Kernabstand berechnet hat, sucht man nach dem Minimum $V_0 = V(R_0)$.

Im Spiel sind jetzt also nur noch die beiden Kerne bei x_H und x_{Cl}, deren Wechselwirkung durch das Potential $V = V(R)$ beschrieben wird. Dieses Zweikörper-Problem haben wir bereits in der 'Einführung in die Mechanik' studiert.

Das Molekül kann sich als freies Teilchen mit der Gesamtmasse $M = m_H + m_{Cl}$ bewegen. Wir wählen für die weitere Diskussion das Schwerpunktsystem, in dem der Massenmittelpunkt des Moleküls ruht.

Die Energie der Relativbewegung besteht aus drei Teilen:

- kinetische Energie $\mu \dot{R}^2/2$ für den Abstand,
- kinetische Energie $L^2/2\mu R^2$ für die Drehung,
- potentielle Energie $V(R)$.

Dabei ist μ die gemäß $1/\mu = 1/m_H + 1/m_{Cl}$ definierte reduzierte Masse.

Bei kleiner Energieanregung wird der Kernabstand immer in der Nähe von R_0 bleiben, dem Abstand mit minimaler potentieller Energie. Es ist daher eine gute Näherung, die Energie der Rotationsbewegung als

$$H_{rot} = \frac{L^2}{2\mu R_0^2} \tag{3.75}$$

---

[26] Wolfgang Pauli, 1900 - 1958, österreichischer Physiker
[27] Max Born, 1882 - 1970, deutscher Physiker
[28] Julius Robert Oppenheimer, 1904 - 1967, US-amerikanischer Physiker

zu schreiben und den Rest als

$$H_{\text{vib}} = V_0 + \frac{\mu}{2}\dot{R}^2 + \frac{1}{2}V''(R_0)(R - R_0)^2 \,. \tag{3.76}$$

Wir haben bei der Taylor-Entwicklung des Potentials ausgenützt, dass die erste Ableitung am Minimum (bei R_0) verschwinden muss.

In unserer Näherung darf sich das Molekül drehen, während es schwingt, und es darf schwingen, während es sich dreht. Erst die weggelassenen Terme bewirken eine Kopplung der Rotations- und Vibrations-Freiheitsgrade.

Wir stellen die Behandlung der Molekül-Drehbewegung zurück und kümmern uns hier nur um den einfacheren Fall der Abstands-Veränderung (Schwingung).

Dazu führt man die Abweichung $X = R - R_0$ von der Gleichgewichtslage ein. $P = \mu\dot{X} = \mu\dot{R}$ ist der zugehörige Impuls. Damit können wir (3.76) in

$$H_{\text{vib}} = V_0 + \frac{P^2}{2\mu} + \frac{\mu\omega^2}{2}X^2 \text{ mit } \mu\omega^2 = V''(R_0) \tag{3.77}$$

umschreiben. Bitte beachten Sie, dass die zweite Ableitung $V''(R_0)$ am Minimum positiv sein muss, daher darf man zu Recht $\mu\omega^2$ dafür schreiben.

Wir gehen von der kanonischen Vertauschungsregel

$$[X, P] = i\hbar I \tag{3.78}$$

aus, denn nur die zieht $P = \mu\dot{X}$ nach sich. Es handelt sich um einen harmonischen Oszillator, weil

$$\ddot{X} + \omega^2 X = 0 \tag{3.79}$$

gilt. Wohlgemerkt: für die Messgröße X, einen Operator.

Wir beschreiben jetzt, wie man die Eigenwerte des harmonischen Oszillators rein algebraisch ermitteln kann.

Dafür definieren wir uns den Operator

$$A = \sqrt{\frac{\mu\omega}{2\hbar}}X + i\sqrt{\frac{1}{2\mu\omega\hbar}}P \,. \tag{3.80}$$

Das ist keine Messgröße, denn der adjungierte Operator unterscheidet sich davon,

$$A^\dagger = \sqrt{\frac{\mu\omega}{2\hbar}}X - i\sqrt{\frac{1}{2\mu\omega\hbar}}P \,. \tag{3.81}$$

Für den Kommutator rechnen wir

$$[A, A^\dagger] = I \tag{3.82}$$

aus[29].

Diese Vertauschungsregel stellt sicher, dass $N = A^\dagger A$ ein Anzahl-Operator ist, mit Eigenwerten $n = 0, 1, 2 \ldots$.

N ist auf jeden Fall selbstadjungiert und hat damit reelle Eigenwerte. n sei ein solcher Eigenwert mit der Eigenfunktion χ, $N\chi = n\chi$.

Wir betrachten $\chi_+ = A^\dagger \chi$. Wegen

$$N\chi_+ = A^\dagger A A^\dagger \chi = A^\dagger (I + A^\dagger A)\chi = (1 + n)\chi_+ \tag{3.83}$$

schließen wir, dass $A^\dagger \chi$ ein Eigenzustand von N ist mit dem Eigenwert $n + 1$. Genauso lässt sich nachrechnen, dass $A\chi$ ein Eigenzustand von N ist mit dem Eigenwert $n - 1$. Mit $A^\dagger$ steigt man also von n um 1 zum Eigenwert $n + 1$ auf, mit A steigt man um 1 ab.

Gegen das Aufsteigen lässt sich nichts einwenden, wohl aber gegen das Absteigen. Die Beziehung $(\phi, N\phi) = (A\phi, A\phi) \geq 0$ besagt nämlich, dass kein N-Eigenwert negativ werden darf. Das Absteigen muss also irgendwie gestoppt werden. Aber wie?

Nun, wir erinnern uns daran, dass die Gleichung $A\phi = a\phi$ nur zusammen mit $\phi \neq 0$ einen Eigenwert definiert. Der Ausweg aus immer niedrigeren Eigenwerten für N kann also nur sein, dass es einen N-Eigenzustand gibt (wir nennen ihn χ_0), der vom Absteige-Operator A vernichtet wird (Annihilation):

$$A\chi_0 = 0. \tag{3.84}$$

χ_0 muss von Null verschieden sein, wir verlangen sogar $\|\chi_0\| = 1$.

In diesem Zustand χ_0 hat N den kleinstmöglichen Eigenwert, nämlich 0.

Die Eigenvektoren des Operators $N = A^\dagger A$ sind durch

$$\chi_n = \frac{1}{\sqrt{n!}} (A^\dagger)^n \chi_0 \tag{3.85}$$

gegeben, für $n = 0, 1, 2 \ldots$.

Damit haben wir bewiesen, dass ein Operator $N = A^\dagger A$ ein Zahloperator ist, wenn A mit seinem adjungierten Operator gemäß $[A, A^\dagger] = I$ vertauscht.

Wir wollen jetzt die Früchte dieser Erkenntnis ernten. Ohne große Mühe schreiben wir den Ausdruck (3.77) für die Energie der Molekül-Schwingungen um in

$$H_{\text{vib}} = V_0 + \frac{\hbar\omega}{2} + \hbar\omega A^\dagger A. \tag{3.86}$$

---

[29] I steht wie üblich für den Eins-Operator

Solange man das Potential $V = V(R)$ durch eine Parabel annähern kann, sind die Energieniveaus für Molekülschwingungen durch

$$E_n = V_0 + \hbar\omega(\frac{1}{2} + n) \tag{3.87}$$

gegeben, mit natürlichen Zahlen $n = 0, 1, \ldots$

Der harmonische Oszillator kann also überhaupt nicht, einfach, zweifach usw. angeregt sein. Die Anregungsenergie $\hbar\omega$ hängt gemäß (3.77) von der reduzierten Masse und von der Krümmung des Potentials am Minimum ab.

Die Rechnungen, die wir soeben nachvollzogen haben, sind von grundsätzlicher Bedeutung. In vielen Gebieten der Physik ist das Gleichgewicht durch das Minimum der Energie definiert. Fast immer ist die Energie am Minimum differenzierbar, und die Taylor-Entwicklung für kleine Abweichungen $X_1, X_2, \ldots$ vom Gleichgewicht ergibt eine in den X_k quadratische Funktion. Die Energie kann man dann in

$$H = H_0 + \sum_a \hbar\omega N_a \tag{3.88}$$

umformen, wobei H_0 mit dem Rest vertauscht und die N_a miteinander vertauschende Zahloperatoren sind. Die zu N_a gehörende Schwingungsmode ist dann entweder gar nicht, einfach, zweifach usw. besetzt. Mit jeder Anregung ist die Energie $E_a = \hbar\omega_a$ verbunden. Den Zustand mit Anregungsenergie $n_a\hbar\omega_a$ betrachtet man bald als den mit n_a Teilchen der Energie $\hbar\omega_a$ bevölkerten Grundzustand der Schwingungsmode a. Ist überhaupt keine Schwingungsmode angeregt, spricht man vom Vakuum Ω. Das Vakuum ist durch $A_a\Omega = 0$ definiert. Die Anregungen des Vakuums werden durch einen Hamilton-Operator der Gestalt

$$H = \sum_a \hbar\omega_a A_a^\dagger A_a \tag{3.89}$$

beschrieben, mit den Vernichtern A_a und den Erzeugern $A_a^\dagger$.

Abweichungen von der Quadratform führen auf Beiträge wie $A_d^\dagger A_c^\dagger A_b A_a$ zur Energie: Teilchen im Zustand a und b verschwinden und tauchen als Teilchen c und d wieder auf. Das beschreibt die Wechselwirkung $a + b \to c + d$.

Wir wollen an dieser Stelle die Einführung in die Quantenfeldtheorie abrechen. Wir begnügen uns mit der Andeutung, wie man zum Begriff von Teilchen kommt, nämlich nicht, einmal, zweimal usw. vorhanden zu sein. Der Schlüssel dazu ist ein Ausdruck für die Energie, der in den Impulsen und den zugehörigen Orten quadratisch ist, wie (3.77).

3.9 Drehimpuls

Wir haben als erstes Beispiel ein System mit nur zwei Plätzen behandelt, das Ammoniak-Molekül. Beim Hopping-Modell für Valenzelektronen in einem perfekten Kristall haben wir für den Ort diskrete (durch ganze Zahlen nummerierte Plätze) angenommen. Bei den Gitterschwingungen kam für die Abweichung X von der Ruhelage jede reelle Zahl in Frage. Wir wollen uns nun mit einem Teilchen im Raum befassen, also im $\mathbb{R}^3$. Beachten Sie die Ausweitung von $\{\downarrow, \uparrow\}$ zu $\mathbb{Z}$ zu $\mathbb{R}$ zu $\mathbb{R}^3$ und später zu $\mathbb{R}^{3N}$, wenn wir uns mit Systemen aus mehreren Teilchen befassen.

Im Raum kann man drehen, etwa um die 3-Achse. Der um den Winkel α gedrehte Zustand $\psi_\alpha(\boldsymbol{x})$ geht aus dem Zustand ψ durch die Umrechung

$$\psi_\alpha(x_1, x_2, x_3) = \psi(\cos\alpha x_1 - \sin\alpha x_2, \sin\alpha x_1 + \cos\alpha x_2, x_3) \qquad (3.90)$$

hervor. Für kleine Winkel α lässt sich das als

$$\psi_\alpha = (I + \frac{i}{\hbar}\alpha J_3)\psi + \dots \quad \text{mit} \quad J_3 = X_1 P_2 - X_2 P_1 \qquad (3.91)$$

schreiben. J_3 ist die 3-Komponente des Drehimpulses.
Bekanntlich gilt

$$\lim_{n\to\infty}\left(1 + \frac{x}{n}\right)^n = e^x . \qquad (3.92)$$

Damit können wir die Drehung um den endlichen Winkel α aus n Drehungen um den kleinen Winkel α/n aufbauen, so dass sich im Limes $n \to \infty$ der Ausdruck

$$\psi_\alpha = e^{\frac{i}{\hbar}\alpha J_3}\psi \qquad (3.93)$$

ergibt. So wie der Impuls die örtliche Translation erzeugt, die Energie die Zeitverschiebung, so erzeugt der Drehimpuls die Drehung.

Wenn die Drehachse nicht die 3-Achse ist, sondern durch einen beliebigen Einheitsvektor $\boldsymbol{n}$ gegeben ist, dann schreibt man für die Drehung um den Winkel α den entsprechenden Ausdruck

$$\psi_{\boldsymbol{\alpha}} = e^{\frac{i}{\hbar}\boldsymbol{\alpha J}}\psi , \qquad (3.94)$$

mit $\boldsymbol{\alpha} = \alpha\boldsymbol{n}$.

Jetzt gibt es eine Komplikation. Die Verschiebungen in verschiedene Richtungen vertauschen miteinander, demzufolge auch die Erzeuger P_1, P_2, P_3. Nacheinander ausgeführte Drehungen um verschiedene Richtungen vertauschen nicht miteinander, und deswegen vertauschen auch die drei Erzeuger J_1, J_2, J_3 nicht.

Probieren Sie das mit einer Streichholzschachtel aus, die man um einen rechten Winkel im Uhrzeigersinn dreht: zuerst um die kurze und dann um die lange Kante, anschließend in umgedrehter Reihenfolge.

Man kann für $J = X \times P$ leicht nachrechnen, dass die Vertauschungsregeln

$$[J_1, J_2] = i\hbar J_3 \ , \ [J_2, J_3] = i\hbar J_1 \ \text{und} \ [J_3, J_1] = i\hbar J_2 \tag{3.95}$$

gelten.

(3.94) gilt nicht nur für ein einzelnes Teilchen ohne innere Eigenschaften, sondern für jedes System. Die Gleichung definiert vielmehr den Drehimpuls als Erzeuger der Drehung. Auch die Vertauschungsregeln gelten für den Drehimpuls eines beliebigen Systems, nicht nur für den Bahndrehimpuls eines einzelnen Teilchens. Alle folgenden Überlegungen beruhen auf diesen Vertauschungsregeln.

Die drei Komponenten des Drehimpulses können nicht gemeinsam diagonalisiert werden, weil sie miteinander nicht vertauschen. Das haben wir im Abschnitt *Messwerte und Eigenwerte* erörtert.

Allerdings vertauscht J^2 mit allen Komponenten des Drehimpulses, $[J^2, J_k] = 0$. Daher darf man J^2 und etwa J_3 gemeinsam diagonalisieren.

Ein Teilraum $\mathcal{D}$ des Hilbertraumes ist drehinvariant, wenn nach einer beliebigen Drehung noch alle Vektoren dazugehören. Dafür ist $J_k\mathcal{D} \subset \mathcal{D}$ eine notwendige und hinreichende Bedingung. Der drehinvariante Teilraum $\mathcal{D}$ ist sogar irreduzibel, wenn er keine anderen drehinvarianten Teilräume als den Nullraum[30] und $\mathcal{D}$ selbst enthält.

λ sei ein Eigenwert von J^2 und $\mathcal{D}$ der zugehörige Eigenraum[31]. Der Eigenraum ist drehinvariant. Wir nehmen hier an, dass er auch noch irreduzibel ist. Wenn nicht, muss man ihn vorher in irreduzible Teilräume zerlegen, und die folgende Untersuchung befasst sich mit einem davon. Wir nennen ihn $\mathcal{D}$.

Das Ziel besteht darin, in diesem Eigenraum auch noch J_3 zu diagonalisieren. Dazu definieren wir zwei Operatoren

$$J_+ = J_1 + iJ_2 \ \text{und} \ J_- = J_1 - iJ_2 \, , \tag{3.96}$$

die den folgenden Vertauschungsregeln genügen:

$$[J_3, J_+] = \hbar J_+ \ , \ [J_3, J_-] = -\hbar J_- \ \text{sowie} \ [J_+, J_-] = 2\hbar J_3 \, . \tag{3.97}$$

$\chi \in \mathcal{D}$ sei ein Eigenvektor von J_3 mit Eigenwert μ. Wegen

$$J_3 J_+ \chi = J_+ J_3 \chi + \hbar J_+ \chi = (\mu + \hbar) J_+ \chi \tag{3.98}$$

---

[30] ein Hilbertraum, der nur aus dem Nullvektor besteht

[31] Zum selben Eigenwert kann es mehrere Eigenvektoren geben. Alle Linearkombinationen dieser Eigenwerte spannen den Eigenraum auf.

und

$$J_3 J_- \chi = J_- J_3 \chi - \hbar J_- \chi = (\mu - \hbar) J_- \chi \tag{3.99}$$

hat man gleich zwei neue Eigenvektoren gefunden. Die Eigenwerte sind um $\hbar$ gewachsen bzw. gefallen. Mit J_+ kann man also in einer Drehimpulsleiter aufsteigen, mit J_- absteigen.

Wegen

$$\lambda = (\chi, \mathbf{J}^2 \chi) \geq (\chi, J_3^2 \chi) = \mu^2 \tag{3.100}$$

kann man auf der J_3-Leiter aber nicht beliebig weit auf- oder absteigen. Es gibt in $\mathcal{D}$ einen maximalen J_3-Eigenwert $j\hbar$, zu dem der Eigenvektor χ_j gehören soll. Er ist durch

$$J_3 \chi_j = j\hbar \chi_j \ \text{ und } \ J_+ \chi_j = 0 \tag{3.101}$$

gekennzeichnet.

Das Betragsquadrat des Drehimpulses lässt sich als

$$\mathbf{J}^2 = J_- J_+ + J_3(J_3 + \hbar I) = J_+ J_- + J_3(J_3 - \hbar I) \tag{3.102}$$

schreiben. Auf χ_j angewendet ergibt das

$$\lambda = j(j+1)\hbar^2 \,. \tag{3.103}$$

Steigt man nun von χ_j mit J_- immer weiter ab, dann kommt man irgendwann zum Zustand χ_k mit dem kleinsten J_3-Eigenwert $k\hbar$. Setzt man wieder (3.102) ein, diesmal in die zweite Gleichung, dann erhält man

$$\lambda = k(k-1)\hbar^2 \,. \tag{3.104}$$

Wegen $j \geq k$ ist das nur mit $j \geq 0$ und mit $k = -j$ verträglich. Weil aber die Differenz $j - k$ eine natürliche Zahl sein muss, schließen wir, dass j ganz- oder halbzahlig sein muss.

Wir halten fest:

- Die drehinvarianten irreduziblen Teilräume $\mathcal{D}_j$ des Hilbertraumes können die Dimension $d = 2j + 1 = 1, 2, 3 \ldots$ haben. j ist also ganz- oder halbzahlig.

- Der Teilraum D_j wird durch ein Orthonormalsystem $\chi_{j,m}$ aufgespannt, und es gilt

$$\mathbf{J}^2 \chi_{j,m} = j(j+1)\hbar^2 \, \chi_{j,m} \,, \tag{3.105}$$

sowie

$$J_3 \chi_{j,m} = m\hbar \, \chi_{j,m} \tag{3.106}$$

mit $m = -j, -j+1, \ldots, j-1, j$.

- Die Eigenzustände mit dem größten und kleinsten J_3-Wert sind durch

$$J_+ \chi_{j,j} = 0 \ \text{ bzw. } \ J_- \chi_{j,-j} = 0 \tag{3.107}$$

gekennzeichnet.

Wenn wir ein Teilchen ohne inneren Freiheitsgrad vor uns haben, dann ist der Drehimpuls $\boldsymbol{J}$ dasselbe wie der Bahndrehimpuls $\boldsymbol{L} = \boldsymbol{X} \times \boldsymbol{P}$, das Vektorprodukt aus Ort und Impuls. Wir folgen der Tradition und schreiben den Eigenwert von $\boldsymbol{L}^2$ als $\ell(\ell+1)\hbar^2$.

Dreht man einen beliebigen L_3-Eigenzustand um den Winkel 2π um die 3-Achse, dann soll sich die Wellenfunktion nicht ändern. Wegen

$$e^{\frac{i}{\hbar} 2\pi L_3} \chi_{\ell,m} = e^{i2\pi m} \chi_{\ell,m} = \chi_{\ell,m} \tag{3.108}$$

schließen wir, dass m und damit ℓ ganzzahlig sein müssen.

Später werden wir sehen, dass die Teilchen nicht nur Bahndrehimpuls haben, sondern auch einen Eigendrehimpuls, oder Spin:

$$\boldsymbol{J} = \boldsymbol{L} + \boldsymbol{S} \,. \tag{3.109}$$

Spin und Bahndrehimpuls vertauschen, $[L_j, S_k] = 0$. Der Spin ist eine Teilcheneigenschaft. Pionen, Helium-Kerne usw. haben den Spin $s = 0$. Elektronen, Protonen, Neutronen usw. sind Teilchen mit $s = 1/2$. Es gibt aber auch den Spin $s = 1$ (^2H, Deuteron), $s = 3/2$ (^7Li, Lithium) usw.

3.10 Bahndrehimpuls

Wenn man über Drehungen redet, sollte man Kugelkoordinaten benutzen:

$$x_1 = r \sin\theta \cos\phi \ , \ x_2 = r\sin\theta\sin\phi \ , \ x_3 = r\cos\theta \,. \tag{3.110}$$

Bei einer Drehung ändert sich der Abstand r vom Koordinatenursprung nicht. Daher ist es sinnvoll, die Eigenfunktionen des Bahndrehimpulses als Funktionen der beiden Winkel aufzufassen, $Y = Y(\theta, \phi)$.

Die Drehimpulsoperatoren sind in Kugelkoordinaten durch

$$L_\pm = \hbar e^{\pm i\phi} \left\{ i \cot\theta \frac{\partial}{\partial\phi} \pm \frac{\partial}{\partial\theta} \right\} \ \text{ und } \ L_3 = \frac{\hbar}{i} \frac{\partial}{\partial\phi} \tag{3.111}$$

gegeben. Wie es sein muss, kommen nur die partiellen Ableitungen nach den Winkeln vor.

Wir rechnen die Kugelfunktionen $Y_{\ell,m}$ für $\ell = 0$ und $\ell = 1$ aus. Wegen $L_+ Y_{0,0} = L_- Y_{0,0} = 0$ verschwinden beide partielle Ableitungen nach den Winkeln, daher gilt $Y_{0,0}(\theta, \phi) \propto 1$.

Wir setzen $Y_{1,1}(\theta, \phi) = e^{i\phi} f(\theta)$ und werten $L_+ Y_{1,1} = 0$ aus. Das ergibt $f' = \cot\theta f$, also $f \propto \sin\theta$. $Y_{1,0} \propto L_- Y_{1,1}$ führt auf $Y_{1,0} \propto \cos\theta$. Ebenso verfährt man, um $Y_{1,-1}$ auszurechnen.

Hier eine Liste der Kugelfunktionen bis zum Bahndrehimpuls $\ell = 2$:

$$Y_{2,2} = \sqrt{15/8}\,\sin^2\theta\,e^{2i\phi}$$

$$Y_{1,1} = -\sqrt{3/2}\,\sin\theta\,e^{i\phi} \qquad Y_{2,1} = -\sqrt{15/2}\,\cos\theta\sin\theta\,e^{i\phi}$$

$$Y_{0,0} = 1 \qquad Y_{1,0} = \sqrt{3}\cos\theta \qquad Y_{2,0} = \sqrt{5/4}\,(3\cos^2\theta - 1)$$

$$Y_{1,-1} = \sqrt{3/2}\,\sin\theta\,e^{-i\phi} \qquad Y_{2,-1} = \sqrt{15/2}\,\cos\theta\sin\theta\,e^{-i\phi}$$

$$Y_{2,-2} = \sqrt{15/8}\,\sin^2\theta\,e^{-2i\phi}$$

Alle Ausdrücke sind noch durch $\sqrt{4\pi}$ zu dividieren.

Wir wollen jetzt zeigen, wie man mit Hilfe des Drehimpulses den Laplace-Operator vereinfachen kann.

Dafür rechnen wir[32] um in

$$\boldsymbol{L}^2 = \epsilon_{ijk}\epsilon_{iab}X_j P_k X_a P_b = X_j P_k X_j P_k - X_j P_k X_k P_j\,. \qquad (3.112)$$

Den ersten Term kann man mit $P_k X_j = X_j P_k - i\hbar\delta_{kj}$ in $\boldsymbol{X}^2 \boldsymbol{P}^2$ umformen. Beim zweiten Term formen wir ebenso in $-X_j P_k P_j X_k - i\hbar\boldsymbol{XP}$ um. Mit $P_k X_k = X_k P_k - 3i\hbar I$ schließlich ergibt sich

$$\boldsymbol{L}^2 = \boldsymbol{X}^2 \boldsymbol{P}^2 - (\boldsymbol{XP})^2 - \frac{\hbar}{i}\boldsymbol{XP}\,. \qquad (3.113)$$

Mit

$$\boldsymbol{P}^2 = -\hbar^2 \Delta \quad \text{und} \quad \boldsymbol{XP} = \frac{\hbar}{i}\,r\,\frac{\partial}{\partial r} \qquad (3.114)$$

findet man schließlich

$$\Delta = \frac{\partial^2}{\partial r^2} + \frac{2}{r}\frac{\partial}{\partial r} - \frac{\boldsymbol{L}^2}{\hbar^2 r^2}\,. \qquad (3.115)$$

---

[32] Einsteinsche Summenkonvention, $\epsilon_{ijk}\epsilon_{iab} = \delta_{ja}\delta_{kb} - \delta_{jb}\delta_{ka}$

Wenn sich ein Teilchen mit Masse m in einem radialsymmetrischen Potential bewegt, beschreibt man das durch den Hamilton-Operator

$$H = \frac{\boldsymbol{P}^2}{2m} + V(R)\,. \tag{3.116}$$

$R = |\boldsymbol{X}|$ ist die Messgröße 'Abstand des Teilchens vom Kraftzentrum'. Die Schrödinger-Gleichung $H\psi = E\psi$ heißt nun

$$\left\{ -\frac{\hbar^2}{2m}\Delta + V(r) \right\}\psi = E\psi\,. \tag{3.117}$$

Weil Energie und Bahndrehimpuls miteinander vertauschen, können H, $\boldsymbol{L}^2$ und L_3 gemeinsam diagonalisiert werden. Eigenzustände der Energie haben daher die Form

$$\psi = u_{\ell,m}(r)\, Y_{\ell,m}(\theta,\phi)\,. \tag{3.118}$$

Die radiale Wellenfunktion $u_{\ell,m} = u_{\ell,m}(r)$ genügt der radialen Schrödinger-Gleichung

$$\left\{ -\frac{\hbar^2}{2m}\left(\frac{d^2}{dr^2} + \frac{2}{r}\frac{d}{dr} - \frac{\ell(\ell+1)}{r^2} \right) + V(r) \right\} u_{\ell,m} = E\, u_{\ell,m}\,. \tag{3.119}$$

Wegen der Drehsymmetrie des Problems taucht die Quantenzahl m übrigens gar nicht auf. Jeder Energieeigenzustand mit Bahndrehimpuls ℓ ist also $2\ell + 1$-fach entartet. Wir schreiben daher zukünftig auch nur u_ℓ für die radiale Wellenfunktion.

3.11 Wasserstoff-Atom

Das einfachste Atom überhaupt, das Wasserstoff-Atom, besteht aus einem Proton und einem Elektron. Wir modellieren es durch ein Elektron (Masse m, Ladung $-e$) im Coulomb-Feld einer im Koordinatenursprung sitzenden Punktladung e. Die Schrödinger-Gleichung für die gebundenen Zustände ist

$$-\frac{\hbar^2}{2m}\Delta\psi - \frac{1}{4\pi\epsilon_0}\frac{e^2}{r}\psi = E\psi\,. \tag{3.120}$$

Wir führen dimensionslose Variable ein. Jede Größe wird durch die zugehörige atomphysikalische Einheit[33] dividiert, einen Ausdruck der Gestalt

---

[33] atomic unit, als a.u. abgekürzt

$\hbar^\alpha e^\beta m^\gamma (4\pi\epsilon_0)^\delta$. Die atomphysikalische Längeneinheit ist der Bohrsche[34] Radius $a_* = 4\pi\epsilon_0 \hbar^2/me^2 = 0.5529$ Å. Die atomphysikalische Energieeinheit $E_* = \hbar^2/ma_*^2 = 27.21$ eV wird gelegentlich auch Hartree[35] genannt.

Bisher haben wir mit r den Abstand des Teilchens in Metern gemeint, nun benutzen wir dasselbe Symbol r für den Abstand in atomphysikalischen Längeneinheiten. Dasselbe gilt für die anderen Messgrößen. Der Übergang von den üblichen Einheiten zu atomphysikalischen Einheiten läuft auf $\hbar = e = m = 4\pi\epsilon_0 = 1$ hinaus.

Die Schrödinger-Gleichung (3.120) in atomphysikalischen Einheiten ist

$$-\frac{1}{2}\Delta\psi - \frac{1}{r}\psi = E\psi\,. \tag{3.121}$$

Damit kann man sich auf das Wesentliche konzentrieren.

Wir suchen nach gemeinsamen Eigenzuständen der Energie, des Drehimpuls-Quadrates $\boldsymbol{L}^2$ und der 3-Komponente L_3 des Drehimpulses.

Der Drehimpuls-Teil ist bereits gelöst.

Wir setzen

$$\psi = u\,Y_{\ell,m} \quad \text{für } \ell = 0, 1, 2\ldots \text{ und } m = -\ell, -\ell+1, \ldots, \ell \tag{3.122}$$

an. Weil der Hamilton-Operator für das Wasserstoff-Atom ein Skalar ist, hängen die radialen Wellenfunktionen $u = u(r)$ zwar von ℓ, aber nicht vom L_3-Eigenwert m ab.

In atomaren Einheiten schreibt sich die radiale Schrödinger-Gleichung für das Wasserstoff-Atom als

$$\left\{ -\frac{1}{2}\left(\frac{d^2}{dr^2} + \frac{2}{r}\frac{d}{dr} - \frac{\ell(\ell+1)}{r^2} \right) - \frac{1}{r} \right\} u = E\,u\,. \tag{3.123}$$

Die radiale Wellenfunktion muss im Sinne von

$$\int_0^\infty dr\, r^2\, |u(r)|^2 < \infty \tag{3.124}$$

normierbar sein.

Bei $r \to 0$ dominiert die kinetische Energie,

$$-u'' - \frac{2}{r}u' + \frac{\ell(\ell+1)}{r^2}u = 0\,. \tag{3.125}$$

Die Lösungen sind

$$u \propto r^\ell \quad \text{und} \quad u \propto r^{-(\ell+1)}\,. \tag{3.126}$$

---

[34] Niels Bohr, 1885 - 1962, dänischer Physiker
[35] Douglas Rayner Hartree, 1897 - 1958, britischer Mathematiker und Physiker

Für $\ell = 1, 2, \ldots$ ist die zweite Lösung zu verwerfen: sie ist nicht quadratisch integrabel. Die zweite Lösung ist auch im Falle $\ell = 0$ unzulässig, denn der Laplace-Operator vernichtet die Funktion $1/r$ nicht wirklich[36].

Bei $r \to \infty$ wird (3.123) zu

$$-\frac{1}{2} u'' = Eu \,. \tag{3.127}$$

Quadrat-integrable Lösungen kann es nur für $E < 0$ geben:

$$u \propto e^{-\kappa r} \quad \text{mit} \quad \kappa = \sqrt{-2E} \,. \tag{3.128}$$

Zwischen diesen Grenzfällen interpolieren wir durch eine Potenzreihe,

$$u(r) = r^\ell e^{-\kappa r} \sum_{\nu=0}^{\infty} c_\nu r^\nu \,. \tag{3.129}$$

Diesen Ausdruck muss man in (3.123) einsetzen und dann die Koeffizienten vor der gleichen Potenz vergleichen. Es ergibt sich die Beziehung

$$c_{\nu+1} = 2 \, \frac{\kappa(\ell + \nu + 1) - 1}{(\ell + \nu + 1)(\ell + \nu + 2) - \ell(\ell + 1)} \, c_\nu \tag{3.130}$$

zwischen den Koeffizienten der Potenzreihe.

Das bedeutet $c_{\nu+1}/c_\nu = 2\kappa/\nu$ für große Indizes mit $c_\nu \propto (2\kappa)^\nu/\nu!$ als Lösung. Damit geht die Potenzreihe asymptotisch gegen $e^{2\kappa r}$, was zu erwarten war. Die asymptotische Gleichung (3.127) hat nämlich die beiden Fundamentallösungen $e^{-\kappa r}$ und $e^{\kappa r}$. Die exponentiell anwachsende Lösung kann man eben nicht durch den Trick (3.129) unterdrücken.

Doch! Falls die Rekursionsbeziehung (3.130) abbricht, weil der Zähler der rechten Seite verschwindet, dann hat man es nur mit einem Polynom zu tun, und (3.129) ist normierbar.

Die Rekursionsbeziehung (3.130) wird unterbrochen, wenn

$$\kappa = \frac{1}{\nu + \ell + 1} \tag{3.131}$$

gilt, für eine natürliche Zahl ν.

Der Index ν, für den die Rekursionsbeziehung (3.130) abbricht, heißt radiale Quantenzahl[37]. Wir halten fest:

- Zu jeder Drehimpuls-Quantenzahl $\ell = 0, 1, \ldots$ gibt es Energieeigenzustände, die durch die radiale Quantenzahl $\nu = 0, 1, \ldots$ abgezählt werden.

---

[36] $-\Delta |\boldsymbol{x}|^{-1} = 4\pi \delta^3(\boldsymbol{x})$, so dass $- \int dV \, \Delta |\boldsymbol{x}|^{-1} = 4\pi$ herauskommt.

[37] die radiale Quantenzahl wird oft auch mit n_r bezeichnet

- Die Energie (in atomaren Einheiten) eines gebundenen Zustandes mit Drehimpuls-Quantenzahl ℓ und radialer Quantenzahl ν beträgt

$$E_n = -\frac{1}{2n^2} \text{ mit } n = \nu + \ell + 1.$$ (3.132)

- Die Hauptquantenzahl n kann die Werte $1, 2, \ldots$ annehmen. Zu einer bestimmten Hauptquantenzahl n gehören die Zustände $(\nu, \ell) = (n-1, 0), (n-2, 1), \ldots, (0, n-1)$. Jeder Zustand (ν, ℓ) ist $2\ell + 1$-fach entartet.

Es ist üblich, die Symbole $s, p, d, f \ldots$ für $\ell = 0, 1, 2, 3 \ldots$ zu verwenden. $2s$ beispielsweise bedeutet $n = 2$ und $\ell = 0$. Wir geben die radialen Wellenfunktion bis zur Hauptquantenzahl $n = 2$ an:

$$
\begin{aligned}
u_{1s} &\propto e^{-r} \\
u_{2s} &\propto (1 - r/2)\, e^{-r/2} \\
u_{2p} &\propto r\, e^{-r/2} \\
u_{3s} &\propto (1 - 2r/3 + 2r^2/27)\, e^{-r/3} \\
u_{3p} &\propto r(1 - r/6)\, e^{-r/3} \\
u_{3d} &\propto r^2\, e^{-r/3}
\end{aligned}
$$ (3.133)

3.12 Spin und Statistik

Bisher haben wir immer von <u>einem</u> Teilchen geredet. Dieses Teilchen werde im Zustand ψ erzeugt. Den Ort des Teilchens misst man mit einem Teilchenzähler an der Stelle $\boldsymbol{x}$. Wenn der Teilchenzähler das Volumen dV hat, dann wird das Teilchen mit der Wahrscheinlichkeit

$$dW = dV\, |\psi(\boldsymbol{x})|^2$$ (3.134)

den Zähler aktivieren.

Hat man zwei verschiedene Teilchen A und B, dann muss man einen A-Teilchenzähler bei $\boldsymbol{x}_a$ aufstellen und einen B-Teilchenzähler bei $\boldsymbol{x}_b$. Mit der Wahrscheinlichkeit

$$dW = dV_a\, dV_b\, |\psi(\boldsymbol{x}_a, \boldsymbol{x}_b)|^2$$ (3.135)

sprechen beide Zähler simultan an. Wir haben dabei ausgemacht, dass der Ort des A-Teilchens als erstes Argument geschrieben wird und der Ort des B-Teilchens als zweites. dV_a ist das Nachweisvolumen des A-Teilchenzählers bei $\boldsymbol{x}_a$, dV_b das Nachweisvolumen des B-Teilchenzählers bei $\boldsymbol{x}_b$.

Die Wahrscheinlichkeit, ein A-Teilchen bei $\boldsymbol{x}_a$ anzutreffen, ist

$$dW = dV_a \int d^3x_b \, |\psi(\boldsymbol{x}_a, \boldsymbol{x}_b)|^2 \,. \tag{3.136}$$

Ein B-Teilchen wird vom B-Teilchenzähler bei $\boldsymbol{x}_b$ mit der Wahrscheinlichkeit

$$dW = dV_b \int d^3x_a \, |\psi(\boldsymbol{x}_a, \boldsymbol{x}_b)|^2 \tag{3.137}$$

nachgewiesen.

Soweit ist begrifflich alles einfach. Zu den beiden Zufallsvariablen $\boldsymbol{X}_a$ und $\boldsymbol{X}_b$ gibt es eine gemeinsame Wahrscheinlichkeitsverteilung, nämlich $|\psi(\boldsymbol{x}_a, \boldsymbol{x}_b)|^2$. Das Integral (Summe) über $\boldsymbol{x}_b$ ergibt die Wahrscheinlichkeitsverteilung der Zufallsvariablen $\boldsymbol{X}_a$, und umgekehrt.

Schwierig wird es, wenn wir zwei identische Teilchen vor uns haben, etwa die beiden Elektronen eines Helium-Atoms. Das eine soll mit 1, das andere mit 2 nummeriert werden.

Bei $\boldsymbol{x}_1$ steht ein Elektronen-Detektor mit Nachweisvolumen dV_1, bei $\boldsymbol{x}_2$ ein anderer solcher Detektor mit Nachweisvolumen dV_2. Wenn beide Detektoren ansprechen, dann wurde sowohl bei $\boldsymbol{x}_1$ als auch bei $\boldsymbol{x}_2$ ein Elektron nachgewiesen.

Hat nun das erste Elektron den Zähler bei $\boldsymbol{x}_1$ aktiviert und das zweite Elektron den Zähler bei $\boldsymbol{x}_2$, oder umgekehrt? Diese Frage kann man prinzipiell nicht beantworten, weil Elektronen wirklich identisch sind.

Das Problem besteht darin, dass die Werte $\psi(\boldsymbol{x}_1, \boldsymbol{x}_2)$ und $\psi(\boldsymbol{x}_2, \boldsymbol{x}_1)$ verschieden sein können. Einmal sitzt das erste Elektron bei $\boldsymbol{x}_1$, im anderen Fall bei $\boldsymbol{x}_2$. Diese Unterscheidung fällt weg, wenn

$$|\psi(\boldsymbol{x}_1, \boldsymbol{x}_2)|^2 = |\psi(\boldsymbol{x}_2, \boldsymbol{x}_1)|^2 \tag{3.138}$$

gewährleistet ist.

Eine Möglichkeit, die Forderung (3.138) zu erfüllen, besteht darin, nur symmetrische Wellenfunktionen zuzulassen:

$$\psi(\boldsymbol{x}_1, \boldsymbol{x}_2) = \psi(\boldsymbol{x}_2, \boldsymbol{x}_1) \,. \tag{3.139}$$

Symmetrische Wellenfunktionen bleiben symmetrisch, wenn man sie addiert und mit Skalaren multipliziert. Ein Hilbertraum aus quadratintegrablen Funktionen $\mathbb{R}^3 \times \mathbb{R}^3 \mapsto \mathbb{C}$ darf also durchaus mit der Nebenbedingung (3.139) versehen werden.

Die Natur macht von dieser eleganten Lösung Gebrauch. Teilchen ohne Spindrehimpuls (Pion, Helium-Atom,...) werden durch symmetrische Wellenfunktionen beschrieben. Insbesondere ist ein Zustand $\psi(\boldsymbol{x}_1, \boldsymbol{x}_2) = \phi(\boldsymbol{x}_1)\phi(\boldsymbol{x}_2)$ erlaubt.

Teilchen ohne Spin können einen Einteilchenzustand mehrfach besetzen.

Teilchen mit dem Spin $s = 1/2$ benehmen sich anders. Das betrifft das Elektron, das Proton und auch das Neutron, die Teilchen also, aus denen die normale Materie aufgebaut ist.

Wir haben das schon früher erwähnt. Der Drehimpuls $\boldsymbol{J}$ besteht nicht nur aus Bahndrehimpuls $\boldsymbol{L}$. Es kommt ein Eigendrehimpuls $\boldsymbol{S}$ hinzu, so dass $\boldsymbol{S}^2$ den Eigenwert $s(s+1)\hbar^2$ hat, mit $s = 1/2$. Die 3-Komponente des Spins hat dann zwei Eigenwerte, nämlich $\hbar/2$ und $-\hbar/2$. Wir bezeichnen diese beiden Möglichkeiten durch $\uparrow$ und $\downarrow$.

Ein Elektron muss also durch zwei Wellenfunktionen $\psi = \psi(\boldsymbol{x}\sigma)$ charakterisiert werden, für $\sigma = \uparrow$ und für $\sigma = \downarrow$.

Mit der Wahrscheinlichkeit $dW_\uparrow = dV\,|\psi(\boldsymbol{x}\uparrow)|^2$ weist ein Zähler mit aktivem Volumen dV bei $\boldsymbol{x}$ ein Elektron im Polarisationszustand $S_3 = +\hbar/2$ nach. Das gilt entsprechend auch für $\psi(\boldsymbol{x}\downarrow)$.

Hat man zwei identische Teilchen mit Spin $s = 1/2$, dann wird die Forderung (3.138) anders erfüllt:

$$\psi(\boldsymbol{x}_1\sigma_1, \boldsymbol{x}_2\sigma_2) = -\psi(\boldsymbol{x}_2\sigma_2, \boldsymbol{x}_1\sigma_1)\,. \tag{3.140}$$

Eine Begründung für das Minus-Zeichen in (3.140) ist mit den bisher entwickelten Methoden nicht möglich. Wiederum gilt, dass die Einschränkung (3.140) auf antisymmetrische Wellenfunktionen mit der Hilbertraum-Struktur verträglich ist.

Dass die Wellenfunktion für Teilchen mit halbzahligem[38] Spin unter Vertauschung antisymmetrisch ist, wird auch als Pauli-Prinzip bezeichnet. Solche Teilchen bezeichnet man übrigens als Fermionen, nach Enrico Fermi[39].

Das Pauli-Prinzip hat weitreichende Konsequenzen. Einen Zustand der Bauart

$$\psi(\boldsymbol{x}_1\sigma_1, \boldsymbol{x}_2\sigma_2) = \phi(\boldsymbol{x}_1\sigma_1)\,\phi(\boldsymbol{x}_2\sigma_2) \tag{3.141}$$

kann es nicht geben.

Derselbe Zustand kann von Fermionen, also von Teilchen mit halbzahligem Spin, nicht mehrfach besetzt werden.

Hat man zwei <u>verschiedene</u> Einteilchen-Zustände ϕ_a und ϕ_b, dann ist

$$\psi(\boldsymbol{x}_1\sigma_1, \boldsymbol{x}_2\sigma_2) = \frac{1}{\sqrt{2}}\left\{\phi_a(\boldsymbol{x}_1\sigma_1)\phi_b(\boldsymbol{x}_2\sigma_2) - \phi_a(\boldsymbol{x}_2\sigma_2)\phi_b(\boldsymbol{x}_1\sigma_1)\right\} \tag{3.142}$$

ein zulässiger Zweiteilchen-Zustand.

Bei Teilchen mit ganzzahligem Spin, bei Bosonen, sieht die entsprechende Formel so aus:

---

[38] also nicht nur s=1/2, sondern auch 3/2 usw.
[39] Enrico Fermi, 1901 - 1954, italienischer Physiker

$$\psi(\boldsymbol{x}_1\sigma_1, \boldsymbol{x}_2\sigma_2) = \frac{1}{\sqrt{2}} \left\{ \phi_a(\boldsymbol{x}_1\sigma_1)\phi_b(\boldsymbol{x}_2\sigma_2) + \phi_a(\boldsymbol{x}_2\sigma_2)\phi_b(\boldsymbol{x}_1\sigma_1) \right\} . \quad (3.143)$$

Sie macht auch Sinn für gleiche Einteilchenzustände ($\phi_a = \phi_b$).

Das Pauli-Prinzip bestimmt entscheidend das periodische System der Elemente. In guter Näherung kann man nämlich die Elektronenhülle als Produkt von Wasserstoff-Zuständen verstehen.

Der 1s-Zustand kann einmal besetzt sein oder zweimal, nämlich (1s$\downarrow$) und (1s$\uparrow$). Dasselbe gilt für den 2s-Zustand. Der 2p-Zustand kann bis zu sechsfach besetzt werden, wegen $m = -1, 0, 1$ (L_3-Quantenzahl) und $s = \downarrow, \uparrow$). Dann kommt 3s, 3p und 3d, der bis zu zehnfach besetzt werden kann.

Die Elektronenhülle der leichten Atome bis zur Kernladungszahl Z=12 (Magnesium) lässt sich wie folgt charakterisieren:

Z	Symbol	1s	2s	2p	3s
1	H	1			
2	He	2			
3	Li	2	1		
4	Be	2	2		
5	B	2	2	1	
6	C	2	2	2	
7	N	2	2	3	
8	O	2	2	4	
9	F	2	2	5	
10	Ne	2	2	6	
11	Na	2	2	6	1
12	Mg	2	2	6	2

Es handelt sich um Wasserstoff (hydrogen), Helium, Lithium, Beryllium, Bor, Kohlenstoff (carbon), Stickstoff (nitrogen), Sauerstoff, (oxygen), Fluor Neon, Natrium und Magnesium.

Betrachten wir Helium etwas näher. Wir kümmern uns erst einmal um die Spins der beiden Elektronen.

Der Gesamtspin im Zustand $\downarrow\downarrow$ beträgt $s = 1$, weil die Spin-3-Komponente den Eigenwert $\sigma = -1$ hat und Absteigen unmöglich ist. Durch Aufsteigen kommt man zum Zustand $(\uparrow\downarrow + \downarrow\uparrow)/\sqrt{2}$, durch nochmaliges Aufsteigen zu $\uparrow\uparrow$. Diese drei Zustände bilden ein Triplett von Zuständen mit Spinquantenzahl $s = 1$ und $\sigma = -1, 0, 1$. Der vierte Zustand ist $(\uparrow\downarrow - \downarrow\uparrow)/\sqrt{2}$, bei dem Auf-

und Absteigen unmöglich ist. Dieser Zustand hat den Spin $s = 0$, er ist ein Singulett. Zu jedem solchen Spinzustand gehört eine Ortswellenfunktion $\phi = \phi(\boldsymbol{x}_1, \boldsymbol{x}_2)$. Damit die gesamte Wellenfunktion unter Vertauschung der beiden Elektronen antisymmetrisch ist, muss die Ortswellenfunktion ϕ_s zum Spin-Singulett symmetrisch sein. Umgekehrt muss die Ortswellenfunktion ϕ_t zum Spin-Triplet-Zustand antisymmetrisch sein.

Beide Orts-Wellenfunktionen genügen der Schrödinger-Gleichung

$$\left\{ -\frac{1}{2}\Delta_1 - \frac{1}{2}\Delta_2 - \frac{2}{|\boldsymbol{x}_1|} - \frac{2}{|\boldsymbol{x}_2|} + \frac{1}{|\boldsymbol{x}_1 - \boldsymbol{x}_2|} \right\} \phi = E\,\phi. \tag{3.144}$$

Die Gesamtenergie setzt sich zusammen aus der kinetischen und potentiellen Energie zweier Elektronen im Coulomb-Feld einer zweifach positiven Ladung und der abstoßenden Wechselwirkung.

Im Falle des Spin-Singuletts sucht man nach symmetrischen Ortswellenfunktionen, beim Spin-Triplet nach antisymmetrischen. Man sieht, dass wegen des Pauli-Prinzips der Spin indirekt in die Schrödinger-Gleichung eingeht.

Es stellt sich heraus, dass der kleinste Energieeigenwert für symmetrische Ortswellenfunktionen (-2.904 a.u.) tiefer liegt als der kleinste Energieeigenwert für antisymmetrische Ortswellenfunktionen (-2.175 a.u.). Der Grundzustand des Helium-Atoms ist also ein Spin-Singulett.

Ob Einteilchenzustände beliebig oft oder höchstens einmal besetzt werden können, spielt in der statistischen Thermodynamik eine ganz wichtige Rolle. Hier haben wir nur die Auswirkungen auf den Bau der Atome erörtert.

3.13 Elementarteilchen

Einen Klumpen Lehm kann man teilen. Die Stücke kann man wieder teilen. Lässt sich das beliebig fortsetzen? Diese Frage war für unsere spitzfindigen Ahnen im Geiste (die griechischen Philosophen[40]) ein ernst zu nehmendes Problem, an dem man sowohl den Verstand als auch die Überzeugungskraft üben konnte.

Der große Erfolg der Chemie im vorigen Jahrhundert beruht auf der Einsicht, dass Materie körnig ist. Die Körner heißen zu Recht Atome[41], denn sie sind nicht weiter teilbar. Atome bilden Moleküle (lateinisch: kleine Massen). Wasser ist eine massenhafte Ansammlung von H_2O-Molekülen, Luft besteht aus N_2- und O_2-Molekülen und anderen, und so weiter.

Sind die Atome aber wirklich unteilbar? Nein, wie wir seit langen wissen. Die Atome haben einen Kern, der von Elektronen umgeben ist. Der Kern

---

[40] Als Einführung in die Philosophie und ihre Geschichte sehr zu empfehlen: Bertrand Russel, 'History of Western Philosophy'

[41] grch. $\alpha\tau o\mu o\varsigma$: nicht zerschnitten, unteilbar

wiederum besteht aus Neutronen (n) und Protonen (p). Kerne können spontan in andere Kerne zerfallen, dabei entstehen Neutrinos (ν), Elektronen (e^-) und Positronen (e^+), also Anti-Elektronen. Indirekt läuft das auf $n \to p + e^- + \bar{\nu}$ hinaus oder auf $p \to n + e^+ + \nu$.

Die Protonen und Neutronen sind also auch keine Elementarteilchen, denn sonst könnten sie sich nicht umwandeln. Vor mehr als vierzig Jahren hat man vermutet, heute weiß man es: die schweren Teilchen (Baryonen[42]) wie Proton und Neutron sowie die mittelschweren Mesonen[43] sind nicht elementar, sondern aus Quarks[44] mit drittelzahliger Ladung zusammengesetzt. Die Quarks kommen zusammen mit Leptonen[45] vor, also Elektronen und Neutrinos:

Symbol	Ladung	Name
e^-	-1	Elektron
$\bar{u}$	-2/3	Anti-Up-Quark
d	-1/3	Down-Quark
$\nu, \bar{\nu}$	0	Neutrino, Anti-Neutrino
$\bar{d}$	1/3	Anti-Down-Quark
u	2/3	Up-Quark
e^+	1	Positron

$p = (uud)$ ist das Proton, $n = (udd)$ das Neutron. Das Proton ist stabil, weil es keinen leichteren Drei-Quark-Zustand gibt. Das freie Neutron ist schwerer als ein Proton und ein Elektron zusammen[46], deswegen darf es gemäß $n \to pe^- \bar{\nu}$ zerfallen.

Die obigen Fundamental-Teilchen sind Fermionen mit dem Spin 1/2. Ein Teilchen aus drei Quarks kann daher den Spin 1/2 oder den Spin 3/2 haben, und wenn man den Bahndrehimpuls hinzurechnet, auch 5/2 usw.

Die Wechselwirkungen zwischen den Fundamental-Teilchen werden durch Austausch-Bosonen vermittelt, die den Spin 1 haben.

Für die elektromagnetische Wechselwirkung ist das Photon γ zuständig: ladungslos, masselos. Es koppelt an andere Teilchen proportional zur elektrischen Ladung. An sich selbst also überhaupt nicht.

Die sehr massiven Bosonen $W^\pm$ und Z^0 vermitteln die schwache Wechselwirkung. Beispielsweise kann man den Neutronenzerfall als die Reaktion

---

[42] grch. $\beta\alpha\rho\upsilon\varsigma$: schwer
[43] grch. $\mu\epsilon\sigma o\varsigma$: in der Mitte
[44] In *Finnegans Wake* von James Joyce meint ein nicht mehr ganz nüchterner Trinker 'three quarts' (drei Bier), lallt aber 'three quarks'.
[45] grch. $\lambda\epsilon\pi\tau o\varsigma$: leicht, klein
[46] das Neutrino ist masselos

$u \to d\,W^-$ und anschließend $W^- \to e^- \bar{\nu}$ verstehen. Die Vektorbosonen sind etwa 70 mal so schwer wie ein Proton, daher ist die Reichweite der schwachen Wechselwirkung sehr kurz.

Die starke Wechselwirkung wird durch Gluonen[47] vermittelt. Gluonen koppeln an Quarks und an sich selber, sie ignorieren die Leptonen $e^\pm$ und $\nu, \bar{\nu}$. Gluonen binden die Quarks zu Baryonen und Mesonen. Hat sich erst einmal ein Proton oder ein Neutron gebildet, dann sind die gluonischen Wechselwirkungen weitgehend abgesättigt. Bringt man aber das Proton und das Neutron nahe genug zusammen, dann werden Gluonen auch zwischen (uud) und (udd) ausgetauscht, so dass es zu einer Bindung zwischen Proton und Neutron zu Deuterium kommt.

Wir kennen das schon aus der Chemie. Die Coulomb-Wechselwirkung ermöglicht die Bindung von Atomkernen und Elektronen zu Atomen. Mehrere Atomkerne und die zugehörigen Elektronen ermöglichen noch fester gebundene Gebilde, nämlich Moleküle. Die Summe der Bindungsenergien für zwei Wasserstoff-Atome und ein Sauerstoffatom ist kleiner als die Bindungsenergie für ein Gebilde aus zwei Protonen, einem Sauerstoffkern und den entsprechenden Elektronen, einem H_2O-Molekül.

In diesem Sinne ist ein Gebilde aus drei Up-Quarks und drei Down-Quarks (ein Deuterium-Kern) fester gebunden als ein isoliertes Protonen und Neutron. Kernphysik wird damit zur Quark-Chemie.

Die Kräfte zwischen den Quarks wachsen mit dem Abstand. Es ist nicht möglich, Quarks zu trennen. Quarks treten entweder in Dreier-Gruppen auf oder als Quark-Antiquark-Paare. Wenn man also ein Proton nicht in drei Quarks zertrümmern kann, woher kommt dann die Vorstellung, dass es zusammengesetzt ist?

Im Abschnitt über *Wahrscheinlichkeitsamplituden* haben wir diskutiert, wie langsame Neutronen gestreut werden. Als differentieller Wirkungsquerschnitt für die Streuung an zufällig orientierten Sauerstoff-Molekülen ergibt sich

$$\left(\frac{d\sigma}{d\Omega} \right)_{O_2} = 2 \left(\frac{d\sigma}{d\Omega} \right)_O \left\{ 1 + \frac{\sin \Delta a}{\Delta a} \right\} . \tag{3.145}$$

Bei kleinem Impulsübertrag $\hbar \Delta$ addieren sich die Streuamplituden, und das Molekül hat den vierfachen Wirkungsquerschnitt eines Sauerstoff-Atoms. Bei großem Impulsübertrag dagegen hat man es mit der Streuung an zwei Sauerstoff-Kernen zu tun.

Nach diesem Muster sind auch die Wirkungsquerschnitte für die Streuung von Elektronen an Protonen zu interpretieren. Bei kleinem Impulsübertrag hat man es mit einem Teilchen der Ladung 1 zu tun. Bei großem Impulsübertrag dagegen sieht es aus, als ob an zwei Teilchen der Ladung 2/3 und einem Teilchen der Ladung -1/3 gestreut wird.

---

[47] engl. glue = Leim

Elektron-Neutron-Streuexperimente unterstützen diese Sicht. Bei kleinem Impulsübertrag werden die Neutronen, weil neutral, überhaupt nicht wahrgenommen. Bei großem Impulsübertrag dagegen hat man es mit der Streuung an den Ladungen 2/3, -1/3 und -1/3 zu tun.

Wir halten fest: die masselosen Gluonen, das Photon und die drei massiven Vektorbosonen $W^{\pm}$ und Z^0 vermitteln die starke, die elektromagnetische und die schwache Wechselwirkung.

Allerdings gibt es mehr als die bisher erwähnten Fundamentalteilchen. Neutrino, Elektron, Up-Quark und Down-Quark können alle natürlichen Phänomene erklären, aber nicht die vielen Teilchen, die man in Reaktionen bei sehr hohen Energien findet und die im Kosmos in den 'ersten drei Minuten' (ein lesenswertes Buches von Steven Weinberg[48]) vorhanden waren.

Es gibt drei Generationen von fundamentalen Fermionen. Genau drei!

Die erste besteht aus dem Elektron e^-, seinem Neutrino ν_e, dem Down-Quark d und dem Up-Quark u. Dazu kommen die entsprechenden Antiteilchen e^+ (Positron), $\bar{\nu}_e$, $\bar{d}$ und $\bar{u}$.

Die nächste Generation umfasst das Myon μ^-, sein Neutrino ν_μ, das Strange-Quark s und das Charm-Quark c sowie die entsprechenden Antiteilchen.

Die dritte und letzte Generation besteht aus dem Tauon τ, seinem Neutrino ν_τ, dem Botton-Quark b, dem Top-Quark t und aus den zugehörigen Antiteilchen.

Ladung	-1	-2/3	-1/3	0	+1/3	+2/3	+1
Generation 1	e^-	$\bar{u}$	d	$\nu_e, \bar{\nu}_e$	$\bar{d}$	u	e^+
Generation 2	μ^-	$\bar{c}$	s	$\nu_\mu, \bar{\nu}_\mu$	$\bar{s}$	c	μ^+
Generation 3	τ^-	$\bar{t}$	b	$\nu_\tau, \bar{\nu}_\tau$	$\bar{b}$	t	τ^+

Die folgende Tabelle beschreibt die Kopplungen der Austauschbosonen:

W^-	$\bar{\nu}_e e^-$ $\bar{\nu}_\mu \mu^-$ $\bar{\nu}_\tau \tau^-$	$\bar{u}d$ $\bar{c}s$ $\bar{t}b$
γ, Z^0	e^+e^- $\mu^+\mu^-$ $\tau^+\tau^-$ $(\bar{\nu}_e\nu_e$ $\bar{\nu}_\mu\nu_\mu$ $\bar{\nu}_\tau\nu_\tau)$	$\bar{d}d$ $\bar{u}u$ $\bar{s}s$ $\bar{c}c$ $\bar{b}b$ $\bar{t}t$
W^+	$e^+\nu_e$ $\mu^+\nu_\mu$ $\tau^+\nu_\tau$	$\bar{d}u$ $\bar{s}c$ $\bar{b}t$

Das Photon koppelt natürlich nur an geladene Teilchen, also nicht an die Neutrinos.

Diese beiden Tabellen beschreiben das heutige Verständnis der materiellen Welt. In die Tabelle der Austauschbosonen müssen noch die Gluonen eingetragen werden. Wir verzichten hier darauf, weil dann neue Begriffe (Farbe) einzuführen wären.

---

[48] Steven Weinberg, *1933, US-amerikanischer Physiker

Wie alle diese Teilchen miteinander wechselwirken, wird durch die Forderung nach lokaler Eichinvarianz festgelegt. Für jedes Vektorboson soll gelten: der Zusatz $\partial_i \Lambda(x)$ zum Vierer-Vektorfeld $A_i(x)$ muss ohne Auswirkung bleiben, wie man das von der Elektrodynamik kennt.

4

Thermodynamik

Thermodynamik ist eine alte Disziplin der Physik, von der sich größere Teile als Technische und Chemische Thermodynamik verselbständigt haben. Wir vollziehen nicht die historische Entwicklung nach, sondern befassen uns von Anfang an mit der Quantentheorie für Systeme mit sehr vielen Teilchen.

Im Abschnitt über den *Ersten Hauptsatz* diskutieren wir Zustandsgemische, oder gemischte Zustände. Der Erwartungswert ist bilinear im Zustand und in der Messgröße, und die Aufspaltung der Energieänderung in Arbeit und Wärme erscheint als beinahe triviale Schlussfolgerung.

Im Abschnitt über den *Zweiten Hauptsatz* leiten wir ein Maß dafür her, wie stark ein Zustand gemischt ist, die Entropie. Ein energetisch gut isoliertes großes System wird durch Einflüsse der chaotischen Umgebung immer mehr durchmischt, so dass die Entropie beständig ansteigt.

Das System ist mit seiner Umgebung im Gleichgewicht, wenn die Entropie nicht mehr wachsen kann, weil sie schon maximal ist. Der entsprechende Gibbs-Zustand wird durch einen Lagrange-Parameter gekennzeichnet, den wir als *Temperatur* entlarven. Der andere Lagrange-Parameter ist die *Freie Energie*, ein thermodynamisches Potential.

Im Abschnitt über *Reversible Prozesse* führen wir die Sprache der phänomenologischen Thermodynamik ein. Insbesondere werden Carnots allgemeine Überlegungen zum Wirkungsgrad von Wärmekraftmaschinen vorgestellt.

Wie die wichtigen, von der Prozessführung abhängigen Materialkenngrößen *Wärmekapazität und Kompressibilität* aus den thermodynamischen Potentialen berechnet werden, behandeln wir in einem eigenen Abschnitt. Wir gehen zugleich auf die thermodynamische Stabilität ein.

Für ein sehr verdünntes Gas, bei dem die intermolekulare Wechselwirkung unberücksichtigt bleiben darf, führen wir eine quantenstatistische Rechnung vor und begründen zugleich die klassische Näherung für das *Ideale Gas*.

Der Druck eines idealen Gases ist nicht von der Art der Moleküle abhängig, wohl aber die Wärmekapazität und damit die *Adiabatengleichung*. Als Beispiel entwickeln wir ein sehr brauchbares Modell der konvektionslabilen Atmosphäre.

Van der Waals hat die Zustandsgleichung für das ideale Gas so korrigiert, dass die starke Abstoßung der Moleküle bei kleinen Abständen und eine Anziehung bei größeren berücksichtigt wird(*van der Waals-Modell*). Damit ergibt sich jedoch eine freie Energie, die nicht das Ergebnis einer quantenstatistischen Rechnung sein kann. Eine plausible Korrektur führt auf das Phänomen des sprungartigen Übergangs zwischen einer flüssigen und gasförmigen Phase.

Im Abschnitt über die *Hohlraumstrahlung* weisen wir nach, dass ein ansonsten leerer Raum, dessen Wände die Temperatur T haben, von einem Photonengas erfüllt ist. Die Aufklärung der spektralen Intensität durch Max Planck hat der statistischen Theorie der Wärme seinerzeit zum Durchbruch verholfen, allerdings auch die Naturkonstante $\hbar$ ins Spiel gebracht, mit dem zwischen Teilchen- und Welleneigenschaften umgerechnet wird.

Messgrößen im thermischen Gleichgewicht schwanken, und zwar umso stärker, je kleiner die Anzahl der Teilchen im System ist. Um das vorzuführen, erörtern wir die Irrfahrt eines einzelnen kleinen Teilchens, das in einer Flüssigkeit suspendiert ist (*Brownsche Bewegung*). Einige mathematisch aufwändigere Details können beim ersten Lesen durchaus übersprungen werden.

Als Ausblick auf die Theorie der irreversiblen Prozesse behandeln wir im letzten Abschnitt die *Wärmeleitung*. Man kann damit abschätzen, wie schnell sich in einem bestimmten System das thermische Gleichgewicht einstellt.

4.1 Der Erste Hauptsatz

Bei einem makroskopischen System ist es eine absurde Fiktion, vom Zustand im bisherigen Sinne zu reden. Denken wir nur an eine paramagnetische Substanz, bei der in jeder Einheitszelle ein Spin frei drehbar ist und damit die Möglichkeiten $\uparrow$ und $\downarrow$ hat (Spingitter). Mit a als Gitterkonstante hat ein System mit Volumen V gerade $N = V/a^3$ Einheitszellen. Allein um einen beliebigen Spinzustand aufzuschreiben, muss man N bit an Information notieren. Bei $a = 0.5$ nm und $V = 1$ cm^3 läuft das auf etwa 10^{22} bit hinaus. Auf einer heutigen Festplatte bringt man etwa 10^{12} bit unter. Man benötigt also 10^{10} Festplatten. Jeder Bewohner dieses Globus müsste zwei Festplatten beisteuern, damit auch nur ein einziger Spingitter-Zustand aufgeschrieben werden kann. Um alle diese Festplatten gleichzeitig zu betreiben, braucht man Hunderte von Kernkraftwerken ...

Nein, wir müssen uns etwas besseres einfallen lassen. Wir rücken von der Fiktion ab, dass ein System vollständig zu beschreiben sei, nämlich durch Angabe seiner Wellenfunktion. Wir geben die Vorstellung auf, dass bei einer Messung der Messgröße M alle Eigenzustände unterdrückt werden können bis auf einen, der dann der zu präparierende Zustand ist. Diese Vorstellung hatten wir nämlich bisher bei unseren Überlegungen zur Quantentheorie im Hinterkopf.

Wir lassen jetzt zu, dass bei einer Messung von M die verschiedenen Eigenzustände χ_j mit Wahrscheinlichkeiten w_j angetroffen werden. Die Wahrscheinlichkeit w_j gibt an, mit welchem Gewicht der Eigenzustand χ_j beigemischt ist. Solche Zustandsgemische nennt man auch gemischte Zustände.

Für das Spingitter könnte die Angabe eines Zustandes so aussehen: ein typischer Spin zeigt mit der Wahrscheinlichkeit w nach oben und mit der Wahrscheinlichkeit $1 - w$ nach unten. Die Wahrscheinlichkeit w ist eine Zahl, die im Allgemeinen von der Temperatur und vom angelegten Magnetfeld abhängt.

Damit haben wir die Schlüsselbegriffe der Statistischen Thermodynamik genannt:

- gemischte Zustände beschreibt man durch Wahrscheinlichkeiten für reine Zustände,
- solche Wahrscheinlichkeiten hängen von Kenngrößen ab (wie Temperatur), die das Gleichgewicht zwischen System und Umgebung charakterisieren
- die Wahrscheinlichkeiten hängen auch von den Werten äußerer Parameter ab (wie Magnetfeldstärke), die sich einregeln lassen.

Wir präzisieren das jetzt.

Ein Zustandsgemisch, oder ein gemischter Zustand, wird durch ein vollständiges Orthonormalsystem von reinen Zuständen $\chi_1, \chi_2, \ldots$ charakterisiert und durch eine Folge $w_1, w_2, \ldots$ von Wahrscheinlichkeiten für das Auftreten dieser Zustände.

Es gibt genau einen linearen Operator W, der die χ_j als Eigenvektoren hat und die w_j als Eigenwerte,

$$W\chi_j = w_j \chi_j \,. \tag{4.1}$$

Dieser lineare Operator beschreibt das Zustandsgemisch, den gemischten Zustand.

Weil W reelle Eigenwerte hat, handelt es sich um einen selbstadjungierten Operator. Weil die Eigenwerte positiv[1] sind, handelt es sich um einen positiven Operator,

$$W \geq 0 \,. \tag{4.2}$$

Mehr noch, die Summe über die Diagonalelemente ergibt den Wert 1, und das schreibt man als

$$\operatorname{tr} W = 1 \,. \tag{4.3}$$

---

[1] wir gebrauchen hier positiv immer im Sinne von nicht-negativ

Die Spur eines linearen Operators L berechnet man als

$$\operatorname{tr} L = \sum_j (\phi_j, L\phi_j).$$ (4.4)

Dabei ist $\phi_1, \phi_2, \ldots$ ein vollständiges Orthonormalsystem. Die Summe erstreckt sich also über die Diagonalelemente der Matrix $(\phi_j, L\phi_k)$. Es lässt sich einfach zeigen, dass ein anderes vollständiges Orthonormalsystem dieselbe Spur ergibt.

Jeder gemischte Zustand wird durch einen positiven Dichteoperator W mit $\operatorname{tr} W = 1$ beschrieben. Jeder positive Operator mit $\operatorname{tr} W = 1$ beschreibt einen gemischten Zustand.

Für die Messgröße M im gemischten Zustand W erwarten wir das Ergebnis $\sum w_j(\chi_j, M\chi_j) = \sum(\chi_j, WM\chi_j)$, also

$$\langle M \rangle = \operatorname{tr} WM.$$ (4.5)

Das Messergebnis hängt folgendermaßen von der Zeit ab:

$$\begin{aligned} \langle M \rangle_t = \operatorname{tr} W_t M &= \sum w_j(\chi_{j,t}, M\chi_{j,t}) \\ &= \sum w_j(e^{-\frac{i}{\hbar}tH}\chi_j, M\, e^{-\frac{i}{\hbar}tH}\chi_j), \end{aligned}$$ (4.6)

und daraus folgt

$$W_t = e^{-\frac{i}{\hbar}tH}\, W\, e^{\frac{i}{\hbar}tH}$$ (4.7)

für die Zeitentwicklung. Als Schrödinger-Gleichung für den gemischten Zustand erhalten wir damit

$$\dot{W}_t = -\frac{i}{\hbar}\,[H, W_t].$$ (4.8)

Das zu erwartende Messergebnis hängt vom Zustand W und von der Messgröße M ab, und zwar als bilineares Funktional. Wenn sich beides ändert, die Messgröße und der Zustand, dann berechnet man

$$\delta\langle M \rangle = \operatorname{tr} \delta W M + \operatorname{tr} W \delta M.$$ (4.9)

Physiker sind auf zeitliche Veränderungen fixiert. Schließlich braucht man gar nichts zu tun, damit die Zeit weitergeht. Deswegen spielt auch die Erzeugende der Zeitverschiebung, die Energie H, eine prominente Rolle.

In der Physik ist es üblich, das Inertialsystem so zu wählen, dass der Massenmittelpunkt eines Systems ruht. Die Energie in diesem Falle bezeichnet man als innere Energie.

Die kinetische Energie des Massenmittelpunktes ist willkürlich, im Ruhesystem ist sie nicht vorhanden.

Wie üblich bezeichnen wir mit U die Energie im Ruhesystem,

$$U = \operatorname{tr} WH. \tag{4.10}$$

Die (beinahe triviale) Feststellung

$$\delta U = \operatorname{tr} \delta WH + \operatorname{tr} W\delta H = \delta Q + \delta A \tag{4.11}$$

ist der Erste Hauptsatz der Thermodynamik.

Der Erwartungswert der inneren Energie kann sich ändern, weil sich der Zustand ändert oder weil sich die Energieobservable ändert. Der erste Beitrag heißt Wärme, der zweite Arbeit.

Die Energie $H = H(\lambda_1, \lambda_2 \ldots)$ hängt im Allgemeinen von äußeren Parametern $\lambda_1, \lambda_2 \ldots$ ab. Die Arbeit schreibt sich damit als

$$\delta A = -\sum \Lambda_r \delta\lambda_r \ \text{ mit } \ \Lambda_r = -\langle \frac{\partial H}{\partial \lambda_r} \rangle. \tag{4.12}$$

Die Λ_r heißen verallgemeinerte Kräfte.

Die Stärke eines äußeren elektrischen Feldes oder die Stärke eines äußeren Magnetfeldes ist ein äußerer Parameter, ebenso das Gebiet $\mathcal{G}$, in welchem Teilchen eingesperrt werden. Bei fluiden Medien—Flüssigkeiten oder Gasen—kommt es nicht auf das Gebiet an, sondern nur auf das Volumen V des Gebietes.

In diesem Falle schreibt sich die Arbeit als

$$\delta A = -p\,\delta V \tag{4.13}$$

mit p als Druck.

Wir betonen, dass der Erste Hauptsatz der Thermodynamik nicht etwa von Arbeit und Wärme als Formen der Energie spricht, sondern als von zwei verschiedenen Ursachen, warum sich der Erwartungswert der Energie ändern kann. δQ ist nicht etwa eine kleine Wärmemenge, sondern eine kleine Energiemenge, um die die innere Energie eines Systems wächst, weil es in einen anderen Zustand versetzt worden ist. Dasselbe gilt für die Arbeit. Wärme und Arbeit sind nicht Formen der Energie, sondern Formen des Energietransportes, auf welche Weise eine Energiemenge die Systemgrenzen überschreitet.

Um ein Bild zu gebrauchen: man kann die Veränderung des Kontostandes in Bargeldbewegung und Überweisungen trennen. Man kann aber sein Geld nicht in Bar-Euros und Überweisungs-Euros unterteilen. Daher: Vorsicht beim Begriff 'Wärmemenge'.

4.2 Der Zweite Hauptsatz

Wir haben soeben den Zustandsbegriff erweitert. Ein vollständiges Orthonormalsystem von Zuständen $\chi_1, \chi_2, \ldots$ sowie entsprechende Wahrscheinlichkeiten $w_1, w_2, \ldots$ können zu einem positiven Operator W mit $\operatorname{tr} W = 1$ zusammengefasst werden, so dass $W\chi_i = w_i\chi_i$ gilt. Der Erwartungswert einer Messgröße M im gemischten Zustand W ist $\operatorname{tr} WM$.

In der Tat wurde der Zustandsbegriff erweitert, denn die reinen Zustände (Wellenfunktionen) sind spezielle gemischte Zustände. Wenn alle Wahrscheinlichkeiten $w_2, w_3 \ldots$ verschwinden und $w_1 = 1$ gilt, dann kommt der reine Zustand χ_1 alleine vor. Und jeder reine Zustand kann χ_1 sein.

Reine Zustände sind nicht gemischt. Dann wird es fast reine Zustände geben, aber auch stark gemischte. Es stellt sich also die Frage, wie man den Mischungsgrad eines gemischten Zustandes bewertet.

Dazu messen wir W nach. Wir stellen fest, welcher reine Zustand nun wirklich realisiert worden ist. Bei der ersten Messung kommt χ_{i_1} heraus, bei der zweiten χ_{i_2}, und so weiter. Das Ergebnis einer Messreihe von N Überprüfungen ist also eine Folge $i_1, i_2, \ldots, i_N$ von Indizes der möglichen reinen Zustände. Der reine Zustand χ_i ist gerade n_i mal aufgetreten, und bei einer sehr langen Messreihe wird $n_i/N \approx w_i$ gelten[2].

Vor dem Experiment kennt man nur die Wahrscheinlichkeiten. Nach den Messungen weiß man, welche der Messreihen realisiert worden ist. Das bedeutet ein Zugewinn an Wissen. Aus Wahrscheinlichkeit ist Gewissheit geworden.

Den Informationsgewinn beurteilt man nach der kleinsten Anzahl der Ja/Nein-Fragen, die jemand stellen muss, um die Information systematisch abzufragen.

Vor der Messreihe ist bekannt, dass χ_i gerade $n_i = w_i N$ oft auftritt. Es ist aber nicht bekannt, in welcher Reihenfolge. Sicher ist nur, dass die Einzelmessungen unabhängig voneinander sind.

Nun, die Vertauschung verschiedener Indizes ergibt eine neue Messreihe. Mit den Zahlen n_i sind gerade

$$\Omega = \frac{N!}{n_1! \, n_2! \, \ldots} \tag{4.14}$$

verschiedene Messreihen verträglich. Eine davon ist vorgekommen, so dass man $\operatorname{ld} \Omega$ Ja/Nein-Fragen stellen muss, um den Informationsgewinn zu bewerten[3].

Mit der Stirling-Formel[4] $\log x! = x \log x + \ldots$

formen wir das um in

---

[2] Wir beziehen uns dabei auf das Gesetz der großen Zahlen: die relative Häufigkeit konvergiert gegen die entsprechende Wahrscheinlichkeit

[3] ld (logarithmus dualis) ist der Logarithmus zur Basis 2

[4] James Stirling, 1692 - 1770, britischer Mathematiker

$$\mathrm{ld}\,\Omega = N\,\mathrm{ld}\,N - n_1\,\mathrm{ld}\,n_1 - n_2\,\mathrm{ld}\,n_2 - \ldots = -N\sum_i w_i\,\mathrm{ld}\,w_i\,. \qquad (4.15)$$

Man sieht, dass der mittlere Informationsgewinn pro Messung, die Shannon-Entropie[5], nur von den Wahrscheinlichkeiten abhängt.

In der Physik hat man schon vor der informationtheoretischen Deutung von Entropie[6] gesprochen. Um an die Tradition anzuschließen, multiplizieren wir die Shannon-Entropie mit dem Faktor $k_B \ln 2$. Die Entropie des Zustandes W ist damit

$$\mathcal{S}(W) = -k_B\sum_i w_i\ln w_i = -k_B\,\mathrm{tr}\,W\ln W\,. \qquad (4.16)$$

Die Boltzmann[7]-Konstante[8] ist der Proportionalitätsfaktor zwischen Energie und Temperatur, wie wir bald sehen werden.

Die Entropie ist als Maß für den Mischungsgrad geeignet:

- Die Entropie reiner Zustände verschwindet
- Echt gemischte Zustände haben eine positive Entropie.
- Mischen von Zuständen vergrößert die Entropie.

Die Funktion $x \to -x\ln x$ ist im Intervall $(0,1)$ positiv und verschwindet bei $x = 0$ sowie bei $x = 1$.

Ein reiner Zustand ist dadurch gekennzeichnet, dass alle Wahrscheinlichkeiten w_i verschwinden bis auf eine, die den Wert 1 hat. Damit verschwindet die Entropie.

Echt gemischte Zustände enthalten mehrere Zustände mit Wahrscheinlichkeit $0 < w_i < 1$. Damit steht $S > 0$ fest.

Zwei Zustände[9] W_1 und W_2 können gemäß

$$W = w_1 W_1 + w_2 W_2 \quad\text{mit}\quad 0 \leq w_1, w_2 \leq 1 \quad\text{und}\quad w_1 + w_2 = 1 \qquad (4.17)$$

weiter gemischt werden.

Es gilt

$$\mathcal{S}(W) \geq w_1\mathcal{S}(W_1) + w_2\mathcal{S}(W_2)\,. \qquad (4.18)$$

Das Funktional $W \to \mathcal{S}(W)$ ist konkav. Die Entropie eines gemischte Zustandes ist i.a. größer als die Mischung der Entropien. Anders ausgedrückt: Mischen vergrößert die Entropie.

---

[5] Claude Elwood Shannon, 1916 - 2001, US-amerikanischer Mathematiker
[6] grch. Vorsilbe $\epsilon\nu$: in, darin; grch. $\tau\rho o\pi\eta$: Veränderung
[7] Ludwig Boltzmann, 1884 - 1906, österreichischer Physiker
[8] $k_B = 1.381 \times 10^{-23}$ JK^{-1}
[9] ab jetzt verstehen wir unter einem Zustand stets einen gemischten Zustand

Diese Aussage ist mit der Feststellung verträglich, dass die reinen Zustände eine verschwindende Entropie haben und dass die Entropie echt gemischter Zustände positiv ist.

Jedes System hat eine Umgebung[10]. Die Umgebung wirkt auf das System ein, und das System beeinflusst auch die Umgebung.

Die Energie, also der Operator, der die Zeitentwicklung dirigiert, kann als

$$H = H_\mathrm{S} + H_\mathrm{U} + H_\mathrm{SU} \tag{4.19}$$

geschrieben werden. H_S bezieht sich allein auf die Variablen des Systems, H_U auf die der Umgebung, und H_SU beschreibt die Wechselwirkung zwischen System und Umgebung.

Wenn ein System total von seiner Umgebung isoliert[11] ist, dann verschwindet H_SU. Für den Zustand W des Systems bedeutet das

$$W_t = e^{-\frac{i}{\hbar} t H_\mathrm{S}}\, W\, e^{\frac{i}{\hbar} t H_\mathrm{S}} . \tag{4.20}$$

W_t und W haben also dieselben Eigenwerte und damit dieselbe Entropie.

Bei total isolierten Systemen bleibt die Entropie konstant, der Mischungsgrad ändert sich nicht.

Ein großes System lässt sich nicht total, sondern nur gut von seiner Umgebung isolieren. Man kann dafür sorgen, dass während einer beschränkten Zeit der Energieinhalt praktisch konstant bleibt. Man kann aber nicht den Einfluss der Umgebung auf die Zeitentwicklung des Systems ausschalten. In einem großen System liegen die Energieeigenzustände derartig dicht beieinander, dass schon die geringsten äußeren Einflüsse den Zustand des Systems komplett durcheinander wirbeln.

Nur eins ist dabei sicher: der Zustand des Systems wird immer mehr gemischt. Der Befund, dass die zufälligen Eingriffe von außen keine Ordnung stiften, sondern vermindern, das ist der Zweite Hauptsatz der Thermodynamik:

In gut isolierten Systemen wächst die Entropie.

Für große System ist die Annahme $H_\mathrm{SU} = 0$ nicht mehr zu rechtfertigen. Nicht nur das System, auch die Umgebung bestimmt, wie sich der Zustand des Systems entwickelt. Weil der Zustand der Umgebung unbekannt und auch nicht berechenbar ist, kann man die Zeitentwicklung $t \to W_t$ eines gemischten Zustandes nicht mehr vorhersagen. Nur soviel steht fest: Ordnung wird eher zerstört als erzeugt. W_t entwickelt sich so, dass $t \to \mathcal{S}(W_t)$ wächst. Welchen Weg ein großes System nimmt, kann nicht vorhergesagt werden, weil die Um-

---

[10] wir scheuen davor zurück, den Kosmos als ein System zu bezeichnen. Die meisten hier verwendeten Begriffe verlieren dann ihre Bedeutung. Systeme sind immer Ausschnitte, Teile.

[11] lat. *insula*: Insel

gebung launisch ist. Nur soviel steht fest: in der Entropielandschaft geht es bergauf.

Die Begründung des Zweiten Hauptsatzes der Thermodynamik ist eine Wissenschaft für sich. Lediglich abgeschwächte Fassungen lassen sich beweisen. Meist wird der Zweite Hauptsatz nur verwendet, um Gleichgewichtszustände auszurechnen: Zustände, die nicht weiter gemischt werden können, weil sie schon maximal gemischt sind. Nur damit werden wir uns vorerst beschäftigen.

4.3 Temperatur

In einem gut isolierten System wächst die Entropie, bis sie nicht weiter wachsen kann, weil das Maximum erreicht ist. Dann fluktuiert der Zustand um diesen Gleichgewichtszustand, weil die Umgebung fortwährend in die Zeitentwicklung eingreift. Das ist ganz wörtlich zu nehmen. Gleichgewicht und Fluktuationen im Gleichgewicht sind verträgliche Begriffe.

Wir betrachten ein gut isoliertes System, das durch die Energieobservable H beschrieben wird. Die innere Energie $U = \langle H \rangle$ soll sich nicht ändern, weil das System energetisch von seiner Umgebung isoliert ist. Allerdings beeinflusst die Umgebung die Zeitentwicklung des Systems, und zwar so, dass der Zustand des Systems mehr und mehr gemischt wird. Der Gleichgewichts-Zustand[12], wir nennen ihn G, ist also dadurch ausgezeichnet, dass er unter allen Zuständen mit innerer Energie U die größte Entropie hat.

Das ist eine Optimierungsaufgabe:

$$S(G) = \max S(W) \text{ mit } W \geq 0 \text{ , } \operatorname{tr} W = 1 \text{ und } \operatorname{tr} WH = U . \quad (4.21)$$

Wir schreiben $W = G + \delta W$. δW ist nicht frei wählbar, es muss die Nebenbedingungen

$$\operatorname{tr} \delta W = 0 \quad\quad\quad (4.22)$$

und

$$\operatorname{tr} \delta W H = 0 \quad\quad\quad (4.23)$$

erfüllen.

Die Variation der Entropie bei $W = G$ beträgt

$$\delta S = -k_B \operatorname{tr} \delta W \ln G , \quad\quad\quad (4.24)$$

sie soll verschwinden.

---

[12] oder Gibbs-Zustand

Ein Variationsproblem mit Nebenbedingungen löst man bekanntlich dadurch, dass deren Variationsgleichungen mit so genannten Lagrange-Multiplikatoren multipliziert werden und zur eigentlichen Variationsgleichung addiert werden. Diese Gleichung wird dann ohne Nebenbedingungen optimiert. Anschließend muss man durch passende Wahl der Lagrange-Mulitplikatoren sicherstellen, dass die Nebenbedingungen tatsächlich erfüllt sind.

Wir multiplizieren (4.23) mit dem Lagrange-Multiplikator $-1/T$, (4.22) mit F/T und addieren zu (4.24):

$$\text{tr}\,\delta W \left(\frac{F}{T} - \frac{H}{T} - k_\text{B} \ln G \right) = 0\,. \tag{4.25}$$

Nun ist δW beliebig, und das führt auf

$$G = e^{(F-H)/k_\text{B}T}\,. \tag{4.26}$$

Wir haben die Lagrange-Multiplikatoren (oder Lagrange-Parameter) gleich traditionell bezeichnet. F heißt freie Energie, und T bezeichnet die absolute Temperatur.

G ist ein Gibbs-Zustand[13].

F ist eine Zahl[14], die so zu wählen ist, dass $\text{tr}\,G = 1$ gewährleistet ist. Wir berechnen

$$F = -k_\text{B}T \ln \text{tr}\, e^{-H/k_\text{B}T}\,. \tag{4.27}$$

Der Lagrange-Parameter T wird durch die Forderung

$$\text{tr}\,GH = U \tag{4.28}$$

festgelegt.

Das kann man als

$$U = \frac{\text{tr}\,H\, e^{-H/k_\text{B}T}}{\text{tr}\, e^{-H/k_\text{B}T}} \tag{4.29}$$

schreiben oder als

$$U = \frac{\text{tr}\,H\, e^{-\beta H}}{\text{tr}\, e^{-\beta H}}\,, \tag{4.30}$$

mit $\beta = 1/k_\text{B}T$.

---

[13] Josiah Willard Gibbs, 1839 - 1903, US-amerikanischer Physiker
[14] in (4.26) müsste eigentlich FI stehen, mit dem Einsoperator I

Für die Ableitung nach β berechnen wir

$$\frac{d}{d\beta}\langle H \rangle = -\langle H^2 \rangle + \langle H \rangle^2 . \tag{4.31}$$

Die Ableitung des Energieerwartungswertes nach β ist also negativ, die Ableitung nach T positiv. Sofern U zwischen dem niedrigsten und dem höchsten Energieeigenwert liegt, hat die Gleichung (4.30) stets eine Lösung, und nur eine.

Die innere Energie wächst monoton mit dem Parameter T. Das ist ein Merkmal der Temperatur: sie steigt, wenn dem System Energie zugeführt wird.

Wir betrachten jetzt ein System, das aus zwei Untersystemen zusammengesetzt ist, so dass $H = H_1 + H_2 + H_{12}$ gilt. Die Wechselwirkungsenergie H_{12} soll vernachlässigbar klein sein im Vergleich mit den Energien H_1 und H_2 der Teilsysteme. Wenn das Gesamtsystem im thermischen Gleichgewicht ist,

$$G = e^{(F - H)/k_{\mathrm{B}}T} \approx e^{(F_1 - H_1)/k_{\mathrm{B}}T} \, e^{(F_2 - H_2)/k_{\mathrm{B}}T} , \tag{4.32}$$

dann sind es auch die Teilsysteme. Wie wir sehen, gilt dann

$$T = T_1 = T_2 \text{ und } F = F_1 + F_2 . \tag{4.33}$$

Ist das Gesamtsystem im thermischen Gleichgewicht, beschrieben durch den Parameter T, dann trifft das auch für die Teilsysteme zu. Auch die Teilsysteme sind im thermischen Gleichgewicht zum selben Parameter T. Nebenbei, die freien Energien der beiden Teilsysteme addieren sich.

Für alle physikalischen Systeme ist die Energie nach unten beschränkt und kann beliebig groß werden. Man sieht leicht ein, dass der Ausdruck (4.27), nämlich

$$F = -k_{\mathrm{B}}T \ln \sum_i e^{-E_i/k_{\mathrm{B}}T} , \tag{4.34}$$

nur dann konvergieren kann, wenn die Temperatur T positiv ist. Die Energieeigenwerte $E_1 \leq E_2 \leq \ldots$ häufen sich bei ∞, und deswegen sind negative Temperaturen verboten.

Der absolute Nullpunkt ist immer ein Grenzfall. $T \to 0$ bedeutet, dass nur noch der Zustand mit der tiefsten Energie vertreten ist, der Grundzustand.

Bringt man einen Temperaturmesser (ein Thermometer) mit irgendeinem System in Kontakt und wartet hinreichend lange, dann wird sich das thermische Gleichgewicht einstellen. Man weiß dann, dass die vom Thermometer angezeigte Temperatur auch die Temperatur des Systems ist.

Als Thermometer ist ein verdünntes Gas gut geeignet. Wie wir später ausrechnen werden, ist der Druck des Gases zur Temperatur T direkt proportional.

Nun muss man nur noch die Skala festlegen. Genau bei einer Temperatur T_0 und genau bei einem Druck p_0 kann Wasser gleichzeitig als Eis, Flüssigkeit und Dampf koexistieren. Das ist der so genannte Tripelpunkt. Die Temperatur am Tripelpunkt ist $T_0 = 273.16$ K (genau). K steht für Kelvin[15].

Die Temperatur ist keine Observable im herkömmlichen Sinne. Sie kennzeichnet vielmehr die möglichen Gleichgewichtszustände. Nur wenn sich ein System im Gleichgewicht mit seiner Umgebung befindet, darf man von Temperatur reden. Also niemals? Falsch: praktisch immer.

Betrachten wir ein Gas bei normalem Druck oder eine Flüssigkeit oder einen Festkörper. Das Gas enthält bei Normalbedingungen etwa 6×10^{23} Moleküle in 22.4 dm³, also weit mehr als 10 Millionen Teilchen in einem Würfel mit der Kantenlänge von 1 μm. In einem so kleinen Systemen (mit immerhin so vielen Teilchen) stellt sich das thermische Gleichgewicht unglaublich schnell ein, so dass man auf einer μm-Skala mit Fug und Recht vom Temperaturfeld $T = T(t, \boldsymbol{x})$ sprechen kann. In diesem Sinne ist beispielsweise die Wärmeleitungsgleichung

$$\dot{T} = \kappa \Delta T \tag{4.35}$$

zu verstehen. Diese Gleichung ist auf einer μm-Skala in Ordnung, macht aber im Nanometer-Bereich vermutlich keinen Sinn.

4.4 Freie Energie

Ein System befindet sich im Gleichgewicht mit seiner Umgebung, wenn es— bei vorgegebener innerer Energie U—im Zustand mit der maximalen Entropie ist. Dieser Zustand wird durch die Temperatur T gekennzeichnet. Im Gibbs-Zustand G sind die Energie-Eigenzustände χ_i mit Gewichten

$$w_i \propto e^{-E_i/k_\mathrm{B}T} \tag{4.36}$$

vertreten. Mit wachsendem Energie-Eigenwert E_i nimmt der Beitrag zum Gleichgewicht ab. Je kleiner die Temperatur T ist, umso weniger tragen die hoch angeregten Zustände bei.

Formal ist die freie Energie F lediglich ein Lagrange-Parameter, der sicherstellt, dass der Gibbs-Zustand

$$G = e^{(F - H)/k_\mathrm{B}T} \tag{4.37}$$

korrekt normiert ist, $\operatorname{tr} G = 1$. Das läuft auf

---

[15] William Thomson, Lord Kelvin, 1824 - 1907, britischer Physiker

$$F = -k_{\mathrm{B}} T \ln \operatorname{tr} e^{-H/k_{\mathrm{B}}T} = -k_{\mathrm{B}} T \ln \sum_i e^{-E_i/k_{\mathrm{B}}T} \tag{4.38}$$

hinaus.

Die freie Energie hängt von der Temperatur und vom Hamilton-Operator ab, der selber von den äußeren Parametern $\lambda_1, \lambda_2, \ldots$ abhängt. Deswegen schreiben wir $F = F(T, \lambda_1, \lambda_2, \ldots)$.

Die Entropie im Gibbs-Zustand ist

$$S = -k_{\mathrm{B}} \operatorname{tr} G \ln G = k_{\mathrm{B}} \operatorname{tr} G \frac{H - F}{k_{\mathrm{B}}T} = \frac{U - F}{T}, \tag{4.39}$$

wie man leicht einsieht.

Andererseits berechnet man

$$\frac{\partial F}{\partial T} = \frac{F}{T} - \frac{U}{T}, \tag{4.40}$$

und das bedeutet

$$\frac{\partial F}{\partial T} = -S. \tag{4.41}$$

Für die partielle Ableitung nach dem äußeren Parameter λ_r erhalten wir

$$\frac{\partial F}{\partial \lambda_r} = -\langle \frac{\partial H}{\partial \lambda_r} \rangle = \Lambda_r, \tag{4.42}$$

also die zugehörige verallgemeinerte Kraft, wie wir sie im Abschnitt *Erster Hauptsatz* eingeführt haben.

Wir fassen die Befunde (4.41) und (4.42) als

$$dF = -S \, dT - \Lambda_1 \, d\lambda_1 - \Lambda_2 \, d\lambda_2 - \ldots \tag{4.43}$$

zusammen[16].

Kennt man die freie Energie eines Systems als Funktion der natürlichen Variablen[17], also $T, \lambda_1 \lambda_2 \ldots$, dann ergeben sich die Entropie und die verallgmeinerten Kräfte durch partielles Ableiten. In diesem Sinne ist die freie Energie ein thermodynamisches Potential.

Warum heißt die freie Energie eigentlich so? Nun, einmal ist es wirklich eine Energie, wie man an

$$F = U - TS \tag{4.44}$$

---

[16] Ausdrücken wie (4.43) entnimmt man, von welchen Variablen die Funktion auf der linken Seite abhängt und wie die partiellen Ableitungen aussehen.

[17] natürlich, weil sie unmittelbar in der Definitionsgleichung (4.38) auftreten

erkennt. Außerdem gilt $\delta F = \delta A$, wenn sich die Temperatur nicht ändert. In diesem Sinne ist die freie Energie die an einem System geleistete Arbeit, wenn man immer bei derselben Temperatur bleibt. Die freie Energie gibt damit auch an, welche Energie ein System freisetzen kann, wenn man auf Temperaturgefälle nicht zurückgreifen will. Die freie Energie ist die bei isothermen Prozessen verfügbare Energie. Bei $T = 0$ sind freie Energie und innere Energie ohnehin dasselbe.

Trotzdem stehen die freie Energie und die innere Energie begrifflich nicht auf derselben Stufe. Die innere Energie ist der Erwartungswert der Energieobservablen im Schwerpunkts-Koordinatensystem. Das kann irgendein wilder Nicht-Gleichgewichtszustand sein. Die freie Energie ist nur für Gleichgewichtszustände definiert.

Diese Aussage werden wir später erheblich abschwächen. Wir reden dann von Systemen, die aus materielle Punkten bei x mit Volumen dV bestehen. Jeder materielle Punkt ist auf der mm-Skala wirklich ein Punkt, enthält aber noch so viele Teilchen N, dass man den Grenzwert für $N \rightarrow \infty$ verwenden kann. In diesem Kontext ist dann der Begriff einer lokalen Temperatur $T = T(t, x)$ sinnvoll, weil diese kleinen Gebiete sich praktisch jederzeit im thermodynamischen Gleichgewicht befinden. Damit werden auch Begriffe wie 'Entropiedichte' und 'Dichte der freien Energie' sinnvoll.

Für benachbarte Gleichgewichtszustände gilt $\delta U = \delta Q + \delta A$, $\delta F = -S\delta T + \delta A$, und daher, wegen $F = U - TS$ die Beziehung

$$\delta Q = T\delta S\,. \tag{4.45}$$

Je dichter man am absoluten Temperatur-Nullpunkt ist, umso mehr wird man von einer bestimmten Wärmezufuhr δQ vom Ziel $S = 0$ zurückgeworfen. Dem Grundzustand eines Systems, der die Entropie $S = 0$ besitzt, kann man sich nur mit immer höherem Isolieraufwand nähern.

Nicht nur die freie Energie F, auch die innere Energie U ist als thermodynamisches Potential geeignet. Dafür muss man die innere Energie im thermodynamischen Gleichgewicht allerdings als eine Funktion der Entropie S und der äußeren Parameter $\lambda_1, \lambda_2 \ldots$ auffassen, $U = U(S, \lambda_1, \lambda_2, \ldots)$. Damit gilt dann

$$dU = TdS - \Lambda_1 d\lambda_1 - \Lambda_2 d\lambda_2 - \ldots\,. \tag{4.46}$$

Wir illustrieren das alles an einem ganz einfachen Beispiel. Betrachtet wird eine Molekül, das mit seiner Umgebung—den restlichen Gasmolekülen—im Gleichgewicht steht. Wir konzentrieren uns hier allein auf die Molekülschwingungen. Von äußeren Parametern ist also gar nicht die Rede. Die Tatsache, dass unser Molekül in einem Gefäß mit Volumen eingesperrt ist, beeinflusst zwar die translatorische Bewegung, nicht aber die Molekülschwingungen.

Die Energie-Eigenwerte[18] sind gerade $E_n = n\hbar\omega$, mit $n = 0, 1, \ldots$, wobei jeder Zustand einfach vorhanden ist.

Für die freie Energie berechnen wir[19]

$$F_{\text{vib}} = -k_{\text{B}}T \sum_{n=0}^{\infty} e^{-n\hbar\omega/k_{\text{B}}T} = k_{\text{B}}T \ln \left(1 - e^{-\hbar\omega/k_{\text{B}}T} \right). \qquad (4.47)$$

Das ergibt die Entropie

$$TS = \frac{\hbar\omega}{e^{\hbar\omega/k_{\text{B}}T} - 1} - F, \qquad (4.48)$$

also die innere Energie

$$U = \frac{\hbar\omega}{e^{\hbar\omega/k_{\text{B}}T} - 1}. \qquad (4.49)$$

Bei niedrigen Temperaturen[20] gilt

$$U \approx \hbar\omega \, e^{-\hbar\omega/k_{\text{B}}T}. \qquad (4.50)$$

Im Schwingungsfreiheitsgrad eines Moleküls lässt sich dann also praktisch keine Energie unterbringen. Man sagt auch: die Schwingungen sind eingefroren. Bei sehr hohen Temperaturen gilt

$$U \approx k_{\text{B}}T, \qquad (4.51)$$

dasselbe für alle zweiatomigen Moleküle, denn ω kommt gar nicht mehr vor.

4.5 Reversible Prozesse

Unter einem Prozess versteht man in der Physik eine zeitliche Abfolge von Zuständen, $t \to W_t$, ganz in Analogie zum Gerichtswesen.

Wenn man das System gut von seiner Umgebung isoliert und auch die äußeren Parameter nicht ändert, dann konvergiert der Zustand des Systems gegen einen Gleichgewichtszustand,

$$W_t \to G = G(T, \boldsymbol{\lambda}). \qquad (4.52)$$

---

[18] die quantenmechanische Nullpunkts-Energie kann bedenkenlos ignoriert werden
[19] mit der Formel für die Summe einer geometrischen Reihe
[20] zu vergleichen ist mit $\hbar\omega/k_{\text{B}} = 813$ K für Cl_2 und 4300 K für HCl

Einfach warten, nichts unternehmen: dann treibt die Umgebung das System in den Gleichgewichtszustand. Je kleiner ein System ist, umso schneller geht das.

Man kann ein System Σ in Teile Σ_1 und Σ_2 zerlegen. Der Hamilton-Operator des Systems hat dann die Gestalt

$$H = H_1 + H_2 + H_{12} \,. \tag{4.53}$$

In H_1 wird alles zusammengefasst, was sich allein auf das System Σ_1 bezieht. Dasselbe gilt für H_2. In dem Wechselwirkungsterm fassen wir den Rest zusammen, der sich weder in H_1 noch in H_2 unterbringen lässt.

Stellen wir uns einen Kristall mit einem mittleren Teilchenabstand von 3 Å vor. Ein Kubikmillimeter enthält ungefähr 4×10^{19} Teilchen. Wir teilen ihn gedanklich in der Mitte, das sind links und rechts jeweils 2×10^{19} Teilchen. Unmittelbar links und rechts der Trennfläche sitzen ungefähr 10^{13} Teilchen. Die Wechselwirkungsenergie wird also um 10^{-6} kleiner ausfallen als die Energien der Teilsysteme und darf daher zu Recht vernachlässigt werden.

Teilt man eine großes System, etwa einen Automotor, in Kubikmillimeter große Bereiche auf, dann ist es eine gute Näherung, jeden Kubikmillimeter als Teilsystem anzusehen, der sehr rasch sein thermodynamisches Gleichgewicht erreicht. 'Rasch' muss man dabei an der typischen Umdrehungszahl (etwa 50 pro Sekunde) messen.

Während der Motor läuft, ist jeder Kubikmillimeter für sich jederzeit im thermischen Gleichgewicht, und in diesem Sinne kann man vom Temperaturfeld $T = T(t, \boldsymbol{x})$ sprechen ($\boldsymbol{x}$ soll der Mittelpunkt eines jeden Kubikmillimeters sein, in die wir unser System gedanklich zerlegt haben). Der Motor insgesamt ist erst dann im thermischen Gleichgewicht, wenn er abgestellt worden ist und wenn man einige Stunden gewartet hat. Erst dann ist das globale Gleichgewicht $\boldsymbol{\nabla} T \approx 0$ erreicht.

Das soeben eingeführte Temperaturfeld $T = T(t, \boldsymbol{x})$ genügt der Wärmeleitungsgleichung[21]

$$\dot{T} = \kappa \Delta T \,. \tag{4.54}$$

Die Temperaturleitfähigkeit κ hat die Dimension $\mathrm{m}^2\mathrm{s}^{-1}$. Im Allgemeinen bestimmt diese Zahl, was 'rasch' bedeutet, wenn vom Einstellen des Gleichgewichtes die Rede ist. Beispielsweise beträgt die Temperaturleitfähigkeit von Aluminium bei Zimmertemperatur $\kappa = 0.9 \times 10^{-4}$ $\mathrm{m}^2\mathrm{s}^{-1}$. Demnach ist die Zeitkonstante für unseren Kubikmillimeter gerade $(1\,\mathrm{mm})^2/\kappa \approx 10^{-2}$ s. Beachten Sie, dass diese sog. Relaxationszeit quadratisch mit der linearen Abmessung des Systems zunimmt. Bei einem Kubikzentimeter Aluminium muss man schon mit etwa einer Sekunde rechnen.

---

[21] siehe den Abschnitt *Wärmeleitung*

Wenn man die äußeren Parameter eines Systems und die Umgebungstemperatur so langsam verändert, dass das System immer nahe bei seinem Gleichgewichtszustand bleibt, dann spricht man von einem reversiblen Prozess:

$$W_t \approx G(T_t, \boldsymbol{\lambda}_t) \,. \tag{4.55}$$

Macht man dann die Änderungen genau so behutsam rückgängig, dann gelangt man wieder zum alten Ausgangszustand, daher die Bezeichnung 'reversibel', umkehrbar.

Der Begriff eines reversiblen Prozesses beschreibt eine Idealisierung. Man muss den Übergang vom Zustand G_1 zum Zustand G_2 immer langsamer durchführen, und der Grenzwert, dass man sich beliebig viel Zeit lässt, ist dann wirklich reversibel. Je kleiner das betrachtete System, umso eher verlaufen die Prozesse reversibel. Je langsamer der Prozess geführt wird, umso besser ist er reversibel.

Wir werden im folgenden eine kleine Zeit δt betrachten und von der Temperaturänderung $\delta T = \dot{T}_t \, \delta t$ reden. Dahinter steckt, dass alle Beziehungen auch dann gelten, wenn δt formal negativ ist. Schließlich reden wir in diesem und in fast allen folgenden Abschnitten von reversiblen Prozessen.

Der erste Hauptsatz der Thermodynamik, $\delta U = \delta Q + \delta A$ gilt für reversible und irreversible Prozesse. Bei reversiblen Prozessen darf man aber

$$\delta Q = T \delta S \tag{4.56}$$

schreiben. Die Entropie S ist immer eine Zustandsgröße, die Temperatur T ist wenigstens für Gleichgewichtszustände wohl definiert. Die Änderung δQ der inneren Energie U durch Erwärmung dagegen ist <u>nicht</u> die Differenz einer Zustandsgröße 'Wärme'. Wie wir das schon früher erörtert haben, kann man die innere Energie eines System nicht in Arbeit und Wärme aufteilen. Gleichung (4.56) verknüpft nun aber die Wärme δQ mit Zustandsgrößen.

Diese allgemeinen Überlegungen erlauben erstaunlich weit reichende Schlüsse. Als Beispiel wollen wir die Überlegung Carnots[22] zu Wärmekraftmaschinen vorstellen.

Man betrachtet eine zyklisch arbeitende Maschine. In einem Zyklus fließt in die Maschine die Wärme ΔQ_1, und zwar aus einem Wärmereservoir der Temperatur T_1. Die Maschine gibt an die Umgebung die Abwärme ΔQ_2 ab, in ein Wärmereservoir der Temperatur T_2. Außerdem, und dafür ist die Maschine da, leistet sie pro Zyklus die Arbeit ΔA.

Die Maschine arbeitet zyklisch, deswegen ist die innere Energie nach einem Zyklus unverändert. Das bedeutet

$$\Delta Q_1 = \Delta Q_2 + \Delta A \,. \tag{4.57}$$

---

[22] Nicolas Léonard Sadi Carnot, 1796 - 1832, französischer Physiker

Nach einem Zyklus hat auch die Entropie denselben Wert.

Nun nehmen wir auch noch an, dass die Maschine reversibel arbeitet, also sehr, sehr langsam. Dann fließt in die Maschine die Entropie $\Delta S_1 = \Delta Q_1/T_1$, und aus der Maschine die Entropie $\Delta S_2 = \Delta Q_2/T_2$, und das heißt

$$\frac{\Delta Q_1}{T_1} = \frac{\Delta Q_2}{T_2}. \tag{4.58}$$

Für den Wirkungsgrad η der Maschine ergibt sich damit

$$\eta = \frac{\Delta A}{\Delta Q_1} = 1 - \frac{T_2}{T_1}. \tag{4.59}$$

Schnell und damit nicht reversibel laufende Maschinen haben einen kleineren Wirkungsgrad. Aus

$$0 = \Delta S = \frac{\Delta Q_1}{T_1} - \frac{\Delta Q_2}{T_2} + \Delta S^* \tag{4.60}$$

folgt, weil die pro Zyklus produzierte Entropie ΔS^* nicht negativ sein darf, die Ungleichung

$$\eta \leq 1 - \frac{T_2}{T_1}. \tag{4.61}$$

Damit die Maschine überhaupt Arbeit leisten kann, muss das Reservoir für die Abwärme kälter sein, $T_2 < T_1$. Das wichtigste an einer Wärmekraftmaschine ist die Kühlung!

Eine normale Dampfmaschine braucht einen Kessel, in dem Wasserdampf bei hoher Temperatur T_1 (und damit hohem Druck) erzeugt wird, und einen Kondensator mit Temperatur T_2, in dem der entspannte Dampf zu Wasser kondensiert. Dieses Wasser muss man dann wieder in den Kessel einspeisen. Wenn solch eine Maschine sehr langsam läuft, kann man dem Carnot-Wirkungsgrad (4.59) recht nahe kommen.

Ein moderner Verbrennungsmotor ist nicht so einfach zu beschreiben. Er ist einmal ein offenes System, bei dem nicht nur Energie, sondern auch Stoff durchgesetzt wird. Außerdem gibt es nicht nur zwei verschiedene Temperaturen T_1 und T_2. Und drittens läuft der Motor so schnell, dass von 'reversibel' nicht die Rede sein kann. Zur Beschreibung müssen modernere Methoden herangezogen werden.

Carnots Überlegungen zur Wärmekraftmaschine sind trotzdem von grundsätzlicher Bedeutung. Er wollte nämlich Wasser durch ein anderes Betriebsmittel (z. B. den leichter flüchtigen Alkohol) ersetzen. Wie wir heute mit geschärften Begriffen ganz leicht einsehen können, ist der Wirkungsgrad grundsätzlich beschränkt. Wie raffiniert auch immer man die Maschine baut, an (4.61) geht kein Weg vorbei.

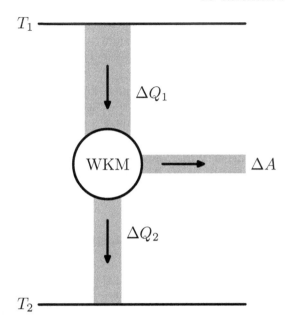

Abb. 4.1. Schema einer Wärmekraftmaschine. Pro Zyklus fließt die Wärme ΔQ_1 bei hoher Temperatur T_1 in die Maschine, die Abwärme ΔQ_2 bei niedriger Temperatur T_2 aus der Maschine. Die Differenz ist die geleistete Arbeit ΔA.

Wir haben die Thermodynamik als Quantenmechanik großer Systeme ein-geführt, als statistische Thermodynamik. Schlüsselbegriff ist der gemischte Zustand. Die phänomenologische Thermodynamik versucht, aus einfachen em-pirischen Feststellungen möglichst viele allgemeingültige Folgerungen abzulei-ten.

Dabei geht man vom ersten Hauptsatz aus: der Energieinhalt eines Systems kann sich ändern, weil Wärme zu- oder abgeführt wird und weil am System Arbeit geleistet wird oder weil das System Arbeit leistet.

Haben zwei Systeme Kontakt, dann fließt Wärme vom System mit der höheren Temperatur zum System mit der niedrigeren Temperatur. Zwei Systeme sind im Gleichgewicht, wenn keine Wärme fließt. Damit hat man erst einmal nur eine topologische Temperaturskala, die nur größer, gleich oder kleiner kennt.

Den zweiten Hauptsatz formuliert man in der phänomenologischen Thermo-dynamik wie folgt:

Es ist unmöglich, eine Wärmekraftmaschine zu bauen, deren alleinige Wirkung auf die Umgebung in der Abkühlung eines Wärmereservoirs besteht.

Man kann den Ozean nicht einfach abkühlen und dabei Strom erzeugen. Eine Wärmekraftmaschine ohne Abwärme ΔQ_2 kann es nicht geben. Es ist sinnlos, nach einem 'perpetuum mobile' der zweiten Art zu suchen, nach einer Maschine, die ewig läuft, indem sie ein unendliches Wärmereservoir anzapft. Damit würde man den zweiten Hauptsatz der Thermodynamik ausheben. Ohne Temperaturdifferenz keine Arbeit!

Ein 'perpetuum mobile' erster Art ist ein noch kühnerer Versuch, die Energiekrise zu meistern: eine Maschine, die Arbeit leistet, ohne die Umwelt zu verändern. Damit wäre sogar der erste Hauptsatz verletzt.

In der phänomenologischen Thermodynamik wird (4.59) herangezogen, um über den maximal möglichen Wirkungsgrad das Verhältnis von Temperaturen zu definieren. Damit kommt man zur absoluten Temperaturskala, die dann am Tripelpunkt des Wassers bei 273.16 K festgemacht wird.

4.6 Wärmekapazität und Kompressibilität

Wenn man reversible Prozesse studieren will, genügt es, benachbarte Gleichgewichtszustände zu betrachten. Die Ergebnisse kann man dann immer aufintegrieren. Daher reden wir ab jetzt auch lieber von kleinen reversiblen Zustandsänderungen.

Um konkret zu bleiben, betrachten wir ein fluides Medium, Gas oder Flüssigkeit, das durch N Teilchen im Volumen V bei der Temperatur T gekennzeichnet wird und jederzeit im Gleichgewicht sein soll.

Wenn man einem System Wärme zuführt, dann wird es wärmer[23]. Wieviel Wärme δQ muss man zuführen, damit die Temperatur um δT steigt? Diese Frage wird durch die Wärmekapazität[24] C des Systems beantwortet. Große Wärmekapazität heißt, dass sich die innere Energie, auf Grund von Wärmezufuhr, beträchtlich erhöhen kann, ohne dass die Temperatur nennenswert steigt.

Bei der Wärmekapazität muss man allerdings auf die Prozessführung achten. Einmal ist das Gas in einem festen Volumen eingesperrt, manchmal wird auch der Druck des Systems eingeregelt.

Wenn das Volumen konstant bleibt, redet man von isochor[25].

Die isochore Wärmekapazität ist also durch

$$C_V = \left.\frac{\delta Q}{\delta T}\right|_{\delta V = 0} \tag{4.62}$$

definiert. Weil es sich um kleine reversible Zustandsänderungen handelt, dürfen wir $\delta Q = T \delta S$ verwenden. Die Entropie wiederum ist die Ableitung

---

[23] Beachten Sie, dass 'Energiezufuhr durch Wärme' und 'Temperaturerhöhung' umgangssprachlich nicht unterschieden werden!

[24] Wärmefassungsvermögen, eine Bezeichnung, die zu Missverständnissen einlädt.

[25] grch. $\iota\sigma o$: gleich; grch. $\chi\acute{\omega}\rho\alpha$: Raum, Platz

der freien Energie, und zwar bei konstant gehaltenem Volumen, wie es sein soll. Deswegen schließen wir sofort

$$C_V = -T \frac{\partial^2 F}{\partial T^2} \, . \tag{4.63}$$

Die freie Energie wird mit den Methoden der statistischen Thermodynamik berechnet. Sie ist ein thermodynamisches Potential, weil sie—als Funktion der natürlichen Variablen T und V—die Berechnung anderer interessierender Eigenschaften zulässt.

Ebenso berechnen wir die isotherme[26] Kompressibilität. Welche relative Volumenverkleinerung erleidet das System, wenn bei konstant gehaltener Temperatur der Druck erhöht wird?

$$\kappa_T = -\frac{1}{V} \left. \frac{\delta V}{\delta p} \right|_{\delta T = 0} \tag{4.64}$$

beantwortet diese Frage.

Mit $\partial F / \partial V = -p$ erhält man

$$\frac{1}{\kappa_T} = V \frac{\partial^2 F}{\partial V^2} \, . \tag{4.65}$$

Nicht mehr ganz so glatt geht es, wenn wir nach der isobaren[27] Wärmekapazität fragen, nach

$$C_p = \left. \frac{\delta Q}{\delta T} \right|_{\delta p = 0} . \tag{4.66}$$

Nun, einmal gilt

$$\delta S = -\frac{\partial^2 F}{\partial T^2} \delta T - \frac{\partial^2 F}{\partial T \partial V} \delta V \tag{4.67}$$

für die Änderung der Entropie, zugleich aber auch

$$\delta p = -\frac{\partial^2 F}{\partial T \partial V} \delta T - \frac{\partial^2 F}{\partial V^2} \delta V \tag{4.68}$$

für die Änderung des Druckes.

---

[26] grch. $\vartheta \acute{\epsilon} \rho \mu \eta$: Wärme (hier im Sinne von Temperatur)
[27] grch. $\beta \acute{\alpha} \rho o \varsigma$: Schwere, Gewicht (hier Druck)

Der letztere Ausdruck soll verschwinden, und damit erhält man

$$C_p = T \left\{ \frac{\left(\frac{\partial^2 F}{\partial T \partial V} \right)^2}{\frac{\partial^2 F}{\partial V^2}} - \frac{\partial^2 F}{\partial T^2} \right\} \tag{4.69}$$

für die isobare Wärmekapazität.

C_p ist stets größer als C_V, weil die isotherme Kompressibilität κ_T niemals negativ sein kann.

Überhaupt machen unsere Ergebnisse nur dann einen Sinn, wenn die Funktion $T \rightarrow F(T, V)$ immer konkav und wenn $V \rightarrow F(T, V)$ immer konvex ist.

Dass die zweifache partielle Ableitung der freien Energie nach der Temperatur stets negativ ausfällt, kann man unmittelbar zeigen.

Das Temperaturgleichgewicht stellt sich im Allgemeinen sehr viel langsamer ein als das Druckgleichgewicht. Deswegen hat man es oft mit Zustandsänderungen zu tun, die einerseits reversibel verlaufen, bei denen aber praktisch keine Wärme ins System fließt. Prozesse mit $\delta Q = 0$ heißen adiabatisch[28]. Sie sind zugleich isentropisch, wie wir wegen $\delta Q = T \delta S$ schließen. Die adiabatische Kompressibilität ist durch

$$\kappa_S = -\frac{1}{V} \left. \frac{\delta V}{\delta p} \right|_{\delta S = 0} \tag{4.70}$$

definiert.

Nun muss man (4.67) gleich Null setzen, so dass sich

$$\frac{1}{\kappa_S} = V \left\{ \frac{\partial^2 F}{\partial V^2} - \frac{\left(\frac{\partial^2 F}{\partial T \partial V} \right)^2}{\frac{\partial^2 F}{\partial T^2}} \right\} \tag{4.71}$$

ergibt. Die adiabatische Kompressibilität ist also stets kleiner als die isotherme.

Auch andere Funktionen als die freie Energie sind als thermodynamische Potential brauchbar:

---

[28] grch. $\alpha\delta\iota\acute{\alpha}\beta\alpha\tau o\varsigma$: unpassierbar

Name	Symbol	Definition	Variable	partielle Ableitungen
freie Energie	F		(T,V)	$dF = -SdT - pdV$
innere Energie	U	$U = F + TS$	(S,V)	$dU = TdS - pdV$
Gibbs-Potential	G	$G = F + pV$	(T,p)	$dG = -SdT + Vdp$
Enthalpie	H	$H = U + pV$	(S,p)	$dH = TdS + Vdp$

Die Enthalpie[29] ist bei strömenden Gasen sehr brauchbar. Das Gibbs-Potential (nicht mit dem gleich bezeichneten Gibbs-Zustand zu verwechseln) wird auch gelegentlich als freie Enthalpie bezeichnet.

Beispielsweise lässt sich die isotherme Kompressibilität als

$$\kappa_T = -\frac{1}{V}\frac{\partial^2 G}{\partial p^2} \tag{4.72}$$

ausdrücken und die adiabatische als

$$\kappa_S = -\frac{1}{V}\frac{\partial^2 H}{\partial p^2}. \tag{4.73}$$

Man muss sich aber klarmachen, dass bloßes Umrechnen keine neuen Erkenntnisse bringen kann!

Der Übergang von der freien Energie zum Gibbs-Potential, eine so genannte Legendre-Transformation[30], kann übrigens auch als

$$G(T,p) = \inf_V \{F(T,V) + pV\} \tag{4.74}$$

geschrieben werden, wie man sich leicht klar macht. Damit ist $p \to G(T,p)$ automatisch konkav. Schließlich ist das Infimum über eine Familie konkaver Funktionen konkav, und die lineare Abbildung ist konkav (und konvex zugleich).

Umgedreht kann man gemäß

$$F(T,V) = \sup_p \{G(T,p) - pV\} \tag{4.75}$$

zurückrechnen. Diese freie Energie ist dann mit Sicherheit im Volumen konvex.

4.7 Ideales Gas

Wir betrachten zuerst einmal ein einziges Teilchen, das sich nur in einem endlichen Bereich der Länge L aufhalten darf. Das lässt sich folgendermaßen nachbilden.

---

[29] grch. $\vartheta\acute{\alpha}\lambda\pi o\varsigma$: Wärme, Hitze, Glut
[30] Adrien-Marie Legendre, 1752 - 1833, französischer Mathematiker

Ein Potential

$$V(x) = \begin{cases} V_0 & \text{bei} \quad |x| > L/2 \\ 0 & \text{bei} \quad |x| < L/2 \end{cases} \tag{4.76}$$

mit $V_0 \to \infty$ bestraft das Teilchen mit einer sehr hohen Energie, wenn es sich im Außenraum aufhalten will. Die Wellenfunktion wird also im Außenraum $|x| > L/2$ verschwinden, und das ist zu den Randbedingungen

$$\psi(-L/2) = \psi(L/2) = 0 \tag{4.77}$$

gleichwertig. Mit diesen Randbedingungen ist

$$H = -\frac{\hbar^2}{2m}\frac{d^2}{dx^2}, \tag{4.78}$$

die kinetische Energie, ein selbstadjungierter Operator.

Man kann die Einschränkung auf einen endlichen Bereich auch anders formulieren. Wir postulieren periodische Randbedingungen,

$$\psi(-L/2) = \psi(L/2). \tag{4.79}$$

Man hat es also nicht mit einer Strecke der Länge L zu tun, sondern mit einem Ring. Je größer die Abmessung (wir haben immer $L \to \infty$ im Kopf), umso geringer ist der Unterschied zwischen beiden Formulierungen. Die zweite hat den Vorteil, dass die Translationsinvarianz nicht verletzt und damit der unbeschränkte Raum besser imitiert wird.

Auch mit periodischen Randbedingungen ist (4.78) ein selbstadjungierter Operator.

Seine Eigenfunktionen sind

$$\chi_n(x) = \frac{1}{\sqrt{L}}\, e^{n2\pi ix/L} \quad \text{für} \quad n = \dots, -1, 0, 1, \dots, \tag{4.80}$$

dazu gehören die Energie-Eigenwerte

$$E_n = \frac{p_n^2}{2m} \quad \text{mit} \quad p_n = n\,\frac{2\pi\hbar}{L}. \tag{4.81}$$

Wenn wir die freie Energie haben wollen, müssen wir zuerst

$$Z = \text{tr}\, e^{-H/k_B T} = \sum_n e^{-E_n/k_B T} = \sum_n e^{-\alpha n^2/L^2} \tag{4.82}$$

ausrechnen, mit $\alpha = 2\pi^2\hbar^2/m k_B T$. Bei genügend großem L verändert sich der Summand so schwach mit n, dass

$$Z = \int dn \, e^{-\alpha n^2/L^2} = L\sqrt{\frac{\pi}{\alpha}} \tag{4.83}$$

eine gute Näherung ist. Die sog. Zustandssumme (4.82) hat also den Wert

$$Z = L \left\{ \frac{mk_{\mathrm{B}}T}{2\pi\hbar^2} \right\}^{1/2}. \tag{4.84}$$

Wir berücksichtigen nun alle drei Raumrichtungen. Das Teilchen wird in einen Quader mit Volumen $V = L_1 L_2 L_3$ eingesperrt. Als Zustandssumme ergibt sich nun

$$Z = V \left\{ \frac{mk_{\mathrm{B}}T}{2\pi\hbar^2} \right\}^{3/2}. \tag{4.85}$$

Nun betrachten wir viele Teilchen. Diese N Teilchen sollen den Quader mit Volumen V so dünn besiedeln, dass ihre mittlere Entfernung viel größer ist als der Einzugsbereich der Wechselwirkung. Wir müssen dann nur die kinetische Energie der Teilchen berücksichtigen.

Die Zustandssumme ist dann offensichtlich der Ausdruck (4.85) zur N-ten Potenz. Das ist richtig, wenn alle Teilchen unterscheidbar wären. Wir nehmen aber ein Gas aus identischen Teilchen an, etwa He-Atomen. N identische Teilchen an verschiedenen Orten kann man gerade $N!$ oft permutieren, ohne dass dabei ein neuer Zustand entsteht.

Deswegen schreiben wir

$$Z = \frac{1}{N!} V^N \left\{ \frac{mk_{\mathrm{B}}T}{2\pi\hbar^2} \right\}^{3N/2} \tag{4.86}$$

für die Zustandssumme N identischer Teilchen im Volumen V bei der Temperatur T.

Für die freie Energie berechnet man damit

$$F(T,V) = -k_{\mathrm{B}}T \ln Z = -Nk_{\mathrm{B}}T \ln \frac{V}{N} \left\{ \frac{mk_{\mathrm{B}}T}{2\pi\hbar^2} \right\}^{3/2}. \tag{4.87}$$

In die Herleitung sind mehrere Näherungen eingeflossen.

Wir haben einmal in (4.83) die Summe über n durch ein Integral über n genähert:

$$\sum_n f(n\frac{2\pi\hbar}{L}) \approx \int dn \, f(n\frac{2\pi\hbar}{L}) = L \int \frac{dp}{2\pi\hbar} \, f(p). \tag{4.88}$$

Wenn die Länge L hinreichend groß ist und wenn die Funktion, über die summiert werden soll, von Quantenzahlen n nur schwach abhängt, dann darf man integrieren. Schließlich kann man die linke Seite der Gleichung (4.88) als eine Näherung an das Integral auffassen, die mit wachsendem L immer besser wird.

Die Tatsache, dass die Teilchen ununterscheidbar sein sollen, wie bei einem Helium-Gas, haben wir durch den Faktor $1/N!$ berücksichtigt. Das kann aber nur eine Näherung sein, denn man macht dabei zwischen Fermionen (halbzahliger Spin) und Bosonen (ganzzahliger Spin) keinen Unterschied. Es lässt sich jedoch zeigen, dass mit fallendem Druck der Unterschied zwischen Fermi-Statistik und Bose-Statistik[31] verschwindet. Man spricht dann von Boltzmann-Statistik.

Die dritte Näherung $\ln N! \approx N \ln N$ ist am einfachsten zu rechtfertigen. Wir wollen ein Gas bei vorgegebener Teilchendichte $n = N/V$ behandeln. Mit $V \to \infty$ wird dann auch $N = nV$ beliebig groß.

Die Größe

$$\lambda = \sqrt{\frac{2\pi\hbar^2}{mk_\mathrm{B}T}} \tag{4.89}$$

wird gelegentlich als thermische Wellenlänge eines Teilchens bezeichnet. Sie ist ein Maß für die durch die Heisenbergsche Unschärferelation erzwungene Ortsunschärfe.

Unsere Näherungen sind erlaubt, solange

$$\lambda^3 \ll \frac{V}{N} \tag{4.90}$$

ausfällt. Dabei sollte man den Term auf der rechten Seite als das Privatvolumen eines Teilchens auffassen.

Bei zweiatomigen Molekülen muss man noch den Drehfreiheitsgrad und die Molekülschwingungen berücksichtigen. Die freie Energie ist dann

$$F_\mathrm{id} = F_\mathrm{tr} + F_\mathrm{rot} + F_\mathrm{vib} \,. \tag{4.91}$$

Der translatorische Anteil ist durch (4.87) gegeben.

Für die freie Rotationsenergie berechnet man

$$F_\mathrm{rot} = Nk_\mathrm{B}T \ln \frac{T}{T_\mathrm{rot}} \,, \tag{4.92}$$

mit einer für das Molekül charakteristischen Temperatur T_rot. Das wird im Anhang zum Abschnitt *Dampfdruck über Eis* begründet.

Den Schwingungsanteil haben wir schon im Abschnitt *Freie Energie* ausgerechnet:

---

[31] Satyendra Nath Bose, 1894 - 1974, indischer Physiker

$$F_{\text{vib}} = N k_{\text{B}} T \ln \left(1 - e^{-T_{\text{vib}}/T} \right) . \tag{4.93}$$

Dabei ist die für die Molekülschwingungen typische Temperatur durch

$$k_{\text{B}} T_{\text{vib}} = \hbar \omega \tag{4.94}$$

erklärt.

(4.91) beschreibt die freie Energie eines idealen Gases aus zweiatomigen Molekülen.

Nur in F_{tr} kommt das Volumen V vor. Wir berechnen den Druck als

$$p = \frac{N}{V} k_{\text{B}} T . \tag{4.95}$$

Bei üblichen Temperaturen spielen die Schwingungsfreiheitsgrade keine Rolle. Damit ergibt sich für ein ideales Gas aus zweiatomigen Molekülen

$$C_{\text{V}} = \frac{5}{2} N k_{\text{B}} \tag{4.96}$$

als isochore Wärmekapazität.

4.8 Adiabatengleichung

Im Abschnitt *Ideales Gas* wurde das ideale Gas nach den Regeln der statistischen Thermodynamik behandelt. Endpunkt der Rechnung ist ein Ausdruck für die freie Energie, aus dem sich dann experimentell überprüfbare Aussagen herleiten lassen. Wir wollen jetzt vom Standpunkt der phänomenologischen Thermodynamik argumentieren. Man nimmt einige empirische Beziehungen zwischen Messgrößen zur Kenntnis, und leitet daraus, unter Rückgriff auf allgemeine Zusammenhänge, andere experimentell überprüfbare Vorhersagen ab.

Wir behandeln ein Gas aus zweiatomigen Molekülen, etwa Stickstoff, oder Sauerstoff oder ein Gemisch daraus, etwa Luft. Wir beziehen uns immer auf die Stoffmenge Mol, das sind $N_{\text{A}} = 6.023 \times 10^{23}$ Teilchen. N_{A} heißt Avogadro-Zahl[32]. Sie wird öfters auch als Loschmidt-Zahl[33] bezeichnet. $R = N_{\text{A}} k_{\text{B}} = 8.315 \ \text{JK}^{-1}\text{mol}^{-1}$ ist die universelle Gaskonstante.

Wie wir schon wissen, ist der Druck p durch

$$p = \frac{nRT}{V} \tag{4.97}$$

---

[32] Lorenzo Romano Amedeo Carlo Avogadro, 1776 - 1856, italienischer Chemiker und Physiker

[33] Johann Josef Loschmidt, 1821 - 1895, österreichischer Chemiker und Physiker

gegeben. Dabei ist T die Temperatur des Gases, das im Volumen V eingesperrt ist. n, der Molenbruch, gibt an, wieviele Mol Gas vorhanden sind[34].

Für die isochore Wärmekapazität C_V rechnet man

$$C_V = \frac{5}{2} nR \tag{4.98}$$

aus.

Wir stellen uns jetzt auf den Standpunkt, diese beiden Gleichungen, die thermische und die kalorische Zustandsgleichung, seien empirisch bestimmt. Was kann man weiter damit anfangen?

Nun, zuerst einmal berechnen wir die freie Energie. Wir integrieren zweifach von einem Referenzpunkt (T_0, V_0) zum Punkt (T, V_0). Dabei wird

$$\frac{\partial F}{\partial T} = -S \quad \text{und} \quad \frac{\partial S}{\partial T} = \frac{1}{T} C_V \tag{4.99}$$

verwendet. Das ergibt

$$S(T, V_0) = S_0 + \frac{5}{2} nRT \ln \frac{T}{T_0} \tag{4.100}$$

und damit

$$F(T, V_0) = F_0 - S_0(T - T_0) - \frac{5}{2} nRT \ln \frac{T}{T_0} . \tag{4.101}$$

$F_0 = F(T_0, V_0)$ und $S_0 = S(T_0, V_0)$ sind unerhebliche Integrationskonstanten. Nun ist noch von (T, V_0) bis (T, V) zu integrieren, mit

$$\frac{\partial F}{\partial V} = -p , \tag{4.102}$$

und das ergibt dann

$$F(T, V) = F_0 - S_0(T - T_0) - \frac{5}{2} nRT \ln \frac{T}{T_0} - nRT \ln \frac{V}{V_0} . \tag{4.103}$$

Luft ist ein sehr schlechter Wärmeleiter. Während sich bei Veränderungen des Zustandes das Druckgleichgewicht praktisch unmittelbar einstellt, dauert es lange, bis auch die Temperatur ausgeglichen ist. Bei schnell verlaufenden Zustandsänderungen muss man mit $\delta Q = 0$ rechnen, also isentropisch oder adiabatisch.

Die Linien konstanter Entropie sind durch

$$S_0 + \frac{5}{2} nR \ln \frac{T}{T_0} + nR \ln \frac{V}{V_0} = \text{const} \tag{4.104}$$

---

[34] an anderer Stelle bedeutet n die Teilchendichte

gekennzeichnet. Zwei Zustände Z_1 und Z_2 haben dieselbe Entropie, wenn

$$\left\{ \frac{p_1}{p_2} \right\}^{5/7} = \frac{V_2}{V_1} \quad \text{bzw.} \quad \frac{T_1}{T_2} = \left\{ \frac{p_1}{p_2} \right\}^{2/7} \tag{4.105}$$

gilt. Das ist die Adiabatengleichung für ein zweiatomiges ideales Gas bei eingefrorenen Schwingungsfreiheitsgraden.

Man beachte, dass diese Folgerung aus den speziellen Zustandsgleichungen (4.97) und (4.98) experimentell überprüfbar sind. Damit sind dann aber auch die für alle Systeme gültigen Beziehungen (4.99) und (4.102) experimentell überprüfbar.

Aus der Fülle von Effekten, die mit der Adiabentgleichung (4.105) erklärt werden können, greifen wir ein besonders schönes Beispiel heraus.

Die Rede ist von der Druck- und Temperaturverteilung in der Atmosphäre[35]. In der Atmosphäre sind sowohl der Druck $p = p(x)$ als auch die Temperatur $T = T(x)$ von der Höhe x über der Erdoberfläche abhängig. Wenn eine bestimmte Luftmenge rasch von x nach $x + dx$ aufsteigt, dann passt sie sich dem geänderten Druck (praktisch) sofort an. Zum Wärmeaustausch mit der Umgebung bleibt jedoch keine Zeit. Falls nun die Temperatur τ der aufgestiegenen Luftmenge <u>über</u> dem Wert $T(x + dx)$ liegt, dann wird die Luftmenge weiter aufsteigen, weil sie leichter ist als die Luft in der Umgebung. Die Atmosphäre ist dann gegen Konvektion instabil.

Für die Temperatur der aufgestiegenen Luftmenge berechnet man mit Hilfe der Adiabatengleichung

$$\tau = T(x) \left\{ \frac{p(x + dx)}{p(x)} \right\}^{2/7} , \tag{4.106}$$

und diese Temperatur ist größer als die Umgebungstemperatur $T(x + dx)$, wenn

$$-\frac{T'}{T} > -\frac{2}{7} \frac{p'}{p} \tag{4.107}$$

ausfällt.

Wenn immer unten die Temperatur stark ansteigt, dann führt das zur Konvektion. Das erklärt das Flimmern über einer Straße bei starker Sonnenstrahlung. Die dunkle Straße absorbiert besser als die Umgebung, das führt zu einem starken Temperaturgradienten, damit zur Konvektionsinstabilität. Weil ständig Luft aufsteigt und durch kältere Luft ersetzt wird, die von den Seiten her einströmt, ändert sich ständig der Druck, damit die Dichte, und damit die Brechzahl der Luft über der Straße. Das wird dann als Flimmern wahrgenommen.

---

[35] grch. $\alpha\tau\mu\acute{o}\varsigma$: Dampf, Dunst, Rauch

Weil sich die Erde dreht, wechselt täglich der Rhythmus von Ein- und Abstrahlung. Deswegen steigen einmal Luftmassen auf, dann wieder fallen sie zurück, und es ist daher eine plausible Annahme, dass die Atmosphäre im Mittel labil gegen Konvektion ist, also durch

$$\frac{T'}{T} = \frac{2}{7}\frac{p'}{p} \tag{4.108}$$

beschrieben wird.

Wir betrachten eine kleine Luftsäule in der Höhe x mit Querschnitt A und Höhe dx. Von unten wirkt die Kraft $p(x)A$, von oben $p(x+dx)A + g\varrho(x)Adx$. Dabei ist g die Schwerebeschleunigung und $\varrho = \varrho(x)$ die Massendichte der Luft in der Höhe x. Für den Druck muss also

$$-p' = g\varrho \tag{4.109}$$

gelten. Das ist die Gleichung für das mechanische Gleichgewicht.

Wegen der ständigen Durchmischung der Lufthülle ist die Annahme gut begründet, dass die Zusammensetzung (im Wesentlichen aus Stickstoff und Sauerstoff) von der Höhe unabhängig ist. Deswegen ist der Druck nicht nur proportional zur Teilchendichte, sondern auch zur Massendichte, und natürlich zur Temperatur. Das drücken wir durch die Beziehung

$$\frac{p}{p_0} = \frac{\varrho}{\varrho_0}\frac{T}{T_0} \tag{4.110}$$

aus.

(4.109) mit (4.110) ergibt $-p' \propto p/T$, also

$$-\frac{p'}{p} = \frac{g\varrho_0 T_0}{p_0}\frac{1}{T} = -\frac{7}{2}\frac{T'}{T}. \tag{4.111}$$

Man sieht sofort, dass die Temperatur linear mit der Höhe abfällt:

$$T = T_0\left\{1 - \frac{x}{h}\right\}. \tag{4.112}$$

Nach diesem groben Modell für die Atmosphäre ist in der Höhe

$$h = \frac{7}{2}\frac{p_0}{g\varrho_0} \approx 30 \text{ km} \tag{4.113}$$

die Temperatur $T = 0$ erreicht.

Auch der Druck

$$p = p_0\left\{1 - \frac{x}{h}\right\}^{7/2} \tag{4.114}$$

ist in der Höhe h auf Null abgefallen. Man beachte, dass knapp über dem Erdboden auch der Druck linear mit der Höhe sinkt.

Wenn man bei etwa 25 °C in ein Flugzeug steigt und in 10000 m Höhe fliegt, ist nach unserem Modell mit der Außentemperatur -70 °C zu rechnen. Der Druck ist dann auf etwa 0.25 bar abgefallen. Da draußen ist es wirklich ungemütlich!

Oberhalb von etwa 15 km versagt das Modell der konvektionslabilen Atmosphäre, weil aus verschiedenen Gründen eine Durchmischung durch Konvektion nicht mehr stattfindet und die Temperatur wieder ansteigt. Das Gebiet mit Konvektionslabilität wird auch als Troposphäre[36] bezeichnet, weil sich hier das Wettergeschehen abspielt.

4.9 Van der Waals-Modell

Van der Waals[37] hat 1881 die folgende Zustandsgleichung vorgeschlagen:

$$(p + a\frac{N^2}{V^2})(V - bN) = Nk_{\mathrm{B}}T \, . \tag{4.115}$$

Für $V \to \infty$ geht (4.115) in die thermische Zustandsgleichung des idealen Gases über. Eine Entwicklung des Druckes (Virialentwicklung) nach der Teilchendichte $n = N/V$,

$$p = k_{\mathrm{B}}T \left\{ n + b_2(T)n^2 + b_3(T)n^3 + \dots \right\} \, , \tag{4.116}$$

ergibt einen vernünftigen Ausdruck für den zweiten Virialkoeffizenten $b_2(T)$.

Bei $V \to Nb$ wir der Druck unendlich groß, und das soll die Tatsache widerspiegeln, dass eine Flüssigkeit nur mit extrem großen Druck zusammenzupressen ist.

Für die Abhängigkeit der freien Energie vom Volumen folgt

$$F(T, V) = F_0(T) - Nk_{\mathrm{B}}T \ln(\frac{V}{Nb} - 1) - a\frac{N^2}{V} \, . \tag{4.117}$$

In $F_0(T)$ stecken die vom Volumen unabhängigen Beiträge.

Der Logarithmusteil stellt eine im Volumen konvexe Funktion dar, der letzte Term ist konkav. Wenn die Temperatur klein genug ist, wird der aN^2/V überwiegen, und die freie Energie wäre nicht im Volumen konvex, wie es sein muss. Negative isotherme Kompressibilität darf es nicht geben. Kein Wunder: schließlich ist die van der Waals-Zustandsgleichung nicht das Ergebnis einer handfesten statistischen Rechnung. Das van der Waals-Modell kann also nicht in der gesamten T, V-Ebene richtig sein.

---

[36] grch. τροπή: Wendung, Wechsel
[37] Johannes Diderik van der Waals, 1837 - 1923, niederländischer Physiker

Wir müssen statt (4.117) die konvexe Hülle $F^\vee$ nehmen. Transformiert man nämlich zum Gibbs-Potential $G = G(T, p)$ und zurück zur freien Energie, dann ergibt sich automatisch die konvexe Hülle an die ursprüngliche Funktion. Das haben wir schon am Ende des Abschnittes *Wärmekapazität und Kompressibilität* diskutiert.

Aus der van der Waals-Zustandsgleichung ergibt sich der Ausdruck

$$\frac{1}{\kappa_T} = \frac{NVk_\mathrm{B}T}{(V - Nb)^2} - \frac{2aN^2}{V^2} \tag{4.118}$$

für die isotherme Kompressibilität. Nur der Bereich $V > Nb$ ist zulässig, wie oben bereits erwähnt. Die isotherme Kompressibilität κ_T wird negativ, wenn die rechte Seite Nullstellen hat. Zu untersuchen ist also, ob

$$T = \frac{2a}{k_\mathrm{B}b} \frac{(x - 1)^2}{x^3} \quad \text{mit} \quad x = \frac{V}{Nb} \tag{4.119}$$

im Bereich $x > 1$ Lösungen hat.

Nun, die Funktion $f(x) = (x - 1)^2 / x^3$ wächst von $x = 1$ ab bis $x = 3$ und fällt dann wieder. Der Maximalwert ist $f(3) = 4/27$. Das heißt: wenn die Temperatur den Wert

$$T_\mathrm{cr} = \frac{8}{27} \frac{a}{k_\mathrm{B}b} \tag{4.120}$$

übersteigt, dann hat (4.119) keine Lösung, und die isotherme Kompressibilität ist stets positiv.

Im Falle $T = T_\mathrm{cr}$ wird die isotherme Kompressibilität genau bei

$$V_\mathrm{cr} = 3Nb \tag{4.121}$$

singulär. Zur kritischen Temperatur T_cr und zum kritischen Volumen V_cr gehört der kritische Druck

$$p_\mathrm{cr} = \frac{1}{27} \frac{a}{b^2} . \tag{4.122}$$

Wenn die Temperatur kleiner ist als T_cr, dann hat (4.119) zwei Lösungen, und es gibt einen Bereich mit negativer isothermer Kompressibilität, der überbrückt werden muss.

Wir haben in Abbildung 4.2 eine Waagerechte, also eine Linie konstanten Druckes eingezeichnet, und zwar so, dass die Flächen über und unter der teilweise falschen van der Waals-Isotherme gleich sind. Der Grund dafür ist folgender.

Wie wir wissen, ist die freie Energie (4.117) im Falle $T < T_\mathrm{cr}$ nicht mehr konvex und soll durch die konvexe Hülle ersetzt werden. Es gibt also eine

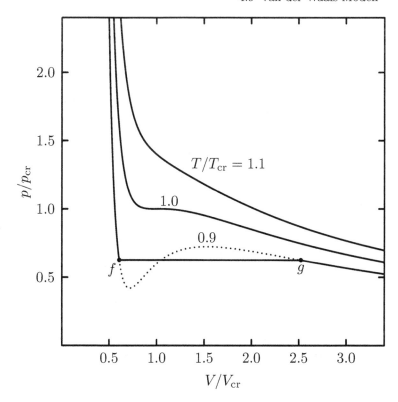

Abb. 4.2. Aufgetragen über V/V_{cr} ist das Verhältnis p/p_{cr} für drei Isothermen. Im Falle $T/T_{cr} > 1$ (hier 1.1) ist der Druck eine überall fallende Funktion des Volumens. Bei $T/T_{cr} < 1$ (hier 0.9) gibt es ein Gebiet mit negativer Kompressibilität. Die wirkliche Isotherme hat ein Koexistenzgebiet (zwischen f und g) mit konstantem Druck.

Gerade, die sich bei V_f und bei V_g anschmiegt. Die Steigung dieser Geraden soll $-\bar{p}$ sein. Wir schließen

$$F(T, V_g) - F(T, V_f) = -\int_{V_f}^{V_g} dV \, p(T, V) = -(V_g - V_f)\,\bar{p}. \tag{4.123}$$

Dabei ist $p(T, V)$ der Druck, wie er in der van der Waals-Gleichung steht (in der Zeichnung 4.2 punktiert eingezeichnet). Die beiden Volumenwerte V_f bzw. V_g sind links bzw. rechts durch gestrichelte Linien markiert. Die Waagerechte entspricht dem Druck $\bar{p}$.

Wir wollen das Gas isotherm bei unterkritischer Temperatur zusammenpressen. Oberhalb von V_g ist alles normal: das Volumen sinkt, der Druck wächst. Nun kommt man an den Kondensationspunkt $V = V_g$. Wenn man weiter das

Volumen verkleinert, dann wächst der Druck nicht mehr. Vielmehr stellt sich eine Mischung aus flüssiger Phase (linke Marke) und gasförmiger Phase (rechte Marke) ein. Die Menge an Gas nimmt ab, die Menge an Flüssigkeit zu. Schließlich ist das gesamte Gas kondensiert, und man ist bei V_f angelangt. Will man nun weiter das Volumen verkleinern, dann wird das sehr schwierig, weil der Druck sehr stark anwächst. Genau das zeichnet die Flüssigkeit vor dem Gas aus: kleines Volumen, niedrige Kompressibilität. Das erklärt, warum wir die beiden Endpunkte der überbrückenden Geraden mit f (flüssig) und g (gasförmig) bezeichnet haben.

Wir haben soeben den Übergang von der gasförmigen in die flüssige Phase beschrieben. Nur unterhalb einer kritischen Temperatur ist das möglich. Die kritische Temperatur für Wasser beispielsweise beträgt $T_{cr} = 374.15\,°\text{C}$. Dazu gehört der kritische Druck von $p_{cr} = 221.3$ bar und eine Massendichte von $0.315\ \text{gcm}^{-3}$.

Verfolgt man die (echte) Isotherme für Wasser bei 100 °C, dann ist das Koexistenzgebiet von Wasserdampf und Wasser durch den Druck $\bar{p} = 1.013$ bar gekennzeichnet. Das spezifische Volumen reicht von $1.04\ \text{cm}^3\text{g}^{-1}$ (Wasser) bis $1690\ \text{cm}^3\text{g}^{-1}$ (Wasserdampf).

4.10 Hohlraumstrahlung

Wir betrachten ein leeres Gefäß mit Volumen V, dessen Wände die Temperatur T haben. In solche einem Hohlraum gibt es elektromagnetische Strahlung, die man deswegen als Hohlraumstrahlung bezeichnet. Die Wände können, weil sie warm sind, elektromagnetische Strahlung erzeugen. Sie können aber auch elektromagnetische Strahlung absorbieren. Wir wissen, dass das quantenhaft geschieht: zur Kreisfrequenz ω gehört die Energie $\hbar\omega$.

Wir betrachten zuerst einmal eine ebene Welle mit Wellenvektor $\boldsymbol{k}$. Dazu gehört die Kreisfrequenz $\omega = c|\boldsymbol{k}|$, mit c als Lichtgeschwindigkeit im Vakuum. Außerdem kann die Welle linkshändig ($\sigma = L$) oder rechtshändig ($\sigma = R$) polarisiert sein. Wir bezeichnen das als Mode[38].

$N(\sigma, \boldsymbol{k})$ ist die Anzahl der Photonen einer Mode mit Polarisation P und Wellenvektor $\boldsymbol{k}$. Photonen sind Bosonen, daher ist jeder Operator $N(\sigma, \boldsymbol{k})$ ein Zahl-Operator, hat also 0,1,2... als Eigenwerte. Damit können wir für die Energie der Hohlraum-Strahlung den Operator

$$H = \sum_{\sigma k_1 k_2 k_3} \hbar\omega(\boldsymbol{k})\, N(\sigma, \boldsymbol{k}) \tag{4.124}$$

anschreiben. Die Operatoren $N(\sigma, \boldsymbol{k})$ vertauschen miteinander. Deswegen ist die freie Energie die Summe der freien Energien der einzelnen Moden. Für die Mode mit Wellenvektor $\boldsymbol{k}$ und Polarisation σ berechnen wir

---

[38] lat. *modus*: Art und Weise (vorhanden zu sein, sich auszubreiten)

$$F(\sigma, \boldsymbol{k}) = -k_B T \ln \sum_{n=0}^{\infty} e^{-n\hbar\omega(\boldsymbol{k})/k_B T} . \qquad (4.125)$$

$n = 0, 1, 2 \ldots$ durchläuft die Eigenwerte des Zahl-Operators $N(\sigma, \boldsymbol{k})$. Die Summanden sind Ausdrücke der Art x^n, mit $0 \le x < 1$. Daher konvergiert diese geometrische Reihe immer.

Die freie Energie des Photonengases ist also

$$F = 2\, k_B T \sum_{\boldsymbol{k}} \ln \left\{ 1 - e^{-\hbar\omega(\boldsymbol{k})/k_B T} \right\} . \qquad (4.126)$$

Der Faktor 2 berücksichtigt die Summe über die beiden Polarisationen.

Wir knüpfen nun an die Erörterungen im Abschnitt *Ideales Gas* an. Bei hinreichend großem Volumen V kann die Summe über die Wellenvektoren ersetzt werden durch ein Integral, hier also

$$F = 2\, k_B T\, V \int \frac{d^3 k}{(2\pi)^3} \ln \left\{ 1 - e^{-\hbar\omega(\boldsymbol{k})/k_B T} \right\} . \qquad (4.127)$$

Weil der Integrand nur von $|\boldsymbol{k}| = \omega/c$ abhängt, können wir (4.127) in

$$F = \frac{V k_B T}{\pi^2} \int_0^{\infty} \frac{d\omega\, \omega^2}{c^3} \ln \left\{ 1 - e^{-\hbar\omega/k_B T} \right\} \qquad (4.128)$$

umschreiben.

Das ergibt die innere Energie

$$U = \frac{V}{\pi^2} \int_0^{\infty} \frac{d\omega\, \omega^2}{c^3} \frac{\hbar\omega}{e^{\hbar\omega/k_B Z} - 1} . \qquad (4.129)$$

Der Logarithmus in (4.128) lässt sich übrigens wegschaffen, wenn man partiell integriert:

$$F = -\frac{V}{3\pi^2} \int_0^{\infty} \frac{d\omega\, \omega^2}{c^3} \frac{\hbar\omega}{e^{\hbar\omega/k_B Z} - 1} . \qquad (4.130)$$

Mit $x = \hbar\omega/k_B T$ und

$$\int_0^{\infty} dx \frac{x^3}{e^x - 1} = \frac{\pi^4}{15} \qquad (4.131)$$

berechnen wir

$$U = \sigma V T^4 \qquad (4.132)$$

mit

$$\sigma = \frac{\pi^2}{15} \frac{k_B^4}{\hbar^3 c^3} \, . \tag{4.133}$$

Die Energie der Hohlraumstrahlung ist zum Volumen V proportional.

Die Energiedichte u wächst mit der vierten Potenz der Temperatur. Das hat Stefan[39] 1879 experimentell herausgefunden. 1884 konnte Boltzmann diesen Sachverhalt auch theoretisch begründen, aber anders als hier. Nur (4.132) war bekannt, nicht aber der Wert für die Proportionalitätskonstante σ. (4.132) wird heute als Stefan-Boltzmann-Gesetz bezeichnet.

Die Strahlung im Hohlraum, und auch die aus dem Hohlraum austretende Strahlung, ist über die Kreisfrequenzen verteilt wie

$$u = \int dI(\omega) \ \text{mit} \ dI(\omega) \propto d\omega \, \frac{\omega^3}{e^{\hbar\omega/k_B T} - 1} \, . \tag{4.134}$$

Diese Formel für die spektrale Intensität hat Planck 1900 veröffentlicht. Bei $\hbar\omega_{max} \approx 2.82 \, k_B T$ hat die spektrale Intensität ihr Maximum. Der Befund

$$\omega_{max} \propto T \tag{4.135}$$

heißt Wiensches[40] Verschiebungsgesetz (1893).

Im langwelligen Teil des Spektrums gilt

$$dI(\omega) \propto d\omega \, \omega^2 \, , \tag{4.136}$$

so das Strahlungsgesetz von Rayleigh und Jeans[41] (1900).

Im kurzwelligen Bereich nimmt die Intensität wie

$$dI(\omega) \propto d\omega \, \omega^3 \, e^{-2.82\omega/\omega_{max}} \tag{4.137}$$

ab, sagt das Wiensche Strahlungsgesetz (1896).

Max Planck hat ursprünglich durch Probieren eine einfache Funktion gefunden, die zu allen diesen Befunden (Stefan-Boltzmann-Gesetz, Wiensches Verschiebungsgesetz, Strahlungsgesetze von Wien und Raleigh[42]-Jeans) passt.

Er hat dann aber auch eine theoretische Begründung versucht. Dabei wurde die Energie in der Strahlungsmode mit Frequenz f als hf diskretisiert, und zwar im Sinne der Numerik, so dass am Ende der Grenzwert $h \to 0$ zu nehmen

---

[39] Josef Stefan, 1835 - 1893, österreichischer Physiker
[40] Wilhelm Wien, 1864 - 1928, deutscher Physiker
[41] James Hopwood Jeans, 1877 - 1946, britischer Physiker und Astronom
[42] John William Strutt, Lord Rayleigh, 1842 - 1919, britischer Physiker

ist. Planck war verblüfft, dass ein endlicher Wert für $h = 2\pi\hbar$ die richtige Formel liefert.

Noch mehr erschüttert hat ihn aber, dass die statistische Betrachtungsweise von Ludwig Boltzmann das damals letzte Rätsel der Natur gelöst hat, die Spektralverteilung der Hohlraumstrahlung. Planck war bis dahin der Meinung, dass die Lehre vom Gleichgewicht, eben die Thermodynamik, die Basis der anderen physikalischen Disziplinen sei. Etwa der Mechanik, wo die Kräfte auf einen Körper im Gleichgewicht stehen, usw. Boltzmann dagegen ging davon aus, dass die Materie aus Teilchen besteht, aus kleinen Massen, eben Molekülen. Diese bewegen sich nach den Regeln der Mechanik. Wenn es sehr viele davon gibt, muss man die Wahrscheinlichkeitsrechnung heranziehen. Diese Sichtweise hat sich durchgesetzt, und es war ausgerechnet Boltzmanns wissenschaftlicher Gegner, nämlich Max Planck, der der statistischen Sichtweise zum Durchbruch verholfen hat!

Dass elektromagnetische Wellen nicht beliebige Amplituden haben können, sondern die Energie ein ganzzahliges Vielfaches von $hf = \hbar\omega$ sein muss, wurde erst später aufgegriffen. Der Angelpunkt der modernen Physik, das Wirkungsquantum $h = 2\pi\hbar$, war ursprünglich nichts anderes als ein Diskretisierungsparamter[43], der im Idealfall gegen Null streben soll. Das hat sich ganz anders entwickelt als ursprünglich vorgesehen...

4.11 Brownsche Bewegung

Thermodynamisches Gleichgewicht heißt nicht etwa, dass alles in Ruhe ist. Vielmehr schwanken, oder fluktuieren, die Messgrößen um ihren Gleichgewichtswert.

Als Beispiel führen wir die Energieschwankung an, die wir schon im Abschnitt über *Temperatur* ausgerechnet haben:

$$-\frac{d}{d\beta}\langle H \rangle = \langle H^2 \rangle - \langle H \rangle^2, \tag{4.138}$$

mit $\beta = 1/k_B T$. Das kann man in

$$\langle H^2 \rangle - \langle H \rangle^2 = k_B T^2 C_\lambda \tag{4.139}$$

umformen. Dabei ist C_λ die Wärmekapazität bei festgehaltenen äußeren Parametern. Damit steht fest, dass diese Wärmekapazität nie negativ sein darf.

Um konkreter zu werden, erörtern wir weiter den Fall, dass N identische Moleküle in einem Gefäß mit Volumen V eingesperrt sind. Mit der molekularen (auf ein Moleküle bezogenen) Wärmekapazität c_V schreibt sich (4.139) als

---

[43] in der Numerik wird das Symbol h noch so gebraucht

$$\delta U^2 = \langle H^2 \rangle - \langle H \rangle^2 = N k_B T^2 c_V \,. \qquad (4.140)$$

Die Schwankung[44] δU der inneren Energie wächst also mit der Wurzel aus der Anzahl der Teilchen. Die relative Schwankung $\delta U/N$ dagegen fällt mit der Wurzel aus der Anzahl der Teilchen. Das gilt nicht nur für die Energiefluktuation, sondern auch für die Schwankung irgendeiner extensiven Messgröße.

Je größer das System, umso weniger fallen die relativen Schwankungen ins Gewicht.

Fluktuationen im thermischen Gleichgewicht können beobachtet werden.

Nehmen wir nur unsere Lufthülle. Im kleinen Volumen V sind bei der lokalen Teilchendichte n im Mittel gerade $N = nV$ Moleküle vorhanden. Diese Zahl schwankt. Deswegen fluktuiert auch die Brechzahl der Luft, die zur Teilchendichte proportional ist. Weil sich ebene Lichtwellen nur in einem Medium mit konstanter Brechzahl ausbreiten können, kommt es zur Lichtstreuung. Blaues Licht wird mehr gestreut als rotes, weil die Streuwahrscheinlichkeit an einer Brechzahldifferenz proportional zur vierten Potenz der Photonenenergie $\hbar\omega$ ist (Rayleigh-Streuung). Diese Frequenzabhängigkeit ist für oszillierende Dipole typisch. Die Dichtefluktuationen der Lufthülle verursachen das Himmelsblau. Eigentlich sollte der Himmel nämlich auch am Tag schwarz sein, von der Sonne, dem Mond und den Planeten und Sternen abgesehen.

An der Formel (4.140) kann man auch ablesen, dass die Schwankungen mit der Temperatur wachsen. Je heißer ein System, umso mehr fluktuieren die Messgrößen. Erst am absoluten Nullpunkt ist alles zur Bewegungslosigkeit eingefroren.

Wir wollen uns hier auf einen anderen Aspekt konzentrieren. Das Schwankungsquadrat ist zur Boltzmann-Konstanten proportional. Wenn man die molekulare Wärmekapazität und die Energieschwankung einzeln messen könnte, dann hätte man auch den Wert der Boltzmann-Konstanten ermittelt. Das ist eine wichtige Zahl. Die universelle Gaskonstante R lässt sich leicht messen, und wenn man dann auch noch k_B kennt, hat man die Avogadro-Zahl (Avogadro-Zahl) bestimmt. Mit der Avogadro-Zahl ist dann auch die Masse eines einzelnen Protons bekannt, ein schwierig zu bestimmender Wert.

Nun, wir haben schon gesehen, dass die Schwankungen immer weniger ins Gewicht fallen, je größer ein System ist. Deswegen versuchen wir es mit einem kleinen.

Dazu betrachten wir ein gerade noch im Mikroskop sichtbares Teilchen mit Masse M, das sich in einer Flüssigkeit bewegt, ein Brownsches[45] Teilchen. Vorerst betrachten wir nur die Bewegung in einer Dimension.

Zuvor müssen allerdings noch einige Hilfsmittel bereitgestellt werden.

---

[44] Wir haben an anderer Stelle δ für kleine Differenzen zwischen Messgrößen in verschiedenen Zuständen benutzt. Hier bezeichnet δ die Schwankung, die Wurzel aus einer Varianz (Schwankungsquadrat).

[45] Robert Brown, 1773 - 1858, britischer Botaniker

Im Gleichgewichtszustand hängt kein Erwartungswert $\langle A(t) \rangle$ von der Zeit ab. Wir behandeln daher im Folgenden nur noch Messgrößen mit verschwindendem Erwartungswert, also Fluktuationen.

Die Korrelationsfunktion

$$K_A(\tau) = \langle A(t)A(t+\tau) \rangle \tag{4.141}$$

hängt nur von der Zeitdifferenz τ ab.

Wir betrachten die Fourier-Transformierte,

$$A(t) = \int \frac{d\omega}{2\pi} \, e^{-i\omega t} \, \tilde{A}(\omega) \,. \tag{4.142}$$

Damit kann man (4.141) als

$$K_A(\tau) = \int \frac{d\omega'}{2\pi} \frac{d\omega''}{2\pi} e^{+i\omega't - i\omega''t - i\omega''\tau} \langle \tilde{A}^*(\omega')\tilde{A}(\omega'') \rangle \tag{4.143}$$

schreiben. Dabei haben wir von $\tilde{A}(\omega) = \tilde{A}^*(-\omega)$ Gebrauch gemacht.

Auf der rechten Zeit taucht der Zeitpunkt t auf, und das kann nicht sein. Offensichtlich darf der Erwartungswert nur im Falle $\omega' = \omega''$ nicht verschwinden, und das drücken wir durch

$$\langle \tilde{A}^*(\omega')A(\omega'') \rangle = 2\pi\delta(\omega' - \omega'') \, S_A(\omega) \tag{4.144}$$

aus[46]. $S_A = S_A(\omega)$ ist die zum Prozess $t \to A(t)$ gehörige Spektraldichte, eine positive Funktion.

Geht man damit in (4.143) ein, so ergibt sich

$$K_A(\tau) = \int \frac{d\omega}{2\pi} \, e^{-i\omega\tau} \, S_A(\tau) \,, \tag{4.145}$$

das Wiener[47]-Chintschin[48]-Theorem. Bei stationären Prozessen ist die Korrelationsfunktion die Fourier-Transformierte der positiven Spektraldichte.

Zurück zu unserem Brownschen Teilchen. Für seine Geschwindigkeit v setzen wir die Bewegungsgleichung (Langevin-Gleichung[49])

$$M(\dot{v} + \Gamma v) = F(t) \tag{4.146}$$

---

[46] Die so genannte δ-Funktion hat in dieser Einführung eigentlich nichts zu suchen. $\delta(x)$ verschwindet bei $x \neq 0$, ist bei $x = 0$ jedoch so stark singulär, dass $\int dx \, \delta(x) = 1$ gilt.

[47] Norbert Wiener, 1894 - 1964, US-amerikanischer Mathematiker

[48] Aleksandr Jakowlewitsch Chintschin, 1894 - 1959, russischer Mathematiker

[49] Paul Langevin, 1872 - 1946, französischer Physiker

an. Damit wird berücksichtigt, dass das Teilchen durch Reibung gebremst und von seiner Umgebung angetrieben wird. Sowohl die Geschwindigkeit des Brownschen Teilchens als auch die Kraft darauf sind Fluktuationen in dem Sinne, dass der Erwartungswert verschwindet. Die Langevin-Gleichung (4.146) beschreibt einen stochastischen Prozess. Stochastisch heißt: die Messgrößen (hier die Geschwindigkeit) wird nicht als Zahl, sondern als Zufallsvariable aufgefasst. Prozess bedeutet: die Zufallsvariable hängt von der Zeit ab.

Die Kraft F kommt von den Stößen der Flüssigkeitsmoleküle. Auf der durch Γ bestimmten Zeitskala sind Kräfte zu verschiedenen Zeiten nicht korreliert, und deswegen setzen wir

$$K_F(\tau) = c\,\delta(\tau) \tag{4.147}$$

an. Weil die Spektraldichte dazu gerade $S_F(\omega) = c$ ist, spricht man auch von weißem Rauschen. Von Rauschen, weil es zwischen den verschiedenen Frequenzen keine Korrelation gibt (genau das sagt (4.144) aus). Weißes Rauschen, weil die Spektraldichte nicht von der Frequenz abhängt, wie beim weißen Licht.

Setzt man nun die Bewegungsgleichung (4.146) in (4.144) ein, so ergibt sich

$$M^2(\omega^2 + \Gamma^2)S_v(\omega) = c\,. \tag{4.148}$$

Daraus lässt sich die Korrelationsfunktion der Geschwindigkeit berechnen:

$$K_v(\tau) \propto \int \frac{d\omega}{2\pi}\, \frac{e^{-i\omega\tau}}{\omega^2 + \Gamma^2} \propto e^{-\Gamma|\tau|}\,. \tag{4.149}$$

Bekanntlich enthält jeder translatorische Freiheitsgrad im thermischen Gleichgewicht die Energie $k_\mathrm{B}T/2$, und damit schließen wir

$$\frac{k_\mathrm{B}T}{2} = \frac{M}{2}\langle v^2\rangle = \frac{M}{2}K_v(0)\,, \tag{4.150}$$

also

$$\langle v(t'')v(t')\rangle = K_v(t''-t') = \frac{k_\mathrm{B}T}{M}\,e^{-\Gamma|t''-t'|}\,. \tag{4.151}$$

Damit nun endlich lässt sich

$$\langle x(t)^2\rangle = \int_0^t dt'' \int_0^t dt'\,\langle v(t'')v(t')\rangle \tag{4.152}$$

ausrechnen, mit $x(0) = 0$, also

$$2\int_0^t dt'' \int_0^{t''} dt'\,\langle v(t'')v(t')\rangle = \frac{2k_\mathrm{B}T}{M\Gamma}\left\{ t - \frac{1 - e^{-\Gamma t}}{\Gamma}\right\}\,. \tag{4.153}$$

Nach einer kurzen Anlaufzeit gilt

$$\langle\, x(t)^2 \,\rangle = \frac{2k_\mathrm{B}T}{M\Gamma}\, t\,.$$

(4.154)

Der Abstand des Teilchens vom Ausgangspunkt wächst also mit der Wurzel der Zeit. Das lässt sich messen. Die Proportionalitätskonstante enthält die Temperatur der Flüssigkeit, die Masse des Brownschen Teilchens, die Reibungskonstante und die Boltzmann-Konstante. Für eine Kugel mit Radius R in einer Flüssigkeit mit der Viskosität[50] η gilt $M\Gamma = 6\pi\eta R$ (Stokessche Formel).

Die Beziehung (4.154) hat Einstein 1905 publiziert[51]. Er schrieb: '...lässt sich die gefundene Beziehung zur Bestimmung von N_A verwenden. Möge es bald einem Forscher gelingen, die hier aufgeworfene, für die Theorie der Wärme wichtige Frage zu entscheiden!'. Perrin[52] hat dann später durch sorgfältige Vermessung der Brownschen Bewegung tatsächlich die Boltzmann-Konstante recht genau bestimmt, und damit die Avogadro-Zahl N_A.

Das Ergebnis (4.154) kann man verstehen. Links steht eine Fluktuation, daher die Proportionalität zur Boltzmann-Konstanten. Das Brownsche Teilchen entfernt sich rascher von seiner Anfangslage, wenn die Umgebung heftiger einwirkt, d. h. bei höherer Temperatur. Mit wachsender Masse wird das Brownsche Teilchen immer träger, in einer zäheren Flüssigkeit kommt es langsamer voran. Die Zeit t ist proportional zur Anzahl der Stöße, die im Mittel ebenso oft von links wie von rechts kommen. Der Mittelwert verschwindet dann, aber die Varianz wächst linear mit der Anzahl der voneinander unabhängigen Stöße. Das erklärt die Proportionalität mit der Zeit t. Eigentlich ist nur noch der Faktor 2 zu erklären. Er beträgt übrigens 4 oder 6, wenn man Bewegung in zwei oder drei Dimensionen betrachtet.

Massenhafte, unabhängige Brownsche Bewegung von Teilchen nennt man Diffusion. Die Teilchendichte $n = n(t, \boldsymbol{x})$ genügt der Diffusionsgleichung

$$\dot{n} = D\Delta n\,.$$

(4.155)

Die Diffusionskonstante ist gerade

$$D = \frac{k_\mathrm{B}T}{M\Gamma}\,.$$

(4.156)

Das erkennt man an der Lösung

$$n(t, \boldsymbol{x}) = \int d^3y\, G(t, \boldsymbol{x} - \boldsymbol{y})\, n_0(\boldsymbol{y})$$

(4.157)

---

[50] Zähigkeit

[51] Im gleichen Jahr veröffentlichte er übrigens auch seine Überlegungen zum Photoeffekt und den berühmten Artikel über die spezielle Relativitätstheorie.

[52] Jean-Baptiste Perrin, 1870 - 1942, französischer Physiker

mit[53]

$$G(t, \boldsymbol{x}) = \frac{1}{(4\pi Dt)^{3/2}} \, e^{-\boldsymbol{x}^2/4Dt} \, . \tag{4.158}$$

(4.157) löst die oben stehenden Diffusionsgleichung mit der Anfangsbedingung $n(0, \boldsymbol{x}) = n_0(\boldsymbol{x})$.

Berechnet man den Erwartungswert $\langle \boldsymbol{x}(t)^2 \rangle$ mit der Greenschen Funktion G als Wahrscheinlichkeitsdichte, so ergibt sich $6Dt$, wie es sein sollte.

4.12 Wärmeleitung

Wir haben schon im Abschnitt *Reversible Prozesse* den Unterschied zwischen lokalem und globalem Gleichgewicht erörtert. Sehr kleine Systeme—wir sagen ab jetzt materielle Punkte—erreichen schnell ihr Gleichgewicht. Der materielle Punkt bei $\boldsymbol{x}$ ist verschwindend klein auf der makroskopischen Skala. Auf der mikroskopischen Skala jedoch enthält er noch so viele Teilchen N, dass die Ergebnisse für $N \to \infty$ verwendet werden dürfen. In diesem Sinne macht das Temperaturfeld $T = T(t, \boldsymbol{x})$ eine Sinn. Die materiellen Punkte eines Systems sind für sich beliebig sehr nahe am thermodynamischen Gleichgewicht, nicht aber das Gesamtsystem.

Wir betrachten im Folgenden einfachheitshalber einen Festkörper, auf den keine äußeren Kräfte einwirken. u sei die Dichte der inneren Energie. Die Stromdichte der inneren Energie ist gerade die Wärmestromdichte $\boldsymbol{j}^{\mathrm{w}}$. Mit u^* bezeichnen wir die Quellstärke der inneren Energie. Dafür kommt die Kompressionsarbeit in Frage, die wir hier nicht erörtern wollen, und die Joulesche Wärme $\boldsymbol{j}^{\mathrm{e}}\boldsymbol{E}$, das Skalarprodukt aus elektrischer Stromdichte und elektrischer Feldstärke[54]. Es gilt die Bilanzgleichung

$$\dot{u} + \boldsymbol{\nabla}\boldsymbol{J}^{\mathrm{w}} = u^* = \boldsymbol{J}^{\mathrm{e}}\boldsymbol{E} \, . \tag{4.159}$$

Wir multiplizieren diese Gleichung mit $1/T$. $\dot{u}/T$ fassen wir als die Zeitableitung der Entropiedichte s auf, und $\boldsymbol{J}_{\mathrm{w}}/T$ ist die Entropiestromdichte. Damit gilt dann

$$\dot{s} + \boldsymbol{\nabla}\boldsymbol{J}^{\mathrm{s}} = s^* = \frac{1}{T}\boldsymbol{J}^{\mathrm{e}}\boldsymbol{E} + \boldsymbol{J}^{\mathrm{w}}\boldsymbol{\nabla}\frac{1}{T} \, . \tag{4.160}$$

Vereinbarungsgemäß sind ja die materiellen Punkte im thermischen Gleichgewicht, so dass wir die Beziehung $\delta S = \delta Q/T$ verwenden dürfen. (4.160) ist eine Bilanzgleichung für die Entropie.

---

[53] G ist eine Greensche Funktion

[54] Mit dem entgegengesetzten Vorzeichen taucht dieser Beitrag in der Bilanzgleichung für die Energie des elektromagnetischen Feldes auf.

Integriert man diese Gleichung über ein Gebiet, dann liest sie sich wie

$$\frac{d}{dt}\int_{\mathcal{G}} dV\, s = -\int_{\partial\mathcal{G}} d\boldsymbol{A}\, \boldsymbol{J}^{\,\mathrm{s}} + \int_{\mathcal{G}} dV\, s^* \,. \tag{4.161}$$

Die Entropie im Gebiet $\mathcal{G}$ ändert sich, weil Entropie über die Systemgrenzen $\partial\mathcal{G}$ zu- oder abfließt und weil Entropie produziert wird. Produziert, nicht vernichtet, das sagt der zweite Hauptsatz der Thermodynamik:

Die Quellstärke s^* der Entropie verschwindet (bei reversiblen Prozessen) oder ist positiv (bei irreversiblen Prozessen).

Nach dem Ohmschen Gesetz sind die elektrische Stromdichte und die elektrische Feldstärke proportional zueinander:

$$\boldsymbol{J}^{\,\mathrm{e}} = \sigma \boldsymbol{E}\,. \tag{4.162}$$

Die Leitfähigkeit σ muss entweder verschwinden oder positiv sein, so der zweite Hauptsatz. Die Entropieproduktion verschwindet, wenn es keine elektrische Feldstärke gibt (wenn das elektrische Potential konstant ist), oder wenn kein Strom fließen kann.

Beachten Sie, dass in einem Supraleiter elektrischer Strom ohne antreibendes elektrisches Feld fließen darf. In diesem Falle wird dann ebenfalls keine Entropie produziert.

Auch der zweite Term auf der rechten Seite von (4.160) ist plausibel.

Für die Wärmestromdichte schreiben wir das Fourier-Gesetz an:

$$\boldsymbol{J}^{\,\mathrm{w}} = -\lambda \boldsymbol{\nabla} T\,. \tag{4.163}$$

Wärme fließt in Richtung des größten Temperaturgefälles, mit einer vom Material abhängigen Wärmeleitfähigkeit λ, die übrigens wiederum von der Temperatur abhängen wird. Mit dem Fourier-Gesetz schreibt sich der Beitrag zur Entropie-Produktion als

$$\boldsymbol{J}^{\,\mathrm{w}} \boldsymbol{\nabla} \frac{1}{T} = \frac{\lambda}{T^2}(\boldsymbol{\nabla} T)^2\,. \tag{4.164}$$

Der zweite Hauptsatz verlangt also $\lambda \geq 0$. Innere Energie fließt stets von wärmeren in kältere Bereiche.

Die Dichte der inneren Energie ist zeitlich veränderlich, weil sich die Temperatur ändern kann. Wir nehmen

$$\frac{\partial u}{\partial T} = \varrho c \tag{4.165}$$

auseinander in die Massendichte ϱ und in die spezifische[55] Wärmekapazität c. Für einen Festkörper hängt die Massendichte nur schwach, die spezifische

---

[55] auf die Masseneinheit bezogene

Wärmekapazität manchmal stärker von der Temperatur ab. Damit können wir den ersten Hauptsatz (für den Festkörper) auch als

$$\varrho c \dot{T} - \boldsymbol{\nabla} \lambda \boldsymbol{\nabla} T = u^* \tag{4.166}$$

schreiben. Ohne Produktion an innerer Energie und bei nur mäßigen Temperaturdifferenzen und bei homogenem Material wird daraus die Wärmeleitungsgleichung

$$\dot{T} = \kappa \Delta T \,. \tag{4.167}$$

Dabei ist

$$\kappa = \frac{\lambda}{\varrho c} \tag{4.168}$$

die sog. Temperaturleitfähigkeit[56] des Festkörpers.

Fourier hat sich mit der Temperaturverteilung im Erdboden beschäftigt und dafür die Methode entwickelt, periodische Funktionen in rein periodische Anteile zu zerlegen. Die Fourier-Zerlegung ist heute eines der wichtigsten Hilfsmittel der theoretischen Physik.

Mit z als Tiefe ist also die Gleichung

$$\dot{T} = \kappa T'' \tag{4.169}$$

zu lösen, wobei der Strich die partielle Ableitung nach der Tiefe z bezeichnet. Wir nehmen erst einmal an, dass die Temperatur an der Oberfläche rein periodisch variiert und setzen

$$f(t, z) = e^{i\omega t} e^{-\Lambda z} \tag{4.170}$$

an. (4.169) verlangt $i\omega = \kappa \Lambda^2$. Mit

$$q = \sqrt{\frac{\omega}{2\kappa}} \tag{4.171}$$

berechnet man $\Lambda = (1 + i)q$, also

$$f(t, z) = e^{i\omega t - iqz} e^{-qz} \,. \tag{4.172}$$

Das bauen wir zur Lösung

$$T(t, z) = \bar{T} + \delta T \cos(\omega t - qz) e^{-qz} \tag{4.173}$$

zusammen.

---

[56] sprachlich bedenklich, denn Temperatur kann nicht geleitet werden

Die Temperatur an der Oberfläche variiert wie $T(t,0) = \bar{T} + \delta T \cos \omega t$ um den Mittelwert $\bar{T}$. Dazu gehört das Temperaturfeld (4.173). Die Temperaturvariation ist in der Tiefe $z = 1/q$ auf den Wert $1/e$ abgefallen, aber phasenverschoben, wie man sieht.

Wir nehmen nun die Forderung wörtlich, dass die Oberflächentemperatur periodisch variieren möge. $T(t,0)$ und $T(t+\tau,0)$ sollen übereinstimmen. τ kann ein Tag sein oder aber auch ein Jahr.

Fourier hat nachgewiesen, dass man dann die Oberflächentemperatur als

$$T(t,0) = \sum_{r \in \mathbb{Z}} \delta T_r \, e^{i\omega_r t} \quad \text{mit} \;\; \omega_r = \frac{2\pi r}{\tau} \tag{4.174}$$

darstellen kann, als eine Reihe aus Sinus- und Kosinusfunktionen mit der Periode τ. Dementsprechend ist dann auch die Lösung der Wärmeleitungsgleichung eine Summe über solche Beiträge, wie wir sie soeben ausgerechnet haben.

Wegen $\omega_r = 2\pi r/\tau$ und $q_r = \sqrt{\omega_r/2\kappa}$ fällt der Beitrag der höheren Harmonischen zum Temperaturfeld rasch ab.

5

Mehr Mechanik

Wir ergänzen in diesem Kapitel die Übersicht über die Mechanik. Die ersten vier Abschnitte betreffen die Grundlagen der klassischen Mechanik von Systemen mit endlich vielen Freiheitsgraden.

Die *Lagrange-Gleichungen* lösen eine Variationsaufgabe. Damit ist sichergestellt, dass ein mechanisches System tatsächlich in voller Allgemeinheit beschrieben wird. Geht man von alten zu neuen verallgemeinerten Koordinaten über, dann kann man entweder erst rechnen und dann transformieren oder erst transformieren und dann rechnen, mit demselben Ergebnis.

Um dem Eindruck entgegenzuwirken, dass Erhaltungsgrößen immer von zyklischen Koordinaten herrühren, behandeln wir im Abschnitt *Symmetrien und Erhaltungsgrößen* das Noethersche Theorem.

Wir befassen uns dann mit den *Hamiltonschen Bewegungsgleichungen*. Formale Ähnlichkeiten mit der Quantenmechanik werden aufgezeigt. Vor allem aber lässt sich die bereits in der Einführung vermittelte begriffliche Unterscheidung zwischen Zuständen und Observablen auf die klassische Mechanik übertragen.

Auch die Prinzipien der *Statistischen Mechanik*, die wir ja als Quantenmechanik sehr großer Systeme eingeführt haben, lassen sich nun auf die klassische Mechanik übertragen. Eigentlich müsste man von hier aus mit der Boltzmann-Gleichung fortfahren, wir haben jedoch an dieser Stelle eine Grenze zwischen Vertiefung der Theoretischen Physik und der Spezialisierung gezogen.

Der Abschnitt über *Kleine Schwingungen* vertieft die Theoretische Physik in methodischer Hinsicht, greift er doch eine ganz allgemeine Situation auf: Systeme mit stabilem Grundzustand.

Der Abschnitt über die *Lineare Kette* konkretisiert das und ist Grundlage für die Theorie der Gitterschwingungen im Rahmen der Festkörperphysik.

Der Abschnitt über *Anharmonische Schwingungen* ist eine kurze Abschweifung zu Näherungsmethoden. Das könnte beliebig weit ausgedehnt werden.

Der Abschnitt über die *Radialsymmetrische Massenverteilung* wurde aufgenommen, um auch eine alternative Methode zur Lösung der Poisson-Gleichung vorzustellen. Außerdem bietet dieses Thema Raum zur Reflexion über die Stabilität der Materie.

Die restlichen Abschnitte befassen sich mit der *Kontinuumsmechanik*. Wir leiten die Grundgleichungen der *Hydromechanik* her und bringen einige *Beispiele zur Hydromechanik* fluider Medien. Die *Elastomechanik* behandelt elastisch deformierbare feste Körper. In den *Beispielen zur Elastomechanik* rechnen wir die Torsion eines Federstabes durch und befassen uns mit elastischen Wellen.

5.1 Lagrange-Gleichungen

Wir betrachten ein mechanisches System, dessen Zustand durch die verallgemeinerten Koordinaten $q = (q_1, q_2, \ldots, q_f)$ beschrieben wird. f ist die Anzahl der Freiheitsgrade. Die verallgemeinerten Koordinaten parametrisieren den Konfigurationsraum unseres Systems.

Mit T als der kinetischen Energie und V als potentieller Energie berechnet man die Lagrange-Funktion $L = T - V$. Die Lagrange-Funktion $L = L(q, \dot{q}, t)$ hängt von den verallgemeinerten Koordinaten q, von den verallgemeinerten Geschwindigkeiten $\dot{q}$ und möglicherweise auch von der Zeit t ab. Zu lösen sind die Lagrange-Bewegungsgleichungen

$$\frac{d}{dt}\frac{\partial L}{\partial \dot{q}_i} - \frac{\partial L}{\partial q_i} = 0 \text{ für } i = 1, 2, \ldots, f. \tag{5.1}$$

Nun ist die Wahl der verallgemeinerten Koordinaten alles andere als eindeutig. Man braucht zwar verallgemeinerte Koordinaten, um rechnen zu können. Die physikalisch erlaubten Bewegungsformen dürfen aber nicht von den zur Beschreibung benutzten Koordinaten abhängen.

Dazu erst einmal eine Analogie. Man betrachtet eine differenzierbare Funktion $f = f(x)$ und sucht nach Punkten mit waagerechter Tangente, also nach Lösungen $\bar{x}$, für die $f'(\bar{x}) = 0$ gilt.

Wir führen nun eine andere Variable z durch $x = g(z)$ ein. g soll eine differenzierbare Funktion sein, deren Ableitung nirgends verschwindet. Die neue Zielfunktion ist $h = f \circ g$, d.h. $h = h(z) = f(g(z))$. Weil

$$h'(z) = f'(g(z))\, g'(z) \tag{5.2}$$

gilt, wird h' genau an den Stellen $\bar{z}$ mit $\bar{x} = g(\bar{z})$ verschwinden. Die neuen Lösungen sind die umgerechneten alten Lösungen. Die Stationaritätsstellen hängen nicht von der Wahl der unabhängigen Variablen ab.

Wie wir gleich zeigen werden, gibt es ein Funktional, das an der im Sinne von (5.1) richtigen Bahnkurve $q = q(t)$ stationär ist. Damit ist dann sichergestellt, dass bei einer Umparametrisierung des Konfigurationsraumes die neuen Lösungen die umgerechneten alten Lösungen sind.

Wir betrachten zwei Punkte a und b im Konfigurationsraum. $q = q(t)$ sei eine Trajektorie[1], die zur Zeit t_a durch a führt und zur Zeit t_b durch b. Für diese Trajektorie definieren wir das Wirkungsintegral als

$$A(q) = \int_{t_a}^{t_b} dt \, L(q(t), \dot{q}(t), t) \,. \tag{5.3}$$

Die Wirkung[2] bewertet jede Trajektorie q von (t_a, a) nach (t_b, b) mit einer reellen Zahl. Unter allen möglichen Trajektorien zeichnet sich die richtige dadurch aus, dass die Wirkung stationär ist (Hamiltonsches Prinzip).

Wir betrachten f Funktionen $v_i = v_i(t)$ mit der Eigenschaft $v(t_a) = v(t_b) = 0$. Für jedes z ist dann $w(t) = q(t) + z v(t)$ eine zulässige Trajektorie, denn es gilt $w(t_a) = a$ und $w(t_b) = b$.

Dass die Wirkung an der richtigen Trajektorie stationär sein soll, schreiben wir als

$$\left. \frac{dA(q + zv)}{dz} \right|_{z=0} = 0 \tag{5.4}$$

für alle Abweichungen v. Man berechnet

$$\sum_i \int_{t_a}^{t_b} dt \left\{ \frac{\partial L(q, \dot{q}, t)}{\partial q_i} v_i + \frac{\partial L(q, \dot{q}, t)}{\partial \dot{q}_i} \dot{v}_i \right\} = 0 \,. \tag{5.5}$$

Den zweiten Term formen wir durch partielles Integrieren um,

$$\sum_i \int_{t_a}^{t_b} dt \, \frac{\partial L}{\partial \dot{q}_i} \dot{v}_i = \sum_i \frac{\partial L}{\partial \dot{q}_i} v_i \Big|_{t=t_a}^{t=t_b} - \sum_i \int_{t_a}^{t_b} dt \, v_i \frac{d}{dt} \frac{\partial L}{\partial \dot{q}_i} \,. \tag{5.6}$$

Die Randwerte verschwinden wegen $v(t_a) = v(t_b) = 0$. Damit gilt

$$\left. \frac{dA(q + zv)}{dz} \right|_{z=0} = \sum_i \int_{t_a}^{t_b} dt \, v_i \left\{ \frac{d}{dt} \frac{\partial L}{\partial \dot{q}_i} - \frac{\partial L}{\partial q_i} \right\} = 0 \,. \tag{5.7}$$

Jetzt erkennt man deutlich, dass die Lagrange-Gleichungen (5.1) die Bedingungen dafür sind, dass das Wirkungsintegral (5.3) bei der richtigen Trajektorie stationär ist.

Wir haben damit zugleich gezeigt: transformiert man von alten auf neue verallgemeinerte Koordinaten, dann sind die neuen Lösungen nichts anderes als

----

[1] Bahnkurve
[2] engl. *action*

die transformierten alten Lösungen. Die verallgemeinerten Koordinaten verdienen ihre Bezeichnung zu Recht.

Dass man die Mechanik auf ein Extremalprinzip stützen kann, hat in der Wissenschaftsgeschichte eine große Rolle gespielt. 'Die Natur erreicht ihre Ziele mit der kleinsten Aufwand' klingt gut, ist aber leider falsch. Beispielsweise lässt das Keplerproblem Ellipsen, Parabeln und Hyperbeln zu. Das Wirkungsintegral ist stationär in dem Sinne, dass kleine Abweichungen von der korrekten Lösung die Wirkung erst in zweiter Ordnung ändern. Allerdings handelt es sich jeweils um ein Minimum, einen Sattelpunkt oder um ein Maximum.

5.2 Symmetrien und Erhaltungsgrößen

Wir betrachten ein autonomes[3] mechanisches System. Es gibt also eine von der Zeit unabhängige Lagrange-Funktion $L = L(q, \dot{q})$, die die Dynamik des Systems vollständig beschreibt.

Den Konfigurationsraum kann man auch mit anderen verallgemeinerten Koordinaten q' parametrisieren. Die Lagrange-Funktion ist dabei gemäß

$$L'(q', \dot{q}') = L(q, \dot{q}) \tag{5.8}$$

umzurechnen.

Man spricht von einer Symmetrie, wenn L' und L als Funktionen übereinstimmen.

Als Beispiel untersuchen wir die Bewegung eines Massenpunktes in einem rotationssymmetrischen Potential. Die kartesischen Koordinaten $x = (x_1, x_2, x_3)$ parametrisieren den Konfigurationsraum, und es gilt

$$L = \frac{m}{2}\dot{x}^2 - V(|x|). \tag{5.9}$$

Durch

$$x_1' = \cos\alpha\, x_1 - \sin\alpha\, x_2 \ , \quad x_2' = \sin\alpha\, x_1 + \cos\alpha\, x_2 \ , \quad x_3' = x_3 \tag{5.10}$$

bzw.

$$x_1 = \cos\alpha\, x_1' + \sin\alpha\, x_2' \ , \quad x_2 = -\sin\alpha\, x_1' + \cos\alpha\, x_2' \ , \quad x_3 = x_3' \tag{5.11}$$

wird umgerechnet.

Wegen $|x| = |x'|$ gilt $L = L'$. Für die Bewegung eines Massenpunktes im rotationssymmetrischen Potential ist die Drehung um die 3-Achse eine Symmetrie.

---

[3] grch. αυτό – νομος: den eigenen Gesetzen gehorchendes

Das Beispiel ist typisch. Die Symmetrie hängt stetig von einem Parameter ab, hier α, so dass $\alpha = 0$ die identische Abbildung bedeutet.

Zurück zum allgemeinen Fall. Wir nehmen an, dass $q_i' = S_i^\alpha(q_1, q_2, \ldots, q_f)$ Symmetrie-Transformationen sind, die stetig und differenzierbar durch α parametrisiert werden. $\alpha = 0$ soll die identische Abbildung sein, $\boldsymbol{S}^0(\boldsymbol{q}) = \boldsymbol{q}$.

Weil es sich um eine Symmetrie handelt, kann

$$L(\boldsymbol{q}', \dot{\boldsymbol{q}}') \tag{5.12}$$

nicht von α abhängen. Differentiation und Auswerten bei $\alpha = 0$ führt auf

$$\sum_i \frac{\partial L}{\partial q_i} \frac{dS_i^\alpha}{d\alpha} + \frac{\partial L}{\partial \dot{q}_i} \frac{d}{dt} \frac{dS_i^\alpha}{d\alpha} = 0. \tag{5.13}$$

Indem man in den ersten Beitrag die Lagrange-Gleichungen einsetzt, ergibt sich

$$\frac{d}{dt} K = 0 \;\; \text{mit} \;\; K(\boldsymbol{q}, \dot{\boldsymbol{q}}) = \sum_i \frac{\partial L(\boldsymbol{q}, \dot{\boldsymbol{q}})}{\partial \dot{q}_i} \frac{dS_i^\alpha(\boldsymbol{q})}{d\alpha}\bigg|_{\alpha=0}. \tag{5.14}$$

Zu jeder Familie $\boldsymbol{S}^\alpha$ von Symmetrie-Transformationen mit $\boldsymbol{S}^0(\boldsymbol{q}) = \boldsymbol{q}$ gehört demnach eine Erhaltungsgröße K. Dieser Befund ist als das Noethersche[4] Theorem bekannt.

Wir kommen auf den Massenpunkt im sphärisch symmetrischen Potential zurück. Mit den kartesischen Koordinaten $\boldsymbol{q} = (x_1, x_2, x_3)$ gilt

$$S_1^\alpha = \cos\alpha\, x_1 - \sin\alpha\, x_2 \;,\;\; S_2^\alpha = +\sin\alpha\, x_1 + \cos\alpha\, x_2 \;,\;\; S_3^\alpha = x_3\,. \tag{5.15}$$

Die zugehörige Erhaltungsgröße schreiben wir als

$$L_3 = -m\dot{x}_1\, x_2 + m\dot{x}_2\, x_1\,. \tag{5.16}$$

Es handelt sich offensichtlich um die 3-Komponente des Bahndrehimpulses.

Als verallgemeinerte Koordinaten kann man auch sphärische Koordinaten benutzen, $\boldsymbol{q} = (r, \theta, \phi)$ in üblicher Notation:

$$x_1 = r\sin\theta\cos\phi \;,\;\; x_2 = r\sin\theta\sin\phi \;\; \text{und} \;\; x_3 = r\cos\theta\,. \tag{5.17}$$

Die Lagrange-Funktion ist nun

$$\frac{m}{2}\left\{ \dot{r}^2 + r^2\dot{\theta}^2 + r^2\sin^2\theta\,\dot{\phi}^2 \right\} - V(r)\,. \tag{5.18}$$

Die Drehung um die Polarachse wird jetzt durch

---

[4] Emmy Noether, 1882 - 1935, deutsche Mathematikerin

$$r' = r \; , \;\; \theta' = \theta \;\; \text{und} \;\; \phi' = \phi + \alpha \tag{5.19}$$

beschrieben, und dazu gehört die Erhaltungsgröße $m\,r^2\sin^2\theta\,\dot\phi$. Das stimmt natürlich mit dem umgerechneten Ausdruck (5.16) überein.

Übrigens konnte man dem Ausdruck (5.18) den Erhaltungssatz sofort ansehen: der Azimut ϕ kommt gar nicht vor, ist also zyklisch. Bei der Formulierung mit kartesischen Koordinaten hätte man sich auf dieses Argument jedoch nicht berufen können.

Will man das sphärische Pendel behandeln, dann sollte man $\theta = 0$ mit 'unten' identifizieren. Die Lagrange-Funktion hat die Gestalt

$$L = \frac{m}{2}\left\{\dot r^2 + r^2\dot\theta^2 + r^2\sin^2\theta\,\dot\phi^2\right\} + mgr\cos\theta\,. \tag{5.20}$$

Wieder taucht der Azimut nicht auf, so dass $\phi \to \phi + \alpha$ eine Symmetrie-Transformation ist. Der Drehimpuls um die Pendelachse ist also erhalten.

Dass ein mechanisches System eine Symmetrie hat, ist unabhängig von der speziellen Parametrisierung des Konfigurationsraumes. Das Noethersche Theorem liefert dann immer die zugehörige Erhaltungsgröße.

Erhaltungsgrößen kann man auch dann finden, wenn in einer speziellen Parametrisierung zyklische Koordinaten auftreten. Dazu müssen aber die Koordinaten passend zur Symmetrie gewählt werden. Beispielsweise kann man der Gleichung (5.18) nicht sofort ansehen, dass auch die Drehimpuls-Komponenten L_1 und L_2 erhalten sind.

5.3 Hamilton-Gleichungen

Zu jeder verallgemeinerten Koordinate q_i gehört ein verallgemeinerter Impuls:

$$p_i = \frac{\partial L}{\partial \dot q_i}\,. \tag{5.21}$$

Statt mit verallgemeinerten Koordinaten und Geschwindigkeiten zu rechnen, wollen wir nun die verallgmeinerten Koordinaten und Impulse als unabhängige Variable verwenden. Wie man das macht, haben wir schon in der Einführung in die Thermodynamik gestreift: durch eine Legendre-Transformation.

Wir erklären die Hamilton-Funktion durch

$$H = \sum_i p_i\dot q_i - L \tag{5.22}$$

und drücken die verallgemeinerten Geschwindigkeiten durch verallgemeinerte Impulse aus, so dass $H = H(\boldsymbol{q},\boldsymbol{p},t)$ gilt.

Damit kann man einmal

$$dH = \sum_i \frac{\partial H}{\partial q_i} dq_i + \sum_i \frac{\partial H}{\partial p_i} dp_i + \frac{\partial H}{\partial t} dt \qquad (5.23)$$

schreiben.

Aus (5.22) dagegen folgt

$$dH = \sum_i \dot{q}_i dp_i + \sum_i p_i d\dot{q}_i - \sum_i \frac{\partial L}{\partial q_i} dq_i - \sum_i \frac{\partial L}{\partial \dot{q}_i} d\dot{q}_i - \frac{\partial L}{\partial t} dt \,. \qquad (5.24)$$

Die zu $d\dot{q}$ proportionalen Terme heben sich weg. Die Lagrange-Gleichungen besagen, dass dq_i mit $\dot{p}$ multipliziert wird. Der Vergleich mit (5.23) ergibt

$$\dot{q}_i = \frac{\partial H(\boldsymbol{q}, \boldsymbol{p}, t)}{\partial p_i} \ \text{ und } \ \dot{p}_i = -\frac{\partial H(\boldsymbol{q}, \boldsymbol{p}, t)}{\partial q_i} \,. \qquad (5.25)$$

Bei f Freiheitsgraden stellen die Lagrange-Gleichungen ein i. a. gekoppeltes System von f gewöhnlichen Differentialgleichung zweiter Ordnung dar. Die Hamilton-Gleichungen (5.25) dagegen bilden ein i. a. gekoppeltes System aus $2f$ gewöhnlichen Differentialgleichungen erster Ordnung.

Die Punkte $x = (\boldsymbol{q}, \boldsymbol{p})$ bilden den sog. Phasenraum des Systems. Die Lösungen der Hamilton-Gleichung sind Trajektorien

$$x(t) = \tau_t(x) \ \text{ mit } \ \tau_0(x) = x \,. \qquad (5.26)$$

τ_t beschreibt die Dynamik als einen Fluss der Phasenraumpunkte. Die Trajektorien entsprechen den Stromlinien. Wie wir später zeigen werden, verhält sich der Phasenraum wie eine inkompressible Flüssigkeit.

Messgrößen M sind Funktionen auf dem Phasenraum, $M = M(x)$. Sie sind gemäß

$$M_t(x) = M(\tau_t(x)) \qquad (5.27)$$

von der Zeit abhängig[5].

Zwei Funktionen A und B im Phasenraum kann man die sog. Poisson-Klammer $C = \{A, B\}$ durch

$$C = \sum_i \left\{ \frac{\partial A}{\partial q_i} \frac{\partial B}{\partial p_i} - \frac{\partial A}{\partial p_i} \frac{\partial B}{\partial q_i} \right\} \qquad (5.28)$$

zuordnen.

---

[5] Das entspricht dem Heisenberg-Bild der Quantentheorie

Für die Zeitabhängigkeit einer Messgröße berechnet man

$$\dot{M}_t = \{M_t, H_t\}\,. \tag{5.29}$$

H, als Messgröße, ist die Energie des Systems. Wenn die Lagrange-Funktion nicht explizit von der Zeit abhängt, dann trifft das auch für die Hamilton-Funktion zu. Das ergibt der Vergleich von (5.23) mit (5.24). (5.29) besagt, dass dann die Energie erhalten ist.

Der verallgemeinerte Impuls kann auch als Messgröße aufgefasst werden, indem man

$$P_i(x) = p_i \tag{5.30}$$

erklärt. Ebenso definiert man den verallgemeinerten Ort Q_i als Messgröße. Mit (5.28) ergibt sich

$$\{Q_j, Q_k\} = 0 \ , \ \{P_j, P_k\} = 0 \ , \ \{Q_j, P_k\} = \delta_{jk}\,. \tag{5.31}$$

Das legt nahe, die Poisson-Klammer der klassischen Mechanik auf den Kommutator der Quantentheorie abzubilden,

$$\{A, B\} \equiv \frac{[A, B]}{i\hbar}\,. \tag{5.32}$$

Damit leuchtet auch (5.29) ein.

Im Übrigen ist die kinetische Energie fast immer eine quadratische Form in den verallgemeinerten Geschwindigkeiten,

$$T = \frac{1}{2} \sum_{ik} m_{ik}(\boldsymbol{q})\dot{q}_i\dot{q}_k\,, \tag{5.33}$$

mit einer positiv-definiten symmetrischen Massenmatrix m_{ik}, während die potentielle Energie nur von den verallgemeinerten Koordinaten abhängt. In diesem Falle lässt sich leicht zeigen, dass die Hamilton-Funktion durch

$$H = T + V \tag{5.34}$$

gegeben ist.

Transformationen des Phasenraumes auf sich selber, die die kanonischen Regeln für die Poisson-Klammern (5.31) erhalten, heißen kanonische Transformationen. Wir können diesen Faden hier leider nicht weiterspinnen.

5.4 Statistische Mechanik

Wir betrachten ein mechanisches System mit f Freiheitsgraden. Der Phasenraum des Systems besteht aus den Punkten $x = (\boldsymbol{q}, \boldsymbol{p})$, er hat die Dimension $2f$.

Die Hamilton-Funktion $H = H(x)$ beschreibt die Dynamik des Systems. Die Punkte des Phasenraumes fließen im Phasenraum auf Trajektorien $x(t) = \tau_t(x)$, die den Hamiltonschen Bewegungsgleichungen

$$\dot{q}_i = \frac{\partial H}{\partial p_i} \quad \text{und} \quad \dot{p}_i = -\frac{\partial H}{\partial q_i} \tag{5.35}$$

genügen.

Ein Punkt x des Phasenraumes zur Zeit $t = 0$ befindet sich später, zur Zeit t, an der Stelle $x(t) = \tau_t(x)$. Die Dynamik $\tau = \tau_t(x)$ ist durch (5.35) bestimmt. Messgrößen $M = M(x)$ sind reellwertige Funktionen auf dem Phasenraum.

Die reinen Zustände entsprechen den Punkten des Phasenraumes. Sie entwickeln sich zeitlich wie (5.35).

Gemischte Zustände beschreibt man durch Wahrscheinlichkeitsverteilungen auf dem Phasenraum. Dabei stellt sich allerdings sofort die Frage, mit welchem Maß dx zu integrieren ist.

Wir betrachten eine typischen Punkt x im Phasenraum zur Zeit $t = 0$. Nach der Zeit t ist dieser Punkt an die Stelle $\xi = \tau_t(x)$ gewandert. Die Abbildung $x \rightarrow \xi = \tau_t(x)$ lässt sich für jede Zeitspanne t als eine Koordinatentransformation auffassen.

Man kann beweisen, dass die Determinante der Matrix

$$D_{ik}(t) = \frac{\partial \xi_i}{\partial x_k} \tag{5.36}$$

den Wert 1 hat.

Hier die Beweisidee:

Wir beschränken uns auf einen Freiheitsgrad, $x = (p, q)$ und auf eine kleine Zeit dt. Dann kann man

$$\xi_1 = x_1 - dt \frac{\partial H}{\partial x_2} \quad \text{und} \quad \xi_2 = x_2 + dt \frac{\partial H}{\partial x_1} \tag{5.37}$$

schreiben. Auszuwerten ist die Determinante der Matrix

$$D(dt) = \begin{pmatrix} 1 - dt\, \partial^2 H/\partial x_1 \partial x_2 & -dt\, \partial^2 H/\partial x_2^2 \\ dt\, \partial^2 H/\partial x_1^2 & 1 + dt\, \partial^2 H/\partial x_2 \partial x_1 \end{pmatrix}. \tag{5.38}$$

Weil die Reihenfolge der partiellen Ableitungen beliebig ist, ergibt sich $\det D = 1 + dt^2 \dots$. Die Zeitableitung der Determinante verschwindet also, und weil sie für $t = 0$ den Wert 1 hat, gilt das für alle Zeiten t.

Wir betrachten ein Gebiet Ω im Phasenraum. Diesem Gebiet schreiben wir das Phasenraumvolumen

$$\text{vol}(\Omega) = \int_{x \in \Omega} dx \qquad (5.39)$$

zu, mit

$$dx = dq_1 dq_2 \ldots dq_f dp_1 dp_2 \ldots dp_f . \qquad (5.40)$$

Dieses Gebiet fließt im Laufe der Zeit nach

$$\Omega_t = \{ \, \xi \mid \xi = \tau_t(x) \ \text{ mit } \ x \in \Omega \, \} . \qquad (5.41)$$

Der Satz von Liouville[6] besagt, dass $\text{vol}(\Omega_t)$ nicht von der Zeit t abhängt. Das folgt aus (5.36). Die Dynamik des Phasenraumes gleicht der Strömung einer inkompressiblen Flüssigkeit.

Nach diesen Überlegungen werden wir einen gemischten Zustand durch eine Wahrscheinlichkeitsverteilung $W = W(x)$ beschreiben, mit

$$W(x) \geq 0 \ \text{ und } \ \int dx W(x) = 1 . \qquad (5.42)$$

Der gemischte Zustand hängt gemäß

$$W_t(\tau_t(x)) = W(x) \qquad (5.43)$$

von der Zeit ab[7]. Mit W erfüllt also auch W_t die Bedingungen für einen gemischten Zustand. Der Satz von Liouville garantiert, dass die Wahrscheinlichkeit, irgendwo zu sein und eine Impuls zu haben, auf den Wert 1 normiert bleibt.

Übrigens kann man (5.43) auch als Differentialgleichung formulieren:

$$\dot{W}_t = \{H, W_t\} . \qquad (5.44)$$

Der Erwartungswert einer Messgröße M im Zustand W zur Zeit t ist

$$\langle \, M \, \rangle_t = \int dx W_t(x) M(x) . \qquad (5.45)$$

Wir fragen nun nach den Gleichgewichtszuständen G des Systems. Diese müssen auf jeden Fall stationär sein, $\dot{G}_t = 0$. Das ist nur dann gewährleistet, wenn der Zustand eine Funktion der Energie ist, $G = f(H)$.

Hat man zwei unabhängige Systeme vor sich, $x = (x_1, x_2)$ und $H(x) = H_1(x_1) + H_2(x_2)$, dann faktorisieren auch die Wahrscheinlichkeitsverteilungen, $W(x) = W_1(x_1) W_2(x_2)$. Setzt man für jedes System dieselbe Funktion f an, dann führt die Forderung $f(H_1 + H_2) = f(H_1) f(H_2)$ sofort auf

---

[6] Joseph Liouville, 1809 - 1882, französischer Mathematiker

[7] Das entspricht dem Schrödinger-Bild der Quantentheorie

$$G(x) \propto e^{-\beta H(x)} \, . \tag{5.46}$$

Wir haben schon früher erörtert, warum man $\beta = 1/k_{\mathrm{B}}T$ mit T als absoluter Temperatur interpretieren muss.

(5.46) ist das Grundgesetz der statistischen Mechanik. Wie plausibel diese Formel auch begründet wird, letztendlich muss sie als Grenzfall einer statistischen Quantenmechanik gerechtfertigt werden.

Bei N ununterscheidbaren Teilchen ergibt sich als klassischer Limes für die freie Energie

$$F = -k_{\mathrm{B}}T \ln \frac{1}{N!} \int \frac{dq_1 \ldots dp_{3N}}{(2\pi\hbar)^{3N}} \, e^{-H(q_1 \ldots p_{3N})/k_{\mathrm{B}}T} \, . \tag{5.47}$$

Dabei sind die Ortsintegrationen nur über das Gebiet zu erstrecken, in das die Teilchen eingesperrt werden.

Für nicht-wechselwirkende Teilchen

$$H = \sum_{j=1}^{3N} \frac{p_j^2}{2m} \tag{5.48}$$

berechnet man sofort

$$F = -k_{\mathrm{B}}T \ln \frac{1}{N!} V^N \left\{ \int \frac{dp}{2\pi\hbar} \, e^{-p^2/2mk_{\mathrm{B}}T} \right\}^{3N} \, . \tag{5.49}$$

Dabei ist V das Volumen des betrachteten Gebietes. Dieser Ausdruck führt zu den bekannten Gesetzen für das ideale Gas.

5.5 Kleine Schwingungen

Wir betrachten ein ganz normales mechanisches System:

- die kinetische Energie ist eine positiv-definite quadratische Form in den verallgmeinerten Impulsen p,
- die potentielle Energie hängt nur von den verallgemeinerten Koordinaten q ab,
- die potentielle Energie hat ein Minimum (bei $q = 0$) und ist dort differenzierbar.

Sollte das Minimum bei $\bar{q}$ liegen, kann man das durch $q \to q - \bar{q}$ korrigieren. Anders ausgedrückt, unsere verallgemeinerten Koordinaten beschreiben die Abweichungen von der Gleichgewichtslage, der Konfiguration mit der minimalen potentiellen Energie.

Unter diesen Voraussetzungen dürfen wir die Hamilton-Funktion in der Nähe des Gleichgewichtes so schreiben:

$$H = \frac{1}{2M} \sum_{ik} B_{ik} p_i p_k + \frac{M\Omega^2}{2} \sum_{ik} D_{ik} q_i q_k + \dots \tag{5.50}$$

M ist eine typische Masse, Ω eine typische Kreisfrequenz[8].

Die Matrix B ist symmetrisch und positiv-definit, weil die kinetische Energie positiv-definit sein muss. Die Matrix D ist gleichfalls symmetrisch und positiv definit, weil die potentielle Energie ein Minimum haben soll:

$$M\Omega^2 D_{ik} = \left. \frac{\partial^2 V}{\partial q_i \partial q_k} \right|_{q=0} . \tag{5.51}$$

Wir haben den Nullpunkt der Energieskala am Minimum der potentiellen Energie angebracht. Energie ist ab jetzt also stets Anregungsenergie.

Indem man q und p als Spaltenvektoren auffasst, als $f \times 1$-Matrizen, kann man (5.50) auch in Matrix-Schreibweise

$$H = \frac{1}{2M} \, p^\dagger B p + \frac{M\Omega^2}{2} \, q^\dagger D q \tag{5.52}$$

formulieren. Das Symbol † bezeichnet dabei die Transposition, die Vertauschung von Zeilen und Spalten.

Weil die Matrix B positiv definit ist, darf man sie als

$$B = A A^\dagger \tag{5.53}$$

schreiben, mit einer bestimmten reellen nicht-singulären Matrix A.

Das legt die Ersetzung $p \to A^\dagger p$ nahe. Damit daraus eine kanonische Transformation wird, müssen wir gemäß

$$q' = A^{-1} q \quad \text{und} \quad p' = A^\dagger p \tag{5.54}$$

umrechnen. Mit

$$Q_i'(q,p) = \sum_k (A^{-1})_{ik} q_k \quad \text{und} \quad P_i'(q,p) = \sum_k A_{ki} p_k \tag{5.55}$$

kann man leicht

$$\{Q_j', Q_k'\} = \{P_j', P_k'\} = 0 \quad \text{und} \quad \{Q_j', P_k'\} = \delta_{jk} \tag{5.56}$$

zeigen.

---

[8] Die Matrizen B und D sind damit dimensionslos

Wir fahren also fort mit

$$H' = \frac{1}{2M}\, \boldsymbol{p}'^\dagger \boldsymbol{p}' + \frac{M\Omega^2}{2}\, \boldsymbol{q}'^\dagger D' \boldsymbol{q}' \text{ mit } D' = A^\dagger D A. \tag{5.57}$$

D' ist wie D eine reelle, symmetrische und positiv definite Matrix. Sie kann orthogonal diagonalisiert werden,

$$\Omega^2 D' = R\omega^2 R^\dagger \text{ mit } R^\dagger R = RR^\dagger = I \text{ und } (\omega^2)_{jk} = \omega_j^2 \delta_{jk}. \tag{5.58}$$

ω ist eine Diagonalmatrix mit den Eigenwerten ω_j, für $j = 1, 2, \ldots, f$. Das Resultat der Diagonalisierung darf als ω^2 geschrieben werden, weil die Eigenwerte dieser Matrix positiv sind, nämlich ω_j^2.
Mit

$$\boldsymbol{q}'' = R^\dagger \boldsymbol{q}' \text{ und } \boldsymbol{p}'' = R^\dagger \boldsymbol{p}' \tag{5.59}$$

definieren wir erneut eine kanonische Transformation. Danach haben wir es mit der folgenden Hamilton-Funktion zu tun:

$$H''(\boldsymbol{q}'', \boldsymbol{p}'') = \sum_{j=1}^{f} \frac{p_j''^2}{2M} + \frac{M\omega_j^2}{2} q_j''^2. \tag{5.60}$$

Das sind ungekoppelte harmonische Oszillatoren:

$$\dot{q}_j'' = \frac{1}{M} p_j'' \text{ und } \dot{p}_j'' = M\ddot{q}_j'' = -M\omega_j^2 q_j'' \text{ für } j = 1, 2, \ldots f. \tag{5.61}$$

Die allgemeine Lösung ist

$$q_j''(t) = a_j \cos(\omega_j t - \phi_j), \tag{5.62}$$

und wegen

$$\boldsymbol{q} = A\boldsymbol{q}' = AR\boldsymbol{q}'' \tag{5.63}$$

hat man damit die allgemeine Lösung des ursprünglichen Problems gefunden. Systeme mit einer stabilen Gleichgewichtslage sind also in der Nähe des Gleichgewichts folgendermaßen zu behandeln:

- Um die Gleichgewichtslage $\boldsymbol{q} = 0$ wird entwickelt, so dass die Energie durch $H = \boldsymbol{p}^\dagger B \boldsymbol{p}/2M + M\Omega^2 \boldsymbol{q}^\dagger D \boldsymbol{q}/2$ beschrieben wird.
- B ist als $AA^\dagger$ darzustellen, $\Omega^2 A^\dagger D A$ als $R\omega^2 R^\dagger$, mit diagonalem ω.
- Die Komponenten von $\boldsymbol{q}'' = (AR)^{-1}\boldsymbol{q}$ genügen dann den Schwingungsgleichungen $\ddot{q}_j'' + \omega_j^2 q_j = 0$. Dabei sind die ω_j^2 die Diagonalelemente der Matrix ω^2. Die q_j'' werden als Normalkoordinaten bezeichnet.

- Die Lösungen $q_j'' = a_j \cos(\omega_j t - \phi_j)$ werden gemäß $\boldsymbol{q} = AR\boldsymbol{q}''$ zurücktransformiert.

- Die allgemeine Lösung des ursprünglichen Problems hängt damit von $2f$ Konstanten ab, den a_j und ϕ_j. Genau so soll es sein.

Wir führen jetzt einen alternativen Lösungsweg vor.

(5.50) führt sofort auf die Bewegungsgleichungen

$$B^{-1}\ddot{\boldsymbol{q}} + \Omega^2 D\boldsymbol{q} = 0 \, . \tag{5.64}$$

Unter einer Mode versteht man eine Lösung, die mit definierter Kreisfrequenz variiert. Wir setzen

$$\boldsymbol{q}(t) = \boldsymbol{q} \cos \omega t \tag{5.65}$$

an und berechnen

$$\Omega^2 D\boldsymbol{q} = \omega^2 B^{-1}\boldsymbol{q} \, . \tag{5.66}$$

Das ist ein verallgemeinertes Eigenwertproblem für die Eigenwerte ω^2 und die Eigenvektoren $\boldsymbol{q}$. Mit $B = AA^\dagger$, $D' = A^\dagger DA$ und $\boldsymbol{q}' = A^{-1}\boldsymbol{q}$ lässt sich das in

$$\Omega^2 D'\boldsymbol{q}' = \omega^2 \boldsymbol{q}' \tag{5.67}$$

umschreiben, in ein gewöhnliches Eigenwertproblem. Fragt man nach allen Lösungen, läuft das auf die Diagonalisierung der Matrix D' hinaus, wie wir das oben erörtert haben.

5.6 Lineare Kette

Wir erörtern in diesem Abschnitt ein einfaches Modell für die Gitterschwingungen eines Festkörpers.

Der Festkörper ist idealisiert nach allen Seiten unendlich ausgedehnt, er ist invariant unter Verschiebungen um die Gitterkonstanten. Um das im Rahmen der klassischen Mechanik nachzubilden, bei der wir erst einmal nur mit endlich vielen Freiheitsgraden rechnen können, sollten wir das Modell mit periodischen Randbedingungen ausstatten. Und um die wesentlichen Züge herauszuarbeiten, rechnen wir nur in einer Dimension.

Wir betrachten also einen Ring von n gleichen Gitterbausteinen im Gleichgewichtsabstand a. Weil die Formeln für gerades und ungerades n etwas verschieden sind, legen wir uns auf ein ungerades $n = 2m + 1$ fest. Die Gitterbausteine nummerieren wir zweckmäßig mit $j = -m, -m+1, \ldots, m$. Gitterbaustein j sitzt bei $x_j = ja$, seine Abweichung von der Gleichgewichtslage bezeichnen wir mit q_j. Bei kleinen Auslenkungen von der Ruhelage können wir

$$H = \frac{1}{2M} \sum_j p_j^2 + \frac{M\Omega^2}{2} \sum_j (q_{j+1} - q_j)^2 \tag{5.68}$$

schreiben. Dabei haben wir q_{m+1} mit q_{-m} identifiziert, so dass es also auch zwischen den Gitterbausteinen bei x_{-m} und x_m eine Wechselwirkung wie zwischen anderen Nachbarn gibt.

Der Ausdruck (5.69) für die Hamilton-Funktion ist wie im Abschnitt *Kleine Schwingungen* erörtert, mit $B = 1$ und

$$D = \begin{pmatrix} 2 & -1 & 0 & \cdots\cdots\cdots & 0 & -1 \\ -1 & 2 & -1 & 0 & \cdots\cdots & 0 \\ 0 & -1 & 2 & -1 & 0 & \cdots & 0 \\ & & \cdots\cdots\cdots\cdots\cdots & & \\ 0 & \cdots & 0 & -1 & 2 & -1 & 0 \\ 0 & \cdots\cdots & 0 & -1 & 2 & -1 \\ -1 & 0 & \cdots\cdots & 0 & -1 & 2 \end{pmatrix}. \tag{5.69}$$

Die Diagonalisierung gelingt am einfachsten, wenn man komplex rechnet. Wegen der Translationsinvarianz setzen wir eine Welle an,

$$q_j \propto e^{ikx_j - i\omega t}, \tag{5.70}$$

und erhalten die Beziehung

$$\omega = 2\Omega \left| \sin \frac{ka}{2} \right|. \tag{5.71}$$

Allerdings ist nicht jede Wellenzahl zulässig, denn q_j und q_{j+n} müssen übereinstimmen. Das bedeutet

$$k_r = \frac{r}{n} \frac{2\pi}{a} \quad \text{für } r = -m, -m+1, \ldots, m. \tag{5.72}$$

Wie man sieht, sind die Eigenfrequenzen zu k_{-r} und k_r entartet. Es ist daher zweckmäßig, mit dem Realteil und dem Imaginärteil der entsprechenden Eigenvektoren zu rechnen.

Wir setzen

$$R_{jr} = \frac{1}{\sqrt{n}} \begin{cases} \sqrt{2}\cos(jr2\pi/n) & \text{für } r \in [-m, -1] \\ 1 & \text{für } r = 0 \\ \sqrt{2}\sin(jr2\pi/n) & \text{für } r \in [1, m] \end{cases}. \tag{5.73}$$

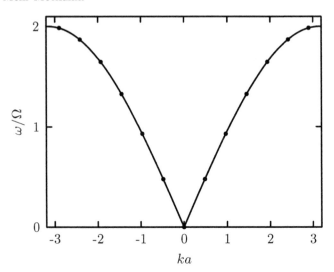

Abb. 5.1. Dispersionsbeziehung einer geschlossenen linearen Kette, hier aus 13 Gliedern

Die Spalten dieser Matrix sind normierte Eigenvektoren zu (5.69), einer reellen symmetrischen Matrix. Daher sollte R orthogonal sein. Wir prüfen das nach[9]:

```
1    m=3;
2    n=2*m+1;
3    Rz=sqrt(1/n)*ones(n,1);
4    j=(-m:m);
5    r=(-m:-1);
6    Rc=sqrt(2/n)*cos(2*pi*j'*r/n);
7    r=(1:m);
8    Rs=sqrt(2/n)*sin(2*pi*j'*r/n);
9    R=[Rc Rz Rs];
```

konstruiert die Matrix R.

Die nächste Programmzeile

```
10    tiny=norm(R'*R-eye(n))+norm(R*R'-eye(n))
```

prüft $R^{\dagger}R = RR^{\dagger} = I$ nach. Mit dem Ergebnis, etwa 10^{-15}, sind wir zufrieden. Wir konstruieren nun die Matrix D:

```
11    main=2*ones(n,1);
12    next=-ones(n-1,1);
```

---

[9] mit $a = 1$ und $\Omega = 1$

```
13    D=diag(next,-1)+diag(main)+diag(next,1);
14    D(1,n)=-1;
15    D(n,1)=-1;
```

Der folgende Befehl diagonalisiert D,

```
16    Omega=1;
17    omega2=Omega^2*R'*D*R;
```

Den Vektor der Eigenwerte haben wir in (5.71) berechnet,

```
18    omega=2*Omega*abs(sin(j*pi/n));
```

nun vergleichen wir, ob das stimmt:

```
19    tiny=norm(omega2-diag(omega.^2))
```

Ein Fehler von 2×10^{-15} zeigt an, dass wir richtig gerechnet und programmiert haben.

Jeder Eigenvektor beschreibt eine Schwingungsmode, also eine harmonische Bewegungsform mit einer einzigen Frequenz. Die Amplitude dieser Mode ist gerade die entsprechende Normalkoordinate. Weil unser System durch lineare Differentialgleichungen beschrieben wird, können wir die Normalschwingungen überlagern:

$$q_j(t) = \sum_r R_{jr} Q_r(t) \ \text{ mit } \ Q_r(t) = Q_r(0) \cos \omega_r t + \frac{\dot{Q}_r(0)}{\omega_r} \sin \omega_r t. \quad (5.74)$$

Bei dem Beitrag Q_0 mit Kreisfrequenz $\omega_0 = 0$ ist der Grenzwert

$$Q_0(t) = Q_0(0) + \dot{Q}_0(0)\, t \quad (5.75)$$

gemeint. Es handelt sich um die starre Bewegung des gesamten Ringes mit konstanter Geschwindigkeit. Das erkennt man auch daran, dass der zugehörige Eigenvektor identische Komponenten hat.

Die Normalkoordinaten und -impulse sind durch

$$\boldsymbol{Q} = R^\dagger \boldsymbol{q} \ \text{ und } \ \boldsymbol{P} = R^\dagger \boldsymbol{p} \quad (5.76)$$

gegeben, und daraus folgt sofort

$$\{Q_r, P_s\} = \sum_{jk} (R^\dagger)_{rj} \{q_j, p_k\} R_{ks} = \delta_{rs} \quad (5.77)$$

sowie[10]

---

[10] wir bezeichnen die transformierte Hamilton-Funktion wiederum mit H

$$H = \frac{1}{2M} \sum_r P_r^2 + \frac{M}{2} \sum_r \omega_r^2 Q_r^2 . \tag{5.78}$$

Alle bisher angeführten Überlegungen bleiben richtig, wenn unter H der Hamilton-Operator eines Kristallgitters verstanden wird. Auch wenn man die Operatoren 'Abweichung von der Ruhelage' q_j mit einer orthogonalen Matrix zu neuen Observablen Q_r transformiert, bleiben die kanonischen Vertauschungsregeln bestehen,

$$[Q_r, P_s] = i\hbar \delta_{rs} I . \tag{5.79}$$

Damit beschreibt (5.78) ungekoppelte harmonische Oszillatoren, die wir schon kennen.

Mit

$$A_r = \sqrt{\frac{M\omega_r}{2\hbar}} Q_r + i\sqrt{\frac{1}{2M\hbar\omega_r}} P_r \tag{5.80}$$

lässt sich (5.78) umschreiben in

$$H^* = \sum_r \hbar\omega_r A_r^\dagger A_r . \tag{5.81}$$

Dabei haben wir die bedeutungslose Nullpunktsenergie $\sum_r \hbar\omega_r/2$ weggelassen.

Aus den Vertauschungsregeln

$$[A_r, A_s] = 0 \quad \text{und} \quad [A_r, A_s^\dagger] = \delta_{rs} \tag{5.82}$$

folgt, dass $A_r^\dagger A_r$ ein Zahloperator ist, mit Eigenwerten $0, 1, 2 \ldots$. Nach einiger Zeit wird man nicht mehr vom dritten Anregungszustand der Mode r reden. Man sagt vielmehr, dass drei entsprechende Phononen[11] vorhanden sind.

Die Ergebnisse dieses Abschnittes sind typisch, auch für das realistische dreidimensionale Gitter.

Die Schwingungseigenzustände sind ebene Wellen, die durch einen Wellenvektor $\boldsymbol{k}$ charakterisiert werden. Die Dispersionsbeziehung $\omega_\alpha = \omega_\alpha(\boldsymbol{k})$ ist bei genügend kleinen Wellenvektoren linear. Dabei unterscheidet der Index α zwischen zwei transversalen Schwingungsformen und einer longitudinalen. Die drei Moden zu $\boldsymbol{k} = 0$ entsprechen der Translationsbewegung des gesamten Kristalls. Die Anregungsenergie des Gitters lässt sich als

$$H^* = \sum_{\alpha=L,T',T''} \sum_{\boldsymbol{k}\neq 0} \hbar\omega_\alpha(\boldsymbol{k}) A_\alpha^\dagger(\boldsymbol{k}) A_\alpha(\boldsymbol{k}) \tag{5.83}$$

schreiben.

---

[11] Schallteilchen

5.7 Anharmonische Schwingungen

Man spricht allgemein von Schwingung, wenn der Zustand des Systems zwischen einem Minimal- und Maximalwert schwankt. In diesem Sinne vollführt der Abstand eines Planeten von der Sonne eine Schwingung. Die Schwingung ist harmonisch, wenn die Abweichung von einer Mittelpunktslage sich zeitlich rein periodisch ändert,

$$q(t) = \bar{q} + a\cos(\omega t - \phi). \tag{5.84}$$

Wir haben in den beiden voranstehenden Abschnitten erst abstrakt gezeigt, dann konkretisiert, dass Systeme mit einem Energieminimum bei kleinen Abweichungen vom Gleichgewicht schwingen. Diese Schwingungen können in harmonische Schwingungen mit verschiedenen Kreisfrequenzen zerlegt werden.

Wenn die Abweichungen vom Gleichgewicht größer werden, wird es sich nach wie vor um Schwingungen handeln. Allerdings lässt sich nun die potentielle Energie nicht mehr durch eine quadratische Form beschreiben, und wir müssen uns etwas Neues einfallen lassen.

Wir wollen uns in diesem Abschnitt mit dem ganz gewöhnlichen ebenen Pendel beschäftigen. An einer starren Stange der Länge ℓ hängt die Masse M im Schwerefeld g. Der Winkel $\theta = q$ misst die Abweichung von der Ruhelage. Das Problem wird durch die Hamilton-Funktion

$$H = \frac{1}{2M\ell^2}\,p^2 + Mg\ell\,(1 - \cos q) \tag{5.85}$$

beschrieben. Wir wollen uns den Kopf für Wichtigeres frei machen und setzen $M = \ell = g = 1$,

$$H = \frac{1}{2}p^2 + (1 - \cos q). \tag{5.86}$$

Längen werden in Einheiten von ℓ gemessen, Massen in Einheiten von M, und die Zeit in Einheiten von $\sqrt{\ell/g}$.

Dieses System hat ein stabiles Gleichgewicht bei $(p, q) = (0, 0)$. In der Nähe des Gleichgewichtes hat man es mit

$$H = \frac{1}{2}p^2 + \frac{1}{2}q^2 \tag{5.87}$$

zu tun, also mit den Bewegungsgleichungen

$$\dot{q} = p \quad \text{und} \quad \dot{p} = -q. \tag{5.88}$$

Sie werden durch

$$q(t) = A\cos t \quad \text{und} \quad p(t) = A\sin t \tag{5.89}$$

gelöst[12]. Das sind Kreise im Phasenraum: Näherungen für kleine Amplituden A an die richtigen Bewegungsgleichungen

$$\dot{q} = p \quad \text{und} \quad \dot{p} = \ddot{q} = -\sin q. \tag{5.90}$$

Es gibt eine Reihe von Näherungsverfahren für anharmonische Schwingungen. Sie haben stark an Bedeutung verloren, seitdem billige und schnelle Rechner sowie gute Software allgemein verfügbar sind.

In MATLAB[13] etwa würde man das ebene Pendel so behandeln. Man beschreibt das Richtungsfeld der Differentialgleichung in einer MATLAB-Datei:

```
1    % this file is pendulum.m
2    function ydot = pendulum(t,y)
3    ydot=[y(2); -sin(y(1))];
```

Diese Funktion übernimmt die Zeit und den Zustandsvektor $\boldsymbol{y} = (q, p)$ und gibt $\dot{\boldsymbol{y}}$ als Spaltenvektor zurück.

Der Befehl

```
>> ode45('pendulum', [0 20], [0 0.3]);
```

integriert das angegebene Richtungsfeld von $t = 0$ bis $t = 20$, und zwar mit der Anfangsbedingung $(q_0, p_0) = (0, 0.3)$. Das Ergebnis wird sofort graphisch dargestellt. ode45 beruht auf einem Runge[14]-Kutta[15]-Verfahren vierter bzw. fünfter Ordnung mit automatischer Schrittweitensteuerung[16]. MATLAB stellt eine ganze Reihe solcher Verfahren bereit, auf deren Vor- und Nachteile wir hier nicht eingehen wollen.

Der Aufruf

```
>> [t,y]=ode45('pendulum', [0 20], [0 0.3]);
```

unterdrückt die graphische Ausgabe. Dafür werden die Zeitpunkte, für die ein neuer Zustandsvektor berechnet worden ist, in einem Vektor t zurückgegeben, die zugehörigen Zustände in einer Matrix y, mit einer Zeile für jeden Zeitpunkt. Mit

```
>> plot(t,y(:,1),t,y(:,2));
```

beispielsweise kann man dann die Ergebnisse graphisch darstellen oder anderweitig verarbeiten. Auch ist

---

[12] die zweite Integrationskonstante könnte eine Zeitverschiebung t_0 sein

[13] Ein mächtiges und auf die Erfordernisse der Physik zugeschnittenes Paket für numerische Berechnungen und graphische Darstellungen.

[14] Martin Wilhelm Kutta, 1867 - 1944, deutscher Mathematiker

[15] Carl David Tolmé Runge, 1856 - 1927, deutscher Mathematiker

[16] ode steht für ordinary differential equations, gewöhnliche Differentialgleichungen

```
>> E=0.5*y(:,2).^2+1-cos(y(:,1));
>> plot(t,E-E(1));
```

ganz interessant, man kann damit die Energieerhaltung (als Indikator für die Qualität der Lösung) numerisch überwachen

Wir skizzieren hier nur noch einige Versuche, anharmonische Schwingungen analytisch zu behandeln.

Dabei beschränken wir uns auf kleine Abweichungen von der quadratischen Form:

$$H = \frac{p^2}{2} + \frac{q^2}{2} - \frac{q^4}{24} + \dots . \tag{5.91}$$

Das führt auf die Bewegungsgleichung

$$\ddot{q} + q = \frac{q^3}{6} + \dots . \tag{5.92}$$

Es liegt nun nahe, $q = A \cos t + \delta q$ anzusetzen und nach der Amplitude A zu entwickeln. Wir führen das hier gar nicht erst durch, weil folgender grundsätzlicher Einwand schwer zu entkräften ist. Man kann zwar die Differentialgleichung gut approximieren, trotzdem schaukeln sich kleine Fehler in der Differentialgleichung im Laufe einer langen Zeit zu großen Fehlern der Lösung auf. Man spricht von säkularen Fehlern[17].

In vielen Fällen hat sich die folgende verblüffend einfache Näherung bewährt. Die Bewegung bleibt rein periodisch, aber die Frequenz ändert sich mit der Schwingungsamplitude.

In unserem Falle setzen wir $q = A \cos \omega t$ in (5.92) ein:

$$A(-\omega^2 + 1) \cos \omega t = \frac{A^3}{6} \left(\frac{3}{4} \cos \omega t + \frac{1}{4} \cos 3\omega t \right) + \dots . \tag{5.93}$$

Wir streichen den zu $\cos 3\omega t$ proportionalen Beitrag und berechnen

$$\omega(A) = 1 - \frac{A^2}{16} + \dots . \tag{5.94}$$

Wie schon Galilei gewusst hat, ändert sich die Frequenz nicht mit der Amplitude – bei kleinen Pendelauslenkungen A. Das hatte er festgestellt, als er die Schwingungsdauer des Kronleuchters im Dom zu Pisa mit seinem Herzschlag verglich. Bei größeren Auslenkungen wird die Frequenz kleiner, die Schwingung dauert also länger. Auch das ist wohlbekannt. Es ist eine interessante Herausforderung, die Näherung (5.94) mit der (numerisch) exakten Lösung zu vergleichen.

---

[17] aus der Astronomie des Planetensystem: Fehler, die sich erst nach Jahrhunderten bemerkbar machen

5.8 Radialsymmetrische Massenverteilung

Zwei Punktmassen m und M im Abstand R ziehen sich bekanntlich mit der Kraft

$$F = -G\frac{mM}{R^2} \tag{5.95}$$

an[18]. Wir formulieren das etwas genauer.

Auf die Masse m bei $\boldsymbol{x}$ wirkt eine Kraft $\boldsymbol{F} = \boldsymbol{F}(\boldsymbol{x})$ ein, die proportional zur beschleunigten Masse ist. Die Kraft $\boldsymbol{F}$ ist der negative Gradient eines Potentials, mämlich des Gravitationspotentials der Masse M bei $\boldsymbol{y}$. Es gilt also

$$\boldsymbol{F}(\boldsymbol{x}) = -m\boldsymbol{\nabla}\phi(\boldsymbol{x}) \text{ mit } \phi(\boldsymbol{x}) = -\frac{GM}{|\boldsymbol{x} - \boldsymbol{y}|}. \tag{5.96}$$

Wenn es sich bei M nicht um eine Punktmasse handelt, muss man über die Massendichte ϱ integrieren:

$$\phi(\boldsymbol{x}) = -G \int \frac{d^3y \, \varrho(\boldsymbol{y})}{|\boldsymbol{x} - \boldsymbol{y}|}. \tag{5.97}$$

Wir nehmen nun an, dass die Massenverteilung radialsymmetrisch ist. Mit $R = |\boldsymbol{x}|$, $r = |\boldsymbol{y}|$ und $\boldsymbol{x}\boldsymbol{y} = Rr\cos\theta = Rrz$ können wir in

$$\phi(\boldsymbol{x}) = -2\pi G \int_0^\infty dr \, r^2 \varrho(r) \int_{-1}^1 \frac{dz}{\sqrt{R^2 - r^2 - 2Rrz}} \tag{5.98}$$

umformen.

Das z-Integral rechnen wir mit Hilfe von

$$-\frac{d}{dz}\sqrt{R^2 + r^2 - 2Rrz} = \frac{Rr}{\sqrt{R^2 + r^2 - 2Rrz}} \tag{5.99}$$

aus. Wir müssen bei der Auswertung zwischen $r < R$ und $r > R$ unterscheiden.

Im Falle $r < R$ ergibt sich

$$-\int_{-1}^1 \frac{d}{dz}\sqrt{R^2 + r^2 - 2Rrz} = 2r, \tag{5.100}$$

im Falle $r > R$ berechnen wir $2R$. Damit gilt

$$\phi(\boldsymbol{x}) = -\frac{G}{R}\int_0^R dr \, 4\pi r^2 \varrho(r) - G\int_R^\infty dr \, 4\pi r \varrho(r). \tag{5.101}$$

---

[18] $G = 6.67 \times 10^{-11}$ m³kg⁻¹s⁻² ist die universelle Gravitationskonstante

Offensichtlich ist das Potential ebenfalls radialsymmetrisch, hängt also nur von $R = |\boldsymbol{x}|$ ab. Der zugehörige Gradient ist

$$-\boldsymbol{\nabla}\phi(\boldsymbol{x}) = -G\frac{M(R)}{R^2}\frac{\boldsymbol{x}}{R} \quad \text{mit} \quad M(R) = \int_0^R dr\, 4\pi r^2 \varrho(r)\,. \tag{5.102}$$

Im Abstand R vom Zentrum einer sphärisch symmetrischen Massenverteilung wirkt auf die Probemasse m die Kraft

$$F = -G\frac{mM(R)}{R^2} \tag{5.103}$$

ein. Nur die Masse $M(R)$, die sich näher am Kraftzentrum befindet als die Probemasse, trägt bei.

Schon Isaak Newton kannte diesen Sachverhalt, der alles andere als trivial ist. Es handelt sich um eine Besonderheit des $1/r$-Potentials.

(5.103) hat zum Beispiel kosmische Konsequenzen.

Nach der heutigen Vorstellung dehnt sich das Universum aus. Jede Stelle könnte der Mittelpunkt sein. Alle anderen Galaxien fliehen[19] mit einer Geschwindigkeit v, die proportional zum Abstand R ist (Hubble-Gesetz[20]).

Wir versetzen uns also in Gedanken an irgendeine Stelle im Universum. Eine Galaxie mit Masse m im Abstand R erfährt die radiale Beschleunigung

$$m\ddot{R} = -G\frac{mM(R)}{R^2}\,. \tag{5.104}$$

Wir multiplizieren das mit $\dot{R}$ und stellen fest, dass

$$E = \frac{m\dot{R}^2}{2} - G\frac{mM(R)}{R} \tag{5.105}$$

sich zeitlich nicht ändert.

Jetzt, zur Zeit t_0, gilt $\dot{R} = H_0 R$. Je weiter entfernt eine Galaxie ist, umso größer ist ihre Fluchtgeschwindigkeit, die man an Hand der Dopplerverschiebung feststellen kann. Also gilt:

$$E = m\frac{R^2}{2}\left(H_0^2 - \frac{8\pi}{3}G\varrho_0\right) \tag{5.106}$$

ist zeitlich konstant.

---

[19] wenn man die Doppler-Rotverschiebung der Spektrallinien auf eine Fluchtbewegung zurückführt. Tatsächlich handelt es sich um eine mit der Zeit fortschreitende Dehnung des Raumes und damit auch der Photonenwellenlänge.

[20] Edwin Hubble, 1889 - 1953, US-amerikanischer Astronom

ϱ_0 ist dabei die heutige (über riesige Bereiche des Universums gemittelte) Massendichte. In einem homogenen Universum sollte die Massendichte im Laufe der Zeit zwar abnehmen, aber überall gleich sein.

An (5.106) ist bemerkenswert, dass allein die gegenwärtige Massendichte ϱ_0 und die gegenwärtige Hubble-Konstante H_0 darüber entscheiden, ob sich das Universum unermüdlich ausdehnen wird oder ob es, bei negativer Gesamtenergie, wieder in sich zusammenstürzt. Der Grenzfall wird durch

$$\varrho_0 = \frac{3H_0^2}{8\pi G} \qquad (5.107)$$

festgelegt. Wie wir heute wissen, ist dieses naive Bild zu naiv. Insbesondere trägt die normale, sichtbare Materie nur mit etwa vier Prozent zur beobachteten Ausdehnung des Weltalls bei. So genannte dunkle Materie (z. B. schwarze Löcher) ist mit weiteren 23 Prozent beteiligt, aber den Löwenanteil von mehr als 70 Prozent, den man als dunkle Energie bezeichnet, hat man noch nicht verstanden.

Gemäß dem Motto[21] 'equal equations have equal solutions' haben wir mit unserer Überlegung auch nachgewiesen, dass eine radialsymmetrische Ladungsverteilung $\varrho = \varrho(r)$ das elektrische Feld

$$\boldsymbol{E}(\boldsymbol{x}) = \frac{Q(R)}{4\pi\epsilon_0 R^2}\frac{\boldsymbol{x}}{R} \quad \text{mit} \quad Q(R) = \int_0^R dr\, 4\pi r^2\, \varrho(r) \qquad (5.108)$$

erzeugt. Wiederum ist bei R nur die näher am Zentrum befindliche Ladung wirksam.

Im Gegensatz zur Gravitation gibt es positive und negative Ladungen, die sich aufheben können. Eine insgesamt neutrale Ladungsverteilung, wie die des Neutrons oder eines Atoms, erzeugt in großer Entfernung überhaupt kein elektrisches Potential und damit auch kein elektrisches Feld.

Dieser Befund ist für die Stabilität der Materie von entscheidender Bedeutung. Eine Ansammlung von Molekülen (normale Materie also) ist lokal neutral. Herausgeschnittende Kugeln wechselwirken erst einmal nicht mit der Umgebung. Erst vor etwa 30 Jahren konnte mathematisch rigoros gezeigt werden: diese Eigenschaft ist dafür verantwortlich, dass die Bindungsenergie nur proportional zur Teilchenzahl wächst. Das ist der tiefere Grund, warum die innere Energie proportional zur Masse oder zum Volumen ist und deswegen wird beispielsweise Treibstoff nach Litern berechnet. Zwar kauft man nicht das Volumen oder die Masse, sondern die verwertbare Energie, aber die sind zueinander proportional.

---

[21] Richard Feynman

5.9 Kontinuumsmechanik

Ein Kontinuum besteht aus materiellen Punkten. Auf der Nanometerskala sind die materiellen Punkte große Gebiete und enthalten viele Teilchen. So viele, dass man im Sinne der Statistischen Thermodynamik mit dem Grenzwert $N \to \infty$ operieren darf. Auf der Meter- oder Millimeterskala ist der materielle Punkt dagegen so klein, dass man ihn zu Recht als Punkt beschreiben kann.

Ein Wasserwürfel mit der Kantenlänge 1 Millimeter enthält immerhin $N = 3 \times 10^{19}$ Moleküle. Das sind so viele, dass man die relative Fluktuation $\approx \sqrt{N}/N = 2 \times 10^{-10}$ der Teilchenzahl ignorieren darf. Andererseits ist für einen Schiffsbauer oder für den Installateur solch ein Würfel wirklich ein Punkt.

Wir beschreiben einen materiellen Punkt durch seine Lage $\boldsymbol{x}$ und durch sein Volumen dV. Wir reden im Folgenden von addier- und transportierbaren Größen (Quantitäten). Das sind Eigenschaften, die proportional mit der Teilchenzahl wachsen und die von strömenden Teilchen mitgeschleppt werden. Beispiele sind Masse, elektrische Ladung, Impuls, Drehimpuls, kinetische, potentielle und innere Energie sowie Entropie.

Y sei solch eine addier- und transportierbare Größe. Die Menge an Y in einem materiellen Punkt bei $\boldsymbol{x}$ mit Volumen dV zur Zeit t wird als

$$dY = \varrho(Y; t, \boldsymbol{x}) \, dV \qquad (5.109)$$

geschrieben. Damit führen wir die Dichte $\varrho(Y)$ ein.

Mit $d\boldsymbol{A} = \boldsymbol{n} \, dA$ bezeichnen wir eine kleine Fläche, deren Normale in Richtung $\boldsymbol{n}$ weist. Bei $\boldsymbol{x}$ tritt zur Zeit t in der Zeitspanne dt die Menge

$$dY = \boldsymbol{j}(Y; t, \boldsymbol{x}) \, d\boldsymbol{A} \, dt \qquad (5.110)$$

von der Rückseite zur Vorderseite durch die Fläche. $\boldsymbol{j}(Y)$ ist eine Stromdichte. Gemeint ist natürlich, wieviel mehr von der Rückseite zur Vorderseite fließt als in der umgedrehten Richtung.

Im materiellen Punkt kann die Größe Y auch erzeugt werden. Wieviel, wird durch

$$dY = \pi(Y; t, \boldsymbol{x}) \, dV \, dt \qquad (5.111)$$

erfasst. $\pi(Y)$ heißt Quellstärke.

Alle diese Größen, Dichte, Stromdichte und Quellstärke, sind Felder, hängen also von der Zeit t und vom Ort $\boldsymbol{x}$ ab. Die partielle Ableitungen nach der Zeit bezeichnen wir mit ∇_t, die partielle Ableitung nach der i-ten Ortskomponente mit ∇_i. Im Sinne der Einsteinschen Summenkonvention werden die Summen über zweifach auftretende Indizes $i = 1, 2, 3$ weggelassen.

Die allgemeine Bilanzgleichung

$$\nabla_t \varrho(Y) + \nabla_i j_i(Y) = \pi(Y) \tag{5.112}$$

drückt aus, dass sich die Dichte auf Grund von Umverteilung und auf Grund von Produktion ändern kann. Das erkennt man, wenn (5.112) über ein Gebiet $\mathcal{G}$ integriert wird:

$$\frac{d}{dt} \int_{\mathcal{G}} dV \varrho(Y) = -\int_{\partial \mathcal{G}} d\boldsymbol{A}\, \boldsymbol{j}(Y) + \int_{\mathcal{G}} dV \pi(Y) \,. \tag{5.113}$$

Das Oberflächen-Integral über die Stromdichte bezeichnet den Abfluss aus dem betrachteten Gebiet $\mathcal{G}$, mit dem negativen Zeichen ist es der Zufluss. Die Menge an Y im Gebiet kann pro Zeiteinheit zunehmen, weil durch die Oberfläche $\partial \mathcal{G}$ etwas zufließt und weil im Gebiet produziert wird. Die Quellstärke wird letztendlich dadurch definiert, dass Zuwachs und Abfluss sich nicht aufheben.

Mit $\varrho = \varrho(M)$ bezeichnen wir die Massendichte. Weil es ohne Massendichte auch keine Massenstromdichte geben kann[22], darf man die Massenstromdichte durch die Massendichte dividieren, und das definiert ein Geschwindigkeitsfeld. Wir schreiben also $j_i(M) = \varrho v_i$ und erklären damit die Strömungsgeschwindigkeit v_i. Weil die Masse erhalten ist, gilt

$$\nabla_t \varrho + \nabla_i \varrho v_i = 0 \,. \tag{5.114}$$

Jede Stromdichte kann man in zwei Anteile zerlegen. Der eine, $\varrho(Y)\, v_i$, wird als Strömungsanteil bezeichnet. Wenn Materie strömt, dann nimmt sie die Eigenschaft Y mit. Der Rest wird mit $J_i(Y)$ bezeichnet und heißt Leitungsanteil. Wir zerlegen also immer gemäß

$$j_i(Y) = \varrho(Y)\, v_i + J_i(Y) \tag{5.115}$$

in Strömungs- und Leitungsanteil.

Der Leitungsanteil der Massenstromdichte verschwindet definitionsgemäß.

Wir betrachten jetzt die drei Komponenten P_k des Impulses. ϱv_k ist die Impulsdichte. Die Impuls-Stromdichte schreiben wir als

$$j_i(P_k) = \varrho v_k v_i + J_i(P_k) \quad \text{mit} \quad J_i(P_k) = -T_{ki} \,. \tag{5.116}$$

T_{ki} ist der Spannungstensor[23]. Die Quellstärke $\pi(P_k) = f_k$ gibt an, wieviel Impuls pro Zeit- und Volumeneinheit produziert wird. Es handelt sich also um die Volumendichte einer äußeren Kraft.

---

[22] im Gegensatz zur elektrischen Stromdichte, die es auch bei verschwindender Ladungsdichte geben darf

[23] in der älteren Literatur oft mit σ_{ik} bezeichnet

Die Bilanz-Gleichung für den Impuls schreibt sich damit als

$$\nabla_t \varrho v_k + \nabla_i \left\{ \varrho v_k v_i - T_{ki} \right\} = f_k \, . \tag{5.117}$$

Auch der Drehimpuls L_k ist eine addier- und transportierbare Größe. Mit dem Levi-Cività-Symbol[24] ϵ_{ijk} erklären wir die Dichte, Stromdichte und die Quellstärke für Drehimpuls:

$$\begin{aligned}
\varrho(L_k) &= \epsilon_{krs} x_r \varrho(P_s), \\
j_i(L_k) &= \epsilon_{krs} x_r j_i(P_s), \\
\pi(L_k) &= \epsilon_{krs} x_r \pi(P_s) \, .
\end{aligned} \tag{5.118}$$

Wenn man in die Bilanz-Gleichung für den Drehimpuls

$$\nabla_t \varrho(L_k) + \nabla_i j_i(L_k) = \pi(L_k) \, , \tag{5.119}$$

in die Bilanzgleichung (5.117) für den Impuls einsetzt, dann ergibt sich die Beziehung

$$T_{ki} = T_{ik} \, . \tag{5.120}$$

Der Spannungstensor ist symmetrisch.

Die Mechanik eines Kontinuums wird durch die Massendichte, die Strömungsgeschwindigkeit und durch den Spannungstensor beschrieben, durch die Felder ϱ, v_i und T_{ik}. Weil der Spannungstensor symmetrisch ist, hat man es mit zehn Feldern zu tun. Dafür gibt es aber nur die vier partiellen Differentialgleichungen (5.114) und (5.117).

Um weiter zu kommen, braucht man zusätzliche Gleichungen, die das Kontinuum genauer beschreiben. Mit einem ähnlichen Problem hatten wir es schon in der Elektrodynamik zu tun:

Für die zwölf Felder $\boldsymbol{E}, \boldsymbol{B}, \boldsymbol{D}, \boldsymbol{H}$ gibt es nur acht Maxwell-Gleichungen, die von der Dichte ϱ^{f} und Stromdichte $\boldsymbol{j}^{\mathrm{f}}$ der frei beweglichen Ladung angetrieben werden. Zusätzliche Materialgleichungen wie $\boldsymbol{D} = \epsilon \epsilon_0 \boldsymbol{E}$ müssen die Lücke schließen.

Zusätzliche Materialgleichungen, funktionale Zusammenhänge zwischen Massendichte, Strömungsgeschwindigkeit und Spannungstensor, müssen für genügend zusätzliche Information sorgen.

Ganz allgemein gilt, dass sich die Kraft auf ein Gebiet als

$$F_k = \int_{\mathcal{G}} dV \, f_k + \int_{\partial \mathcal{G}} dA_i \, T_{ki} \tag{5.121}$$

schreiben lässt. Mit der Dichte f_k der äußeren Kraft wird auf das Gebiet $\mathcal{G}$ eingewirkt, mit dem Spannungstensor T_{ki} auf die Oberfläche $\partial \mathcal{G}$.

---

[24] Tullio Levi-Cività, 1873 - 1941, italienischer Mathematiker

5.10 Hydromechanik

Der Spannungstensor T_{ik} lässt sich folgendermaßen interpretieren. Man stellt (in Gedanken) eine kleine Fläche $dA = n\,dA$ in das Medium. n ist ein Einheitsvektor. An dieser Fläche zieht das Medium auf der Vorderseite mit der Kraft

$$dF_k = dA\,T_{ki}\,n_i\,. \tag{5.122}$$

Wenn beispielsweise die Flächennormale in 3-Richtung weist, dann ist $dA\,T_{33}$ eine Zugkraft, und $dA\,T_{13}$ sowie $dA\,T_{23}$ sind Scherkräfte.

Ein fluides Medium, eine Flüssigkeit oder ein Gas also, ist dadurch gekennzeichnet, dass es keine Scherkräfte gibt. Das bedeutet

$$T_{ik} = -p\,\delta_{ik}\,. \tag{5.123}$$

$p = p(t, x)$ ist der Druck im Medium zur Zeit t an der Stelle x.

Allerdings ist (5.123) nur die halbe Wahrheit. Die Formel gilt so nur dann, wenn das Medium gar nicht oder an allen Stellen mit gleicher Geschwindigkeit strömt. Wenn die Strömungsgeschwindigkeit einen Gradienten besitzt, dann kann es durchaus wegen innerer Reibung zu Scherkräften kommen.

Schon auf Newton geht die Vorstellung zurück, dass die innere Reibung proportional zu den Geschwindigkeitsunterschieden sein wird. Heute drücken wir das durch

$$T_{ik} = -p\,\delta_{ik} + \eta\left\{\nabla_i v_k + \nabla_k v_i\right\} \tag{5.124}$$

aus. Der zusätzliche Beitrag zum Spannungstensor ist zum Geschwindigkeitsgradienten proportional. Die Materialkonstante η heißt Viskosität.

Die Materialgleichung (5.124) beschreibt ein Newtonsches Fluidum. Wasser[25] ist in sehr guter Näherung eine Newtonsche Flüssigkeit.

Wasser ist obendrein nahezu inkompressibel. Wir modellieren das durch

$$\nabla_i v_i = 0\,. \tag{5.125}$$

Setzt man nun (5.124) und (5.125) in die Bilanzgleichung für den Impuls ein, dann ergibt sich die berühmte Navier-Stokes-Gleichung[26]

$$\varrho\left\{\nabla_t v_k + v_i \nabla_i v_k\right\} = -\nabla_k p + \eta\Delta v_k + f_k\,. \tag{5.126}$$

Massendichte ϱ und Viskosität η sind Materialparameter. Die Kraftdichte f ist vorgegeben, meist[27] $(0, 0, -g\varrho)$. Die Strömungsgeschwindigkeit v_i und der

---

[25] grch. $\upsilon\delta\omega\rho$, daher Hydrodynamik

[26] Claude Louis Marie Henri Navier, 1785 - 1836, französischer Mathematiker und Physiker

[27] Schwerkraft, 3-Richtung nach oben, Schwerebeschleunigung g

Druck p werden gesucht. Das sind vier Felder, und dafür gibt es auch vier partielle Differentialgleichungen, nämlich (5.125) und (5.126).

Die linke Seite der Navier-Stokes-Gleichung muss als 'Masse $\times$ Beschleunigung pro Volumeneinheit' gelesen werden. Um das zu verstehen, führen wir die substantielle Zeitableitung D_t ein. Darunter versteht man die zeitliche Veränderung, die ein mitschwimmender Beobachter wahrnimmt:

$$D_t f = \frac{f(t+dt, \boldsymbol{x}+dt\boldsymbol{v}) - f(t, \boldsymbol{x})}{dt} = \{\nabla_t + v_i \nabla_i\} f. \qquad (5.127)$$

Damit kann man die Navier-Stokes-Gleichung auch als

$$\varrho D_t v_k = -\nabla_k p + \eta \Delta v_k + f_k \qquad (5.128)$$

schreiben.

Die rechte Seite hat drei Beiträge.

Auf ein beliebiges Flächenstück übt die Materie auf der Vorderseite und auf der Rückseite eine Kraft aus. Nur wenn sich der Druck örtlich ändert, wird von der einen Seite mehr gedrückt als von der anderen, und es kommt zu einer Beschleunigung. Wächst der Druck an, dann treibt das zurück. Damit wird das Vorzeichen plausibel.

Dasselbe gilt für den zweiten Term. Der Geschwindigkeitsgradient stellt eine Kraft pro Flächeneinheit dar, die von beiden Seiten mit verschiedenem Vorzeichen auf ein Flächenstück einwirken. Nur wenn sich der Geschwindigkeitsgradient örtlich ändert, führt das zur Beschleunigung. Das Vorzeichen kann man sich so plausibel machen: Wenn die Umgebung schneller ist, dann wird der Massenpunkt auf Grund von innerer Reibung beschleunigt. Wir werden später zeigen, dass $\eta \geq 0$ eine Konsequenz des zweiten Hauptsatzes ist.

Der letzte Term, die äußere Kraft pro Volumeneinheit, bedarf keiner näheren Erläuterung.

Der Reibungsterm bewirkt, dass Geschwindigkeitsunterschiede abgebaut werden, während der Turbulenzterm $v_i \nabla_i v_k$ gerade Stellen mit hohen Geschwindigkeiten und Geschwindigkeits-Gradienten bevorzugt.

Das Verhältnis der beiden Effekte kann man durch die Reynolds-Zahl[28]

$$\mathrm{Re} = \frac{\varrho v \ell}{\eta} \qquad (5.129)$$

abschätzen. Dabei sind ϱ und v typische Werte für Massendichte und Geschwindigkeit, und ℓ bezeichnet eine typische Länge des Problems.

Ist die Reynolds-Zahl klein, dann spricht man von laminarer[29], von einer geschichteten Strömung. Benachbarte Massenpunkte bleiben benachbart. Bei

---

[28] Osborne Reynolds, 1842 - 1912, britischer Physiker
[29] lat. *lamina*: Schicht

großer Reynolds-Zahl wird die Strömung turbulent[30]. Ursprünglich dicht benachbarte Massenpunkte sind wenig später weit voneinander entfernt.

Für den Umschlag von laminarer in turbulente Strömung möge die Reynolds-Zahl 10^4 als Anhaltspunkt dienen.

5.11 Beispiele zur Hydromechanik

Wir beschäftigen uns mit einer inkompressiblen Newtonschen Flüssigkeit. Inkompressibel bedeutet, dass das Strömungsfeld divergenzfrei ist,

$$\nabla_i v_i = 0\,. \tag{5.130}$$

Dass es sich um ein Fluidum handelt, wird durch

$$T'_{ik} = -p\,\delta_{ik} \tag{5.131}$$

ausgedrückt. Dabei ist T' der reversible Beitrag zum Spannungstensor, der sich unter Bewegungsumkehr[31] normal verhält. Der irreversible Beitrag T'' zum Spannungstensor beschreibt die innere Reibung:

$$T''_{ik} = \eta\left\{\nabla_i v_k + \nabla_k v_i\right\}\,. \tag{5.132}$$

All das zusammen führt auf die Navier-Stokes-Gleichung

$$\varrho\left\{\nabla_t v_k + v_i \nabla_i v_k\right\} = -\nabla_k p + \eta\Delta v_k + f_k\,. \tag{5.133}$$

Man kann die Hydromechanik grob danach einteilen, wie der schwierige Term $v_i\nabla_i v_k$ behandelt wird:

- Hydrostatik bedeutet $v_k = 0$, daher gibt es kein Problem mit $v_i\nabla_i v_k$.
- Bei kleiner Reynolds-Zahl kann man $v_i\nabla_i v_k$ streichen.
- $v_i\nabla_i v_k$ fällt aus Symmetriegründen weg.
- Bei großer Reynolds-Zahl hat man es mit Turbulenz zu tun, $v_i\nabla_i v_k$ bereitet Schwierigkeiten.

5.11.1 Hydrostatik

Zeitableitungen und Strömungsgeschwindigkeiten verschwinden. Zu lösen ist

$$\nabla_k p = f_k\,. \tag{5.134}$$

---

[30] lat. *turbo*: Wirbel, Unruhe
[31] $\boldsymbol{x}_a(t) \to \boldsymbol{x}_a(-t)$

Wir setzen als äußere Kraft die Schwerkraft

$$\boldsymbol{f}(t, \boldsymbol{x}) = (0, 0, -g\varrho) \qquad (5.135)$$

an, mit g als Schwerebeschleunigung.

Wenn es sich um Wasser handelt, mit konstanter Massendichte ϱ, dann berechnet man

$$p(z) = p(0) + g\varrho z \qquad (5.136)$$

für den Druck in der Tiefe z unter der Oberfläche.

Übrigens kann man damit sofort die Auftriebskraft auf ein Gebiet $\mathcal{G}$ in der Flüssigkeit ausrechnen, also

$$F_k = \int_{\partial G} dA_i \, T'_{ik} \,. \qquad (5.137)$$

Wir setzen $T'_{ik} = -p\delta_{ik} = -g\varrho x_3 \delta_{ik}$ ein und benutzen den Gaußschen Satz. Wegen $\nabla_k x_3 = \delta_{3k}$ ergibt sich $F_1 = F_2 = 0$ und

$$F_3 = -g\varrho \int_{\mathcal{G}} dV = -g\varrho \, \text{vol} \, (\mathcal{G}) \,. \qquad (5.138)$$

Dass die Auftriebskraft entgegengesetzt gleich der Gewichtskraft der verdrängten Flüssigkeitsmenge ist, hat schon Archimedes[32] gewusst.

5.11.2 Stokessche Formel

Man betrachtet eine ruhende Kugel bei $\boldsymbol{x} = 0$, die von einer zähen inkompressiblen Flüssigkeit umspült wird. In großer Entfernung vom Kugelmittelpunkt soll das Strömungsfeld die Form $\boldsymbol{v} = (0, 0, v_\infty)$ haben. Auf der Kugeloberfläche $|\boldsymbol{x}| = R$ muss die Strömungsgeschwindigkeit verschwinden. Im Falle $\varrho v_\infty R \ll \eta$ wird die stationäre Lösung durch

$$-\nabla_k p + \eta \Delta v_k = 0 \quad \text{und} \quad \nabla_i v_i = 0 \qquad (5.139)$$

beschrieben. Wir stellen hier nur das Ergebnis vor. Mit der Abkürzung $\xi = R/r$ lässt sich

$$\frac{v_k}{v_\infty} = (1 - \frac{3}{4}\xi - \frac{1}{4}\xi^3)\, \delta_{3k} + \frac{3}{4}\, (\xi^3 - \xi) \, \frac{x_k x_3}{r^2} \qquad (5.140)$$

schreiben. Wie man leicht sieht, verschwindet das Feld an der Kugeloberfläche, und im Unendlichen gilt $v_3 = v_\infty$. Auch die Symmetrie stimmt: die 3-Richtung

---

[32] Archimedes, 285 v.Chr. - 212 v.Chr., griechischer Mathematiker und Physiker

ist ausgezeichnet, ansonsten kommt nur r vor. Dass das Feld divergenzfrei ist, muss man nachrechnen. Aus der vereinfachten Navier-Stokes-Gleichung (5.139) gewinnt man den Druckgradienten, der zum Druckfeld

$$p = p_\infty - \frac{3}{2}\frac{R}{r^2}\frac{x_3}{r}\eta v_\infty \tag{5.141}$$

integriert werden kann.

Man sieht, dass der Druck auf der angeströmten Seite höher ist als auf der Rückseite. Das führt auf die Kraft $F' = 3\pi\eta R v_\infty$ in 3-Richtung.

Nun muss man noch den Reibungsanteil $\eta(\nabla_i v_k + \nabla_k v_i)$ zum Spannungstensor ausrechnen und über die Kugeloberfläche integrieren. Das ergibt denselben Beitrag $F'' = 3\pi\eta R v_\infty$, insgesamt also

$$F = 6\pi\eta R v_\infty \, . \tag{5.142}$$

Man beachte, dass diese Kraft proportional mit dem Radius der Kugel wächst und nicht mit der Fläche, wie man naiv annehmen würde. Die Stokessche Formel (5.142) wird oft zur Bestimmung der Viskosität einer Flüssigkeit herangezogen. Man muss dabei sicherstellen, dass der Kugelradius und die Geschwindigkeit klein genug bleiben.

5.11.3 Hagen-Poiseuille-Gesetz

Wir betrachten ein Rohr mit kreisförmigem Querschnitt (Durchmesser $2R$). Die Rohrachse soll mit der 3-Achse zusammenfallen. r sei der Abstand von der Achse. Aus Symmetriegründen setzen wir

$$v_1 = v_2 = 0 \text{ und } v_3 = v(r) \tag{5.143}$$

an. Die Schwerkraft spielt hier keine Rolle, und wir rechnen mit konstantem Druckabfall $p' = -\nabla_3 p$ in Strömungsrichtung.

Der Ansatz (5.143) garantiert ein divergenzfreies Strömungsfeld. Die Navier-Stokes-Gleichung für v_1 und für v_2 ist auch erfüllt. Für v_3 ergibt sich $\Delta v_3 = -p'/\eta$. Wegen $\Delta v = v'' + v'/r$ und mit $v(R) = 0$ ergibt sich

$$v = \frac{|p'|}{4\eta}(R^2 - r^2) \, . \tag{5.144}$$

Für den Durchfluss erhält man damit

$$\dot{V} = 2\pi \int_0^R dr\, r\, v_3 = \frac{\pi}{8\eta}|p'|\, R^4 \, , \tag{5.145}$$

das Gesetz von Hagen[33] und Poiseuille[34].

---

[33] Gotthilf Hagen, 1797 - 1884, deutscher Ingenieur

[34] Jean Louis Marie Poiseuille, 1797 - 1869, französischer Mediziner und Physiker

Hier ist der in den Geschwindigkeiten quadratische Term aus Symmetriegründen weggefallen.

Das Gesetz von Hagen und Poiseuille besagt, dass ein Rohr mit doppeltem Durchmesser viermal soviel Wasser leiten kann als ein Bündel aus vier einfachen Rohren, die zusammen denselben Querschnitt haben.

5.12 Elastomechanik

Der Zustand eines elastisch deformierbaren Mediums wird durch das Verschiebungsfeld $u_i = u_i(\boldsymbol{x})$ beschrieben. Ein materieller Punkt, der ohne Belastung die Koordinaten $\boldsymbol{x}$ hat, befindet sich im belasteten Zustand an der Stelle $\boldsymbol{x}' = \boldsymbol{x} + \boldsymbol{u}(\boldsymbol{x})$.

Einen benachbarten Punkt, bei $\boldsymbol{x} + d\boldsymbol{x}$, wird man nach der Belastung an der Stelle

$$x_i + dx_i + u_i(\boldsymbol{x} + d\boldsymbol{x}) = x_i + dx_i + u_i(\boldsymbol{x}) + dx_j \nabla_j u_i(\boldsymbol{x}) \tag{5.146}$$

wiederfinden. Der Vektor dx_i ändert sich also durch die Belastung in

$$dx_i' = (\delta_{ij} + \nabla_j u_i)\, dx_j\,, \tag{5.147}$$

so dass man für das Abstandsquadrat den Ausdruck

$$ds'^2 = dx_i' dx_i' = (\delta_{jk} + \nabla_k u_j + \nabla_j u_k + \dots)\, dx_j dx_k \tag{5.148}$$

erhält. Die fortgelassenen Terme sind im Verschiebungsgradienten, der klein sein soll, von zweiter Ordnung.

Man sieht, dass sich Abstände nur dann ändern, wenn der Verzerrungstensor

$$S_{jk} = \frac{\nabla_k u_j + \nabla_j u_k}{2} \tag{5.149}$$

von Null verschieden ist. Eine starre Verschiebung oder Drehung des Mediums führt nicht zur Verzerrung.

Die Abstände selber ändern sich bei Verzerrung wie

$$ds' = ds \left\{ 1 + \frac{S_{jk} dx_j dx_k}{ds^2} \right\}\,. \tag{5.150}$$

Für die relative Volumenänderung eines kleinen Gebietes gilt

$$\frac{dV' - dV}{dV} = S_{ii}\,. \tag{5.151}$$

Zu einer Volumenveränderung kommt es nur dann, wenn der Verzerrungstensor eine von Null verschiedene Spur hat. Eine bloße Scherung des Materials wird durch einen spurlosen Verzerrungstensor beschrieben.

Ohne Belastung gibt es keine Verzerrung. Wir nehmen an, dass eine kleine Belastung dann auch nur zu einer kleinen Verzerrung führt, dass also der Verzerrungstensor linear vom Spannungstensor abhängt. Dieser Befund ist das Hookesche[35] Gesetz:

$$S_{ij} = \Lambda_{ijkl} T_{kl} \,. \tag{5.152}$$

Der Tensor Λ vierter Stufe muss unter $i \leftrightarrow j$ symmetrisch sein, ebenso unter $k \leftrightarrow l$. Weil die elastische Energie quadratisch im Verzerrungstensor ist, muss Λ zusätzlich unter der Vertauschung $(i,j) \leftrightarrow (k,l)$ symmetrisch sein. Das führt auf maximal 27 unabhängige Elastizitätskonstanten.

Bei einem isotropen Material hat man es nur mit zwei unabhängigen Elastizitätskonstanten zu tun.

Wir stellen uns eine Säule der Höhe h und mit Querabmessung q vor. Zieht man auf diese Säule mit der Kraft σ pro Flächeneinheit, dann wird sich die Höhe proportional zur Höhe und zu σ ändern:

$$\frac{\delta h}{h} = \frac{\sigma}{E} \,. \tag{5.153}$$

Die Proportionalitätskonstante E ist der Elastizitätsmodul des Materials.

Die Säule wird dabei schmaler. Wir schreiben

$$\frac{\delta q}{q} = -\nu \, \frac{\sigma}{E} \tag{5.154}$$

und definieren dadurch die Poissonsche Querkontraktionszahl ν.

Die relative Volumenänderung ist

$$\frac{\delta V}{V} = (1 - 2\nu) \, \frac{\sigma}{E} \,, \tag{5.155}$$

und deswegen muss die Querkontraktionszahl einen Wert zwischen 0 und 1/2 haben.

Für ein isotropes elastisches Medium können wir damit

$$S_{ij} = \frac{1 + \nu}{E} \, T_{ij} - \frac{\nu}{E} \, \delta_{ij} \, T_{kk} \tag{5.156}$$

schreiben.

Ein linearer Zusammenhang zwischen zwei Tensoren S und T in einem isotropen Medium lässt sich nur über $S_{ij} = \alpha T_{ij} + \beta \delta_{ij} T_{kk}$ herstellen.

---

[35] Robert Hooke, 1635 - 1703, britischer Physiker und Mathematiker

Indem man die Spur berechnet,

$$S_{kk} = \frac{1 - 2\nu}{E} T_{kk} \,, \tag{5.157}$$

kann man die Beziehung (5.156) umstellen:

$$T_{ij} = \frac{E}{1 + \nu} \left\{ S_{ij} + \frac{\nu}{1 - 2\nu} \, \delta_{ij} S_{kk} \right\} \,. \tag{5.158}$$

In die Bilanzgleichung für den Impuls muss man $\dot{u}_k$ für das Geschwindigkeitsfeld einsetzen. Weil wir ohnehin schon in linearer Näherung rechnen, lassen wir konsequent den Term $\nabla_i v_k v_i$ weg. Damit hat man die folgenden drei Differentialgleichungen für die drei Komponenten des Verschiebungsfeldes zu lösen:

$$\varrho \ddot{u}_k = \frac{E}{2(1 + \nu)} \left\{ \Delta u_k + \frac{1}{1 - 2\nu} \, \nabla_k \nabla_i u_i \right\} + f_k \,. \tag{5.159}$$

Zur Erinnerung: f_k beschreibt die äußere Kraft pro Volumeneinheit; das ist meist die Schwerkraft $\boldsymbol{f} = (0, 0, -\varrho g)$.

5.13 Beispiele zur Elastomechanik

Die Elastomechanik[36] ist ein weites Feld. Häuser, Staudämme, Brücken, Automobile und Flugzeuge: immer muss in der Konstruktionsphase berechnet werden, ob die eingesetzten Materialien den Druck- oder Zugbelastungen standhalten werden.

Der Spannungstensor ist symmetrisch und kann demzufolge orthogonal diagonalisiert werden. An jedem Punkt gibt es ein lokales kartesisches Koordinatensystem, so dass der Spannungstensor diagonal ist. Positive Eigenwerte bedeuten Spannung, negative dagegen Druck. Das Material hält nur einer bestimmten Spannungs- und Druckbelastung stand, und diese Grenzen dürfen nirgendwo überschritten werden.

Aber auch Wellenausbreitung in elastischen Medien ist ein interessanter Gegenstand.

Wir wollen hier nur zwei Beispiele behandeln.

5.13.1 Torsion

Ein Rundstab der Länge ℓ mit Durchmesser $2R$ ist an seinem unteren Ende ($z = 0$) fest eingespannt. Am oberen Ende ($z = \ell$) wird ein Drehmoment N ausgeübt. Welcher Zug- und Druckbelastung ist das Material ausgesetzt?

---

[36] engl. *structural mechanics*

Als Verschiebungsfeld setzen wir

$$
\boldsymbol{u} = \begin{pmatrix} \cos(\gamma x_3)x_1 - \sin(\gamma x_3)x_2 - x_1 \\ \sin(\gamma x_3)x_1 + \cos(\gamma x_3)x_2 - x_2 \\ 0 \end{pmatrix} \tag{5.160}
$$

an. Dabei steht γ für den Torsionswinkel pro Stablängeneinheit. Wir entwickeln das in

$$
u_1 = -\gamma x_2 x_3 \ , \ u_2 = \gamma x_1 x_3 \ \text{und} \ u_3 = 0 \,. \tag{5.161}
$$

Daraus ergibt sich der Verzerrungstensor

$$
S_{ij} = \frac{\gamma}{2} \begin{pmatrix} 0 & 0 & -x_2 \\ 0 & 0 & x_1 \\ -x_2 & x_1 & 0 \end{pmatrix} . \tag{5.162}
$$

Die Spur des Verzerrungstensors verschwindet, es handelt sich also um eine reine Scherung.

Zum Verzerrungstensor (5.162) gehört der Spannungstensor

$$
T_{ij} = \frac{\gamma E}{2(1+\nu)} \begin{pmatrix} 0 & 0 & -x_2 \\ 0 & 0 & x_1 \\ -x_2 & x_1 & 0 \end{pmatrix} . \tag{5.163}
$$

Die Beziehung $\nabla_i T_{ki} = 0$ für das mechanische Gleichgewicht ist offenbar erfüllt.

Wir rechnen nun das Drehmoment $N = N_3$ über den Stabquerschnitt aus:

$$
N = \int_{x_1^2 + x_2^2 \leq R^2} dx_1 dx_2 \, (x_1 T_{23} - x_2 T_{13}) = \frac{\gamma E}{1+\nu} \frac{\pi R^4}{4} \,. \tag{5.164}
$$

Damit können wir den Spannungstensor in

$$
T_{ij} = \frac{2N}{\pi R^3} \begin{pmatrix} 0 & 0 & -x_2/R \\ 0 & 0 & x_1/R \\ -x_2/R & x_1/R & 0 \end{pmatrix} \tag{5.165}
$$

umschreiben.

Die Eigenwerte des Spannungstensors sind

$$T_1 = -\frac{2Nr}{\pi R^4} \ , \ T_2 = 0 \ \text{und} \ T_3 = \frac{2Nr}{\pi R^4} \ . \tag{5.166}$$

Wie man sieht, wird das Material außen am meisten beansprucht. Ein Feder-stab beispielsweise muss so dimensioniert werden, dass die maximale Zugbe-lastung[37] nicht überschritten wird.

Um wieviel sich das nicht eingespannte Stabende verdreht, ist durch den Aus-druck

$$\alpha = \gamma \ell = \frac{2(1+\nu)\ell N}{\pi E R^4} \tag{5.167}$$

gegeben. Die Abhängigkeit von der Stablänge ℓ, vom Drehmoment N und vom Elastizitätsmodul E leuchten sofort ein. Dass der Drehwinkel mit dem Radius wie $1/R^4$ geht, ist nicht unmittelbar einsichtig, wird aber durch eine Dimensionsbetrachtung nahe gelegt.

5.13.2 Elastische Wellen

Wir erinnern uns an die partielle Differentialgleichung für das Verschiebungs-feld:

$$\varrho \ddot{u}_k = \frac{E}{2(1+\nu)} \left\{ \Delta u_k + \frac{1}{1-2\nu} \nabla_k \nabla_i u_i \right\} \ . \tag{5.168}$$

Von einer äußeren Kraftdichte sehen wir hier ab. Es handelt sich um eine Wellengleichung vom Typ $\ddot{u} = c^2 \Delta u$, mit c als Schallgeschwindigkeit.

Es ist zwischen zwei Fällen zu unterscheiden: die Verschiebung steht senkrecht auf der Ausbreitungsrichtung, oder sie ist parallel dazu.

Ohne Beschränkung der Allgemeingültigkeit nehmen wir an, dass sich die elastische Welle (Schallwelle) in 3-Richtung ausbreitet. Die longitudinale Welle stellt sich so dar:

$$\boldsymbol{u}(t, \boldsymbol{x}) = \begin{pmatrix} 0 \\ 0 \\ A_3 \cos(kx_3 - \omega t) \end{pmatrix} \ . \tag{5.169}$$

Das führt zu der Beziehung

$$\omega^2 = c_{\mathrm{L}}^2 k^2 \ \text{mit} \ c_{\mathrm{L}} = \sqrt{\frac{1-\nu}{(1+\nu)(1-2\nu)}} \sqrt{\frac{E}{\varrho}} \ . \tag{5.170}$$

---

[37] etwa $10^{-3} E$

Die transversale Welle sieht so aus:

$$\boldsymbol{u}(t,\boldsymbol{x}) = A \begin{pmatrix} A_1 \cos(kx_3 - \omega t) \\ A_2 \cos(kx_3 - \omega t) \\ 0 \end{pmatrix} . \tag{5.171}$$

Die Beziehung zwischen Kreisfrequenz und Wellenzahl ist nun

$$\omega^2 = c_{\mathrm{T}}^2 \boldsymbol{k}^2 \ \text{ mit } \ c_{\mathrm{T}} = \sqrt{\frac{1}{2(1+\nu)}} \ \sqrt{\frac{E}{\varrho}} . \tag{5.172}$$

Schallgeschwindigkeiten sind einfach zu messen. Aus den Werten für die longitudinale und für die transversale Schallausbreitung lassen sich dann, bei bekannter Massendichte, sowohl der Elastizitätsmodul als auch die Poissonsche Querkontraktionszahl bestimmen. Aber Vorsicht: damit misst man die adiabatischen Werte, nicht die isothermen, die in statischen Rechnungen gebraucht werden.

6

Mehr Elektrodynamik

Wir formulieren die moderne Vorstellung über *Zeit und Raum*. Das Hauptaugenmerk liegt auf dem Minkowski-Raum und der Poincaré-Gruppe (spezielle Relativitätstheorie), wir erwähnen aber auch die Verallgemeinerung zum Riemannschen Raum sowie die Feldgleichungen für den metrischen Tensor (allgemeine Relativitätstheorie).

Im Vordergrund steht die Forderung nach Kovarianz, insbesondere der Theorie des *Elektromagnetischen Feldes*, die in Viererschreibweise verblüffend elegant aussieht. Die vertraute Formel über die Energiedichte des elektromagnetischen Feldes muss nun allerdings zu einem Ausdruck für Dichte und Stromdichte von Energie und Impuls erweitert werden.

Dass kovarianten Formulierungen mehr sind als ästhetische Spielereien: das demonstrieren wir in einem Abschnitt über *Ebene Wellen*. Die Tatsache, dass Kreisfrequenz und Wellenvektor sich zusammen wie ein Vierervektor transformieren, macht die verschiedenen Doppler-Effekte für Licht und die Lichtaberration unmittelbar verständlich.

Der Abschnitt über *Retardierte Potentiale* soll zweierlei verdeutlichen. Einmal, dass sich die elektromagnetische Wechselwirkung mit Lichtgeschwindigkeit ausbreitet. Zum anderen: unter verschiedenen Lösungen kann man diejenige auswählen, bei der die Ursache der Wirkung vorangeht. Kausalität wird von den Maxwell-Gleichungen nicht erzwungen, sie ist aber damit verträglich.

Nach dieser Vorbereitung diskutieren wir die Erzeugung elektromagnetischer Wellen durch *Oszillierende Dipole*. Wir leiten Formeln her, die den Energieverlust beschleunigter Ladungen beschreiben. Das ist der Ausgangspunkt für das Verständnis astrophysikalischer Phänomene, für die Theorie der Antennen und für vieles mehr.

Wir wenden uns nun der Optik zu. Die Lichtausbreitung in transparenten oder schwach absorbierenden Medien wird durch eine Antwortfunktion beschrieben, oder, nach Fourier-Transformation, durch ein komplexwertige Permittivität. Die *Kramers-Kronig-Beziehungen* verknüpfen den Real- und den

Imaginärteil der Permittivität, weil die Ursache stets der Wirkung vorausgehen muss. Ohne Absorption keine Brechung. In anistropen optischen Medien ist die Permittivität ein Tensor (*Doppelbrechung*). Interessante Effekte treten auf, wenn die Permittivität als Tensor nicht symmetrisch ist, entweder aufgrund magnetischer Phänomene oder wegen einer dem Material innewohnenden Schraubeneigenschaft (*Faraday-Effekt und optische Aktivität*).

Die moderne Integrierte Optik beruht auf ortsveränderlichen Permittivitäten, wobei die Abmessungen der Strukturen mit der Lichtwellenlänge vergleichbar sind. Wir erörtern das Phänomen der *Wellenleitung* und diskutieren im Abschnitt über die *Numerische Lösung der Modengleichung* entsprechende Verfahren.

Der Abschnitt zur *Supraleitung* soll wengistens in die phänomenologische Beschreibung einführen.

6.1 Zeit und Raum

Ereignisse finden im Zeit-Raum-Kontinuum statt. Mit c als Lichtgeschwindigkeit im Vakuum schreiben wir $x^0 = ct$ anstelle der Zeit t. Die Zeit wird also als Weg gemessen[1].

Den Ort parametrisieren wir wie üblich in Bezug auf ein kartesisches Koordinatensystem (nach Descartes). Zeit und Ort eines Ereignisses fassen wir zu dem Vierertupel $x = (x^0, x^1, x^2, x^3)$ zusammen. In diesem und in einigen späteren Abschnitten sollen Indizes $i, j \ldots$ über den Wertebereich von 0 bis 3 laufen.

Der folgende Tensor

$$g^{ij} = g_{ij} = \begin{pmatrix} 1 & 0 & 0 & 0 \\ 0 & -1 & 0 & 0 \\ 0 & 0 & -1 & 0 \\ 0 & 0 & 0 & -1 \end{pmatrix} \tag{6.1}$$

wird bald eine wichtige Rolle spielen.

6.1.1 Minkowski-Geometrie

Die Beziehung zwischen zwei benachbarten Ereignissen beschreibt man durch den Vierervektor $dx = (dx^0, dx^1, dx^2, dx^3)$. Die dx^i sind infinitesimale Dif-

---

[1] Eine Nanosekunde ist etwa 30 cm lang

ferenzen zwischen den Koordinaten benachbarter Punkte im Zeit-Raum-Kontinuum. Man berechnet[2]

$$d\sigma = g_{ij}dx^i dx^j = (dx^0)^2 - (dx^1)^2 - (dx^2)^2 - (dx^3)^2 \,. \tag{6.2}$$

Ein vierdimensionales Kontinuum mit dem durch (6.1) erklärten metrischen Tensor ist ein Minkowski-Raum[3]. Man spricht in diesem Zusammenhang auch von Minkowski-Geometrie.

Wenn die Ereignisse gleichzeitig stattfinden, dann gilt $d\sigma < 0$. Im Falle von $d\sigma = 0$ spricht man von einer lichtartigen Beziehung. Wenn sich die Ereignisse am selben Ort zutragen, $d\sigma > 0$, dann liegt ein zeitartiges Verhältnis vor.

Man beachte, dass diese Feststellungen invariant sind gegen Zeit- und Ortsverschiebung und gegen Drehung des kartesischen Koordinatensystems. Wir verlangen dasselbe für eine beliebige Transformation zwischen zwei Inertialsystemen.

Inertialsysteme zeichnen sich bekanntlich dadurch aus, dass sich kräftefreie Teilchen mit konstanter Geschwindigkeit bewegen. Deswegen muss die Umrechnungsvorschrift zwischen zwei Inertialsystemen Σ und $\bar{\Sigma}$ linear sein:

$$\bar{x}^i = a^i + \Lambda^i{}_j x^j \,. \tag{6.3}$$

Die Forderung $d\bar{\sigma} = d\sigma$ führt auf

$$g_{ij}\Lambda^i{}_k \Lambda^j{}_\ell = g_{kl} \,. \tag{6.4}$$

Mit $\Lambda_{i\ell} = g_{ij}\Lambda^j{}_\ell$ und $\Lambda^i{}_k = g^{is}\Lambda_{sk}$ lässt sich in $\Lambda_{sk}g^{si}\Lambda_{il} = g_{kl}$ umformen. In der üblichen Matrixschreibweise[4] heißt das

$$\Lambda^\dagger g \Lambda = g \,. \tag{6.5}$$

Reelle 4×4-Matrizen, die (6.5) erfüllen, bilden eine Gruppe mit der Einheitsmatrix I als neutralem Element, die Lorentz-Gruppe. Zusammen mit den durch a_i parametrisierten Translationen (Verschiebungen) in Zeit und Raum bilden die durch (6.3) beschriebenen Transformationen die Poincaré-Gruppe. Objekte, die sich unter Poincaré-Transformationen (6.3) wie

$$\bar{V}^i = \Lambda^i{}_j V^j \tag{6.6}$$

transformieren, heißen Vierervektoren mit kontravariantem (hochgestelltem) Index. Vierervektoren mit einem kovarianten Index transformieren sich gemäß

$$\bar{V}_i = \Lambda_i{}^j V_j \,. \tag{6.7}$$

---

[2] Einsteinsche Summenkonvention: tritt in einem Term derselbe Index einmal oben, einmal unten auf, dann ist darüber zu summieren

[3] Hermann Minkowski, 1864 - 1909, deutscher Mathematiker und Physiker

[4] mit Λ ist hier das Zahlenschema Λ_{ij} gemeint.

Die Koordinatendifferenzen dx^i bilden einen kontravarianten Vierervektor. Die partiellen Ableitungen

$$\partial_i = \frac{\partial}{\partial x^i} \tag{6.8}$$

dagegen sind der Prototyp eines kovarianten Vierervektors[5].

Mit dem entsprechenden g-Tensor zieht man Indizes nach oben und nach unten. $V_i V^i$ transformiert als Skalar. Genau das besagt die Forderung $d\sigma = d\bar{\sigma}$.

Objekte mit mehreren Indizes, kovariant oder kontravariant, transformieren sich entsprechend.

Die Trajektorie eines Teilchens beschreibt man durch eine Kurve $x^i = x^i(s)$ im Zeit-Raum-Kontinuum. $w^i = dx^i(s)/ds$ ist der Tangentenvektor. Wir wählen den Parameter s so, dass $w_i w^i = c^2$ gilt, also

$$ds = \sqrt{1 - \frac{v^2}{c^2}}\, dt\,. \tag{6.9}$$

$v = dx/dt$ ist die übliche Dreier-Geschwindigkeit. Der gemäß (6.9) festgelegte Parameter s ist die Eigenzeit der betreffenden Trajektorie. Wenn ein Teilchen ruht, stimmen Zeit und Eigenzeit überein. Lebt ein Teilchen nur eine gewisse Eigenzeit τ, dann kann es bei großer Geschwindigkeit sehr lange dauern, bis es nach der Zeit $\bar{\tau}$ zerfällt.

Bei kleinen Geschwindigkeiten[6] sind w und v dasselbe. Es liegt daher nahe, den Vierervektor $p^i = m w^i$ als Viererimpuls des Teilchens mit Masse m zu bezeichnen. Man berechnet

$$p^0 = \frac{mc}{\sqrt{1 - v^2/c^2}} \tag{6.10}$$

und

$$p = \frac{mv}{\sqrt{1 - v^2/c^2}}\,. \tag{6.11}$$

Das sind vertraute Formeln.

$E = p^0 c$ ist die Energie des Teilchens, das erkennt man an

$$p^0 c = \frac{mc^2}{\sqrt{1 - v^2/c^2}} = mc^2 + \frac{m}{2}v^2 + \dots\,. \tag{6.12}$$

---

[5] Die Verhältnisse werden sehr viel komplizierter, wenn die Metrik g_{ij} und die Transformationsmatrizen $\Lambda_i{}^j$ von der Stelle x im Zeit-Raum-Kontinuum abhängen.

[6] im Vergleich mit der Lichtgeschwindigkeit c

Der Impuls ist

$$p = \frac{mv}{\sqrt{1 - v^2/c^2}} = mv + \dots .$$ (6.13)

Wir halten fest:

- Teilchentrajektorien werden durch vier Funktionen $x^i(s)$ beschrieben.
- Die Virergeschwindigkeit $w^i(s) = dx^i(s)/ds$ hat den Wert c, im Sinne von $w_i w^i = c^2$. Damit ist s die Eigenzeit des Teilchens.
- Mit der Virergeschwindigkeit w^i ist der Virerimpuls $p^i = mw^i$ verbunden. cp^0 ist die Gesamtenergie des Teilchens, p sein Impuls.

Wenn auf das Teilchen ein elektromagnetisches Feld einwirkt, gilt

$$dp^i = qF^i{}_j dx^j .$$ (6.14)

q ist die Ladung des Teilchens. Wir vergleichen das mit der Lorentz-Formel

$$dp = qdt E + qdx \times B$$ (6.15)

für die Kraft eines elektrischen Feldes E und eines Magnetfeldes[7] B auf ein Teilchen mit Ladung q.

(6.14) und (6.15) stimmen überein, wenn man

$$F^{ij} = \begin{pmatrix} 0 & -E^1/c & -E^2/c & -E^3/c \\ E^1/c & 0 & -B^3 & B^2 \\ E^2/c & B^3 & 0 & -B^1 \\ E^3/c & -B^2 & B^1 & 0 \end{pmatrix}$$ (6.16)

setzt. Dieser antisymmetrische Tensor F^{ij} beschreibt das elektromagnetische Feld.

Wertet man damit die Formel (6.14) für den Index $i = 0$ aus, so ergibt sich

$$d(p^0 c) = qE dx .$$ (6.17)

Das wussten wir schon: wenn man ein mit q geladenes Teilchen im elektrischen Feld E um die kleine Strecke dx verschiebt, dann nimmt dessen Energie um $qE dx$ zu, und das Magnetfeld leistet keine Arbeit.

Das elektromagnetische Feld F^{ij} muss sich wie ein Tensor mit zwei kontravarianten Indizes transformieren, damit die Gleichung (6.14) in allen Inertialsystemen dieselbe Gestalt hat.

---

[7] genauer: der Induktion

Alles passt zusammen. Eine Zeit- und drei Raumdimensionen ergeben ein vierdimensionales Kontinuum. Objekte können Skalare sein (eine Komponente), Vektoren (4 Komponenten), Tensoren zweiter Stufe (16 Komponenten), usw. Die Tensoren zweiter Stufe wiederum können symmetrisch sein (10 Komponenten) oder antisymmetrisch(6 Komponenten). Die Eigenschaft, symmetrisch oder antisymmetrisch zu sein, bleibt bei der Transformation

$$\bar{T}^{ij} = \Lambda^i{}_k \Lambda^j{}_\ell T^{k\ell} \tag{6.18}$$

nämlich erhalten.

Weil das elektromagnetische Feld $\boldsymbol{E}, \boldsymbol{B}$ sechs Komponenten hat, muss es sich um einen antisymmetrischen Tensor F^{ij} zweiter Stufe handeln.

6.1.2 Riemannsche Geometrie

Wir haben die Vorstellungen der speziellen Relativitätstheorie über Raum und Zeit in kartesischen Koordinaten und mit einer gleichförmig verlaufenden Zeit formuliert, so dass (6.1) die Metrik beschreibt. Natürlich kann man auch mit krummlinigen Koordinaten rechnen, z.B. mit Polarkoordinaten für den Raum. Der metrische Tensor ist dann so umzurechnen, dass der Zeit-Raum-Abstand $d\sigma$ zwischen zwei Ereignissen unverändert bleibt. Krummlinige Koordinaten können für die Lösung bestimmter Probleme von Nutzen sein, sie beschreiben aber keine neue Physik.

Wir wollen in diesem Teilabschnitt die grundlegenden Konzepte der Einsteinschen allgemeinen Relativitätstheorie vorstellen, in der die Schwerkraft nicht mehr vorkommt, sondern als Zeit-Raum-Krümmung auftritt.

Wir müssen dafür die Forderung fallen lassen, dass es globale Inertialsysteme gibt. Wir bestehen nicht mehr darauf, dass es Koordinatensysteme gibt, für die der metrische Tensor im gesamten Zeit-Raum-Kontinuum der Minkowski-Tensor (6.1) ist. Mit beliebigen Koordinaten gilt vielmehr

$$d\sigma = g_{ij}(x)dx^i dx^j \,, \tag{6.19}$$

der metrische Tensor ist zeit- und ortsabhängig, und wir sprechen von einem Riemannschen[8] Raum. Wechselt man das Koordinatensystem, dann ist der metrische Tensor $x \to g_{ik}(x)$ so umzurechnen, dass (6.19) unverändert bleibt. Wir verlangen lediglich, dass es für jeden Zeit-Raum-Punkt x ein Koordinatensystem gibt, so dass dort der Tensor die Minkowski-Gestalt (6.1) hat, dass also lokal ein Minkowski-Raum vorliegt. Man spricht aus naheliegenden Gründen von einem Satelliten-Bezugssystem: in einem hinreichend kleinen Satelliten[9] merkt man die Schwerkraft nicht.

---

[8] Bernhard Riemann, 1826 - 1866, deutscher Mathematiker
[9] Einstein hat öfters von einem frei fallenden Fahrstuhl geredet.

Jeder Trajektorie $\mathcal{C}$ zwischen zwei festgehaltenen Punkten a und b mit zeitartiger Beziehung kann man das Linienintegral

$$\int_{\mathcal{C}} \sqrt{g_{ij}(x)dx^i dx^j} \tag{6.20}$$

zuordnen. Diejenige Trajektorie, für die dieses Funktional minimal ist, nennt man eine geodätische Linie. Im Minkowski-Raum mit dem metrischen Tensor (6.1) sind das Gerade[10]. Analog wird nun gefordert, dass Körper, auf die keine Kräfte wirken, sich auf geodätischen Linien bewegen sollen. Man beachte, dass von Schwerkraft nicht mehr die Rede ist. Die Wirkung der Schwerkraft (als Scheinkraft) besteht vielmehr darin, dass die geodätischen Linien in der Nähe großer Massen keine Geraden[11] sind.

Das Studium differenzierbarer Mannigfaltigkeiten mit beliebiger Metrik ist mathematisch sehr aufwändig, und wir drücken uns hier darum. Ohne saubere Definition und ohne Herleitung stellen wir fest:

Es gibt einen Tensor R_{ik}, der die Raumkrümmung beschreibt. Der Krümmungstensor entsteht durch mehrfaches Differenzieren des metrischen Tensors $g_{ik}(x)$ nach den Koordinaten. Die Formeln dafür sind kompliziert, und wir schreiben sie hier nicht an. Der Minkowski-Raum ist flach in dem Sinne, dass der Krümmungstensor verschwindet, $R_{ik} = 0$. Beispielsweise stimmt im gekrümmten Raum die Fläche einer Kreisscheibe mit Radius R nicht unbedingt mit πR^2 überein, sie kann größer oder kleiner sein.

Die Krümmung des Zeit-Raum-Kontinuums ist Ausdruck der Schwerkraft, die durch die Massenverteilung ϱ verursacht wird. Damit die gesuchte Gleichung für den Krümmungstensor den Ansprüchen an allgemeine Kovarianz genügt, muss man den Ausdruck ϱc^2 zum Energie-Impuls-Tensor T_{ik} aufweiten. $i = 0$ beschreibt die Energie, die Indizes 1,2,3 den Impuls. Der Index $k = 0$ steht für die Dichte, die Indizes 1,2,3 für die Stromdichte (jeweils mit den passenden Faktoren c). Den Beitrag des elektromagnetischen Feldes zum Energie-Impuls-Tensor werden wir im Abschnitt *Energie und Impuls* herleiten.

Die Einsteinschen Feldgleichungen sind

$$R_{ik} - \frac{R}{2}g_{ik} + \Lambda g_{ik} = \frac{8\pi G}{c^4} T_{ik} \,. \tag{6.21}$$

Dabei steht R für die Spur des Krümmungstensors. G ist die universelle Gravitationskonstante, und Λ, eine Zahl, wird als kosmologische Konstante bezeichnet. Sie ist so klein, dass sie sich bei der Planetenbewegung nicht bemerkbar macht. Für die Expansion des Kosmos, die sehr gut durch (6.21) beschrieben wird, ist der kosmologische Term jedoch wichtig[12].

---

[10] lineare Beziehung zwischen Zeit und Ortskoordinaten

[11] vor dem Hintergrund einer Minkowski-Metrik

[12] Das zur Zeit favorisierte Modell ΛCDM spricht von Λ *and Cold Dark Matter*: der kosmologische Term und kalte dunkle Materie bestimmen die Dynamik des Kosmos.

Bei kleiner Abweichung des metrischen Tensors von der Minkowski-Form und mit $\Lambda = 0$ gilt

$$g_{00} = 1 + \frac{2\phi}{c^2} \,, \tag{6.22}$$

mit dem herkömmlichen Gravitationspotential ϕ. Aus (6.21) wird

$$-\Delta\phi = 4\pi G\varrho \,, \tag{6.23}$$

wie es sein soll. Daraus folgt die bekannte nichtrelativistische Formel für das Gravitationspotential einer Massenverteilung[13].

Wie man sieht, ist der metrische Tensor $g_{ik}(x)$ nichts anderes als das verallgemeinerte Gravitationspotential, ein Tensorfeld. Er wird durch Randbedingungen und (6.21) festgelegt, insbesondere durch die Massenverteilung. Diese wiederum ist die Verteilung von Massen, die sich auf geodätischen Linien bewegen, wie sie durch den metrischen Tensor vorgegeben werden. Die Massenverteilung bestimmt den metrischen Tensor, und dieser die Massenverteilung. Die Eigenschaften des Zeit-Raum-Kontinuums und die Bewegung der darin enthaltenen Materie sind eng miteinander verknüpft. Der Kosmos, zumindest was seine Struktur und seine Dynamik im Groben angeht, ist ein physikalisches System.

6.2 Das elektromagnetische Feld

Das elektromagnetische Feld macht sich durch seine Wirkung auf geladene Teilchen bemerkbar. Mit s als Eigenzeit gilt für die Trajektorie eines Teilchens die folgende Bewegungsgleichung:

$$m\ddot{x}^i = qF^i{}_j \dot{x}^j \,. \tag{6.24}$$

Dabei steht der Punkt für die Ableitung nach der Eigenzeit, m für die Masse und q für die Ladung des Teilchens. Wie die Komponenten des antisymmetrischen Tensors F^{ij} heißen, findet man im voranstehenden Abschnitt.

Diese Gleichung für die Einwirkung eines elektromagnetischen Feldes auf die Bewegung eines geladenen Teilchens ist keinesfalls beliebig. Weil von der Eigenzeit die Rede ist, muss $\dot{x}_i\dot{x}^i$ unbedingt konstant bleiben. Multipliziert man (6.24) mit $\dot{x}_i$, so ergibt sich nach trivialen Umformungen

$$m\dot{x}_i\ddot{x}^i = \frac{m}{2}\frac{d}{ds}\dot{x}_i\dot{x}^i = qF_{ij}\dot{x}^i\dot{x}^j \,. \tag{6.25}$$

---

[13] Siehe dazu auch den Abschnitt 5.8

Das verschwindet, weil F ein antisymmetrischer Tensor sein soll. Damit steht aber auch fest, dass $\dot{x}_i \dot{x}^i = c^2$ eingehalten wird, die Bedingung dafür, dass s die Eigenzeit ist.

Wir halten fest: der Feldtensor F^{ij} in (6.24) <u>muss</u> antisymmetrisch sein.

Die Maxwell-Gleichungen für das elektromagnetische Feld sind partielle Differentialgleichungen erster Ordnung.

Die Divergenz des Feldtensors ist ein Vierervektor, nämlich

$$\partial_i F^{ik} = \begin{pmatrix} \boldsymbol{\nabla E}/c \\ -\nabla_t E^1/c^2 + (\boldsymbol{\nabla} \times \boldsymbol{B})^1 \\ -\nabla_t E^2/c^2 + (\boldsymbol{\nabla} \times \boldsymbol{B})^2 \\ -\nabla_t E^3/c^2 + (\boldsymbol{\nabla} \times \boldsymbol{B})^3 \end{pmatrix} . \tag{6.26}$$

Wenn man die elektrische Stromdichte $\boldsymbol{j}$ um die Komponenten $j^0 = c\varrho$ ergänzt, kann man also

$$\frac{1}{\mu_0} \partial_i F^{ik} = j^k \tag{6.27}$$

schreiben. Das ist wegen $\epsilon_0 \mu_0 c^2 = 1$ mit

$$\epsilon_0 \boldsymbol{\nabla E} = \varrho \quad \text{und} \quad \frac{1}{\mu_0} \boldsymbol{\nabla} \times \boldsymbol{B} - \epsilon_0 \nabla_t E = j \tag{6.28}$$

gleichwertig.

Nicht nur die Divergenz, auch die Rotation des elektromagnetischen Feldes kann man in Viererschreibweise angeben. Dazu muss man das Levi-Cività-Symbol $\epsilon^{ijk\ell}$ wie gewohnt definieren, als total antisymmetrischen Tensor mit $\epsilon^{0123} = 1$. Die Forderung

$$\epsilon^{ijk\ell} \partial_j F_{k\ell} = 0 \tag{6.29}$$

ist dasselbe wie

$$\boldsymbol{\nabla B} = 0 \quad \text{und} \quad \boldsymbol{\nabla} \times \boldsymbol{E} + \nabla_t \boldsymbol{B} = 0 . \tag{6.30}$$

Das elektromagnetische Feld ist rotationsfrei, seine Divergenz wird durch die Viererstromdichte bestimmt. Die Maxwell-Gleichungen kann man also auch so anschreiben:

$$\frac{1}{\mu_0} \partial_i F^{ik} = j^k \quad \text{und} \quad \partial_i \tilde{F}^{ik} = 0 \quad \text{mit} \quad \tilde{F}^{ik} = \epsilon^{ikj\ell} F_{j\ell} . \tag{6.31}$$

Die Maxwellsche Elektrodynamik und die Einsteinschen Relativitätstheorie passen zusammen.

Übrigens, weil das elektromagnetische Feld durch einen antisymmetrischen Tensor beschrieben wird, gilt

$$\partial_k j^k = 0 \,. \tag{6.32}$$

Das ist die bekannte Kontinuitätsgleichung $\nabla_t \varrho + \boldsymbol{\nabla} \boldsymbol{j} = 0$. Ladung kann umverteilt, aber nicht erzeugt oder vernichtet werden, die Quellstärke für elektrische Ladung verschwindet.

Einen antisymmetrischen Tensor mit verschwindender Vierer-Rotation erhält man aus einem Vektorfeld A^k gemäß

$$F^{ij} = \partial^i A^j - \partial^j A^i \,. \tag{6.33}$$

Dass der Feldtensor antisymmetrisch ist, liegt auf der Hand. Dass die Rotation verschwindet, $\epsilon^{ijk\ell} \partial_j (\partial_k A_\ell - \partial_\ell A_k) = 0$, ist auch leicht einzusehen.

Indem man $\phi = cA^0$ schreibt, ergibt sich

$$\boldsymbol{E} = -\boldsymbol{\nabla}\phi - \nabla_t \boldsymbol{A} \quad \text{und} \quad \boldsymbol{B} = \boldsymbol{\nabla} \times \boldsymbol{A} \,. \tag{6.34}$$

Das Viererpotential fasst also das gewöhnliche elektrische Potential ϕ und das Vektorpotential $\boldsymbol{A}$ zusammen.

Wie schon in der Einführung erörtert, gibt es viele Vektorpotentiale A^k, die denselben Feldtensor F^{ij} beschreiben. Man kann dem Vektorpotential zusätzliche Einschränkungen auferlegen. Wir fordern hier die Lorentz-Eichung

$$\partial_k A^k = 0 \,. \tag{6.35}$$

Damit schreibt sich die Maxwell-Gleichung (6.27) als

$$\frac{1}{\mu_0} \Box A^k = j^k \,, \tag{6.36}$$

mit dem Quabla-Operator

$$\Box = \partial_i \partial^i = \frac{1}{c^2} \nabla_t^2 - \Delta \,. \tag{6.37}$$

Wir fassen zusammen:

(6.36) mit (6.35) definieren zulässige Vektorpotentiale A_k, aus denen das elektromagnetische Feld mithilfe von $F^{ij} = \partial^i A^j - \partial^j A^i$ gewonnen wird. Die herkömmliche Aufspaltung des elektromagnetischen Feldes in ein elektrisches Feld $\boldsymbol{E}$ und in ein Magnetfeld[14] $\boldsymbol{B}$ wurde im Abschnitt über *Zeit und Raum* erklärt. Die Aufteilung hängt vom Bezugssystem ab. Das elektromagnetische Feld F^{ij} wirkt gemäß (6.24) auf geladene Teilchen ein.

---

[14] wir sollten eigentlich vom Feld der magnetischen Induktion reden

Wir haben in diesem Abschnitt nichts Neues eingeführt. Die vertrauten Gleichungen wurden lediglich umgeschrieben, und zwar so, dass die Verträglichkeit mit der Relativitätstheorie ins Auge springt.

Historisch betrachtet stellt sich der Sachverhalt anders dar. Die bewährten Maxwell-Gleichungen standen in offensichtlichem Widerspruch mit der Galilei-Vorschrift, wie man zwischen gleichwertigen Inertialsystemen umrechnen soll. Nicht die Maxwell-Gleichungen muss man korrigieren, sondern die Vorstellung von einer universellen Zeit: dieser Gedanke hat die Physik zu Beginn dieses Jahrhunderts umgekrempelt. In seiner berühmten Veröffentlichung 'Zur Elektrodynamik bewegter Körper' hat Albert Einstein dargelegt, dass beim Übergang zu einem bewegten Koordinatensystem auch die Zeit umzurechnen ist.

6.3 Energie und Impuls

Wir erinnern uns daran, dass man dem elektrischen Feld eine Energie zuschreiben kann. Diese Energie ist das Integral über die Energiedichte

$$w = \frac{\epsilon_0}{2} \boldsymbol{E}^2 + \frac{1}{2\mu_0} \boldsymbol{B}^2 \,. \tag{6.38}$$

Die Energiestromdichte, der Poynting-Vektor, ist

$$\boldsymbol{S} = \frac{1}{\mu_0} \boldsymbol{E} \times \boldsymbol{B} \,. \tag{6.39}$$

Die Maxwell-Gleichungen erlauben es, die folgende Bilanz-Gleichung zu beweisen:

$$\dot{w} + \boldsymbol{\nabla} \boldsymbol{S} = -\boldsymbol{E}\boldsymbol{j} \,. \tag{6.40}$$

Der Term auf der rechten Seite, die Quellstärke elektromagnetischer Feldenergie, ist auch unter dem Namen 'Joulesche Wärme' bekannt. Eine irreführende Bezeichnung, denn es handelt sich um die Arbeit der Materie am elektromagnetischen Feld. In vielen Fällen, z. B. in leitenden Materialien mit $\boldsymbol{j} = \sigma \boldsymbol{E}$, ist diese Arbeit negativ, und das Feld gibt Energie an die Materie ab, die sich dabei erwärmt.

Wir sehen uns die Beziehung (6.40) durch die Brille der Relativitätstheorie an. Man erkennt unschwer, dass es sich um eine Viererdivergenz handelt. Allerdings ist die Energie selber kein Skalar, sondern die Null-Komponente eines Vierervektors. Wir suchen daher nach einem Vierertensor Π_{ik}, so dass (6.40) als Spezialfall für $i = 0$ entlarvt wird.

Dieser gesuchte Energie-Impuls-Tensor Π_{ik} muss bilinear im elektromagnetischen Feld sein, wie wir das aus (6.38) und (6.39) ablesen.

Als bilinearer Ausdruck bietet sich

$$R^{ik} = \frac{1}{\mu_0} F^{ij} F_j{}^k \qquad (6.41)$$

an, das ist

$$R^{ik} = \begin{pmatrix} \epsilon_0 \boldsymbol{E}^2 & S_1/c & S_2/c & S_3/c \\ S_1/c & R_{11} & R_{12} & R_{13} \\ S_2/c & R_{21} & R_{22} & R_{23} \\ S_3/c & R_{31} & R_{32} & R_{33} \end{pmatrix} \qquad (6.42)$$

mit der 3×3-Matrix[15]

$$R_{ab} = -\epsilon_0 E_a E_b + \frac{1}{\mu_0}(\boldsymbol{B}^2 \delta_{ab} - B_a B_b). \qquad (6.43)$$

Das also war es noch nicht.

Es gibt noch einen im elektromagnetischen Feld bilinearen Tensor, nämlich $g^{ik} R_j{}^j$.

Dafür berechnen wir erst einmal die Spur

$$R_j{}^j = 2\epsilon_0 \boldsymbol{E}^2 - \frac{2}{\mu_0} \boldsymbol{B}^2. \qquad (6.44)$$

Um $\Pi^{00} = w$ zu bekommen, müssen wir

$$\Pi^{ik} = R^{ik} - \frac{1}{4} g^{ik} R_j{}^j \qquad (6.45)$$

wählen. Das bedeutet konkret

$$\Pi^{ik} = \begin{pmatrix} w & S_1/c & S_2/c & S_3/c \\ S_1/c & \Pi_{11} & \Pi_{12} & \Pi_{13} \\ S_2/c & \Pi_{21} & \Pi_{22} & \Pi_{23} \\ S_3/c & \Pi_{31} & \Pi_{32} & \Pi_{33} \end{pmatrix}. \qquad (6.46)$$

Die 3×3 Matrix Π in (6.46) ist der Maxwellsche Drucktensor:

$$\Pi_{ab} = \epsilon_0 (\frac{1}{2}\delta_{ab}\boldsymbol{E}^2 - E_a E_b) + \frac{1}{\mu_0}(\frac{1}{2}\delta_{ab}\boldsymbol{B}^2 - B_a B_b). \qquad (6.47)$$

---

[15] Dreier-Indizes werden in diesem Abschnitt mit $a, b, \ldots$ bezeichnet. Sie stehen grundsätzlich unten

Mehr dazu später. Wir wollen jetzt zeigen, dass

$$\partial_k \Pi^{ik} = -F^i{}_k j^k \tag{6.48}$$

gilt. Für $i = 0$ stimmt das mit (6.40) überein. Wir haben also tatsächlich die Bilanzgleichung für die Feldenergie um die Bilanzgleichungen für den Feldimpuls erweitert.

Nun zum Beweis für die Behauptung, dass die Viererdivergenz des Energie-Impulstensors mit dem Produkt aus Feld und Stromdichte übereinstimmt. Wir berechnen für den zweiten Beitrag zu (6.45)

$$-\frac{1}{4}\partial_k g^{ik} R_m{}^m = -\frac{1}{4}\partial^i R_m{}^m = -\frac{1}{2\mu_0}F_{ms}\partial^i F^{sm} = -\frac{1}{2\mu_0}F_{ks}\partial^i F^{sk}. \tag{6.49}$$

Der erste ergibt

$$\frac{1}{\mu_0}F_{\ell k}\partial^k F^{i\ell} - F^i{}_\ell j^\ell = -\frac{1}{\mu_0}F_{k\ell}\partial^k F^{i\ell} - F^i{}_k j^k. \tag{6.50}$$

Dabei haben wir uns auf die Divergenz-Maxwell-Gleichungen berufen und auf die Tatsache, dass $F^{\ell k}$ ein antisymmetrischer Tensor ist. Deswegen gilt auch

$$F_{k\ell}\partial^k F^{i\ell} = F_{\ell k}\partial^\ell F^{ik} = F_{k\ell}\partial^\ell F^{ki}. \tag{6.51}$$

Die rechte Seite von (6.48) steht schon in (6.50). Der Rest kann als

$$-\frac{1}{2\mu_0}F_{k\ell}\left(\partial^i F^{\ell k} + \partial^k F^{i\ell} + \partial^\ell F^{ki}\right) \tag{6.52}$$

geschrieben werden. Die Summe in Klammern muss aber wegen der Rotations-Maxwell-Gleichung verschwinden. Damit ist (6.48) bewiesen.

Die Aussage dieser Gleichung für $i = 0$ haben wir bereits diskutiert.

Wir befassen uns nun mit den Indizes $a = 1, 2, 3$. Im folgenden Text soll auch der Index b über die Werte 1,2,3 laufen.

Dem elektromagnetischen Feld ist nicht nur eine Energie, sondern auch ein Impuls zuzuordnen. Die a-Komponente des Feldimpulses hat die Dichte S_a/c, die Stromdichte Π_{ab} in Richtung b und die Quellstärke $-E_a\varrho - \epsilon_{abc}j_b B_c$.

Damit dürfen wir dann (in Dreier-Notation) die Bilanzgleichungen

$$\frac{\dot{S}_a}{c} + \nabla_b \Pi_{ab} = -\varrho E_a - \epsilon_{abc}j_b B_c \tag{6.53}$$

für die a-Komponente des Impulses schreiben.

Der Raumanteil des Energie-Impuls-Tensors ist der Maxwellsche Drucktensor. Meist wird er mit einem negativen Zeichen versehen und dann als Maxwellscher Spannungstensor bezeichnet. Dass bis auf den Faktor c die Energiestromdichte und die Impulsdichte übereinstimmen, ist natürlich kein Zufall. Zum Impuls $\boldsymbol{p} = \hbar\boldsymbol{k}$ eines Photons gehört die Energie $E = c|\boldsymbol{p}| = \hbar c|\boldsymbol{k}| = \hbar\omega$.

Durch die Wechselwirkung mit dem elektromagnetischen Feld gewinnt ein Teilchen pro Zeiteinheit den Impuls $qE_a + \epsilon_{abc}qv_bB_c$. Die gesamte Ladungs- und Stromverteilung gewinnt dann den Impuls $\varrho E_a + \epsilon_{abc}j_bB_c$ pro Zeit- und Volumeneinheit. Genau dieser Impuls geht gemäß (6.53) pro Zeit- und Volumeneinheit dem elektromagnetischen Feld verloren.

Wir fassen zusammen:

- Zum elektromagnetischen Feld F^{ik} gehört ein symmetrischer Energie-Impuls-Tensor Π^{ik}.

- $\partial_k \Pi^{ik} = -F^i{}_k j^k$ ist der pro Zeit- und Volumeneinheit gewonnene Viererimpuls des Feldes.

- Eine Ladungs- und Stromverteilung j^i im elektromagnetischen Feld F^{ik} gewinnt pro Zeit und Volumeneinheit den Viererimpuls $F^i{}_k j^k$.

- Pro Zeit- und Volumeneinheit gleichen sich die Gewinne an Viererimpuls für das Feld und für die Verteilung der geladenen Teilchen aus.

Wir sollten noch die bemerkenswerte Tatsache zur Kenntnis nehmen, dass gemäß (6.44) der Ausdruck

$$R_j{}^j = F_j{}^k F_k{}^j = 2\epsilon_0 \boldsymbol{E}^2 - \frac{2}{\mu_0}\boldsymbol{B}^2 \tag{6.54}$$

eine Invariante ist. An jedem Zeit-Raum-Punkt steht also fest, ob das elektromagnetische Feld eher elektrisch oder eher magnetisch ist.

Übrigens ist auch die Determinante des elektromagnetischen Feldtensors eine Invariante. Sie hat den Wert

$$\det(F) = \frac{(\boldsymbol{E}\boldsymbol{B})^2}{c^2}. \tag{6.55}$$

Die Aussage, dass $\boldsymbol{E}$ und $\boldsymbol{B}$ aufeinander senkrecht stehen, gilt also unabhängig vom Bezugssystem.

6.4 Ebene Welle

Wir wollen in diesem Abschnitt eine besonders einfache Lösung der Maxwell-Gleichungen studieren, die ebene Welle im Vakuum.

Zu lösen ist die Wellengleichung

$$\Box A^i = 0 \text{ mit } \partial_i A^i = 0. \tag{6.56}$$

Mit

$$A^i(x) = a^i\, e^{-ik_j x^j} \ , \ k_j k^j = 0 \text{ und } k_j a^j = 0 \tag{6.57}$$

hat man schnell eine Lösung gefunden.

Der Wellenvektor hat die Form $k^i = (|\boldsymbol{k}|, \boldsymbol{k})$, seine Viererlänge verschwindet damit. Mit $\omega = |\boldsymbol{k}|c$ schreibt sich (6.57) als

$$A^i(t, \boldsymbol{x}) = a^i e^{-i\omega t + i\boldsymbol{k}\boldsymbol{x}} . \tag{6.58}$$

Wir wollen hier nicht auf das elektromagnetische Feld dieser ebenen Welle eingehen. Wir interessieren uns vielmehr dafür, wie ein sich bewegender Beobachter die Welle wahrnimmt.

Dieser Beobachter bewegt sich in Richtung 3-Richtung mit Geschwindigkeit v. Wie üblich führen wir $\beta = v/c$ ein. Ereignisse in Bezug auf das Inertialsystem $\bar{\Sigma}$ werden durch Viererkoordinaten $\bar{x}^i$ beschrieben, die aus den alten durch

$$\bar{x}^i = \Lambda^i{}_j x^j \tag{6.59}$$

hervorgehen. Die Lorentz-Matrix ist

$$\Lambda^i{}_j = \begin{pmatrix} 1/\sqrt{1-\beta^2} & 0 & 0 & -\beta/\sqrt{1-\beta^2} \\ 0 & 1 & 0 & 0 \\ 0 & 0 & 1 & 0 \\ -\beta/\sqrt{1-\beta^2} & 0 & 0 & 1/\sqrt{1-\beta^2} \end{pmatrix} . \tag{6.60}$$

$x^i = (ct, 0, 0, 0)$ wird zu $\bar{x}^i = (ct, 0, 0, -vt)/\sqrt{1-v^2/c^2}$. Der alte Koordinatenursprung bewegt sich, vom neuen System aus beobachtet, mit Geschwindigkeit $\bar{x}^3/\bar{x}^0 = -v/c$, wie vereinbart.

Wenn man vom alten Inertialsystem aus eine ebene Welle mit Wellenvektor k^i beobachtet hat, dann sieht man vom neuen Inertialsystem aus ebenfalls eine ebene Welle. Diese hat allerdings den Wellenvektor

$$\bar{k}^i = \Lambda^i{}_j k^j . \tag{6.61}$$

Der Wellenvektor muss sich wie ein Vierervektor transformieren, damit die Lösung (6.57) dieselbe Physik in allen Inertialsystemen darstellt.

Mit $k^i = (k, 0, 0, k)$ wird beschrieben, dass man sich von der Strahlungsquelle radial entfernt. Statt der Kreisfrequenz $\omega = k/c$ beobachtet man nun $\bar{\omega}$, und es gilt

$$\frac{\bar{\omega}}{\omega} = \sqrt{\frac{1-\beta}{1+\beta}} . \tag{6.62}$$

Das ist die bekannte Formel für die Rotverschiebung des Spektrums. Die Wellenlängen aller Spektrallinien werden um den gleichen Faktor vergrößert. Bei kleinen Geschwindigkeiten läuft das übrigens auf

$$\frac{\bar{\omega}}{\omega} \approx 1 - \frac{v}{c} \tag{6.63}$$

hinaus.

Bewegt man sich auf die Lichtquelle zu, dann kommt es zur Blauverschiebung:

$$\frac{\bar{\omega}}{\omega} = \sqrt{\frac{1+\beta}{1-\beta}}, \tag{6.64}$$

was bei kleinen Geschwindigkeiten zu

$$\frac{\bar{\omega}}{\omega} \approx 1 + \frac{v}{c} \tag{6.65}$$

wird.

Die Näherungen für kleine Geschwindigkeiten (aber auch nur dann!) stimmen übrigens mit den Formeln für die Dopplerverschiebung[16] von Schallwellen überein, wenn man c als Schallgeschwindigkeit interpretiert.

Bewegt sich die Schallquelle senkrecht zum Beobachter, dann gibt es keinen Doppler-Effekt für Schallwellen. Bei elektromagnetischer Strahlung ist das anders.

Der Vierervektor $k^i = (k, k, 0, 0)$ wird durch (6.60) so transformiert, dass

$$\frac{\bar{\omega}}{\omega} = \frac{1}{\sqrt{1-\beta^2}} \tag{6.66}$$

gilt. In zweiter Ordnung in $\beta = v/c$ verändert sich also doch die Wellenlänge in Richtung Blau.

Wenn der Beobachter sich mit Geschwindigkeit $v = \beta c$ im Winkel θ zur Laufrichtung der Welle bewegt, dann hat für ihn diese Welle eine Kreisfrequenz von

$$\frac{\bar{\omega}}{\omega} = \frac{1 - \beta \cos\theta}{\sqrt{1-\beta^2}}. \tag{6.67}$$

Das fasst die bisher diskutierten Spezialfälle zusammen.

Der Winkel, unter dem der bewegte Beobachter die ebene Welle sieht, ist durch

$$\tan\bar{\theta} = \frac{\sqrt{1-\beta^2} \, \sin\theta}{\cos\theta - \beta} \tag{6.68}$$

gegeben. Dieses Phänomen wird auch als Aberration bezeichnet.

---

[16] Christian Andreas Doppler, 1803 - 1853, österreichischer Mathematiker und Physiker

6.5 Retardierte Potentiale

Wir werden in diesem Abschnitt eine Formel herleiten, mit der man das Vektorpotential A^i aus einer vorgegebenen Ladungs- und Stromdichte j^i berechnen kann. Diese Aufgabe ist nicht eindeutig lösbar. Unter den verschiedenen Möglichkeiten wählen wir die kausale, oder retardierte Lösung: die Vergangenheit soll die Zukunft bestimmen.

Wir gehen von der Gleichung

$$\frac{1}{\mu_0}\Box A^i = j^i \tag{6.69}$$

aus. Zusätzlich muss die Lorentz-Eichung

$$\partial_i A^i = 0 \tag{6.70}$$

erfüllt werden.

Nun, der Zusammenhang zwischen Viererpotential und Viererstromdichte ist linear, und die Koeffizienten der Differentialgleichung sind konstant. Daher dürfen wir die Lösung mit einer Greenschen Funktion $G = G(\xi)$ schreiben,

$$A^i(x) = \mu_0 \int d^4y\, G(x-y)\, j^i(y) \,. \tag{6.71}$$

(6.69) ist damit genau dann erfüllt, wenn

$$\Box G(\xi) = \delta^4(\xi) \tag{6.72}$$

gilt.

Formal ist diese Gleichung einfach zu lösen. Wir setzen

$$G(\xi) = \int \frac{d^4k}{(2\pi)^4}\, \hat{G}(k)\, e^{-ik\xi} \tag{6.73}$$

an[17] und beachten

$$\delta^4(\xi) = \int \frac{d^4k}{(2\pi)^4}\, e^{-ik\xi} \,. \tag{6.74}$$

Der Vergleich ergibt $\hat{G}(k) = -1/k^2$, also

$$G(\xi) = -\int \frac{d^4k}{(2\pi)^4}\, \frac{1}{k^2}\, e^{-ik\xi} \,. \tag{6.75}$$

---

[17] $k\xi$ steht für $k_i\xi^i = k^0\xi^0 - \mathbf{k}\boldsymbol{\xi}$

Wir schreiben das um in

$$G(\xi) = -\int \frac{d^3k}{(2\pi)^3} e^{ik\boldsymbol{\xi}} \int \frac{dk_0}{2\pi} e^{-ik_0\xi^0} \frac{1}{k_0 - |\boldsymbol{k}|} \frac{1}{k_0 + |\boldsymbol{k}|} \qquad (6.76)$$

und erkennen sofort das Problem: der Integrationsweg $-\infty < k_0 < \infty$ auf der reellen Achse führt über zwei Singularitäten! Die Greensche Funktion ist eben keine Funktion, sondern eine Distribution.

Man verschiebt diese Singularitäten um die infinitesimale positive Größe ϵ in die untere k_0-Halbebene:

$$-\int \frac{dk_0}{2\pi} e^{-ik_0\xi^0} \frac{1}{k_0 - |\boldsymbol{k}| + i\epsilon} \frac{1}{k_0 + |\boldsymbol{k}| + i\epsilon} \,. \qquad (6.77)$$

Über den Grund für gerade diese Wahl reden wir später.

Im Falle $\xi^0 < 0$ darf man den Integrationsweg durch einen unendlichen Halbkreis in der oberen k_0-Halbebene schließen. Im Inneren befinden sich dann keine Singularitäten, so dass das Integral (6.77) verschwindet. Damit steht der Faktor $\theta(\xi^0)$ fest. θ ist die Heavisidesche[18] Sprungfunktion.

Im Falle $\xi^0 > 0$ muss man den Integrationsweg in der unteren Halbebene schließen. Beim Zusammenziehen bleibt man an den beiden Polen hängen, bei $k_0 = -|\boldsymbol{k}| - i\epsilon$ und bei $k_0 = |\boldsymbol{k}| - i\epsilon$. Mit dem Residuensatz ergibt sich

$$-\frac{2\pi i}{2\pi} \left\{ -\frac{e^{i|\boldsymbol{k}|\xi^0}}{-2|\boldsymbol{k}|} - \frac{e^{-i|\boldsymbol{k}|\xi^0}}{2|\boldsymbol{k}|} \right\} = \frac{\sin|\boldsymbol{k}|\xi^0}{|\boldsymbol{k}|} \,. \qquad (6.78)$$

Die negativen Vorzeichen vor den Brüchen berücksichtigen, dass die Pole im mathematisch negativen Sinn umlaufen werden.

Jetzt muss man also

$$G(\xi) = \theta(\xi^0) \int \frac{d^3k}{(2\pi)^3} \frac{\sin|\boldsymbol{k}|\xi^0}{|\boldsymbol{k}|} e^{ik\boldsymbol{\xi}} \qquad (6.79)$$

ausrechnen. Wir verwenden Kugelkoordinaten mit der Richtung von $\boldsymbol{\xi}$ als Polarachse:

$$G(\xi) = \frac{\theta(\xi^0)}{4\pi^2} \int_0^\infty dk\, k^2 \frac{\sin k\xi^0}{k} \int_{-1}^1 dz\, e^{ik|\boldsymbol{\xi}|z} \,. \qquad (6.80)$$

Weil der Integrand in k gerade ist, kann das Zwischenergebnis

$$G(\xi) = \frac{\theta(\xi^0)}{2\pi^2|\boldsymbol{\xi}|} \int_0^\infty dk\, \sin k\xi^0 \, \sin k|\boldsymbol{\xi}| \qquad (6.81)$$

---

[18] Oliver Heaviside, 1850 - 1925, britischer Mathematiker und Physiker

in

$$G(\xi) = \frac{\theta(\xi^0)}{4\pi^2|\boldsymbol{\xi}|} \int dk \, \sin k\xi^0 \, \sin k|\boldsymbol{\xi}| \tag{6.82}$$

umgeformt werden.

Das Integral ergibt $-\pi\delta(\xi^0 + |\boldsymbol{\xi}|) + \pi\delta(\xi^0 - |\boldsymbol{\xi}|)$, wobei der erste Term wegen $\theta(\xi^0)$ nichts bewirkt. Damit haben wir

$$G(\xi) = \frac{\theta(\xi^0)\delta(\xi^0 - |\boldsymbol{\xi}|)}{4\pi|\boldsymbol{\xi}|} \tag{6.83}$$

ausgerechnet.

Ein Blick auf (6.71) zeigt, dass ξ^0 als das Alter des Einflusses der Viererstromdichte auf das Viererpotential aufzufassen ist. (6.83) garantiert mit $\theta(\xi^0)$, dass nur zurückliegende Einflüsse berücksichtigt werden. Der Faktor $\delta(\xi^0 - |\boldsymbol{\xi}|)$ in (6.83) stellt sicher, dass sich die elektromagnetische Wechselwirkung mit Lichtgeschwindigkeit ausbreitet. Der Faktor $1/4\pi|\boldsymbol{\xi}|$ ist uns ebenfalls vertraut.

Diese erwünschten Eigenschaften der Greenschen Funktion haben wir in (6.77) ausgewählt. Sie sind nicht notwendig. Man kann die beiden Singularitäten anders verschieben und erhält damit Greensche Funktionen mit anderen Kausalitätseigenschaften.

(6.83) in (6.71) eingesetzt ergibt

$$A^i(x_0, \boldsymbol{x}) = \frac{\mu_0}{4\pi} \int d^3\xi \, \frac{j^i(x_0 - |\boldsymbol{\xi}|, \boldsymbol{x} - \boldsymbol{\xi})}{|\boldsymbol{\xi}|} \,. \tag{6.84}$$

Dass dieses retardierte Potential auch der Lorentz-Eichbedingung (6.70) genügt, folgt sofort aus der Kontinuitätsgleichung $\partial_i j^i = 0$.

Man kann (6.84) in geläufigerer Notation auch als

$$A^i(ct, \boldsymbol{x}) = \frac{\mu_0}{4\pi} \int d^3y \, \frac{j^i(ct - |\boldsymbol{x} - \boldsymbol{y}|, \boldsymbol{y})}{|\boldsymbol{x} - \boldsymbol{y}|} \tag{6.85}$$

darstellen.

Die Einschränkung $y^0 = x^0 - |\boldsymbol{x} - \boldsymbol{y}|$ definiert den Rückwärts-Lichtkegel zum Raum-Zeitpunkt $x = (x^0, \boldsymbol{x})$. Der Rückwärts-Lichtkegel besteht aus allen Punkten des vierdimensionalen Raum-Zeitkontinuums, die den Aufpunkt x mit Lichtgeschwindigkeiten erreichen können. Das ist eine dreidimensionale Mannigfaltigkeit, über die integriert wird. Nur die Ladungs- und Stromdichte auf dem Rückwärts-Lichtkegel trägt zum Viererpotential jetzt und hier bei.

Prinzipiell käme auch der Vorwärts-Lichtkegel $y^0 = x^0 + |\boldsymbol{x} - \boldsymbol{y}|$ in Frage. Der wurde durch die Entscheidung ausgeschaltet, die Singularitäten in (6.77) oben herum zu umschiffen. Damit haben wir uns für die kausale Lösung entschieden: erst die Ursache (j^i), später die Wirkung (A^i).

6.6 Oszillierender Dipol

Wir wollen in diesem Abschnitt annehmen, dass sich Ladung und Stromdichte zeitlich rein periodisch ändern:

$$j^i(t, \boldsymbol{x}) = j^i(\boldsymbol{x}) \, e^{-i\omega t} \, . \tag{6.86}$$

Dabei und auch in den folgenden Formeln ist der Realteil gemeint. Erst wenn man es mit Ausdrücken zu tun hat, die in den Feldern nicht mehr linear sind, muss man genauer werden.

Setzt man das in den allgemeinen Ausdruck für retardierte Potentiale ein, so ergibt sich

$$\boldsymbol{A}(t, \boldsymbol{x}) = \frac{\mu_0}{4\pi} \, e^{-i\omega t} \int d^3y \, \frac{e^{ik|\boldsymbol{x} - \boldsymbol{y}|}}{|\boldsymbol{x} - \boldsymbol{y}|} \, \boldsymbol{j}(\boldsymbol{y}) \, . \tag{6.87}$$

$k = \omega/c$ ist die Wellenzahl, die zur Kreisfrequenz ω gehört. Wir brauchen uns nur noch mit dem Vektorpotential $\boldsymbol{A}$ zu befassen, weil sich das skalare Potential A_0 mithilfe der Lorentz-Eichbedingung berechnen lässt.

Das Vektorpotential bei $\boldsymbol{x}$ ist eine Superposition von Kugelwellen mit Zentrum bei $\boldsymbol{y}$, deren Stärke zur Stromdichte dort proportional ist. So soll man (6.87) lesen.

Wir wollen nun annehmen, dass die Stromdichte außerhalb einer Kugel vom Radius R verschwindet.

Für $\boldsymbol{x} = r\boldsymbol{n}$ mit $\boldsymbol{n}$ als Einheitsvektor können wir dann wie üblich gemäß

$$|\boldsymbol{x} - \boldsymbol{y}| = r - \boldsymbol{n}\boldsymbol{y} + \ldots \tag{6.88}$$

entwickeln, wobei die fortgelassenen Terme mit $r \to \infty$ verschwinden. In (6.87) eingesetzt ergibt sich

$$\boldsymbol{A}(t, \boldsymbol{x}) = \mu_0 \frac{e^{i(kr - \omega t)}}{4\pi r} \, \hat{\boldsymbol{j}}(\boldsymbol{k}) \, , \tag{6.89}$$

mit

$$\hat{\boldsymbol{j}}(\boldsymbol{k}) = \int d^3y \, e^{-i\boldsymbol{k}\boldsymbol{y}} \, \boldsymbol{j}(\boldsymbol{y}) \tag{6.90}$$

als räumlicher Fourier-Transformierten der Stromdichte bei $\boldsymbol{k} = k\boldsymbol{n}$.

Im Falle $kR \ll 1$ hat man es mit langen Wellen zu tun. Die Wellenlänge $\lambda = 2\pi/k$ ist viel größer als die Ausdehnung der Strahlungsquelle.

Das trifft nicht auf ein schnurloses Telefon zu, das bei etwa 2 GHz sendet und eine Antenne von etwa 3 cm hat. Dann ist kR mit 1 vergleichbar. Für einen mobilen Kurzwellensender dagegen (Wellenlänge 50 m, Antennenlänge 1 m) ist $kR \ll 1$ eine brauchbare Näherung.

Wenn die Wellenlänge groß ist im Vergleich mit der Abmessung des Senders, darf man (6.90) durch

$$\hat{\boldsymbol{j}}(\boldsymbol{k}) \approx \hat{\boldsymbol{j}}(0) = \int d^3y \, \boldsymbol{j}(\boldsymbol{y}) \tag{6.91}$$

nähern. Wegen

$$\int d^3y \, j_k(\boldsymbol{y}) = \int d^3y \, j_i \nabla_i y_k = \int d^3y \, \dot{\varrho} \, y_k = \dot{d}_k = -i\omega d_k \tag{6.92}$$

gilt dann

$$\boldsymbol{A}(t, r\boldsymbol{n}) = -i\omega\mu_0 \, \frac{e^{i(kr - \omega t)}}{4\pi r} \, \boldsymbol{d} \,, \tag{6.93}$$

mit $\boldsymbol{d}$ als dem Dipolmoment der rein periodischen Ladungs- und Stromverteilung.

Der am schwächsten abfallende Teil des zugehörigen Magnetfeldes ist

$$\boldsymbol{B}(t, r\boldsymbol{n}) = \frac{\mu_0\omega^2}{c} \, \frac{e^{i(kr - \omega t)}}{4\pi r} \, \boldsymbol{n} \times \boldsymbol{d} \,. \tag{6.94}$$

Dazu gehört der wie $1/r$ abfallende Anteil

$$\boldsymbol{E}(t, r\boldsymbol{n}) = \mu_0\omega^2 \, \frac{e^{i(kr - \omega t)}}{4\pi r} \, (\boldsymbol{n} \times \boldsymbol{d}) \times \boldsymbol{n} \tag{6.95}$$

des elektrischen Feldes.

Wir ersetzen die Exponentialfunktion durch den Kosinus und rechnen die Energiestromdichte aus:

$$\boldsymbol{S}(t, r\boldsymbol{n}) = \frac{1}{\mu_0} \boldsymbol{E} \times \boldsymbol{B} = \frac{\mu_0\omega^4}{c} \, \frac{\cos^2(kr - \omega t)}{16\pi^2 r^2} \, |\boldsymbol{n} \times \boldsymbol{d}|^2 \, \boldsymbol{n} \,. \tag{6.96}$$

Dieses Zwischenergebnis ist plausibel. Wir haben nur die am schwächsten abfallenden Feldanteile berücksichtigt, diese ergeben eine gemäß $1/r^2$ abfallende Energiestromdichte. Integriert man das über eine Kugel mit Radius r, ergibt sich eine in genügend großer Entfernung abstandsunabhänge Abstrahlleistung.

Die Winkelverteilung entspricht unseren Erwartungen an ein Dipolfeld. Senkrecht zum Dipol wird am stärksten abgestrahlt, in Dipolrichtung überhaupt nicht. Das Quadrat sorgt überdies dafür, dass zwischen $\boldsymbol{d}$ und $-\boldsymbol{d}$ kein Unterschied ist.

Außerdem wird immer vom Dipol weg abgestrahlt. Mit unserer Entscheidung für die retardierten Potentiale haben wir sichergestellt, dass ein schwingender Dipol Feldenergie abgibt.

Wir ersetzen den zeitveränderlichen Term durch seinen Mittelwert und drücken die Abhängigkeit von der Kreisfrequenz durch Zeitableitungen aus:

$$\bar{\boldsymbol{S}}(r\boldsymbol{n}) = \frac{\mu_0}{c} \frac{1}{32\pi^2 r^2} |\boldsymbol{n} \times \ddot{\boldsymbol{d}}|^2 \, \boldsymbol{n} \,. \tag{6.97}$$

Man integriert nun über eine große Kugel. Das Ergebnis ist die zeitgemittelte Abstrahlleistung

$$\bar{P} = \frac{1}{3c} \frac{\mu_0}{4\pi} |\ddot{\boldsymbol{d}}|^2 \,. \tag{6.98}$$

Eine ruhende Ladung strahlt nicht. Wenn sich das geladenen Teilchen mit konstanter Geschwindigkeit bewegt, entsteht auch keine Strahlung, denn es gibt ein Inertialsystem, in dem es ruht. Zwei Ladungen mit unterschiedlichem Vorzeichen, die sich mit konstanter Geschwindigkeit bewegen, erzeugen dann auch keine Strahlung. Erst wenn die Ladungen eine Beschleunigung erleiden, wird ein Strahlungsfeld erzeugt. Das erklärt, warum in (6.98) nicht $\boldsymbol{d}$ oder $\dot{\boldsymbol{d}}$ auftritt, sondern $\ddot{\boldsymbol{d}}$.

Ein mit q geladenes Teilchen verliert pro Zeiteinheit die Energie

$$P = \frac{2}{3c} \frac{\mu_0}{4\pi} q^2 |\ddot{x}_i \ddot{x}^i| \,. \tag{6.99}$$

Während in (6.98) der Punkt die Ableitung nach der Zeit t bedeutet, ist nun die Ableitung nach der Eigenzeit s gemeint.

(6.99) kann man folgendermaßen plausibel machen. Auf der linken Seite steht eine relativistische Invariante, nämlich der Quotient zweier Null-Komponenten von Vierervektoren. Das Dipolmoment eines mit q geladenen Teilchens ist $\boldsymbol{d} = q\boldsymbol{x}$. Um eine relativistische Invariante zu bilden, muss man das Vierer-Skalarprodukt schreiben und die Zeit t durch die Eigenzeit s ersetzen. Der Faktor 2 macht die Zeitmittelung des $(\cos\omega t)^2$-Beitrages rückgängig.

(6.99) ist ein näherungsfreies Ergebnis, das wir hier aber nur plausibel gemacht haben.

Beispielsweise beschreibt

$$x^i(s) = \frac{(cs, R\cos(vs/R), R\sin(vs/R), 0)}{\sqrt{1 - v^2/c^2}} \tag{6.100}$$

eine Kreisbahn mit konstanter Geschwindigkeit v und Bahnradius R.

Man prüft leicht nach, dass für

$$\dot{x}^i(s) = \frac{(c, -v\sin(vs/R), v\cos(vs/R), 0)}{\sqrt{1 - v^2/c^2}} \tag{6.101}$$

tatsächlich $\dot{x}_i \dot{x}^i = c^2$ gilt. s ist also wirklich die Eigenzeit. Die Viererbeschleunigung ist ein raumartiger Vektor mit $\ddot{x}_i \ddot{x}^i = -v^4/(R^2(1 - v^2/c^2))$.

Damit steht fest, wieviel das Teilchen pro Zeiteinheit an Energie verliert:

$$P = \frac{2}{3c} \frac{\mu_0}{4\pi} \frac{q^2 c^4}{R^2} \frac{\beta^4}{1 - \beta^2} . \tag{6.102}$$

Wie üblich haben wir $\beta = v/c$ abgekürzt.

Diese Abstrahlleistung muss ständig nachgefüttert werden, damit die Teilchen ihre Geschwindigkeit behalten können. Man erkennt, warum ein größerer Beschleuniger oder Speicherring besser ist, und man erkennt auch die Probleme bei $v \to c$. Auf die spektrale Intensität und die Winkelverteilung der Synchrotron-Strahlung wollen wir hier nicht eingehen.

Der Ausdruck (6.98) erklärt übrigens, warm die Streuung von Licht an den Dichtefluktuationen der Atmosphäre zur vierten Potenz der Photonenenergie $\hbar\omega$ proportional ist (Rayleigh-Streuung).

6.7 Kramers-Kronig-Beziehung

Wir wollen uns in diesem Abschnitt mit der Ausbreitung von Licht in einem transparenten Kristall beschäftigen.

Wir erinnern uns: Materie kann durch das elektromagnetische Feld elektrisch und magnetisch polarisiert werden. Die Dichte des elektrischen Dipolmomentes ist die Polarisierung $\boldsymbol{P}$, die Dichte des magnetischen Dipolmomentes die Magnetisierung $\boldsymbol{M}$. Die felderzeugende Ladungs- und Stromdichte besteht nicht nur aus den Beiträgen ϱ^{f} und $\boldsymbol{j}^{\mathrm{f}}$ der freien Ladung, es kommen Polarisierungs- und Magnetisierungsbeiträge hinzu. Man führt die dielektrische Verschiebung durch $\boldsymbol{D} = \epsilon_0 \boldsymbol{E} + \boldsymbol{P}$ ein und die magnetische Feldstärke $\boldsymbol{H}$ durch $\boldsymbol{B} = \mu_0 \boldsymbol{H} + \boldsymbol{M}$. Damit kann man die Maxwell-Gleichungen als

$$\boldsymbol{\nabla} \boldsymbol{D} = \varrho^{\mathrm{f}} \ , \ \boldsymbol{\nabla} \times \boldsymbol{H} = \boldsymbol{j}^{\mathrm{f}} + \dot{\boldsymbol{D}} \ , \ \boldsymbol{\nabla} \boldsymbol{B} = 0 \ , \ \boldsymbol{\nabla} \times \boldsymbol{E} = -\dot{\boldsymbol{B}} \tag{6.103}$$

schreiben. Nun hat man zwar nur die Dichte und Stromdichte der freibeweglichen Ladung im Spiel, dafür aber zu viele Felder. Zusätzliche Materialgleichungen werden benötigt.

Wir beschäftigen uns in diesem und im nächsten Abschnitt mit Optik. Bei optischen Frequenzen kann die Magnetisierung nicht mehr folgen, daher gilt immer $\boldsymbol{B} = \mu_0 \boldsymbol{H}$. Hier ist der Zusammenhang zwischen dielektrischer Verschiebung und der elektrischen Feldstärke von Interesse.

Wir bauen ein, dass die elektrische Feldstärke für die Polarisierung und damit auch für die dielektrische Verschiebung verantwortlich ist. Der Zusammenhang soll lokal sein in dem Sinne, dass die Verschiebung an der Stelle $\boldsymbol{x}$ nur von der elektrischen Feldstärke dort abhängt. Das wird durch

$$P(t, \boldsymbol{x}) = \epsilon_0 \int_0^\infty d\tau \, \Gamma(\tau) E(t - \tau, \boldsymbol{x}) \tag{6.104}$$

gewährleistet. Die folgenden Untersuchungen beziehen sich alle auf dieselbe Stelle im Raum, daher lassen wir das Argument $\boldsymbol{x}$ bei Feldern ab jetzt weg. Wir zerlegen die elektrische Feldstärke und die Polarisierung in rein periodische Beiträge:

$$\boldsymbol{E}(t) = \int \frac{d\omega}{2\pi} \, e^{-i\omega t} \, \hat{\boldsymbol{E}}(\omega) \ \text{ und } \ \boldsymbol{P}(t) = \int \frac{d\omega}{2\pi} \, e^{-i\omega t} \, \hat{\boldsymbol{P}}(\omega). \tag{6.105}$$

Es gilt also

$$
\begin{aligned}
\hat{\boldsymbol{P}}(\omega) &= \int dt \, e^{i\omega t} \, \boldsymbol{P}(t) \\
&= \epsilon_0 \int dt \, e^{i\omega t} \int_0^\infty d\tau \, \Gamma(\tau) \boldsymbol{E}(t - \tau) \\
&= \epsilon_0 \int dt \, e^{i\omega t} \int_0^\infty d\tau \, \Gamma(\tau) \int \frac{d\eta}{2\pi} \, e^{-i\eta(t - \tau)} \, \hat{\boldsymbol{E}}(\eta).
\end{aligned}
\tag{6.106}
$$

Die Integration über t ergibt $2\pi\delta(\omega - \eta)$, und deswegen dürfen wir

$$\hat{\boldsymbol{P}}(\omega) = \epsilon_0 \chi(\omega) \hat{\boldsymbol{E}}(\omega) \tag{6.107}$$

schreiben, mit

$$\chi(\omega) = \int_0^\infty d\tau \, e^{i\omega\tau} \, \Gamma(\tau). \tag{6.108}$$

(6.107) drückt aus, dass eine rein periodische elektrische Feldstärke eine Polarisierung mit derselben Frequenz hervorruft. Die Suszeptibilität $\chi = \chi(\omega)$, die den linearen Zusammenhang vermittelt, hängt von der Kreisfrequenz ab. Wie wir gleich zeigen werden: die Suszeptibilität <u>muss</u> sich mit der Kreisfrequenz ändern.

(6.108) sagt, dass die Suszeptibilität die Fourier-Transformierte eines Produktes aus Sprungfunktion θ und Einflussfunktion Γ ist.

Die Identität

$$\int dt \, f(t)g(t) \, e^{i\omega t} = \int \frac{du}{2\pi} \, \hat{f}(\omega - u)\hat{g}(u) \tag{6.109}$$

lehrt, dass die Fourier-Transformierte eines Produktes die Faltung der Fourier-Transformierten ist.

Die Fourier-Transformierte der Sprungfunktion ist dem folgenden Ausdruck zu entnehmen:

$$\int \frac{d\omega}{2\pi} \frac{i}{\omega + i\epsilon} e^{-i\omega t} = \theta(t). \tag{6.110}$$

Dabei steht ϵ wie schon früher für eine positive infinitesimale Zahl. Es wird so angedeutet, wie der Pol bei $\omega = 0$ zu umschiffen ist, nämlich in der oberen Halbebene.

Wir können damit

$$\chi(\omega) = \frac{1}{2\pi i} \int du \frac{\hat{\Gamma}(u)}{u - \omega - i\epsilon} \tag{6.111}$$

schreiben.

Später, wenn wir die *Theorie der linearen Antwort* studieren, können wir nachweisen, warum die Einflussfunktion Γ eine ungerade Funktion des Zeitargumentes ist. Weil Γ obendrein reell sein muss, folgt für die Fourier-Transformierte

$$\hat{\Gamma}^*(u) = \hat{\Gamma}(-u) = -\hat{\Gamma}(u). \tag{6.112}$$

Komplex-konjugieren der Beziehung (6.111) liefert deswegen

$$\chi^*(\omega) = \frac{1}{2\pi i} \int du \frac{\hat{\Gamma}(u)}{u - \omega + i\epsilon}, \tag{6.113}$$

dasselbe wie (6.111), nur dass der Singularität in der anderen Halbebene auszuweichen ist.

Die Differenz aus (6.111) und (6.113) ergibt

$$\chi(\omega) - \chi^*(\omega) = \hat{\Gamma}(\omega). \tag{6.114}$$

Umschifft man den Pol bei $u = \omega$ einmal unten und rückwärts oben, dann läuft das auf ein Ringintegral um den Pol hinaus.

Weicht man dem Pol zur Hälfte oben herum und zur Hälfte unten herum aus, dann spricht man vom Hauptwertintegral[19], das üblicherweise durch Pr vor dem Integralzeichen angekündigt wird.

Die Summe aus (6.111) und (6.113) kann damit in

$$\chi(\omega) + \chi^*(\omega) = \frac{2}{2\pi i} \, \text{Pr} \int du \frac{\Gamma(u)}{u - \omega} \tag{6.115}$$

umgeformt werden.

Wir zerlegen die Suszeptibilität in Real- und Imaginärteil, $\chi = \chi' + i\chi''$. (6.115) mit (6.114) ergeben

---

[19] principal value integral

$$\chi'(\omega) = \Pr \int \frac{du}{\pi} \frac{\chi''(u)}{u - \omega}. \tag{6.116}$$

Das ist die bekannte Kramers[20]-Kronig[21]-Beziehung.

In einem Kristall müssen die elektrische Feldstärke und die Polarisierung nicht parallel zueinander gerichtet sein. Bei kleinen Feldstärken ist der Zusammenhang trotzdem linear, und das drückt man durch

$$\hat{P}_i(\omega) = \chi_{ij}(\omega)\hat{E}_j(\omega) \tag{6.117}$$

aus. Die frequenzabhängige Suszeptibilität ist im Allgemeinen ein zweistufiger Tensor. Dieser Tensor kann in den hermiteschen und in den antihermiteschen Anteil zerlegt werden,

$$\chi'_{ij} = \frac{\chi_{ij} + \chi^*_{ji}}{2} \text{ und } \chi''_{ij} = \frac{\chi_{ij} - \chi^*_{ji}}{2i}, \tag{6.118}$$

und die beiden Anteile sind durch die Kramers-Kronig-Beziehung

$$\chi'_{ij}(\omega) = \Pr \int \frac{du}{\pi} \frac{\chi''_{ij}(u)}{u - \omega} \tag{6.119}$$

miteinander verknüpft.

Wie wir wissen, wird die Quellstärke für Feldenergie durch den Ausdruck $-\boldsymbol{Ej}$ beschrieben. In unserem Falle besteht die Stromdichte allein aus dem Polarisierungsbeitrag $\dot{\boldsymbol{P}}$. Also ist

$$A = -\int dt\, \boldsymbol{E} \cdot \dot{\boldsymbol{P}} \tag{6.120}$$

die insgesamt pro Volumeneinheit produzierte Feldenergie, die negativ sein sollte (Absorption).

Wir benutzen das Parsevalsche Theorem für reellwertige Funktionen f und g:

$$\int dt\, f(t)g(t) = \int \frac{d\omega}{2\pi}\, \hat{f}^*(\omega)\hat{g}(\omega) = \int \frac{d\omega}{2\pi}\, \hat{f}(\omega)\hat{g}^*(\omega). \tag{6.121}$$

Damit können wir

$$A = -\int \frac{d\omega}{2\pi}\, (-i\omega)E_i^*(\omega)\chi_{ij}(\omega)E_j(\omega) \tag{6.122}$$

schreiben. Der hermitesche Beitrag zur Suszeptibilität würde zu einem komplexen Ergebnis führen, und daher gilt

[20] Hendrik Anthony Kramers, 1894 - 1952, niederländischer Physiker
[21] Ralph Kronig, 1904 - 1955, deutsch/US-amerikanischer Physiker

$$A = - \int \frac{d\omega\omega}{2\pi} E_i^*(\omega) \chi_{ij}''(\omega) E_j(\omega) \,. \tag{6.123}$$

Nun ist $\omega \to \chi_{ij}(\omega)$ die Fourier-Transformierte einer reellwertigen Funktion. Deswegen muss der hermitesche Anteil unter $\omega \to -\omega$ symmetrisch sein und der antihermitesche Anteil antisymmetrisch. Das bedeutet, dass sich (6.123) als Integral über die positiven Frequenzen darstellen lässt:

$$A = -2 \int_0^\infty \frac{d\omega\omega}{2\pi} E_i^*(\omega) \chi_{ij}''(\omega) E_j(\omega) \,. \tag{6.124}$$

Wir halten fest: nur der antihermitesche Beitrag zur Suszeptibilität ist für das Entstehen oder Verschwinden von Feldenergie verantwortlich. Weil aus physikalischen Gründen bei der Wechselwirkung eines elektromagnetischen Feldes mit passiver Materie[22] Feldenergie nur verschwinden kann, muss

$$\chi''(\omega) \geq 0 \quad \text{für} \quad \omega > 0 \tag{6.125}$$

gelten.

Die Kramers-Kronig-Beziehung lassen sich so umformen, dass nur noch positive Frequenzen vorkommen:

$$\chi_{ij}'(\omega) = \frac{2}{\pi} \Pr \int_0^\infty du \, \frac{u\chi_{ij}''(u)}{u^2 - \omega^2} \,. \tag{6.126}$$

Man nennt χ' den refraktiven und χ'' den absorptiven Beitrag zur Suszeptibilität.

Warum χ'' so heißt, haben wir oben erklärt: die Lichtstrahlen werden geschwächt, weil teilweise verschluckt[23]. Der refraktive Anteil χ' dagegen verursacht, dass die Strahlen ihre Richtung ändern. Die eigentlich geradeaus laufenden Lichtstrahlen werden gebrochen[24], gebeugt, verbogen.

Die Kramers-Kronig-Beziehungen (6.126) besagt: ohne Absorption gibt es auch keine Beugung. Jedes Material, dass in einem bestimmten Frequenz-Bereich transparent ist und eine von Null verschiedene Suszeptibilität hat, muss in einem anderen Frequenzbereich absorbieren. Und: die Suszeptibilität $\chi = \chi(\omega)$ muss von der Frequenz abhängen. Man spricht in diesem Zusammenhang von Dispersion[25], weil die Strahlen je nach Farbe unterschiedlich gebeugt werden.

$\epsilon_{ij}(\omega) = \delta_{ij} + \chi_{ij}(\omega)$ bezeichnet man als dielektrische Permittivität[26]. Sie vermittelt den linearen Zusammenhang zwischen der dielektrischen Verschiebung und der elektrischen Feldstärke:

---

[22] keine Strom- und Ladungsdichte freier Ladungen
[23] lat. *sorbere*: verschlucken
[24] lat. *refractus*: gebrochen, aufgebrochen
[25] lat. *dispergere*: zerstreuen
[26] lat. *permittere*: erlauben, durchlassen

$$\hat{D}_i(\omega) = \epsilon_0 \, \epsilon_{ij}(\omega) \hat{E}_j(\omega) \,. \tag{6.127}$$

Eine große Permittivität erlaubt hohe dielektrische Verschiebungen bei gleicher elektrischer Feldstärke. Wie die Suszeptibilität hat auch die Permittivität einen refraktiven Anteil ϵ'_{ij} und einen absorptiven Anteil ϵ''_{ij}. Die Kramers-Kronig-Beziehungen kann man also auch durch

$$\epsilon'_{ij}(\omega) = \delta_{ij} + \frac{2}{\pi} \, \mathrm{Pr} \int_0^\infty du \, \frac{u\epsilon''_{ij}(u)}{u^2 - \omega^2} \tag{6.128}$$

ausdrücken.

$$\epsilon_{ij} = \epsilon_{ij}(0) = \delta_{ij} + \frac{2}{\pi} \int_0^\infty du \, \frac{\epsilon''_{ij}(u)}{u} \tag{6.129}$$

ist der Tensor der statischen Dielektrizitätskonstanten. Man beachte, dass $\epsilon''(u)$ eine in u ungerade Funktion ist, deswegen wird (6.129) bei $u = 0$ nicht divergieren.

Dass der absorptive Anteil der Suszeptibilität positiv sein muss, haben wir hier unter Berufung auf den zweiten Hauptsatz der Thermodynamik gefolgert. Im Abschnitt über die *Theorie der linearen Antwort* auf Störungen des thermodynamischen Gleichgewichtes werden wir (6.125) direkt zeigen können. Damit hat man dann umgekehrt den zweiten Hauptsatz bewiesen, wenn auch mit gewissen Einschränkungen.

6.8 Doppelbrechung

Wir befassen uns in diesem Abschnitt mit ebenen Lichtwellen in einem transparenten Kristall. Alle Felder haben die Form

$$F(t, \boldsymbol{x}) = f \, e^{i\boldsymbol{k}\boldsymbol{x} - i\omega t} \,. \tag{6.130}$$

Wir behandeln ein unmagnetisches Dielektrikum, rechnen also mit den Materialgleichungen $D_i = \epsilon_0 \epsilon_{ij} E_j$ sowie $B_i = \mu_0 H_i$.

Das Medium soll bei der betrachteten Kreisfrequenz ω transparent sein, daher ist der Permittivitätstensor ϵ_{ij} hermitesch, $\epsilon_{ij} = \epsilon_{ji}^*$.

Wir behandeln zuerst den Normalfall, dass die Permittivität zugleich symmetrisch ist. Wenn der Kristall eine Achse mit Schraubensinn hat (wie Quartz), oder wenn ein statisches Magnetfeld einwirkt, dann kann es zu antisymmetrischen Zusätzen kommen.

Hermitesch und symmetrisch heißt, dass wir einen symmetrischen reellen Tensor ϵ_{ij} vor uns haben. Den kann man immer orthogonal diagonalisieren. Es gibt ein kartesisches Koordinatensystem, dessen Achsen auch optische Hauptachsen genannt werden, in dem der Permittivitätstensor bis zu drei verschiedene Diagonalelemente haben kann.

Die Maxwell-Gleichungen vereinfachen sich mit (6.130) zu

$$\boldsymbol{k} \cdot \boldsymbol{d} = 0 \ , \ \boldsymbol{k} \cdot \boldsymbol{b} = 0 \ , \ \boldsymbol{k} \times \boldsymbol{h} = -\omega \boldsymbol{d} \ \text{und} \ \boldsymbol{k} \times \boldsymbol{e} = \omega \boldsymbol{b} . \tag{6.131}$$

Dazu kommen die Materialgleichungen

$$b_i = \mu_0 h_i \ \text{und} \ d_i = \epsilon_0 \epsilon_{ij} e_j . \tag{6.132}$$

Offensichtlich stehen die Induktion $\boldsymbol{b}$ und die Verschiebung $\boldsymbol{d}$ senkrecht auf dem Wellenvektor $\boldsymbol{k}$. Weil das Magnetfeld $\boldsymbol{h}$ zur Induktion parallel ist, sind auch die Induktion und die dielektrische Verschiebung zueinander senkrecht. $\boldsymbol{k}$, $\boldsymbol{d}$ und $\boldsymbol{b}$ sind drei senkrecht aufeinander stehende Vektoren. Die entsprechenden Einheitsvektoren[27] $\hat{\boldsymbol{k}}$, $\hat{\boldsymbol{d}}$ und $\hat{\boldsymbol{b}}$ bilden ein rechtshändiges orthogonales Dreibein.

Die letzte der vier Beziehungen (6.131) besagt, dass die Induktion auch auf der elektrischen Feldstärke senkrecht steht. Damit ist klar, dass $\boldsymbol{d}$, $\boldsymbol{e}$ und $\boldsymbol{k}$ in einer Ebene liegen.

Wenn $\boldsymbol{e}$ und damit die Polarisation vorgegeben ist, kann man $\boldsymbol{d}$ gemäß (6.132) berechnen. Aus der Richtung der Induktion $\boldsymbol{b}$, die natürlich zu $\boldsymbol{d}$ senkrecht sein muss, gewinnt man die Richtung $\hat{\boldsymbol{k}}$ des Wellenvektors, sie ist parallel zu $\boldsymbol{b} \times \boldsymbol{d}$. Den Wellenvektor schreiben wir als

$$\boldsymbol{k} = k\hat{\boldsymbol{k}} = n\frac{\omega}{c}\hat{\boldsymbol{k}} . \tag{6.133}$$

Im Vakuum hätte der Wellenvektor die Länge ω/c, im Medium wird er um die Brechzahl n verlängert. Diese richtungsabhängige Brechzahl lässt sich berechnen, indem man

$$\{\boldsymbol{k} \times (\boldsymbol{k} \times \boldsymbol{e})\}_i = -\frac{\omega^2}{c^2}\epsilon_{ij}e_j \tag{6.134}$$

auswertet. Das führt auf

$$n^2 = \frac{\hat{e}_i \epsilon_{ij} \hat{e}_j}{\hat{e}_i(\delta_{ij} - \hat{k}_i\hat{k}_j)\hat{e}_j} . \tag{6.135}$$

Beachten Sie, dass $\hat{\boldsymbol{k}}$ und $\hat{\boldsymbol{e}}$ nicht unabhängig sind. Man gibt zuerst die Polarisation vor, also $\hat{\boldsymbol{e}}$. Dann ist mithilfe von $d_i = \epsilon_0 \epsilon_{ij} e_j$ die Richtung $\hat{\boldsymbol{d}}$ der dielektrischen Verschiebung zu bestimmen. Nun erkundigt man sich nach der Richtung $\hat{\boldsymbol{b}}$ des Magnetfeldes und überprüft $\hat{\boldsymbol{b}}\hat{\boldsymbol{d}} = 0$. Wenn das stimmt, also

---

[27] In diesem Abschnitt bezeichnet $\hat{\boldsymbol{v}}$ den zum Vektor $\boldsymbol{v}$ gehörenden Einheitsvektor, also $\boldsymbol{v}/|\boldsymbol{v}|$.

kein Fehler gemacht worden ist, rechnet man $\hat{k} = \hat{d} \times \hat{b}$ aus. Das ist die Laufrichtung der ebenen Welle. Damit kann man mit (6.135) die Brechzahl n der Welle ermitteln.

Bei einem optisch isotropen Medium, $\epsilon_{ij} = \epsilon \delta_{ij}$, ist alles einfach. $\hat{e}$ und $\hat{d}$ sind dasselbe, und es gilt $n = \sqrt{\epsilon}$ für jede Polarisation und für jede dazu senkrechte Laufrichtung der Welle. Die Richtung des Wellenvektors $\hat{k}$ und die Richtung der Energiestromdichte $\hat{S}$ stimmen überein. Bei anisotropen Medien gilt das im Allgemeinen nicht. Amorphe Medien, wie Gläser aber auch kubische Kristalle, wie die Granate sind optisch isotrop.

Wenn zwei Eigenwerte der Permittivität übereinstimmen und sich vom dritten unterscheiden, spricht von einem optisch einachsigen Kristall. Lithiumniobat ($LiNbO_3$) ist ein Beispiel. Die zwei gleichen Eigenwerte werden als ϵ_o bezeichnet[28], der davon abweichende Wert ist ϵ_e[29].

Läuft die Welle in Richtung der optischen Achse, dann ist $n_o = \sqrt{\epsilon_o}$ der Brechungsindex. Läuft die Welle senkrecht zur optischen Achse, dann bestimmt die außerordentliche Brechzahl $n_e = \sqrt{\epsilon_e}$ das Ausbreitungsverhalten der Welle.

In der folgenden Argumentation nehmen wir ein Koordinatensystem an, in dem die Permittivität die Gestalt

$$\epsilon_{ij} = \begin{pmatrix} \epsilon_o & 0 & 0 \\ 0 & \epsilon_o & 0 \\ 0 & 0 & \epsilon_e \end{pmatrix} \tag{6.136}$$

hat.

Trifft eine irgendwie polarisierte Welle auf einen optisch einachsigen Kristall, dann muss man nach den bekannten Stetigkeitsregeln das elektrische und magnetische Feld unmittelbar unter der Oberfläche des Kristalls berechnen.

Der Anteil $(e_1, e_2, 0)$ zusammen mit b bestimmt die Laufrichtung $\hat{k}_o$ des ordentlichen Strahls. Der Anteil $(0, 0, e_3)$ zusammen mit b legt die Laufrichtung $\hat{k}_e$ des außerordentlichen Strahls fest. Nicht nur die Richtungen der Wellenvektoren, auch die zugehörigen Poynting-Vektoren sind verschieden.

Wenn also ein Lichtstrahl auf ein optisch einachsiges Medium auftrifft, dann spaltet im Allgemeinen dieser Strahl in zwei andere auf, die sich in verschiedenen Richtungen ausbreiten und den Kristall auch an verschiedenen Stellen verlassen. Genau das versteht man unter Doppelbrechung[30].

Ein Kristall, bei dem alle drei Eigenwerte der Permittivität verschieden sind, heißt optisch zweiachsig. Eine heute schwer zu verstehende Bezeichnung, weil

---

[28] für ordentlich, engl. *ordinary*
[29] für außerordentlich, engl. *extraordinary*
[30] engl. *birefringence*

solch ein Kristall drei verschiedene optische Achsen hat, also gar keine ausge-
zeichnete. Kaliumniobat (KNbO$_3$) ist ein Beispiel.

6.9 Faraday-Effekt und optische Aktivität

Wir behandeln ein transparentes Medium. Dieses Medium soll zugleich ferro-
magnetisch sein. Es gibt also eine spontane Magnetisierung M ohne äußeres
ausrichtendes Feld. Yttrium-Eisen-Granat Y$_3$Fe$_5$O$_{12}$ ist ein gutes Beispiel für
solch eine Substanz.

Diese Magnetisierung verursacht einen Zusatz zur Permittivität des Mediums,
das ansonsten optisch isotrop sein soll. Wir müssen an dieser Stelle wieder eine
Ergebnis vorwegnehmen, das wir erst später herleiten können.

Die Permittivität hängt, wie wir wissen, von allen Parametern ab, die den
Gibbs-Zustand des Mediums bestimmen. Dazu gehört auch die Stärke eines
statischen Magnetfeldes. Im Rahmen der Theorie der linearen Antwort lässt
sich beweisen, dass

$$\epsilon_{ij}(\boldsymbol{B}) = \epsilon_{ji}(-\boldsymbol{B}) \tag{6.137}$$

gilt. Diese Onsager-Beziehung[31] folgt aus der Tatsache, dass die elektromagnetische Wechselwirkung unter Zeitumkehr invariant ist. Hierbei ist plausibel,
dass das Magnetfeld in sein Negatives übergehen muss. Bereits die Lorentz-
Formel $\dot{\boldsymbol{p}} = q\boldsymbol{E} + q\boldsymbol{v} \times \boldsymbol{B}$ zieht $(\boldsymbol{E}, \boldsymbol{B}) \to (\boldsymbol{E}, -\boldsymbol{B})$ nach sich, wenn gemäß
$t \to -t$ transformiert wird.

Der Zusatz zum Permittivitätstensor soll linear in der Magnetisierung sein,
muss also als $g_{ij\ell}M_\ell$ geschrieben werden. Weil wir ein transparentes Medium vor uns haben, ist der Permittivitätstensor, auch der Zusatz, hermitesch.
Das bedeutet $g_{ij\ell}M_\ell = (g_{ji\ell}M_\ell)^*$. Andererseits muss wegen der Onsager-
Beziehung $g_{ij\ell}M_\ell = -g_{ji\ell}M_\ell$ gelten. Folglich ist der Tensor g in den beiden
ersten Indizes antisymmetrisch und rein imaginär.

Da hat man keine große Auswahl. Bei isotropen Medien oder für Kristalle mit
kubischer Symmetrie ist

$$\epsilon_{ij} = \epsilon\delta_{ij} + iK\epsilon_{ij\ell}M_\ell \tag{6.138}$$

anzusetzen. Dabei steht $\epsilon_{ij\ell}$ für das Levi-Cività-Symbol, also für den total
antisymmetrischen Tensor mit $\epsilon_{123} = 1$, während ϵ die Permittivität des isotropen Materials und ϵ_{ij} den Permittivitätstensor bezeichnet. Die Materialkonstante K ist reell.

---

[31] Lars Onsager, 1903 - 1976, norwegisch/US-amerikanischer Physiker und Chemiker

(6.138) lässt sich übrigens auch als

$$\frac{1}{\epsilon_0} \boldsymbol{D} = \epsilon \boldsymbol{E} + iK\,(\boldsymbol{E} \times \boldsymbol{M}) \qquad (6.139)$$

ausdrücken. Weil KM immer sehr klein ist, darf man das auch als

$$\epsilon_0 \boldsymbol{E} = \frac{1}{\epsilon} \boldsymbol{D} - i\frac{K}{\epsilon^2}\,(\boldsymbol{D} \times \boldsymbol{M}) \qquad (6.140)$$

schreiben.

Wir untersuchen hier nur den Fall, dass die Welle in Richtung der Magnetisierung läuft, $\boldsymbol{k} \parallel \boldsymbol{M}$. Wir wählen dafür die 3-Richtung, so dass man es mit der Permittivität

$$\epsilon_{ij} = \begin{pmatrix} \epsilon & iKM & 0 \\ -iKM & \epsilon & 0 \\ 0 & 0 & \epsilon \end{pmatrix} \qquad (6.141)$$

zu tun hat.

Dieser Tensor hat die normierten Eigenvektoren

$$\hat{\boldsymbol{e}}_{\mathrm{L}} = \frac{1}{\sqrt{2}} \begin{pmatrix} 1 \\ i \\ 0 \end{pmatrix}, \quad \hat{\boldsymbol{e}}_{\mathrm{R}} = \frac{1}{\sqrt{2}} \begin{pmatrix} 1 \\ -i \\ 0 \end{pmatrix} \quad \text{und} \quad \hat{\boldsymbol{k}} = \begin{pmatrix} 0 \\ 0 \\ 1 \end{pmatrix}. \qquad (6.142)$$

Ein elektrisches Feld $E\,\hat{\boldsymbol{e}}_{\mathrm{L}}\,e^{ikx_3 - i\omega t}$ muss man interpretieren. Natürlich ist der Realteil gemeint, also

$$\boldsymbol{E}(t, \boldsymbol{x}) = \frac{E}{\sqrt{2}} \begin{pmatrix} \cos(kx_3 - \omega t) \\ -\sin(kx_3 - \omega t) \\ 0 \end{pmatrix}. \qquad (6.143)$$

An einer festen Stelle, etwa bei $x_3 = 0$, dreht sich der Vektor der elektrischen Feldstärke im mathematisch positiven Sinn mit Kreisfrequenz ω und hat dabei immer dieselbe Länge. Es handelt sich um linkshändige zirkulare Polarisation. Das entsprechende Feld mit $\hat{\boldsymbol{e}}_{\mathrm{R}}$ beschreibt eine rechtshändig zirkular polarisierte Welle.

Zu den Eigenvektoren $\hat{\boldsymbol{e}}_{\mathrm{L}}$ und $\hat{\boldsymbol{e}}_{\mathrm{R}}$ der Permittivität (6.141) gehören die Eigenwerte

$$n_{\mathrm{L}}{}^2 = \epsilon - KM \quad \text{und} \quad n_{\mathrm{R}}{}^2 = \epsilon + KM\,. \qquad (6.144)$$

Wir haben vorweggenommen, dass es sich um die Brechzahlen der linkshändig bzw. rechtshändig zirkular polarisierten ebenen Wellen handelt. Genau das folgt aus

$$(\boldsymbol{k} \times \boldsymbol{k} \times \boldsymbol{e})_i = -\frac{\omega^2}{c^2} \epsilon_{ij} e_j \,, \qquad (6.145)$$

nämlich

$$k_{\mathrm{L}} = n_{\mathrm{L}} \frac{\omega}{c} \quad \text{und} \quad k_{\mathrm{R}} = n_{\mathrm{R}} \frac{\omega}{c} \,. \qquad (6.146)$$

Im Falle $\boldsymbol{k} \parallel \boldsymbol{M}$ sind also linkshändig und rechtshändig zirkular polarisierte ebene Wellen möglich. Diese breiten sich allerdings mit unterschiedlichen Brechungsindizes aus.

Wenn nun bei $x_3 = 0$ eine linear polarisierte Welle in das Medium eintritt, muss man die Lösung im magnetooptischen Medium als Überlagerung zirkular polarisierter Wellen schreiben,

$$\boldsymbol{E}(t, \boldsymbol{x}) = \frac{E}{\sqrt{2}} \left(\hat{\boldsymbol{e}}_{\mathrm{L}} \, e^{\,ik_{\mathrm{L}}x_3 \,-\, i\omega t} + \hat{\boldsymbol{e}}_{\mathrm{R}} \, e^{\,ik_{\mathrm{R}}x_3 \,-\, i\omega t} \right) \,. \qquad (6.147)$$

Wir führen die mittlere Wellenzahl k und die Abweichung davon Θ durch

$$k_{\mathrm{L}} = k - \Theta \quad \text{und} \quad k_{\mathrm{R}} = k + \Theta \qquad (6.148)$$

ein. Damit lässt sich (6.147) in

$$\boldsymbol{E}(t, \boldsymbol{x}) = E \begin{pmatrix} \cos \Theta x_3 \\ \sin \Theta x_3 \\ 0 \end{pmatrix} e^{\,ikx_3 \,-\, i\omega t} \qquad (6.149)$$

umschreiben. Das ist eine linear polarisierte ebene Welle. Allerdings dreht sich der Polarisationsvektor entlang der Ausbreitungsrichtung. Dieser Effekt wurde von Faraday entdeckt.

Θ heißt Faraday-Konstante oder auch spezifische Faraday-Drehung. Sie gibt an, um welchen Winkel (im Bogenmaß) sich der Polarisationsvektor pro Längeneinheit in Ausbreitungsrichtung dreht. Weil $|KM|$ immer klein ist im Vergleich mit $\epsilon = n^2$, gilt

$$\Theta = \frac{KM}{2n} \frac{\omega}{c} = \frac{KM}{2n} \frac{2\pi}{\lambda} \,. \qquad (6.150)$$

Dabei ist λ die Wellenlänge, die das Licht mit der Kreisfrequenz ω im Vakuum hat, beispielsweise 632.8 nm bei einem Neon-Helium-Laser.

Der Faraday-Effekt ist deswegen so interessant, weil er nicht-reziprok im folgenden Sinne ist.

Man kann sich leicht davon überzeugen, dass

$$t \to -t \ , \ \boldsymbol{x} \to \boldsymbol{x} \ , \ \boldsymbol{E} \to \boldsymbol{E} \ \text{und} \ \boldsymbol{B} \to -\boldsymbol{B} \tag{6.151}$$

auch die Maxwell-Gleichungen invariant lässt, nicht nur die Lorentz-Formel, wie oben erwähnt. Vorwärts laufende Wellen werden dabei zu rückwärts laufenden. Alle Übertragungs-Eigenschaften bleiben unverändert. Dieser Befund ist als Reziprozitäts-Theorem bekannt.

Allerdings muss dabei das gesamte Magnetfeld gespiegelt werden, nicht nur das Magnetfeld der Lichtwelle. Wenn eine Welle mit Wellenvektor $\boldsymbol{k}$ ein magnetooptisches Medium mit Magnetisierung $\boldsymbol{M}$ durchquert, dann breitet sich völlig identisch auch die reflektierte Welle mit Wellenvektor $-\boldsymbol{k}$ im Medium mit Magnetisierung $-\boldsymbol{M}$ aus. Wenn die reflektierte Welle aber durch dasselbe Medium mit Magnetisierung $\boldsymbol{M}$ läuft, dann gibt es zwischen Vorwärts- und Rückwärtsausbreitung Unterschiede.

Dieser Tatbestand erlaubt einen optischen Isolator.

Das ankommende Licht trifft zuerst auf einen Polarisator P1, der nur den Anteil durchlässt, der in Richtung Norden polarisiert ist. Danach durchläuft der Strahl ein magnetooptisches Element, das die Polarisation zu Nordost dreht. Dann kommt ein Polarisator P2, der nur nordöstlich polarisiertes Licht durchlässt.

Kommt nun ein reflektiertes Signal zurück, dann ist nach dem Polarisator P2 nur noch nordöstlich polarisiertes Licht[32] vorhanden. Die Polarisation wird nun nicht etwa nach Norden zurückgedreht, sondern weiter um 45 Grad, so dass es östlich polarisiert auf P1 trifft und stecken bleibt.

Optische Isolatoren, die nur mit magnetooptischen Materialien realisiert werden können, sind für den stabilen Betrieb von Lasern unerlässlich. Laser werden durch reflektiertes eigenes Licht empfindlich gestört.

Mit dem Faraday-Effekt verwandt ist das Phänomen der optischen Aktivität. Kristalle mit einer Schraubenachse (Quartz) oder Lösungen von Molekülen mit Schraubensinn (natürlicher Traubenzucker) haben einen zum Wellenvektor proportionalen Zusatz zur Permittivität:

$$\epsilon_{ij} = \epsilon \delta_{ij} + i\beta \epsilon_{ij\ell} k_\ell \, . \tag{6.152}$$

Anstelle der spezifischen Faraday-Drehung Θ tritt nun das Drehvermögen

$$\varrho = \frac{\beta}{2n} \left(\frac{2\pi}{\lambda} \right)^2 \, . \tag{6.153}$$

---

[32] immer von einem in Vorwärtsrichtung blickenden Beobachter aus beurteilt

In einer Lösung optisch aktiver Moleküle ist das Drehvermögen zu deren Konzentration proportional. In einem Kristall mit Schraubenachse gelten die oben abgeleiteten Formeln nur dann, wenn sich die Welle parallel zur Schraubenachse ausbreitet.

Die optische Aktivität ist ein reversibler Effekt. Positives ϱ beispielsweise bedeutet linksdrehend, und zwar unabhängig von der Ausbreitungsrichtung. Dabei wird die Drehung des Polarisationsvektors immer von einem Beobachter beurteilt, der in Ausbreitungsrichtung blickt.

Natürlicher Traubenzucker (Dextrose) ist rechtsdrehend. Künstlich synthetisierter Traubenzucker enthält ebenso viele links- wie rechtsdrehende Moleküle und ist daher nicht optisch aktiv. Es ist kein Mechanismus bekannt, der rechts- gegenüber linksdrehendem Traubenzucker begünstigen könnte. Offensichtlich stammen alle Traubenzucker produzierenden Pflanzen von einer einzigen Mutterpflanze ab.

Was macht den einen Quartz-Einkristall rechtsdrehend und den anderen linksdrehend? Kommt ein Drehsinn öfters vor als der andere?

6.10 Wellenleitung

In einem homogenen Medium kann man Licht nicht beisammen halten. Ein Lichtstrahl lässt sich zwar mithilfe eines Linsensystems fokussieren, aber danach verbreitet er sich wieder.

Eine bleibende Bündelung ist nur in Strukturen mit ortsveränderlicher Permittivität möglich. Mikrowellen[33] zum Beispiel lassen sich in metallisch berandeten Gebieten führen.

Wir betrachten als Beispiel ein gerades Rohr mit rechteckigem Querschnitt.

Das Innere ist der Bereich $0 < x_1 < d_1$ und $0 < x_2 < d_2$. Die Ausbreitungsrichtung wird durch die Koordinate x_3 parametrisiert. Der Außenbereich soll (idealisiert) beliebig gut leitend sein. Damit steht fest, dass das elektrische Feld im Außenbereich verschwindet.

Wir wollen uns auf das Wesentliche konzentrieren und nehmen an, dass im Innenbereich kein Medium vorhanden ist, $\epsilon = \mu = 1$.

Wir wissen, dass die Tangentialkomponenten der elektrischen Feldstärke an Grenzflächen stetig sind. Bei $x_1 = 0$ und bei $x_1 = d_1$ müssen daher E_2 und E_3 verschwinden, bei $x_2 = 0$ und $x_2 = d_2$ die Komponenten E_1 und E_3.

Es stellt sich heraus, dass entweder das elektrische oder das Magnetfeld transversal ist.

---
[33] Wellenlänge im Millimeter- bis Dezimeterbereich

Wir behandeln zuerst transversal elektrisch polarisierte Moden:

$$E(t, x) = \begin{pmatrix} e_1 \cos(q_1 x_1) \sin(q_2 x_2) \\ e_2 \sin(q_1 x_1) \cos(q_2 x_2) \\ 0 \end{pmatrix} e^{i\beta x_3 - i\omega t} . \tag{6.154}$$

Am linken und am unteren Rand sind die Stetigkeitsanforderungen an das elektrische Feld schon erfüllt. Damit das auch für rechts und oben stimmt, muss

$$q_1 = \frac{\nu_1 \pi}{d_1} \quad \text{und} \quad q_2 = \frac{\nu_2 \pi}{d_2} \tag{6.155}$$

gelten, mit natürlichen Zahlen ν_1 und ν_2. Nur das Paar $\nu_1 = \nu_2 = 0$ ist ausgeschlossen.

Der Forderung $\nabla D = 0$ genügt man durch

$$e_1 q_1 + e_2 q_2 = 0 . \tag{6.156}$$

$\dot{B} = -\nabla \times E$ ergibt das Magnetfeld,

$$-i\omega\mu_0 H(t, x) = \begin{pmatrix} -i\beta e_2 \sin(q_1 x_1) \cos(q_2 x_2) \\ i\beta e_1 \cos(q_1 x_1) \sin(q_2 x_2) \\ (e_2 q_1 - e_1 q_2) \cos(q_1 x_1) \cos(q_2 x_2) \end{pmatrix} , \tag{6.157}$$

das noch mit der Phase $e^{i\beta x_3 - i\omega t}$ zu multiplizieren ist.

Die restlichen beiden Maxwell-Gleichungen kann man zu

$$\nabla \times \nabla \times E = -\frac{1}{c^2}\ddot{E} \tag{6.158}$$

zusammenfassen, hier zu[34]

$$\Box E = 0 . \tag{6.159}$$

Unser Ansatz (6.154) löst tatsächlich die Wellengleichung, wenn die Ausbreitungskonstante β der Beziehung

$$\beta^2 = \frac{\omega^2}{c^2} - q_1^2 - q_2^2 \tag{6.160}$$

genügt. Mit (6.155) und $\omega/c = 2\pi/\lambda$ heißt das

---

[34] Zur Erinnerung: $\Box = \partial^2/\partial(ct)^2 - \Delta$

$$\beta^2 = \frac{4\pi^2}{\lambda^2} - \frac{\nu_1^2}{d_1^2} - \frac{\nu_2^2}{d_2^2} .$$ (6.161)

Man sieht:

- Nur für gewisse diskrete Werte der Ausbreitungskonstanten β existieren geführte Moden.
- Die Wellenlänge muss klein genug sein, die Frequenz hoch genug, damit der Hohlleiter überhaupt eine geführte Mode hat.
- In jedem Falle gibt es nur endlich viele geführte Moden.

Auf ähnliche Weise kann man die transversal magnetisch polarisierten Moden herleiten. Sie sind durch $H_3 = 0$ gekennzeichnet.

Die Literatur über Mikrowellen füllt ganze Bücherregale. Insbesondere verwenden RADAR[35]-Systeme Mikrowellen-Sender und Mikrowellen-Detektoren, mit meist rechteckigen Hohlleitern als Verbindungen zwischen aktiven Komponenten. Man kann andere als rechteckige Querschnitte verwenden, die Hohlleiter mit magnetischen oder dielektrischen Medien füllen usw. Wir gehen hier nicht auf weitere Einzelheiten ein. Mikrowellentechnik ist seit langem ein eigenständiges Gebiet.

Für Lichtwellen sind Hohlleiter ungeeignet. Nicht nur deswegen, weil es schwierig ist, Rohre mit Mikrometer-Abmessungen herzustellen.

Unsere Lösung (6.154) ist nur dann richtig, wenn die Umgebung tatsächlich unendlich hohe Leitfähigkeit hat. Das ist natürlich nicht der Fall. Tatsächlich dringt das Feld ein wenig in das Medium ein, und dadurch kommt es zur Absorption. Dabei brauchen Mikrowellenleiter nur in einer dünnen Schicht im Inneren versilbert zu sein.

Geht man nun zu optischen Frequenzen über, dann steigt die Frequenz um etwa vier Größenordnungen. Um gleiche Verluste pro Längeneinheit zu haben, müsste die Leitfähigkeit proportional zur Frequenz wachsen. Solche Materialien gibt es nicht. Auch Supraleiter benehmen sich bei hohen Frequenzen wie ganz normale Metalle.

Dielektrische Wellenleitung beruht darauf, dass ein Gebiet mit überhöhter Permittivität wie eine Sammellinse wirkt und der natürlichen Tendenz zur Zerstreuung begegnet.

Wir behandeln einfachheitshalber lediglich planare Wellenleiter. Die Permittivität hängt von der Koordinate x ab, nicht aber von y und z.

Dabei kann es sich um einen Schichtwellenleiter[36], aus Substrat ($x < 0$) Film ($0 < x < d$) und Deckschicht ($d < x$) handeln. d ist die Filmdicke. Die Permittivität des Filmes muss höher sein als die des Substrates, auf das der Film aufgebracht wurde, und auch höher als die Permittivität der Deckschicht.

---

[35] RAdio Detecting And Ranging
[36] engl. *slab waveguide*

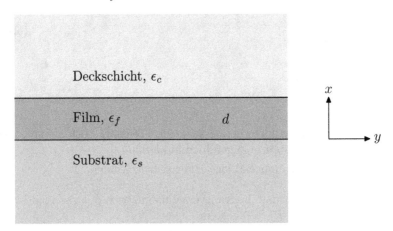

Abb. 6.1. Ein planarer Schichtwellenleiter. Auf das Substrat mit Permittivität ϵ_s wird ein Film der Dicke d mit größerer Permittivität ϵ_f aufgebracht. Die Deckschicht (*cover*) ist oft Luft und hat die kleinste Permittivität.

Es gibt aber auch planare Wellenleiter, bei denen die Permittivität des Substrats zur Oberfläche hin stetig[37] steigt. Das lässt sich beispielsweise durch feldunterstützten Ionenaustausch oder durch Eindiffusion erreichen.

Wir gehen also von einer ortsveränderlichen Permittivität $\epsilon = \epsilon(x)$ aus, mit der ein transparenter isotroper planarer Wellenleiter beschrieben wird. Alle Felder sollen die Gestalt

$$F(t,x,y,z) = \mathcal{F}(x)\, e^{-i\omega t}\, e^{i\beta z} \tag{6.162}$$

haben. Das sind monochromatische Wellen, die sich in z-Richtung ausbreiten und nicht von der Transversal-Koordinate y abhängen. ω ist die Kreisfrequenz des Lichtes, mit der die Mode (6.162) angeregt wird. Die Ausbreitungskonstante β kann nur diskrete Werte annehmen, wie wir sogleich sehen werden. Man überzeugt sich leicht davon, dass

$$\mathcal{E} = \begin{pmatrix} 0 \\ \mathcal{E} \\ 0 \end{pmatrix} \quad \text{und} \quad \mathcal{H} = \frac{1}{i\omega\mu_0} \begin{pmatrix} -i\beta\mathcal{E} \\ 0 \\ \mathcal{E}' \end{pmatrix} \tag{6.163}$$

die Maxwell-Gleichungen löst, mit

$$\frac{d^2}{dx^2}\mathcal{E} + k_0^2 \epsilon(x)\mathcal{E} = \beta^2 \mathcal{E}\,. \tag{6.164}$$

---

[37] Profilwellenleiter, engl. *graded index waveguide*

Diese Mode ist transversal elektrisch (TE) polarisiert: der Vektor der elektrischen Feldstärke steht senkrecht auf der Ausbreitungsrichtung.

Transversal magnetisch (TM) polarisierte Moden haben die Gestalt

$$
\mathcal{E} = \frac{1}{-i\omega\epsilon\epsilon_0}
\begin{pmatrix} -i\beta\mathcal{H} \\ 0 \\ \mathcal{H}' \end{pmatrix}
\quad \text{und} \quad
\mathcal{H} = \begin{pmatrix} 0 \\ \mathcal{H} \\ 0 \end{pmatrix} ,
\tag{6.165}
$$

und es muss

$$
\epsilon \frac{d}{dx} \frac{1}{\epsilon(x)} \frac{d}{dx} \mathcal{H} + k_0^2 \epsilon(x)\mathcal{H} = \beta^2 \mathcal{H}
\tag{6.166}
$$

gelten.

Bei einem Schichtwellenleiter ist das Permittivitätsprofil stückweise konstant, und die beiden Modengleichungen (6.164) und (6.166) unterscheiden sich nicht. Allerdings sind die Stetigkeitsforderungen an den Sprüngen der Permittivität verschieden, so dass TE- und TM-Moden trotzdem verschiedenen Gleichungen gehorchen.

Man beachte die Ähnlichkeit zwischen der TE-Modengleichung und der Schrödinger-Gleichung. Mit

$$
V(x) = -\frac{\hbar^2 k_0^2}{2m} \epsilon(x) \ , \ \ \psi(x) = \mathcal{E}(x) \ \ \text{und} \ \ E = -\frac{\hbar^2 k_0^2}{2m}
\tag{6.167}
$$

geht (6.164) in

$$
-\frac{\hbar^2}{2m} \frac{d^2}{dx^2} \psi + V\psi = E\psi .
\tag{6.168}
$$

Das ist natürlich kein Zufall, schließlich breiten sich Teilchen als Wellen aus. So wie ein tiefes Potential stark bindet, hält auch eine hohe Permittivität die Welle eng beisammen.

Man überzeugt sich leicht davon, dass die Energie in z-Richtung strömt. Weil die Felder von der Querkoordinate y nicht abhängen, berechnen wir den Energiestrom pro Wellenleiterbreite,

$$
\frac{dI}{dy} = \frac{\beta}{\omega\mu_0} \int dx\, |\mathcal{E}(x)|^2
\tag{6.169}
$$

für TE-Moden und

$$
\frac{dI}{dy} = \frac{\beta}{\omega\epsilon_0} \int \frac{dx}{\epsilon(x)} |\mathcal{H}(x)|^2
\tag{6.170}
$$

für TM-Moden.

Soll der endlich sein, müssen die Felder im Unendlichen rasch genug verschwinden. Man spricht dann von geführten Moden. Das ist nur für diskrete Werte der Ausbreitungskonstanten β möglich, wie man aus der Quantenmechanik weiß.

6.11 Numerische Lösung der Modengleichung

Wenn man beispielsweise einen dünnen Titan-Film auf ein Lithiumniobat-Substrat aufdampft und bei etwa 1200 °C mehrere Stunden lang eindiffundieren lässt, dann erhält man einen planaren Wellenleiter mit Gauß-Profil:

$$\epsilon(x) = \begin{cases} \epsilon_c & \text{wenn} \quad x < 0 \\ \epsilon_s + \delta\, e^{-x^2/w} & \text{wenn} \quad x > 0 \end{cases} \tag{6.171}$$

Wir rechnen konkret mit $\epsilon_c = 1.000$, $\epsilon_s = 4.800$, $\delta = 0.045$ und $w = 4.00$ μm. Dieser Wellenleiter wird mit dem Licht eines Helium-Neon-Lasers angeregt, $\lambda = 0.6328$ μm.

Wir erläutern in diesem Abschnitt, wie man die TE-Modengleichung

$$\frac{1}{k_0^2} E'' + \epsilon(x)E = \epsilon_{\text{eff}} E \tag{6.172}$$

numerisch lösen kann[38].

Dazu ziehen wir die Methode der finiten Differenzen heran. Diese Methode besteht darin, Differentialquotienten durch Differenzenquotienten zu ersetzen. Dadurch erhält man ein Gleichungssystem für endlich viele Variable. Funktionen werden zu Vektoren, lineare Operatoren zu Matrizen.

Wir wählen äquidistante Stützstellen $x_j = jh$. h ist die Schrittweite, j ein ganzzahliger Index. Die Funktion $f = f(x)$ wird durch die Stützwerte $f_j = f(x_j)$ dargestellt.

Für die Ableitung bei $x_j + h/2$ setzen wir $(f_{j+1} - f_j)/h$ an, bei $x_j - h/2$ den Ausdruck $(f_j - f_{j-1})/h$. Damit ergibt sich

$$f''(x_j) \approx \frac{f_{j+1} - 2f_j + f_{j-1}}{h^2} \tag{6.173}$$

als Näherungsausdruck für die zweite Ableitung.

Unsere Eigenwertgleichung (6.172) lautet nun

$$\frac{E_{j+1} - 2E_j + E_{j-1}}{h^2 k_0^2} + \epsilon(x_j)E_j = \epsilon_{\text{eff}} E_j \,, \tag{6.174}$$

---

[38] Wir haben die dimensionslose effektive Permittivität $\epsilon_{\text{eff}} = \beta^2/k_0^2$ eingeführt

also $\sum_k M_{jk} E_k = \epsilon_{\text{eff}} E_j$ in Komponentenschreibweise und $ME = \epsilon_{\text{eff}} E$ in Matrixschreibweise. Ein ganz gewöhnliches Eigenwertproblem, das man am besten mit MATLAB anpackt.

Das Permittivitätsprofil ist

$$\epsilon(x) = \begin{cases} \epsilon_c & \text{wenn} \quad x < 0 \\ \epsilon_s + \delta e^{-x^2/w} & \text{wenn} \quad x \geq 0 \end{cases}. \tag{6.175}$$

Wir definieren zuerst den Wellenleiter. Längen sind stets in μm gemeint.

```
1    lambda=0.6328;
2    k0=2*pi/lambda;
3    eps_c=1.000;
4    eps_s=4.800;
5    del=0.045;
6    w=4.00;
```

Wir nehmen an, dass das elektrische Feld nur ganz wenig (bis $x_{\min} = -1$ in die Deckschicht eindringt und im Substrat nach etwa $4w$ vollständig abgeklungen ist ($x_{\max} = 4w$). Außerhalb soll das Feld verschwinden.

```
7    x_min=-1.0;
8    x_max=4*del_wid;
9    h=0.1;
10   x=(x_min:h:x_max)';
11   dim=size(x,1);
12   epsilon=(x<0).*eps_c+(x>=0).*(eps_s+del*exp(-(x/w).^2));
```

Man beachte, dass hier punktweise zu multiplizieren und zu quadrieren ist, daher .* und .^2. In MATLAB ist a>0 eine Matrix wie a mit den Elementen 0 oder 1, je nachdem, ob die Bedingung (hier >) komponentenweise falsch oder wahr ist.

Wir konstruieren nun den Operator M auf der linken Seite der diskretisierten Modengleichung (6.174):

```
13   next=ones(dim-1,1)/h^2/k0^2;
14   main=-2.0*ones(dim,1)/h^2/k0^2+epsilon;
15   M=diag(next,-1)+diag(main,0)+diag(next,1);
```

diag(v,k) konstruiert eine Matrix, bei der der Vektor v parallel zur Diagonalen eingebaut wird, und zwar k Plätze entfernt.

Das folgende Kommando berechnet die Matrix der Eigenvektoren und die Diagonalmatrix der Eigenwerte:

```
16   [evec,eval]=eig(M);
```

Wir extrahieren die Eigenwerte[39]

```
17    eps_eff=diag(eval);
```

Nur solche Eigenvektoren werden beibehalten, bei denen die effektive Permittivität über dem Substratwert liegt. Andernfalls hätte man im Substrat eine Wellenlösung vorliegen. Diese geführten Moden werden dann graphisch dargestellt.

```
18    guided=evec(:,eps_eff>eps_s);
19    plot(x,guided);
```

Das Ergebnis ist in Abbildung 6.2 dargestellt.

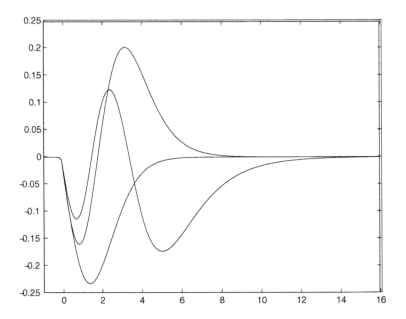

Abb. 6.2. Die geführten TE-Moden eines Profil-Wellenleiters. Aufgetragen ist die elektrische Feldstärke (in willkürlichen Einheiten) über der Tiefe x in μm. Die zugehörigen Parameter entnehme man dem Text.

Beachten Sie, dass die Matrix **evec** orthogonal ist. Damit ist $\int dx\,|E|^2 = 1$ (im Rahmen der Methode der finiten Differenzen) sichergestellt.

---

[39] Die Bedeutung von **diag** hängt von der Zahl und vom Typ der Argumente ab

Wir schließen mit Bemerkungen zur Methode der finiten Differenzen. In unserem Falle hat man es mit 171 Unbekannten zu tun. Die Matrix M benötigt 233928 Byte Speicher, die Diagonalisierung (auf einem PC) dauert weniger als eine Sekunde.

Rechnet man ein zweidimensionales Problem mit einer Auflösung von 100×100 Stützstellen, dann gibt es 10^4 Unbekannte, und die Matrix M benötigt bereits 800 MByte Speicher. Zum Glück ist das so nicht ganz richtig.

Wie wir gesehen haben, ist die Matrix M dünn besetzt, sie besteht fast nur aus Nullen. Solch eine dünn besetzte Matrix[40] speichert man platzsparend, indem nur die von Null verschiedenen Einträge und deren Indizes vermerkt werden. In unserem Beispiel läuft das auf 6820 anstelle von 233928 Byte hinaus. Bei zwei- oder dreidimensionalen Problemen ist der Gewinn so viel größer, dass Probleme überhaupt erst lösbar werden.

Natürlich ist dafür ein Preis zu zahlen. Algorithmen, die die Matrix selber bearbeiten, kann man nun nicht mehr einsetzen. Nur solche Rechenverfahren sind brauchbar, die eine Matrix als lineare Abbildung $x \rightarrow y = Mx$ von Vektoren verwenden.

6.12 Supraleitung

Im Jahre 1911 entdeckte Heike Kamerlingh Onnes[41] das Phänomen der Supraleitung: bei etwa 4 K fällt innerhalb eines Bereiches von nur wenigen hundertstel Grad der elektrische Widerstand von Quecksilber auf einen nicht messbar kleinen Wert ab. Offensichtlich ist das ein Phasenübergang: Quecksilber geht mit fallender Temperatur sprungartig vom normal- in den supraleitenden Zustand über.

1933 entdeckten Meissner und Ochsenfeld, dass es im Inneren eines supraleitenden Materials kein Induktionsfeld gibt.

Lange Zeit war man der Meinung, dass die Supraleitung ein Tieftemperaturphänomen sei, denn die Sprungtemperaturen[42] T_c der supraleitenden Materialien lagen alle unterhalb 25 K. Seit 1986 kennen wir oxidische Materialien, die bereits bei 135 K supraleitend werden[43]. Damit tut sich für die Supraleitung ein potentiell wichtiges Anwendungsfeld auf, weil die Kühlung mit flüssigem Stickstoff (Siedepunkt etwa 77 K) billig und unproblematisch ist.

Im supraleitendem Zustand verschwindet der Widerstand wirklich. Ein induzierter Gleichstrom kann jahrelang fließen, ohne merkbar geschwächt zu werden. Der spezifische Widerstand, das Inverse der elektrischen Leitfähigkeit σ,

---

[40] engl. *sparse matrix*
[41] Heike Kamerlingh Onnes, 1853 - 1926, niederländischer Physiker
[42] engl. *critical temperature*
[43] $Hg_2Ba_2Ca_2Cu_3O_8$

ist im supraleitenden Zustand mindestens 17 Größenordnungen kleiner als der spezifische Widerstand von Kupfer.

Die Theorie der Hochtemperatur-Supraleiter ist noch nicht gefestigt. Über Niedrigtemperatur-Supraleiter weiß man dagegen gut Bescheid.

Die beweglichen Quasielektronen eines Leiters können sich zu Cooper-Paaren[44] binden. Dabei vereinigen sich zwei Elektronen mit entgegengesetztem Spin. Das wird über die Wechselwirkung mit dem Gitter vermittelt, durch Phononenaustausch. Es hängt von den Details des Wirtsgitters ab, ob der Phononenaustausch bindet oder abstößt. Nur unterhalb der kritischen Temperatur T_c können entgegengesetzt polarisierte Elektronen sich zu Paaren binden, ihre Dichte steigt dann mit fallender Temperatur.

Das Cooper-Paar ist ein zweifach negativ geladenes Boson. Weil Bosonen gesellig sind, kann jeder Cooper-Paarzustand beliebig oft besetzt werden. Insbesondere bilden die Cooper-Paare im supraleitenden Strom einen so fest korrelierten Zustand, dass sich Störungen des Gitters nur auf den gesamten Strom auswirken können, und das heißt: überhaupt nicht.

Für eine genaue mikrophysikalische Erklärung der Supraleitung ist hier leider nicht der Platz. Wir beschränken uns im Weiteren auf eine phänomenologische Beschreibung.

Bei fehlendem elektrischen Widerstand treibt ein elektrisches Feld den Strom immer mehr an:

$$\nabla_t \Lambda \boldsymbol{j} = \boldsymbol{E}\,. \tag{6.176}$$

Dabei gilt

$$\Lambda = \frac{m}{nq^2}\,, \tag{6.177}$$

mit $m = 2m_e$ als Masse der supraleitenden Cooper-Teilchen, n als deren Teilchendichte und $q = 2e$ als Teilchenladung.

(6.176) ist die erste von Fritz[45] und Heinz[46] London formulierte Gleichung für den supraleitenden Zustand. Die zweite Gleichung

$$\nabla \times \Lambda \boldsymbol{j} = -\boldsymbol{B} \tag{6.178}$$

liegt nahe.

Zusammen mit (6.176) läuft die Zeitableitung der Gleichung (6.178) auf die Identität $\nabla_t \boldsymbol{B} + \nabla \times \boldsymbol{E} = 0$ hinaus. Dort, wo die elektrische Stromdichte rotationsfrei ist, gibt es keine Induktion, sagt die zweite Londonsche Gleichung. (6.178) ist außerdem mit der Maxwell-Gleichung $\nabla \boldsymbol{B} = 0$ verträglich.

---

[44] Leon Neil Cooper, *1930, US-amerikanischer Physiker
[45] Fritz Wolfgang London, 1900 - 1954, deutscher Physiker
[46] Heinz London, 1907 - 1970, deutsch/britischer Physiker

Im stationären Fall gibt es im supraleitenden Material kein elektrisches Feld. Daher gilt $\nabla \times \boldsymbol{B} = \mu_0 \boldsymbol{j}$. Bildet man davon die Rotation und setzt die zweite Londonsche Gleichung ein, so ergibt sich[47]

$$\Delta \boldsymbol{B} = \frac{\mu_0}{\Lambda} \boldsymbol{B} \,. \tag{6.179}$$

Wenn beispielsweise die Fläche $x = 0$ die Grenzfläche zwischen Vakuum ($x < 0$) und Supraleiter ($x > 0$) ist und wenn im Vakuum ein konstantes Induktionsfeld $\boldsymbol{B} = (B, 0, 0)$ vorliegt, dann erhalten wir im Supraleiter die Induktion

$$\boldsymbol{B} = (B\,e^{-x/\lambda}, 0, 0) \ \text{mit} \ \lambda = \sqrt{\frac{\Lambda}{\mu_0}} \,. \tag{6.180}$$

Man nennt λ die Londonsche Eindringtiefe. Sie beträgt für die normalen Supraleiter[48] etwa 30 nm. Nach der erfolgreichen BCS-Theorie (nach Bardeen[49], Cooper und Schrieffer[50]) hängt die Eindringtiefe folgendermaßen von der Temperatur T ab:

$$\frac{\lambda(T)}{\lambda(0)} = \frac{1}{\sqrt{1 - T/T_c}} \,. \tag{6.181}$$

Bei der kritischen Temperatur wird die Eindringtiefe unendlich groß, wie es sein muss.

Dass die Induktion beim Übergang vom Vakuum zum Supraleiter nicht schlagartig verschwinden kann ist klar. Schließlich ist die Bedingung zu beachten, dass die Normalkomponente der Induktion an Grenzflächen stetig sein soll.

Im Inneren ist der Supraleiter ein idealer Diamagnet, denn $\boldsymbol{B} = 0$ bedeutet $\boldsymbol{M} = -\boldsymbol{H}$, also $\mu = -1$ für die relative Permeabilität.

Wir betrachten eine ringförmige Leiterschleife $\mathcal{C}$, die die Fläche $\mathcal{F}$ einschließt. Mit anderen Worten, $\mathcal{C}$ ist der Rand $\partial \mathcal{F}$ der Fläche $\mathcal{F}$.

Der Fluss durch diese Leiterschleife beträgt

$$\Phi = \int_{\mathcal{F}} d\boldsymbol{a}\, \boldsymbol{B} = \int_{\mathcal{F}} d\boldsymbol{a}\, (\nabla \times \boldsymbol{A}) = \int_{\mathcal{C}} d\boldsymbol{s}\, \boldsymbol{A} \,. \tag{6.182}$$

Dabei wurde benutzt, dass man die Induktion $\boldsymbol{B}$ als Rotation eines Vektorpotentials $\boldsymbol{A}$ schreiben darf. Außerdem haben wir den Satz von Stokes bemüht.

---

[47] wenn man Λ als örtlich konstant annimmt
[48] bei $T \to 0$
[49] John Bardeen, 1908 - 1991, US-amerikanischer Physiker
[50] John Robert Schrieffer, *1931, US-amerikanischer Physiker

Dieser Fluss hat dieselbe physikalische Dimension wie der Quotient $\hbar/e$ aus Planckschem Wirkungsquantum und Elementarladung. Scharfsinnige Überlegungen, auf die wir hier leider nicht eingehen können, zeigen, dass der Induktionsfluss quantisiert ist:

$$\Phi = n\frac{2\pi\hbar}{2e} \quad \text{mit} \quad n = 0, \pm 1, \pm 2, \ldots . \tag{6.183}$$

Bemerkenswert daran ist der Faktor zwei im Nenner: damit steht fest, dass die supraleitenden Ladungsträger die Ladung $2e$ haben, also Cooper-Paare sind. Das gilt auch für die neuen oxidischen Hochtemperatur-Supraleiter.

7

Mehr Quantentheorie

Wir beginnen das vertiefende Kapitel über Quantentheorie mit einem Abschnitt über *Observable und Zustände*, einer zusammenfassenden Darlegung des begrifflichen und mathematischen Apparates. Schlüsselbegriffe sind der Hilbertraum, lineare Teilräume bzw. Projektoren, Observable, Zustände sowie der Erwartungswert. Die physikalisch wichtigsten Observablen, wie Impuls, Energie und Drehimpuls, sind Erzeugende von Symmetriegruppen, wie wir in dem Abschnitt über *Symmetrien* zeigen.

In methodischer Hinsicht vertiefen wir die Einführung in die Quantenmechanik mit einem Abschnitt über *Näherungsverfahren für gebundene Zustände*. Als Beispiele dienen der Stark-Effekt am Wasserstoff-Atom, das *Helium-Atom* und das *Wasserstoff-Molekül*. Damit haben wir den Einfluss äußerer Felder, Mehrelektronensysteme und Moleküle wenigstens gestreift. Formal gesehen behandeln wir damit das diskrete Spektrum des Hamilton-Operators.

Drei weitere Abschnitte sind den Übergängen zwischen stationären Zuständen durch zeitabhängige Störungen oder durch die Kopplung an das Strahlungsfeld gewidmet. Allgemein wird gezeigt, warum *Erzwungene Übergänge* besonders wahrscheinlich sind, wenn Resonanz vorliegt. Speziell studieren wir *Übergänge durch inkohärenter Strahlung*. Das immer vorhandene Strahlungsfeld kann auch *Spontane Übergänge* von angeregten stationären Zuständen in weniger angeregte Zustände bewirken: dabei folgen wir der Argumentation Einsteins. Die aus heutiger Sicht korrekte Beschreibung durch die Quantenfeldtheorie würde den Rahmen des Buches sprengen.

Die letzten drei Abschnitte behandeln die Streuung von Teilchen, formal also den kontinuierlichen Teil des Energiespektrums. Wir entwickeln den Begriff des Wirkungsquerschnittes für Streuexperimente und zeigen, dass solche Wirkungsquerschnitte das Betragsquadrate von Streuamplituden sind, die man im Rahmen der Quantentheorie berechnen kann (*Wirkungsquerschnitt und Streuamplitude*). Als Beispiel erörtern wir die *Coulomb-Streuung elektrisch geladener Teilchen* in Bornscher Näherung.

Im letzten Abschnitt dieses Kapitels über *Streuung und Struktur* wird gezeigt, wie man mithilfe von Streuexperimenten den Aufbau zusammengesetzter Teilchen bestimmen kann. Das erörtern wir detailliert für Moleküle, an denen man Neutronen streut und für das Wasserstoff-Atom, das mit Elektronen beschossen wird. Man hat damit das Werkzeug zur Hand für die Aufklärung der Struktur von Elementarteilchen wie Proton und Neutron, die in Wirklichkeit aus Quarks zusammengesetzt sind.

7.1 Observable und Zustände

Die Messgrößen der Physik werden zuerst einmal durch die entsprechenden Messverfahren definiert. Dabei handelt es sich fast immer um den Vergleich mit einer Einheit. Beispielsweise kann man die Masse eines Körpers mit Hilfe des Hebelgesetzes bestimmen: wie vielte Einheitsmassen erzeugen dasselbe Drehmoment auf der einen Seite eines Hebels wie der Körper auf der anderen (Waage). Eine andere Messvorschrift vergleicht die Dehnung einer Feder durch die Gewichtskraft der Masse mit der Dehnung durch die Einheitsmasse (Federwaage). Eine dritte Möglichkeit bieten die Stoßgesetze. Geschwindigkeiten und Ablenkwinkel hängen vom Massenverhältnis der beteiligten Körper ab.

Es gibt also eine Hebelwaage-Masse, eine Federwaage-Masse, eine Stoßgesetz-Masse usw. Unzählige Experimente[1] zeigen, dass mit verschiedenen Messverfahren ermittelte Massenverhältnisse immer gleich sind. Daher ist die Masse nicht mehr nur das Ergebnis der entsprechenden Messung, sie wird zu einer Eigenschaft des Körpers, die unabhängig vom Messverfahren ist. Abstrakt formuliert: eine Messgröße ist nichts anderes als die Klasse aller zueinander äquivalenten Messverfahren dafür.

Jedes Messverfahren unterscheidet (innerhalb der Messgenauigkeit) zwischen Alternativen. Scharfsinnige Überlegungen ergeben, dass man diese Alternativen durch Projektoren P_j auf eindimensionale Teilräume $\mathcal{D}_j$ eines Hilbertraumes $\mathcal{H}$ darstellen muss. Projektoren P sind lineare Operatoren mit der Eigenschaft

$$P = P^\dagger = P^2 \,. \tag{7.1}$$

Sie sind also selbstadjungiert und haben die Eigenwerte 0 oder 1. Die Dimensionalität des Raumes $P\mathcal{H}$ ist zugleich die Dimensionalität des Projektors. Insbesondere ist der Projektor genau dann eindimensional, wenn $Pf = (g, f)g$ gilt mit einem normierten Element g des Hilbertraumes.

Zu jeder Alternative P_j, einem eindimensionalen Projektor, gehört ein reeller Messwert m_j, so dass

---

[1] Die Gleichheit von träger und schwerer Masse ist der Ausgangspunkt für Einsteins Allgemeine Relativitätstheorie.

$$M = \sum_j m_j P_j \ \text{ mit } \ P_j P_k = \delta_{jk} \ \text{ und } \ \sum_j P_j = I \tag{7.2}$$

gilt. Das sollte man so lesen: Messergebnisse sind reell ($m_j \in \mathbb{R}$), Alternativen sind verschieden ($P_j P_k = 0$ für $j \neq k$), und eine der Alternativen wird immer gemessen ($P_1 + P_2 + \ldots = I$). (7.2) sagt: die Observablen eines Systems werden durch selbstadjungierte Operatoren M dargestellt.

Wenn M_1 und M_2 Messgrößen sind, dann ist für beliebige reelle Zahlen $r_1, r_2 \in \mathbb{R}$ auch $r_1 M_1 + r_2 M_2$ eine Messgröße. Ebenso macht

$$\phi(M) = \sum_j \phi(m_j) P_j \tag{7.3}$$

Sinn, für eine beliebige Funktion $\phi : \mathbb{R} \to \mathbb{R}$. Die Alternativen bleiben, die Messwerte werden umgerechnet.

Wenn zwei Messgrößen M' und M'' dieselben Alternativen besitzen, ist

$$M' = \sum_j m_j' P_j \ \text{ und } \ M'' = \sum_j m_j'' P_j \tag{7.4}$$

zu schreiben. Nehmen wir an, die Messung von M' ergibt die Alternative j mit dem Messwert m_j'. Misst man sofort danach M'', so wird man dieselbe Alternative j finden und damit den Messwert m_j''. Das Produkt $M = M'M'' = M''M'$ ist dann wiederum ein Messgröße, nämlich

$$M = \sum_j m_j' m_j'' P_j \,. \tag{7.5}$$

Wenn die beiden Messgrößen M' und M'' jedoch nicht vertauschen, dann ist $A = M'M''$ keine Messgröße, wegen $A^\dagger = M''M'$. Das liegt daran, dass M' und M'' nicht mit ein- und derselben Zerlegung der Eins dargestellt werden können. Zwar kann man immer die den Messgrößen zugeordneten selbstadjungierten Operatoren multiplizieren, aber nur wenn diese vertauschen, stellt das Ergebnis wieder eine Messgröße dar.

Den Zustand eines Systems präpariert man folgendermaßen. Eine gewisse Observable wird gemessen, und die Alternativen Q_j werden mehr oder weniger gründlich unterdrückt. Jede der Alternativen Q_j tritt dann mit einer gewissen Wahrscheinlichkeit w_j auf. Das definiert den selbstadjungierten Operator

$$W = \sum_j w_j Q_j \,, \tag{7.6}$$

wobei $I = Q_1 + Q_2 + \ldots$ eine Zerlegung der Eins in eindimensionale Projektoren darstellt. Die Feststellungen $w_j \geq 0$ und $\sum w_j = 1$ laufen auf

$$W \geq 0 \ \text{ und } \ \operatorname{tr} W = 1 \tag{7.7}$$

hinaus. Ein linearer Operator, der den beiden Gleichungen (7.7) genügt, heißt statistischer Operator oder Dichte-Operator[2]. Die Spur eines linearen Operators L ist als

$$\operatorname{tr} L = \sum_j (f_j, L f_j) \tag{7.8}$$

erklärt, mit einem vollständigen Orthonormalsystem $f_1, f_2, \ldots$ Jedes andere liefert denselben Wert[3].

Wenn sich der Zustand W und die Messgröße M auf dieselben Alternativen beziehen, wenn also P_j in (7.2) und Q_j in (7.6) übereinstimmen (eventuell nach Umnummerierung), ist

$$\langle M \rangle = \operatorname{tr} W M \tag{7.9}$$

der Mittelwert (Erwartungswert) über die Messergebnisse einer langen Messreihe. Es gilt dann nämlich $\langle M \rangle = \sum_j w_j m_j$. Die Alternative P_j liefert den Messwert m_j und tritt mit der Wahrscheinlichkeit w_j auf.

Aber auch dann, wenn W und M nicht miteinander vertauschen, muss man (7.9) als Erwartungswert der Observablen M im Zustand W interpretieren.

Der eindimensionale lineare Raum $P_j \mathcal{H}$ soll durch den normierten Vektor f_j aufgespannt werden. Es gilt also $P_j f_j = f_j$. $f_1, f_2, \ldots$ bildet ein vollständiges Orthonormalsystem. Man kann damit (7.9) in

$$\langle M \rangle = \sum_j w_j (f_j, M f_j) \tag{7.10}$$

umschreiben.

Wenn der Dichteoperator W selber ein eindimensionaler Projektor $P = P_1$ ist, spricht man von einem reinen Zustand. Es gibt dann eine Zerlegung der Eins $I = P_1 + P_2 + P_3 + \ldots$ in paarweise orthogonale Projektoren, so dass $w_1 = 1$ und $w_2 = w_3 = \ldots = 0$ gilt. Anders ausgedrückt: die Alternative P trifft mit Sicherheit ein. Der reine Zustand $W = P$ wird durch einen normierten Vektor f beschrieben, für den $P f = f$ gilt. (7.10) reduziert sich dann auf

$$\langle M \rangle = (f, M f). \tag{7.11}$$

Wenn man mit $g_1, g_2, \ldots$ das vollständige Orthornormalsystem der Eigenvektoren von M bezeichnet, dann kann (7.11) weiter in

$$\langle M \rangle = (f, M f) = \sum_k m_k |(g_k, f)|^2 \tag{7.12}$$

---

[2] oft auch Dichte-Matrix

[3] Dass ein linearer Operator überhaupt eine Spur hat, also zur Spurklasse gehört, ist eine harte Forderung.

umgeformt werden. In dem reinen Zustand f ist mit der Wahrscheinlichkeit $|(g_k, f)|^2$ der Eigenzustand g_k der Observablen M enthalten, der den Messwert m_k ergibt.

Analog lässt sich (7.9) in

$$\langle M \rangle \; = \; \text{tr}\, WM = \sum_k m_k \bar{w}_k \;\; \text{mit} \;\; \bar{w}_k = \sum_j |(g_k, f_j)|^2 w_j \qquad (7.13)$$

umschreiben.

$f_1, f_2, \ldots$ ist dabei das vollständige Orthonormalsystem von Eigenfunktionen des Dichteoperators, $g_1, g_2, \ldots$ das vollständige Orthonormalsystem der M-Eigenfunktionen. Summiert wird über alle potentiellen Messwerte m_k. Der mögliche Messwert m_k wird gewichtet mit einer Wahrscheinlichkeit $\bar{w}_k$. Diese Wahrscheinlichkeit setzt sich aus den Wahrscheinlichkeiten w_j für das Vorhandensein des reinen Zustandes f_j und der Wahrscheinlichkeit $|(g_k, f_j)|^2$ zusammen, dass in f_j der Eigenzustand g_k der Messgröße M enthalten ist. Es liegt entweder f_1 (mit Wahrscheinlichkeit w_1) oder f_2 (mit Wahrscheinlichkeit w_2) oder... vor. m_k wird mit der Wahrscheinlichkeit $|(g_k, f_j)|^2$ gemessen, wenn f_j im Zustand auftritt und f_j mit einer gewissen Wahrscheinlichkeit den Eigenzustand g_k der Messgröße M enthält. Genau diese Kombination von unabhängigen Ereignissen durch und sowie oder spiegelt sich in (7.13) wider.

Wir halten fest:

Jedes System hat seinen Hilbertraum $\mathcal{H}$. Den Messgrößen entsprechen selbstadjungierte lineare Operatoren M auf diesem Hilbertraum. Zustände W werden durch positive lineare Operatoren dargestellt mit $\text{tr}\, W = 1$. Diese gemischten Zustände sind Mischungen reiner Zustände. $\langle M \rangle = \text{tr}\, WM$ ist der Erwartungswert der Messgröße M im Zustand W.

7.2 Symmetrien

Wir bilden den Hilbertraum unitär auf sich ab,

$$\bar{f} = Uf \;\; \text{mit} \;\; U^\dagger U = I. \qquad (7.14)$$

Ein vollständiges Orthonormalsystem f_j geht dabei über in ein wiederum vollständiges Orthonormalsystem $\bar{f}_j = Uf_j$. Eine entsprechende Zerlegung $I = P_1 + P_2 + \ldots$ geht in eine andere Zerlegung $I = \bar{P}_1 + \bar{P}_2 + \ldots$ über, mit $\bar{P}_j = UP_jU^\dagger$.

Wenn W ein gemischter Zustand ist, dann ist $\bar{W} = UWU^\dagger$ ebenfalls einer. Wenn M eine Messgröße ist, dann beschreibt $\bar{M} = UMU^\dagger$ ebenfalls eine Messgröße, und es gilt

$$\text{tr}\, \bar{W}\bar{M} = \text{tr}\, WM. \qquad (7.15)$$

Die unitäre Abbildung U bezeichnet man als Symmetrie, wenn sich der Energie-Operator nicht ändert, $\bar{H} = H$. Dazu gleichwertig ist die Feststellung

$$UH = HU\,. \tag{7.16}$$

Damit hat man auch schon das erste Beispiel gefunden: die Zeitverschiebung selber

$$U = e^{-\frac{i}{\hbar}tH} \tag{7.17}$$

ist für jede Zeitspanne t eine Symmetrie. Das gilt so nur für autonome Systeme, bei denen der Hamilton-Operator nicht von äußeren Parametern abhängt, die sich zeitlich ändern könnten.

Wir betrachten ein (vorerst) spinloses Teilchen. Der Hilbertraum ist dann

$$\mathcal{H} = \{\psi : \mathbb{R}^3 \to \mathbb{C} \mid \int d^3x\, |\psi(\boldsymbol{x})|^2 < \infty\}\,, \tag{7.18}$$

mit dem Skalarprodukt

$$(\phi, \psi) = \int d^3x\, \phi^*(\boldsymbol{x})\psi(\boldsymbol{x})\,. \tag{7.19}$$

Wir verschieben nun das Teilchen um eine Strecke $\boldsymbol{a}$. Derselbe reine Zustand, der vor der Verschiebung durch die Wellenfunktion ψ beschrieben wurde, hat nun die Wellenfunktion

$$\psi_{\boldsymbol{a}}(x) = \psi(\boldsymbol{x} - \boldsymbol{a}) \tag{7.20}$$

Dafür gilt die Taylor-Entwicklung

$$\psi_{\boldsymbol{a}}(\boldsymbol{x}) = \sum_{j=0}^{\infty} \frac{(-\boldsymbol{a}\boldsymbol{\nabla})^j}{j!}\psi(\boldsymbol{x})\,. \tag{7.21}$$

Mit den drei linearen Operatoren

$$\boldsymbol{P} = \frac{\hbar}{i}\boldsymbol{\nabla} \tag{7.22}$$

lässt sich (7.21) auch als

$$\psi_{\boldsymbol{a}} = e^{-\frac{i}{\hbar}\boldsymbol{a}\boldsymbol{P}}\psi \tag{7.23}$$

schreiben.

Wir wissen natürlich längst, dass die drei Operatoren P_j die Komponenten des Impulses bedeuten, die im Sinne von

$$(\phi, P_j\psi) = (P_j\phi, \psi) \tag{7.24}$$

selbstadjungiert sind.

Zu einem freien Teilchen mit Masse m gehört[4] der Hamilton-Operator

$$H = \frac{\boldsymbol{P}^2}{2m}. \tag{7.25}$$

Weil die Komponenten des Impulses untereinander vertauschen, vertauschen sie auch mit dem Hamilton-Operator (7.25), und das bedeutet

$$[H, e^{-\frac{i}{\hbar}\boldsymbol{aP}}] = 0. \tag{7.26}$$

Die Verschiebung eines freien Teilchens beschreibt also eine Symmetrie, der Impuls ist erhalten.

Das wird sofort anders, wenn sich das Teilchen in einem Potential bewegt. Mit der durch

$$(X_j\psi)(\boldsymbol{x}) = x_j\psi(\boldsymbol{x}) \tag{7.27}$$

erklärten Messgröße 'Ort des Teilchens' schreibt man

$$H = T + V = \frac{\boldsymbol{P}^2}{2m} + V(R). \tag{7.28}$$

Zur kinetischen Energie T kommt die potentielle Energie V hinzu, die allein vom Abstand $R = |\boldsymbol{X}| = \sqrt{X_1^2 + X_2^2 + X_3^2}$ abhängen soll.
Wegen

$$[X_j, P_k] = i\hbar\delta_{jk}I \tag{7.29}$$

ist die Ortsverschiebung nun keine Symmetrie mehr. Man kann sich leicht davon überzeugen, dass

$$e^{-\frac{i}{\hbar}\boldsymbol{aP}} H e^{\frac{i}{\hbar}\boldsymbol{aP}} = \frac{1}{2m}\boldsymbol{P}^2 + V(|\boldsymbol{X} - \boldsymbol{a}|) \tag{7.30}$$

gilt. Schließlich wird das Potential von einem anderen Teilchen erzeugt, das ebenfalls verschoben werden sollte.

Das lässt sich natürlich einrichten. Wir denken jetzt in einem Zweiteilchen-Hilbertraum

---

[4] in nicht-relativistischer Näherung

$$\mathcal{H} = \{\psi : \mathbb{R}^3 \times \mathbb{R}^3 \to \mathbb{C} \mid \int d^3x_1 d^3x_2 \, |\psi(\boldsymbol{x}_1, \boldsymbol{x}_2)|^2 < \infty\} \qquad (7.31)$$

mit entsprechendem Skalarprodukt. Beide Teilchen werden um die gleiche Strecke verschoben, also

$$\psi_{\boldsymbol{a}}(\boldsymbol{x}_1, \boldsymbol{x}_2) = \psi(\boldsymbol{x}_1 - \boldsymbol{a}, \boldsymbol{x}_2 - \boldsymbol{a}). \qquad (7.32)$$

Wieder gilt (7.21), nun aber mit

$$\boldsymbol{P} = \boldsymbol{P}_1 + \boldsymbol{P}_2 = \frac{\hbar}{i} \boldsymbol{\nabla}_1 + \frac{\hbar}{i} \boldsymbol{\nabla}_2. \qquad (7.33)$$

Man überzeugt sich leicht davon, dass

$$H = \frac{\boldsymbol{P}_1^2}{2m_1} + \frac{\boldsymbol{P}_2^2}{2m_2} + V(|\boldsymbol{X}_1 - \boldsymbol{X}_2|) \qquad (7.34)$$

ein System beschreibt, für welches die Verschiebung eine Symmetrie ist.

Verschiebt man erst um $\boldsymbol{a}_1$ und dann um $\boldsymbol{a}_2$, dann hat man um die Strecke $\boldsymbol{a}_1 + \boldsymbol{a}_2$ verschoben. Das ist offensichtlich dasselbe wie die Verschiebung um $\boldsymbol{a}_2 + \boldsymbol{a}_1$. Die Verschiebungen vertauschen, und daher gilt auch in jedem Falle

$$[P_j, P_k] = 0. \qquad (7.35)$$

Man sagt auch: die Impulskomponenten vertauschen, weil die Translationsgruppe abelsch[5] ist, das heißt: aus vertauschenden Elementen besteht.

Das gilt nicht für Drehungen. Wenn $\hat{\boldsymbol{n}}$ (ein Einheitsvektor) die Drehachse bezeichnet und α den Drehwinkel, dann stellen die unitären Operatoren (mit $\boldsymbol{\alpha} = \alpha\hat{\boldsymbol{n}}$)

$$U_{\boldsymbol{\alpha}} = e^{-\frac{i}{\hbar} \boldsymbol{\alpha} \boldsymbol{J}} \qquad (7.36)$$

die Drehungen dar. Drehungen um verschieden orientierte Achsen vertauschen i.a. nicht. Die Struktur des Raumes verlangt

$$[J_1, J_2] = i\hbar J_3 \quad \text{usw.} \qquad (7.37)$$

Wenn man nur ein Teilchen ohne Spin hat, dann gilt

$$\boldsymbol{J} = \boldsymbol{L} = \boldsymbol{X} \times \boldsymbol{P}. \qquad (7.38)$$

Drehimpuls ist dann dasselbe wie Bahndrehimpuls. Es ist einfach zu beweisen, dass $R^2 = X_1^2 + X_2^2 + X_3^2$ mit dem Bahndrehimpuls vertauscht, $[L_j, R] = 0$. Für

---

[5] Niels Henrik Abel, 1802 - 1829, norwegischer Mathematiker

ein Teilchen im radialsymmetrischen Potential $V = V(R)$ sind die Drehungen gemäß (7.36) und (7.38) Symmetrien.

Wenn das Teilchen den Spin 1/2 hat, muss man es durch eine zweikomponentige Wellenfunktionen beschreiben,

$$\mathcal{H} = \{\psi : \mathbb{R}^3 \to \mathbb{C}^2 \mid \int d^3x \sum_{a=\uparrow,\downarrow} |\psi_a(\boldsymbol{x})|^2 < \infty\}. \tag{7.39}$$

Der Spin-Drehimpuls ist durch $\boldsymbol{S} = \hbar\boldsymbol{\sigma}/2$ gegeben mit den Pauli-Matrizen

$$\sigma_1 = \begin{pmatrix} 0 & 1 \\ 1 & 0 \end{pmatrix} \ , \ \sigma_2 = \begin{pmatrix} 0 & -i \\ i & 0 \end{pmatrix} \ \text{und} \ \sigma_3 = \begin{pmatrix} 1 & 0 \\ 0 & -1 \end{pmatrix} \tag{7.40}$$

gegeben. Wie man sieht, ist $\begin{pmatrix} \psi \\ 0 \end{pmatrix}$ ein Eigenzustand zu S_3 mit Eigenwert $\hbar/2$, während $\begin{pmatrix} 0 \\ \psi \end{pmatrix}$ zum Eigenwert $-\hbar/2$ gehört. Der Gesamtdrehimpuls ist $\boldsymbol{J} = \boldsymbol{L} + \boldsymbol{S}$, wobei Bahn- und Spin-Drehimpuls miteinander vertauschen. Es gilt also

$$U_{\boldsymbol{\alpha}} = e^{-i\boldsymbol{\alpha}\boldsymbol{\sigma}/2} \, e^{-\frac{i}{\hbar}\boldsymbol{\alpha}\boldsymbol{L}} \ . \tag{7.41}$$

Der erste Faktor ist eine komplexe 2×2-Matrix, die die Komponenten der Wellenfunktion an der gleichen Stelle vermischt, während der zweite Faktor auf die Funktionsargumente wirkt, und zwar auf beide Komponenten gleich.

Wir haben in diesem Abschnitt gezeigt, dass die Zeittranslation, die Verschiebung im Ort und die Drehung zu Symmetrien führen. In allen Fällen hat man es mit einer ganzen Gruppe von Symmetrien zu tun, die eindimensionale abelsche Untergruppen besitzen und durch die Energie, die drei Komponenten des Impulses und die drei Komponenten des Drehimpulses erzeugt werden.

Nicht alle Symmetrien sind mit einem stetig veränderlichen Parameter (Zeit, Strecke, Winkel) verbunden, es gibt auch diskrete Symmetriegruppen.

Als Beispiel führen wir die durch

$$\Pi\psi(\boldsymbol{x}) = \psi(-\boldsymbol{x}) \tag{7.42}$$

erklärte Raumspiegelung an. Man kann sofort

$$\Pi = \Pi^\dagger \ \text{und} \ \Pi^2 = I \tag{7.43}$$

ablesen. Π ist demnach unitär und selbstadjungiert zugleich. Die entsprechende Messgröße heißt Parität. Sie hat die zwei Eigenwerte $+1$ (gerade Parität) und -1 (ungerade Parität).

Man überzeugt sich leicht von

$$\Pi X \Pi^\dagger = -X \ , \ \Pi P \Pi^\dagger = -P \ \text{und} \ \Pi L \Pi^\dagger = L \,. \tag{7.44}$$

Weil P^2 und der Abstand $|X|$ unter Raumspiegelungen invariant sind, ist die Parität eine Erhaltungsgröße, wenn sich das Teilchen in einem radialsymmetrischen Potential (7.28) bewegt.

In Polarkoordinaten

$$x_1 = r \sin \theta \cos \phi \ , \ x_2 = r \sin \theta \sin \phi \ , \ x_3 = r \cos \theta \tag{7.45}$$

wird die Raumspiegelung durch $(r, \theta, \phi) \to (r, \pi - \theta, \pi + \phi)$ realisiert. Weil die Kugelfunktionen $Y_{\ell,m} = Y_{\ell,m}(\theta, \phi)$ Eigenfunktionen von L^2 (zum Eigenwert $\ell(\ell + 1)\hbar^2$) sind und zugleich von L_3 (mit Eigenwert $m\hbar$), lässt sich

$$\Pi Y_{\ell,m} = (-1)^\ell Y_{\ell,m} \tag{7.46}$$

nachweisen.

Die Symmetrie unter Zeitumkehr passt übrigens nicht in dieses Schema, und wir müssen uns gesondert damit befassen. Wir wollen hier nur auf das Problem aufmerksam machen.

Wenn man Operatoren unitär transformiert, $\bar{A} = U A U^\dagger$, dann kann man aus $[A, B] = iC$ sofort auf $[\bar{A}, \bar{B}] = i\bar{C}$ schließen. Die Kommutator-Struktur bleibt also erhalten. Die Zeitumkehr muss man so definieren, dass dabei $X \to X$ und $P \to -P$ herauskommt. Das ist aber mit den kanonischen Vertauschungsregeln $[X_j, P_k] = i\hbar\delta_{jk}I$ nicht verträglich. Die Zeitumkehr, eine Symmetrie, kann nicht als unitäre Transformation formuliert werden.

7.3 Näherungsverfahren für gebunden Zustände

Wir nehmen an, dass der Hamilton-Operator aus einem handhabbaren Teil H_0 und einer Störung V besteht, $H = H_0 + V$. Handhabbar soll dabei heißen, dass die Eigenwerte und Eigenfunktionen bekannt sind:

$$H_0 \chi_j = E_j \chi_j \,. \tag{7.47}$$

$\chi_1, \chi_2, \dots$ bildet ein vollständiges Orthonormalsystem.

Die Störungstheorie geht folgendermaßen vor.

Man betrachtet $H_0 + \alpha V$ für kleine Werte α, entwickelt in eine Potenzreihe nach α und setzt anschließend $\alpha = 1$. Ob die Reihe konvergiert, in welchem Sinne sie konvergiert, und ob das Ergebnis bei $\alpha = 1$ die ursprüngliche Aufgabe löst, steht auf einem anderen Blatt und kann an dieser Stellen nicht erörtert werden.

Wir untersuchen, wie der H_0-Eigenzustand χ_j gestört wird, vorerst in niedrigster Ordnung α:

$$\psi = \chi_j + \alpha \sum_{k \neq j} c_k \chi_k + \dots . \tag{7.48}$$

Einsetzen in

$$(H_0 + \alpha V)\psi = E\psi \tag{7.49}$$

ergibt

$$E_j\chi_j + \alpha V\chi_i + \alpha \sum_{k \neq j} c_k E_k \chi_k + \dots = E\chi_j + \alpha E \sum_{k \neq j} c_k \chi_k + \dots . \tag{7.50}$$

Bildet man das Skalarprodukt mit χ_j, dann ergibt sich

$$E = E_j + (\chi_j, V\chi_j) + \dots . \tag{7.51}$$

Wird das Skalarprodukt mit einem anderen Eigenvektor gebildet, führt das auf

$$c_k = \frac{(\chi_k, V\chi_j)}{E_j - E_k} . \tag{7.52}$$

In den beiden letzten Formeln haben wir bereits $\alpha = 1$ gesetzt, vertrauen also darauf, dass die Störung V in einem gewissen Sinn klein ist im Vergleich mit H_0, dem ungestörten Hamilton-Operator.

In niedrigster Ordnung Störungstheorie wird die Energie eines Eigenzustandes um einen zur Störung V proportionalen Wert verschoben, der allein von der Eigenfunktion abhängt.

In den Ausdruck für die Änderung der Eigenfunktion gehen alle anderen ungestörten Zustände ein. Dabei ist das Gewicht umgekehrt proportional zum energetischen Abstand.

Wir haben bisher stillschweigen angenommen, dass die Energieeigenwerte nicht entartet sind. Andernfalls macht (7.52) keinen Sinn.

(7.52) legt aber auch nahe, was zu tun ist. Im Eigenraum zu einem entarteten Energieeigenwert von H_0 muss V diagonalisiert werden. Anders ausgedrückt, das vollständige Orthonormalsystem $\chi_1, \chi_2, \dots$ ist so zu wählen, dass $(\chi_k, V\chi_j)$ für energetisch entartete verschiedene Eigenzustände χ_j und χ_k verschwindet.

In zweiter Ordnung Störungstheorie verändert sich der Energieeigenwert E_j wie

$$E = E_j + (\chi_j, V\chi_j) + \sum_{k \neq j} \frac{|(\chi_k, V\chi_j)|^2}{E_j - E_k} + \dots . \tag{7.53}$$

(7.52) und (7.53) legen es nahe, dass man nur energetisch benachbarte Zustände mitnimmt. Man rechnet also nicht mehr im gesamten Hilbertraum, sondern in einem passend gewählten Teilraum.

P sei der Projektor auf solch einen handhabbaren Teilraum. Handhabbar bedeutet jetzt, dass man den Hamilton-Operator H in diesem Teilraum ausrechnen kann. Wenn der Teilraum $P\mathcal{H}$ durch eine endliches Orthornormalsystem $\phi_1, \phi_2, \ldots \phi_n$ aufgespannt wird, dann lässt sich in diesem Teilraum der Hamilton-Operator durch die Matrix

$$H_{jk} = (\phi_j, H\phi_k) \tag{7.54}$$

darstellen. Die Eigenwerte und Eigenvektoren dieser Matrix sind dann Näherungen an die wirklichen Eigenwerte und Eigenzustände in dem durch den Projektor P beschriebenen Bereich. Je größer P, umso besser die Näherung.

Für dieses Näherungsverfahren gibt es keinen akzeptierten Namen. Ich spreche gern von einer Verstümmelung des Hilbertraumes, oder Trunkation.

Übrigens ist es rechentechnisch oft einfacher, nicht auf der Orthogonalität zu bestehen. Man kann sich mit n linear unabhängigen Basisfunktionen $\phi_1, \phi_2, \ldots \phi_n$ zufrieden geben. Mit (7.54) und

$$N_{jk} = (\phi_j, \phi_k) \tag{7.55}$$

berechnet man Näherungen an die Energieeigenwerte E als Lösungen der verallgemeinerten Eigenwertgleichung

$$\sum_k (H_{jk} - E N_{jk}) c_k = 0 . \tag{7.56}$$

Dabei ist

$$\psi = \sum_k c_k \phi_k \tag{7.57}$$

die zugehörige Eigenfunktion.

Ein anderes beliebtes Näherungsverfahren beruht auf dem Minimax-Theorem. Wir setzen dabei voraus, dass die Energieeigenwerte aufsteigend geordnet sind, $E_1 \leq E_2 \leq \ldots$.

Man wählt irgendeinen j-dimensionalen Teilraum $\mathcal{D}$ und ermittelt den größten Erwartungswert

$$\sup_{\substack{\phi \in \mathcal{D} \\ \phi \neq 0}} \frac{(\phi, H\phi)}{(\phi, \phi)} . \tag{7.58}$$

Es lässt sich zeigen, dass dieser Ausdruck durch den j-ten Eigenwert nach unten beschränkt ist. Wählt man den durch $\chi_1, \chi_2, \ldots \chi_n$ aufgespannten Raum, ergibt sich gerade E_j. Daher gilt

$$E_j = \inf_{\substack{\mathcal{D} \subset \mathcal{H} \\ \dim \mathcal{D} = j}} \sup_{\substack{\phi \in \mathcal{D} \\ \phi \neq 0}} \frac{(\phi, H\phi)}{(\phi, \phi)}. \tag{7.59}$$

Für die Grundzustandsenergie gilt insbesondere

$$E_1 = \inf_{\substack{\phi \in \mathcal{H} \\ \phi \neq 0}} \frac{(\phi, H\phi)}{(\phi, \phi)}. \tag{7.60}$$

Diesen Befund, dass nämlich die Grundzustandsenergie der kleinstmögliche Erwartungswert des Hamilton-Operators ist, nennt man das Rayleigh-Ritz-Variationsprinzip[6]. Es führt direkt auf ein Näherungsverfahren, indem das Infimum nicht über alle, sondern nur über eine hinreichend große, passende Familie von Probewellenfunktionen ϕ gesucht wird.

Wir tragen nach, warum (7.58) durch E_j nach unten beschränkt ist. Um den Beweis einfach zu halten, gehen wir von einem n-dimensionalen komplexen Vektorraum mit dem üblichen Skalarprodukt aus.

H ist dann eine hermitesche $n \times n$-Matrix. Es gibt eine unitäre Matrix U, so dass $D = UHU^\dagger$ diagonal ist. In der Diagonalen findet man die Eigenwerte E_j der Matrix H, die bekanntlich reell sind. Wir wählen U so, dass die Eigenwerte aufsteigend geordnet sind, $E_1 \leq E_2 \leq \ldots$

Es gilt

$$\frac{(x, Hx)}{(x, x)} = \frac{(y, Dy)}{(y, y)} \quad \text{mit} \quad y = Ux. \tag{7.61}$$

Daraus folgt, dass der maximale Erwartungswert mit dem größten Eigenwert E_n übereinstimmt.

Wir nehmen jetzt an, dass eine lineare Nebenbedingung $(p, x) = 0$ zu beachten ist. Nach dem Transformieren mit U wird daraus $(q, y) = 0$, mit $q = Up$. Im ungünstigsten Fall kann das auf $y_n = 0$ hinauslaufen, so dass man nur

$$\max_x (x, Hx) \geq E_{n-1} (x, x) \quad \text{bei} \quad (p, x) = 0 \tag{7.62}$$

garantieren kann. Dabei ist natürlich $p \neq 0$ angenommen.

Wir bezeichnen den auf p senkrecht stehenden Teilraum als $\mathcal{D}$. Er hat die Dimension $n - 1$. Damit kann (7.62) auch als

$$\max_{x \in \mathcal{D}} (x, Hx) \geq E_{n-1} (x, x) \tag{7.63}$$

formuliert werden.

---

[6] Walter Ritz, 1878 - 1909, schweizerischer Mathematiker und Physiker

Das lässt sich leicht auf einen j-dimensionalen Teilraum $\mathcal{D}$ verallgemeinern:

$$\max_{\substack{x \in \mathcal{D} \\ \dim \mathcal{D}=j}} (x, Hx) \geq E_j (x, x) . \tag{7.64}$$

In dieser Formulierung kommt die Dimension n des linearen Vektorraumes gar nicht mehr vor, so dass wir das Ergebnis auf den Hilbertraum übertragen dürfen.

7.4 Stark-Effekt beim Wasserstoff-Atom

Wir betrachten ein Wasserstoff-Atom in nicht-relativistischer Näherung. Einfachheitshalber wollen wir auch annehmen, dass das Proton bei $x = 0$ ruht. Mit m als Elektronenmasse und e als Einheitsladung ist der Hamilton-Operator durch

$$H\psi(\boldsymbol{x}) = -\frac{\hbar^2}{2m}\Delta\psi(\boldsymbol{x}) - \frac{e^2}{4\pi\epsilon_0|\boldsymbol{x}|}\,\psi(\boldsymbol{x}) \tag{7.65}$$

gegeben.

Jetzt soll der Fall untersucht werden, dass sich das Atom in einem äußeren statischen elektrischen Feld befindet. Die Feldstärke am Ort des Atoms bezeichnen wir mit $\mathcal{E}$, sie möge in 3-Richtung weisen. Wir müssen zur Energie (7.65) die Dipolenergie $e\mathcal{E}X_3$ hinzufügen, rechnen also mit

$$H(\mathcal{E}) = H + e\mathcal{E}X_3 . \tag{7.66}$$

Nun sind realistische Feldstärken $\mathcal{E}$ immer sehr klein, wenn man sie mit der atomphysikalischen Einheit

$$\mathcal{E}_* = \frac{m^2e^4}{(4\pi\epsilon_0)^4\hbar^3} = 5.151 \times 10^{11}\ \mathrm{V\ m^{-1}} \tag{7.67}$$

vergleicht. Der Zusatz $e\mathcal{E}X_3$ zum Hamilton-Operator H des Wasserstoff-Atoms ist also immer als klein anzusehen. Als Basis für eine näherungsweise Behandlung von $H + e\mathcal{E}X_3$ bieten sich daher Wasserstoff-Eigenfunktionen an, die bereits orthogonal zueinander sind.

Die Eigenfunktionen χ_{nlm} des Wasserstoff-Atoms sind bekannt. Sie werden durch die Hauptquantenzahl n und die Drehimpulsquantenzahlen ℓ und m nummeriert. Dabei gilt $n = 1, 2, \ldots$; $\ell = 0, 1, \ldots, n-1$; $m = -\ell, -\ell+1, \ldots, \ell$. Die Energieeigenwerte hängen von der magnetischen Quantenzahl m nicht ab, wegen der Drehsymmetrie. Dass sie auch von ℓ nicht abhängen, ist eine Besonderheit des $1/r$-Potentials. Relativistische Korrekturen beseitigen diese Entartung. In nicht-relativistischer Näherung gilt jedenfalls

$$E_{n\ell m} = -\frac{1}{2n^2} E_* \,, \tag{7.68}$$

mit der atomphysikalischen Energieeinheit[7]

$$E_* = \frac{me^4}{(4\pi\epsilon_0)^2 \hbar^2} = 27.23 \text{ eV} \,. \tag{7.69}$$

Die Komponente L_3 des Bahndrehimpulses vertauscht mit dem Hamilton-Operator (7.66). Deswegen verschwinden Matrixelemente $H_{jk} = (\phi_j, H(\mathcal{E})\phi_k)$, bei denen die L_3-Eigenwerte von ϕ_j und ϕ_k verschieden sind. Es reicht also aus, nur Zustände mit magnetischer Quantenzahl $m = 0$ zu betrachten.

Wir beschränken uns hier auf die energetisch am tiefsten liegenden Wasserstoff-Eigenzustände 1s, 2s und 2p. Ihre normierten Wellenfunktionen sind (in atomphysikalischen Einheiten)

$$\phi_1 = \chi_{1s0} = 2\,e^{-r}\sqrt{1/4\pi} \tag{7.70}$$

$$\phi_2 = \chi_{2s0} = \sqrt{1/2}\,(1 - \frac{r}{2})\,e^{-r/2}\sqrt{1/4\pi} \tag{7.71}$$

$$\phi_3 = \chi_{2p0} = \sqrt{1/24}\,r\,e^{-r/2}\sqrt{3/4\pi}\cos\theta \,. \tag{7.72}$$

Als Matrix H_{jk} berechnet man

$$\begin{pmatrix} H_{11} & H_{12} & H_{13} \\ H_{21} & H_{22} & H_{23} \\ H_{31} & H_{32} & H_{33} \end{pmatrix} = \begin{pmatrix} -1/2 & 0 & d_{13}\,\mathcal{E} \\ 0 & -1/8 & d_{23}\,\mathcal{E} \\ d_{13}\,\mathcal{E} & d_{23}\,\mathcal{E} & -1/8 \end{pmatrix} \,, \tag{7.73}$$

mit

$$d_{13} = (\chi_{1s0}, X_3\,\chi_{2p0}) = \sqrt{2}\,2^7 3^{-5} = 0.7449... \tag{7.74}$$

und

$$d_{23} = (\chi_{2s0}, X_3\,\chi_{2p0}) = 3 \,. \tag{7.75}$$

Dass auf der Diagonalen keine zu $\mathcal{E}$ proportionalen Beiträge auftauchen und dass $d_{12} = (\chi_{1s0}, X_3\,\chi_{2s0})$ verschwinden muss, ist leicht einzusehen.

Durch $\Pi\psi(\boldsymbol{x}) = \psi(-\boldsymbol{x})$ wird bekanntlich der Paritätsoperator Π definiert. Er beschreibt die Raumspiegelung, ist selbstadjungiert, und hat die Eigenwerte 1 (gerade) und -1 (ungerade). Die Parität von Bahndrehimpuls-Eigenzuständen ist gerade oder ungerade, je nachdem ob der Bahndrehimpuls

---

[7] auch als Hartree bezeichnet

ℓ gerade oder ungerade ist. Die Dipolenergie $-q\mathcal{E}X$ ändert die Parität eines Zustandes. Daraus folgt, dass in (7.73) keine zu $\mathcal{E}$ proportionalen Einträge zu finden sind, wenn ϕ_j und ϕ_k dieselbe Parität haben.

Wir berechnen die Eigenwerte E der Matrix (7.73). Sie sind Lösungen der Gleichung

$$(-\frac{1}{2} - E)(-\frac{1}{8} - E)^2 - d_{23}^2(-\frac{1}{2} - E)\mathcal{E}^2 - d_{13}^2(-\frac{1}{8} - E)\mathcal{E}^2 = 0. \quad (7.76)$$

Für kleine Werte von $\mathcal{E}$ erhält man

$$E_1 = -\frac{1}{2} - \frac{8}{3}\, d_{13}^2\, \mathcal{E}^2 + \dots, \quad (7.77)$$

$$E_2 = -\frac{1}{8} - d_{23}\, \mathcal{E} + \dots, \quad (7.78)$$

$$E_3 = -\frac{1}{8} + d_{13}\, \mathcal{E} + \dots. \quad (7.79)$$

Im Allgemeinen ändert sich ein Energieniveau quadratisch mit der Stärke $\mathcal{E}$ eines äußeren elektrischen Feldes (hier: 1s). Nur wenn zwei Zustände mit verschiedener Parität (hier: 2s, 2p) entartet sind, gibt es auch einen linearen Effekt.

Bekanntlich ist die negative Ableitung der Energie eines Teilchens nach der elektrischen Feldstärke dessen Dipolmoment d. Ein Wasserstoff-Atom im Grundzustand E_1 hat daher das zum angelegten Feld $\mathcal{E}$ proportionale Dipolmoment $d = \alpha\mathcal{E}$. α ist die Polarisierbarkeit des betreffenden Atoms. Wir haben hier den Wert $\alpha = 2.96$ (in atomphysikalischen Einheiten) für die Polarisierbarkeit des Wasserstoff-Atoms berechnet. Natürlich kann das nur eine Näherung sein, weil außer dem 1s-Zustand nur noch die Zustände 2s und 2p berücksichtigt worden sind. Bezieht man alle Zustände ein, ergibt sich ein um etwa 40% höherer Wert.

Nicht nur das äußere elektrische Feld, auch ein äußeres Magnetfeld beeinflusst die Energieeigenwerte. Das kommt daher, dass mit dem Spin-Drehimpuls S eines Elektrons auch ein magnetisches Moment

$$\boldsymbol{m} = -\frac{e\hbar}{m_e}\boldsymbol{S} \quad (7.80)$$

verbunden ist. Für jedes Elektron ist also ein Term

$$-\mu_0\boldsymbol{m} \cdot \boldsymbol{\mathcal{H}} \quad (7.81)$$

zum Hamilton-Operator hinzuzufügen. Dass die Atome auf ein äußeres Magnetfeld wegen (7.81) reagieren, ist als Zeemann-Effekt[8] bekannt.

---

[8] Pieter Zeeman, 1865 - 1943, niederländischer Physiker

7.5 Helium-Atom

Wir behandeln hier das Helium-Atom in nichtrelativistischer Näherung. In atomphysikalischen Einheiten haben wir es mit dem Hamilton-Operator

$$H = -\frac{1}{2}\Delta_a - \frac{2}{|x_a|} - \frac{1}{2}\Delta_b - \frac{2}{|x_b|} + \frac{1}{|x_b - x_a|} \tag{7.82}$$

zu tun. Die beiden Elektronen a und b haben jeweils eine kinetische Energie und werden vom zweifach geladenen Helium-Kern angezogen. Hinzu kommt die Abstoßung der beiden Elektronen.

Zwar kommt in (7.82) der Elektronenspin nicht explizit vor, er macht sich jedoch indirekt bemerkbar, weil die beiden Elektronen identische Teilchen sind und dem Pauli-Prinzip gehorchen müssen. Da die Spindrehimpulse $\boldsymbol{S}_a$ und $\boldsymbol{S}_b$ der beiden Elektronen mit den Orten und Impulsen vertauschen, faktorisieren die Wellenfunktionen in einen Spin- und Ortsanteil.

Mit ↑↓ bezeichnen wir beispielsweise den Zustand, dass die 3-Komponente von $\boldsymbol{S}_a$ (also $S_{a,3}$) den Eigenwert $1/2$ hat und $S_{b,3}$ den Eigenwert $-1/2$.

Der Gesamtspin ist $\boldsymbol{S} = \boldsymbol{S}_a + \boldsymbol{S}_b$. Analog sind die Leiteroperatoren $S_\pm$ für den Gesamtspin als Summen der entsprechenden Leiteroperatoren definiert.

Der Zustand ↑↑ hat den S_3-Eigenwert 1, und es gilt S_+ ↑↑ $= 0$. Daher hat dieser Zustand den Gesamtspin $s = 1$. Durch Anwenden von S_- und anschließendes Normieren kommt man zum Zustand (↓↑ + ↑↓)$/\sqrt{2}$. Das ist ein Eigenzustand von S_3 mit Eigenwert 0. Nochmaliges Anwenden von S_- und Normieren führt auf ↓↓. Diese drei Spinzustände beschreiben das Spin-Triplett.

Die Linearkombination (↓↑ − ↑↓)$/\sqrt{2}$ wird von S_+ und S_- vernichtet, der S_3-Eigenwert beträgt 0, daher ist der Gesamtspin dieses Zustandes $s = 0$. Es handelt sich um ein Singulett.

Wir halten fest, dass der Spin-Triplett-Zustand unter Vertauschung der beiden identischen Teilchen symmetrisch ist, der Spin-Singulett-Zustand dagegen antisymmetrisch. Folglich gehört zum Spin-Triplett-Zustand eine antisymmetrische Ortswellenfunktion und zum Spin-Singulett-Zustand eine symmetrische.

Bei der Auswahl einer Probewellenfunktion lassen wir uns von den folgenden Überlegungen leiten. Das erste Elektron findet einen Kern mit Ladung 2 vor, es befindet sich in dem entsprechenden 1s-Grundzustand. Nun geben wir das zweite Elektron hinzu. Es sieht einen Kern mit Ladung 2, der durch ein Elektron abgeschirmt wird. Also setzen wir dafür einen 1s-Zustand zur Ladung 1 an. Diese Extremposition mildern wir ab durch den Ansatz

$$\phi_\pm(x_a, x_b) \propto e^{-\kappa' r_a}\, e^{-\kappa'' r_b} \pm e^{-\kappa' r_b}\, e^{-\kappa'' r_a}\,. \tag{7.83}$$

Wir geben damit die effektiven Ladungen $\kappa' = 2$ und $\kappa'' = 1$ für Zwischenwerte frei. $\pm$ steht für Singulett oder Triplett, r_a für $|x_a|$ und r_b für $|x_b|$.

Wir suchen nach dem Minimum des Funktionals

$$E_\pm(\kappa_1, \kappa_2) = \frac{\int d^3 \boldsymbol{x}_a \, d^3 \boldsymbol{x}_b \, \phi_\pm^*(\boldsymbol{x}_a, \boldsymbol{x}_b) \, H \, \phi_\pm(\boldsymbol{x}_a, \boldsymbol{x}_b)}{\int d^3 \boldsymbol{x}_a \, d^3 \boldsymbol{x}_b \, \phi_\pm^*(\boldsymbol{x}_a, \boldsymbol{x}_b) \, \phi_\pm(\boldsymbol{x}_a, \boldsymbol{x}_b)} . \tag{7.84}$$

Mit $\kappa' = \gamma(1 + \delta)$ und $\kappa'' = \gamma(1 - \delta)$ gilt für das Spin-Triplett

$$
\begin{aligned}
E_+(\kappa', \kappa'') = \gamma^2 \, &\frac{(1 - \delta^2)^4 + \delta^2 + 1}{1 + (1 - \delta^2)^3} \\
&- \frac{\gamma}{4} \left\{ 16 - \frac{5(1 - \delta^2)(1 - 11\delta^2/10 + \delta^4/2)}{1 + (1 - \delta^2)^3} \right\} .
\end{aligned}
\tag{7.85}
$$

Ähnlich sieht der Ausdruck $E_-(\kappa', \kappa'')$ für das Spin-Singulett aus. Dass δ nur als Quadrat auftritt, macht Sinn. Schließlich ist die Probewellenfunktion unter der Vertauschung von κ' und κ'' symmetrisch. Für festgehaltenes δ ist das Minimum über γ einfach zu bestimmen, so dass nur noch eine Funktion von δ zu optimieren ist.

Für den Singulett-Zustand ergibt das Minimum $-2.875 E_*$, der experimentelle Wert (Grundzustandsenergie des Heliums) beträgt $E_0 = -2.904 E_*$.

Im Triplett-Zustand ergibt das Minimum $-2.160 E_*$. Das muss mit dem experimentellen Wert $-2.175 E_*$ verglichen werden.

Ionisierung bedeutet, dass ein Elektron sich ohne kinetische Energie unendlich weit vom zurückbleibenden He-Kern plus Elektron aufhält. Die Grundzustandsenergie dieses He$^+$-Ions ist analog zum Wasserstoff-Atom zu berechnen, formal muss man e^2 durch $2e^2$ ersetzen. Das ergibt $-2 E_*$. Das Helium-Atom ist also sowohl im Singulett- als auch im Triplett-Zustand stabil gebunden, weil ihre Energien tiefer als $-2 E_*$ liegen.

Kann ein Proton auch zwei Elektronen binden? Um diese Frage zu untersuchen, muss man lediglich in (7.82) die Ladung 2 durch 1 ersetzen. Für das Spin-Singulett ergibt sich als Minimum der Wert $-0.513 E_*$, der unter $0.5 E_*$ liegt, der Grundzustandsenergie des Wasserstoff-Atoms. Die experimentell ermittelte Grundzustandsenergie diese H$^-$-Ions beträgt $-0.528 E_*$. Solche Ionen wurden zuerst in der Atmosphäre der Sonne nachgewiesen. Dass ein Proton nicht auch drei Elektronen binden kann, ist schwierig nachzuweisen.

Die beste Probewellenfunktion für den Grundzustand des Helium-Atoms erhält man für $\kappa' = 2.18 \, a_*$ und $\kappa'' = 1.20 \, a_*$. Ein Elektron sieht also die Ladung 2 (ungefähr), das andere die Ladung 1 (ungefähr). Die Abweichungen von 2 und 1 entstehen dadurch, dass sich die Elektronen wegen der Coulomb-Abstoßung gegenseitig etwas aus ihren Zuständen verdrängen.

Übrigens ist der Triplett-Grundzustand des Heliums stabil, auch wenn man relativistische Korrekturen einbezieht. Nur Stöße mit anderen Helium-Atomen können Übergänge zum Singulett-Grundzustand bewirken.

Die Grundzustandsenergie des Heliums lässt sich nicht exakt berechnen. Eine noch so große und noch so raffiniert ausgewählte Familie von Probewellenfunktionen ergibt immer nur eine obere Grenze. Allerdings kennt man auch Formeln für untere Grenzen. Beim Helium-Atom stimmen obere und untere Grenze bis auf mindestens sechs Stellen überein. Das ist viel besser als der Fehler durch die nicht-relativistische Näherung.

7.6 Wasserstoff-Molekül

Ein Proton sitzt bei $\boldsymbol{x}_A$, das andere bei $\boldsymbol{x}_B$. Zwei Elektronen, das eine bei $\boldsymbol{x}_a$, das andere bei $\boldsymbol{x}_b$, wechselwirken damit. Das Wasserstoff-Molekül wird also durch Wellenfunktionen

$$\psi(\sigma_A\boldsymbol{x}_A, \sigma_B\boldsymbol{x}_B, \sigma_a\boldsymbol{x}_a, \sigma_b\boldsymbol{x}_b) \tag{7.86}$$

beschrieben. Diese Wellenfunktion muss bei der Vertauschung $\sigma_A\boldsymbol{x}_A \leftrightarrow \sigma_B\boldsymbol{x}_B$ das Vorzeichen wechseln ebenso wie bei $\sigma_a\boldsymbol{x}_a \leftrightarrow \sigma_b\boldsymbol{x}_b$. Das verlangt das Pauli-Prinzip.

Jedes dieser vier Teilchen $\alpha = A, B, a, b$ hat eine kinetische Energie T_α. Mit der Bezeichnung $r_{\alpha\beta} = |\boldsymbol{x}_\alpha - \boldsymbol{x}_\beta|$ für den Abstand der Teilchen α und β können wir den Hamilton-Operator[9] wie folgt schreiben :

$$H = T_A + T_B + T_a + T_b + \frac{1}{r_{AB}} + \frac{1}{r_{ab}} - \frac{1}{r_{Aa}} - \frac{1}{r_{Ab}} - \frac{1}{r_{Ba}} - \frac{1}{r_{Bb}}. \tag{7.87}$$

Den Grundzustand findet man, indem das Minimum des Energiefunktionals $E(\psi) = (\psi, H\psi)/(\psi, \psi)$ über <u>alle</u> Wellenfunktionen (7.86) gesucht wird. Die nach Born und Oppenheimer benannte Näherung besteht darin, sich auf faktorisierende Zustände

$$\psi = \Phi(\sigma_A\boldsymbol{x}_A, \sigma_B\boldsymbol{x}_B)\, \phi(\sigma_a\boldsymbol{x}_a, \sigma_b\boldsymbol{x}_b) \tag{7.88}$$

zu beschränken.

Wir definieren den Operator

$$W = T_a + T_b + \frac{1}{r_{ab}} - \frac{1}{r_{Aa}} - \frac{1}{r_{Ab}} - \frac{1}{r_{Ba}} - \frac{1}{r_{Bb}} \tag{7.89}$$

für elektronische Wellenfunktionen $\phi = \phi(\sigma_a\boldsymbol{x}_a, \sigma_b\boldsymbol{x}_b)$. Die Argumente der Protonen werden als Parameter aufgefasst, $W = W(\sigma_A\boldsymbol{x}_A, \sigma_B\boldsymbol{x}_B)$.

---

[9] in atomphysikalischen Einheiten

Das Infimum[10]

$$W(R) = \inf_{\|\phi\|=1} (\phi, W\phi) \tag{7.90}$$

bezeichnet man als elektronisches Potential. Es hängt nicht von den Kernspins ab, sondern nur vom Kernabstand $R = r_{AB}$, wie man sich leicht klar macht.

Nachdem man das Infimum über alle elektronischen Wellenfunktionen aufgesucht hat, vereinfacht sich (7.87) zu

$$H = T_A + T_B + V(R) \text{ mit } V(R) = \frac{1}{R} + W(R). \tag{7.91}$$

Nun ist nur noch die Rede von zwei Protonen, die sich nach dem Coulomb-Gesetz abstoßen und durch die gemeinsame Elektronenhülle beisammen gehalten werden, insgesamt also durch das Potential $V = V(R)$.

$R \to \infty$ läuft auf zwei isolierte Wasserstoff-Atome hinaus, so dass $V(\infty) = -1E_*$ gilt. Wenn der Protonenabstand verschwindet, hat man mit W den Hamilton-Operator des Helium-Atoms vor sich. Seine Grundzustandsenergie beträgt $W(0) = -2.904E_*$.

Das Potential $V(R)$ setzt sich aus der fallenden Funktion $1/R$ und der wachsenden Funktion $W(R)$ zusammen. $V(R)$ hat bei $R_0 = 0.74$ Å ein Minimum. R_0 ist damit der mittlere Kernabstand im Wasserstoff-Molekül. Um R_0 herum kann man gemäß

$$V(R) = V_0 + \frac{\mu}{2} \omega^2 (R - R_0)^2 + \dots \tag{7.92}$$

entwickeln. Dabei wurde die reduzierte Masse $\mu = M_p/2$ der Kerne abgespalten[11]. $\hbar\omega$ hat den Wert 0.54 eV. Das lässt sich rechnen und messen.

Rechnen, indem man eine umfangreiche Klasse von handhabbaren elektronischen Probewellenfunktion wählt und $W(R)$ approximiert. Dann lässt sich das Minimum von $V(R)$ bestimmen und die Krümmung am Minimum. Das liefert $\hbar\omega$.

Messen, indem man die Molekülschwingungen des Wasserstoff-Moleküls untersucht. Bekanntlich entspricht (7.91) einem freien Teilchen mit Masse $2M_p$. Dieses Teilchen ist ein harmonischer Oszillator, dessen Schwingungsfreiheitsgrad n-fach angeregt werden kann. Die Anregungsenergien betragen $\hbar\omega, 2\hbar\omega \dots$

Wenn die beiden Kerne sehr weit voneinander entfernt sind, dann handelt es sich erst einmal um isolierte, neutrale Wasserstoff-Atome im Grundzustand mit radialsysmmetrischer Ladungsverteilung. Der von der Ladung herrührende Beitrag zum Potential verschwindet also exponentiell mit dem Abstand.

---

[10] $\phi = \phi(\sigma_a\boldsymbol{x}_a, \sigma_b\boldsymbol{x}_b)$ muss das Pauli-Prinzip respektieren

[11] Das Proton ist fast zweitausendmal so massiv wie ein Elektron, $M_p = 1836\, m$

Sind die Kerne nur weit, aber nicht zu weit entfernt, dann induzieren die Wasserstoff-Atome wechselseitig Dipolmomente. Man kann zeigen, dass das Potential $V(R)$ bei $R \to \infty$ anzieht und wie R^{-6} abfällt. Der Abfall wie R^{-7} ist typisch für die so genannt van der Waals-Kraft zwischen Atomen und Molekülen. Bei $R \to 0$ dominiert natürlich die Coulomb-Abstoßung der positiv geladenen Kerne.

Das ist eine gute Stelle, um über den Potentialbegriff zu reflektieren. Eigentlich haben wir bisher nur die stets anziehende Schwerkraft und die anziehende oder abstoßende Coulomb-Kraft kennengelernt. Beide sind zu $1/r^2$ proportional und werden durch $1/r$-Potentiale beschrieben. Geht die Gravitationskraft nicht von einer Punktmasse aus, sondern von einer Massenverteilung, dann muss man solche $1/r^2$-Kräfte überlagern. Dasselbe trifft zu, wenn eine Ladungsverteilung Kräfte ausübt. Hier haben wir gesehen, dass noch raffiniertere Vorstellungen zum Potentialbegriff führen. Trotzdem handelt es sich immer um eine Überlagerung von $1/r$-Potentialen. So entsteht also auch die effektive Kraft auf die Protonen eines Wasserstoff-Moleküls aus einem Potential.

Dass Kraftfelder rotationsfrei sind, sich also aus Potentialen herleiten lassen, ist demnach kein tief schürfendes Axiom. Die Aussage ist richtig für die Gravitationskraft zwischen Massenpunkten und für die Coulombkraft zwischen Punktladungen. Alle anderen Kraftfelder sind Überlagerungen dieser primären Kraftfelder und haben demnach ebenfalls ein Potential. Selbst die elastischen oder die van der Waals-Kräfte sind verkappte Coulomb-Kräfte, wie wir soeben eingesehen haben.

7.7 Erzwungene Übergänge

In dem Abschnitt über den *Stark-Effekt* haben wir gesehen, wie eine Störung (äußeres elektrisches Feld) die Energie-Eigenwerte und -Eigenzustände verändert. Wir wollen jetzt zeigen, dass eine zeitlich veränderliche Störung zu Übergängen zwischen ansonsten stationären Zuständen führt.

Dafür untersuchen wir die Schrödinger-Gleichung

$$-\frac{\hbar}{i}\,\dot{\psi}_t = (H_0 + V\cos\omega t)\,\psi_t\,. \tag{7.93}$$

Um die Rechnung so einfach wie möglich zu halten, soll angenommen werden, dass nur zwei Eigenzustände von H_0 wesentlich sind,

$$H_0\phi_1 = E_1\phi_1 \ \ \text{und} \ \ H_0\phi_2 = E_2\phi_2\,, \tag{7.94}$$

und dass die Matrix $V_{jk} = (\phi_j, V\phi_k)$ keine Diagonalelemente hat,

$$\begin{pmatrix} V_{11} & V_{12} \\ V_{21} & V_{22} \end{pmatrix} = \begin{pmatrix} 0 & \eta \\ \eta & 0 \end{pmatrix}\,. \tag{7.95}$$

Durch Multiplizieren mit einer Phase kann man immer erreichen, dass V_{12} reell ausfällt und dann mit V_{21} übereinstimmt.

Wenn das System ein Wasserstoff-Atom ist, ϕ_1 für den (1s0↑)-Zustand, ϕ_2 für (2p0↑) steht, und wenn die Störung durch ein zeitlich periodisches elektrisches Feld mit Kreisfrequenz $\omega = (E_2 - E_1)/\hbar$ verursacht wird—dann sind die oben angegebenen Annahmen erfüllt. Wir rechnen also mit

$$V\phi_1 = \eta\phi_2 \quad \text{und} \quad V\phi_2 = \eta\phi_1 . \tag{7.96}$$

Die Lösung der Schrödinger-Gleichung (7.93) kann als

$$\psi_t = c_1(t)\, e^{-i\omega_1 t}\, \phi_1 + c_2(t)\, e^{-i\omega_2 t}\, \phi_2 \tag{7.97}$$

geschrieben werden, mit $\hbar\omega_1 = E_1$ und $\hbar\omega_2 = E_2$. Bei $\eta = 0$ wäre das schon mit konstanten Koeffizienten c_j eine Lösung.

Aus

$$
\begin{aligned}
0 &= i\hbar\dot\psi - H_0\psi - \cos\omega t\, V\psi \\
&= i\hbar\dot c_1\, e^{-i\omega_1 t}\, \phi_1 - \eta\cos\omega t\, e^{-i\omega_1 t}\, c_1\phi_2 \\
&\quad + i\hbar\dot c_2\, e^{-i\omega_2 t}\, \phi_2 - \eta\cos\omega t\, e^{-i\omega_2 t}\, c_2\phi_1
\end{aligned}
\tag{7.98}
$$

folgen, mit $\hbar\omega_0 = \hbar\omega_2 - \hbar\omega_1 = E_2 - E_1$, die beiden Bewegungsgleichungen

$$
\begin{aligned}
2i\hbar\dot c_1 &= \eta \left\{ e^{i(-\omega_0 + \omega)t} + e^{i(-\omega_0 - \omega)t} \right\} c_2 \quad, \\
2i\hbar\dot c_2 &= \eta \left\{ e^{i(+\omega_0 + \omega)t} + e^{i(+\omega_0 - \omega)t} \right\} c_1 .
\end{aligned}
\tag{7.99}
$$

Daraus kann man übrigens näherungsfrei die Beziehung

$$|c_1(t)|^2 + |c_2(t)|^2 = 1 \tag{7.100}$$

herleiten.

Angenommen, zur Zeit $t = 0$ sei das System im Zustand ϕ_1. Wir rechnen also mit $c_1(0) = 1$ und $c_2(0)=0$. Für eine hinreichend kleine Zeit ergibt das

$$c_2(t) = \frac{\eta}{2\hbar} \left\{ \frac{1 - e^{i(\omega + \omega_0)t}}{\omega + \omega_0} + \frac{1 - e^{i(\omega - \omega_0)t}}{\omega - \omega_0} \right\} . \tag{7.101}$$

Nur bei $\omega \approx \omega_0$ gibt es einen nennenswerten Beitrag, so dass man

$$|c_2(t)|^2 = \frac{|\eta|^2}{\hbar^2(\omega - \omega_0)^2} \sin^2 \frac{\omega - \omega_0}{2} t \qquad (7.102)$$

berechnet. $|c_2(t)|^2$ ist die Wahrscheinlichkeit, dass das System nach der Zeit t vom Zustand ϕ_1 in den Zustand ϕ_2 übergegangen ist. Natürlich ist (7.102) nur richtig, wenn $|c_2(t)|^2 \ll 1$ gilt, da man andernfalls (7.99) nicht mit $c_1(t) = 1$ lösen darf.

Wir fassen das erst einmal zusammen:

Es sei ϕ_1 ein stationärer Zustand des ungestörten Systems. Eine periodische Störung $V(t) = \cos \omega t V$ bewirkt, dass das System mit der Wahrscheinlichkeit

$$W_{2\leftarrow 1}(t) = \frac{|(\phi_2, V\phi_1)|^2}{\hbar^2(\omega - \omega_0)^2} \sin^2 \frac{\omega - \omega_0}{2} t \qquad (7.103)$$

nach der Zeit t im stationären Zustand ϕ_2 angetroffen wird. Dabei ist die Übergangskreisfrequenz ω_0 durch $\hbar\omega_0 = E_2 - E_1$ definiert. Übergänge finden nur dann mit nennenswerter Wahrscheinlichkeit statt, falls die Kreisfrequenz ω der Störung ungefähr mit der Übergangskreisfrequenz ω_0 zusammenfällt. Übergänge sind also nur bei Resonanz wahrscheinlich. Die Formel (7.103) ist allerdings nur im Falle $W_{2\leftarrow 1}(t) \ll 1$ eine gute Näherung.

Und hier noch eine wichtige Bemerkung. Wir haben nie vorausgesetzt, dass die Kreisfrequenz ω der Störung positiv sein soll. Die erzwungenen Übergänge können also vom energetisch höheren zum tieferen Niveau verlaufen, aber auch in umgekehrter Richtung. Mehr noch, die Wahrscheinlichkeit $W_{2\leftarrow 1}$ und $W_{1\leftarrow 2}$ stimmen sogar überein. Dieser Befund ist als Prinzip des detaillierten Gleichgewichtes[12] bekannt.

Weil erzwungene Übergänge nur bei Resonanz möglich sind, also nur dann, wenn $\hbar\omega \approx |E_2 - E_1|$ stimmt, ist es eine gute Näherung, sich auf lediglich zwei Zustände zu beschränken. Lediglich im Falle von tatsächlichen oder näherungsweisen Entartungen muss man etwas mehr tun. Aber selbst das ist oft nicht nötig. Beispielsweise werden wir am Beispiel des Wasserstoff-Atoms feststellen, dass der Störoperator (das elektrische oder magnetische Dipolmoment) ganz bestimmte Auswahlregeln verursacht. Beispielsweise ist ein Übergang 1s $\leftrightarrow$ 2s immer verboten, so dass die Entartung von 2s und 2p gar keine Rolle spielt.

Wir erinnern an dieser Stelle an das Ammoniak-Molekül NH_3. Die drei Protonen bilden ein gleichseitiges Dreieck, der Stickstoffkern hält sich entweder über oder unter dieser Ebene auf. In Wirklichkeit sind symmetrische oder antisymmetrische Kombinationen davon die wirklichen Eigenzustände. Die Energiedifferenz definiert den Mikrowellenstandard in dem Sinne, dass bei der Frequenz $f=23.87012$ GHz Übergänge zwischen beiden Eigenzuständen mit großer Wahrscheinlichkeit möglich sind. Ich lenke hier die Aufmerksamkeit auf die siebenstellige Genauigkeit. Dass man die Frequenz so genau festlegen

---

[12] *detailed balance*

kann, ist nur deswegen möglich, weil die Übergangswahrscheinlichkeit ganz stark absinkt, wenn die Resonanzbedingung nicht genau erfüllt ist.

7.8 Übergänge durch inkohärente Strahlung

Wir nehmen jetzt an, dass das System (etwa ein Atom oder Molekül) durch ein elektromagnetisches Strahlungsfeld gestört wird.

Eine ebene, monochromatische elektromagnetische Welle wird durch

$$\mathcal{E}_1 = 0 \ , \ \mathcal{E}_2 = 0 \ \text{und} \ \mathcal{E}_3 = \mathcal{E} \cos(\omega t - kx_1) \tag{7.104}$$

beschrieben. Die Welle läuft in 1-Richtung und ist in 3-Richtung linear polarisiert. Zu (7.104) gehört das Induktionsfeld

$$\mathcal{B}_1 = 0 \ , \ \mathcal{B}_2 = -\frac{\mathcal{E}}{c} \cos(\omega t - kx_1) \ \text{und} \ \mathcal{B}_3 = 0 \,. \tag{7.105}$$

Die typischen Energiedifferenzen bei Atomen und Molekülen liegen im eV-Bereich, dazu gehören Wellenlängen im Mikrometerbereich. Es ist also ein gute Näherung, wenn das elektromagnetische Feld im Bereich des Atoms oder Moleküls als örtlich konstant[13] angesetzt wird. Wir rechnen daher mit den Ausdrücken (7.104) und (7.105) an einem festen Ort, etwa $x = 0$.

Die Störung hat also die Form

$$V(t) = \cos \omega t \, V \ \text{mit} \ V = -\mathcal{E} \, d_3 + \frac{\mathcal{E}}{c} \, m_2 \,. \tag{7.106}$$

Es kommen also das elektrische Dipolmoment d und das magnetische Dipolmoment m des Systems ins Spiel. Wenn immer ein Strahlungsübergang durch d möglich ist, gibt es keinen m-Beitrag, und umgekehrt. Das liegt daran, dass sich das elektrische Dipolmoment unter Raumspiegelung anders transformiert als das magnetische. So wie $\mathcal{B}$ ist auch das magnetische Dipolmoment m ein axialer Vektor, und kein polarer Vektor wie $\mathcal{E}$ oder d. Wir verfolgen hier nur den Fall weiter, dass ein elektrischer Dipolübergang möglich ist.

Wir kennen bereits die Wahrscheinlichkeit dafür, dass das Atom durch eine Bestrahlung der Dauer t vom stationären Zustand ϕ_1 in den stationären Zustand ϕ_2 übergeht, nämlich

$$W_{2 \leftarrow 1} = \mathcal{E}^2 \frac{|(\phi_2, d_3 \phi_1)|^2}{\hbar^2 (\omega - \omega_0)^2} \sin^2 \frac{\omega - \omega_0}{2} \, t \,. \tag{7.107}$$

Dabei ist $\hbar \omega_0 = E_2 - E_1$ gerade die Differenz der zugehörigen Energieeigenwerte.

---

[13] Das gilt nicht mehr für harte Röntgen- oder γ-Strahlung.

Mit dem Poyntingvektor $\boldsymbol{S} = \boldsymbol{\mathcal{E}} \times \boldsymbol{\mathcal{H}}$ berechnet man die zeitgemittelte Intensität als

$$\bar{S} = \frac{\mathcal{E}^2}{2R_0} \quad \text{mit} \quad R_0 = \sqrt{\frac{\mu_0}{\epsilon_0}}. \tag{7.108}$$

Zur Erinnerung: R_0 ist der Wellenwiderstand des Vakuums. Damit kann man (7.107) auch als

$$W_{2\leftarrow 1} = \frac{2R_0}{\hbar^2} \, \bar{S} \, |(\phi_2, d_3\phi_1)|^2 \, \frac{\sin^2(\omega - \omega_0)t/2}{(\omega - \omega_0)^2} \tag{7.109}$$

formulieren.

Nun besteht jede direkt oder indirekt thermisch erzeugte Strahlung aus einem inkohärenten Gemisch verschiedener Frequenzen. Die Intensität $\bar{S}$ lässt sich dann mit Hilfe der spektralen Intensität $I = I(\omega)$ als

$$\bar{S} = \int_0^\infty d\omega \, I(\omega) \tag{7.110}$$

schreiben. Auch (7.109) ist dann über die Kreisfrequenz ω zu mitteln. Weil $\sin^2 x/x^2$ bei $x = 0$ einen scharfen Peak hat, kann man in

$$\int d\omega I(\omega) \frac{\sin^2(\omega - \omega_0)t/2}{(\omega - \omega_0)^2} \approx \frac{\pi}{2} \, t \, I(\omega_0) \tag{7.111}$$

umformen. Die über die Kreisfrequenzen gemittelte Wahrscheinlichkeit ist also zur Bestrahlungszeit t proportional, so dass die Wahrscheinlichkeitsrate

$$\Gamma_{2\leftarrow 1} = \left.\frac{dW_{2\leftarrow 1}(t)}{dt}\right|_{t=0} \tag{7.112}$$

der relevante Begriff ist.

Die folgende Abänderung ist auch noch erforderlich. Man muss über die beiden Polarisationsmöglichkeiten der Strahlung mitteln und ebenso über die Orientierung der Atome oder Moleküle. Das bedeutet

$$|(\phi_2, d_3\phi_1)|^2 \to \frac{1}{3} \sum_{j=1}^{3} |(\phi_2, d_j\phi_1)|^2, \tag{7.113}$$

und damit erhält man dann

$$\Gamma_{2\leftarrow 1} = \frac{\pi R_0}{3\hbar^2} \, I(\omega_0) \sum_{j=1}^{3} |(\phi_2, d_j\phi_1)|^2. \tag{7.114}$$

Man bestrahlt also zufällig orientierte Atome oder Moleküle mit unpolarisierter Strahlung. Die Wahrscheinlichkeitsrate, dass ein Übergang vom stationären Zustand ϕ_1 in den ebenfalls stationären Zustand ϕ_2 stattfindet, wird durch (7.114) beschrieben. Diese Übergangsrate ist proportional zur spektralen Intensität $I(\omega_0)$ bei der Resonanzfrequenz, das heißt bei $\hbar\omega_0 = |E_2 - E_1|$. In die Formel geht ein, dass mehr Strahlung auch mehr Übergänge hervorruft. Es gehen aber auch die Eigenschaften des Atoms oder Moleküls ein, denn die Wahrscheinlichkeitsrate $\Gamma_{2\leftarrow 1}$ ist zum Übergangsmatrixelement $|(\phi_2, \boldsymbol{d}\,\phi_1)|^2$ proportional.

Wir weisen noch einmal darauf hin, dass niemals $E_2 > E_1$ benutzt wurde. Daher gilt (7.114) sowohl für die induzierte Absorption als auch für die induzierte Emission von inkohärenter Strahlung. Für schmalbandige Laserquellen darf man (7.114) nicht verwenden.

Als Beispiel betrachten wir ein Wasserstoff-Atom im Grundzustand 1s. Bietet man Strahlung mit Kreisfrequenz $\omega \approx (1/2\text{-}1/8)\, me^4/(4\pi\epsilon_0)^2\hbar^3 = 1.55 \times 10^{16}$ Hz an, dann ist ein Übergang zum 2p-Zustand möglich. Dem entspricht die Wellenlänge $\lambda_0 = 2\pi c/\omega_0 = 0.121\ \mu$m, also Ultraviolett.

Für den 2p0-Zustand gilt

$$(\phi_2, d_1\,\phi_1) = (\phi_2, d_2\,\phi_1) = 0 \ \text{ und } \ (\phi_2.d_3\,\phi_1) = \sqrt{2}\,2^7 3^{-5}\,, \qquad (7.115)$$

in atomphysikalischen Einheiten ea_*. Damit erhält man

$$\Gamma_{2p0\leftarrow 1s} = \frac{1.41 \times 10^{12}}{\text{s}}\,\frac{I(\omega_0)}{\text{Jm}^{-2}}\,. \qquad (7.116)$$

Die Zustände 2pm entsprechen verschiedenen Orientierungen des Atoms. Weil darüber gemittelt wurde, sind die Übergangsraten von m unabhängig, so dass man

$$\Gamma_{2p\leftarrow 1s} = \frac{4.2 \times 10^{12}}{\text{s}}\,\frac{I(\omega_0)}{\text{Jm}^{-2}} \qquad (7.117)$$

erhält.

Ist beispielsweise die Intensität $\bar{S} = 10$ Wcm^{-2} gleichmäßig auf das Intervall 1.0×10^{16} s$^{-1} \le \omega \le 2.0 \times 10^{16}$ s^{-1} verteilt, dann hat die spektrale Intensität den Wert $I = 1.0 \times 10^{-11}$ Jm^{-2}. Das führt auf eine Wahrscheinlichkeitsrate $\Gamma_{2p\leftarrow 1s} = 42$ s^{-1}. Während eines Blitzes von einer Millisekunde wird ein Wasserstoff-Atom im Grundzustand also mit der Wahrscheinlichkeit 0.042 angeregt. Dauert der Blitz länger, dann muss man berücksichtigen, dass die Zahl der anregbaren Atome abnimmt und dass inzwischen angeregte Atome in den Grundzustand zurückfallen.

7.9 Spontane Übergänge

Es sei ϕ_i (initial) ein normierter Eigenzustand des Hamilton-Operators, dessen Energie E_i größer ist als die Energie E_f eines anderen Eigenzustandes ϕ_f (final). Es kann dann auch einen spontanen Übergang $\phi_f \leftarrow \phi_i$ geben. Dabei wird ein Photon der Energie $\hbar\omega_0 = E_i - E_f$ emittiert. Das heißt: auch ohne äußeres elektromagnetisches Feld muss zum Hamilton-Operator H des Atoms ein Term V_{QE} addiert werden, der diesen Übergang bewirkt. Der Zusatz V_{QE} ist ein Effekt der Quantenelektrodynamik und kann hier nicht diskutiert werden.

Die Rate $\Gamma^{\mathrm{sp}}_{f \leftarrow i}$ für den spontanen Zerfall $\phi_f \leftarrow \phi_i$ lässt sich trotzdem berechnen, indem man auf zwei Ergebnisse der statistischen Thermodynamik zurückgreift, die man ohne Kenntnis der fraglichen Zerfallsrate ableiten kann. Die folgende Argumentation geht auf Albert Einstein zurück.

Man betrachtet einen Hohlraum, in dem sich ein einzelnes Atom aufhalten soll. Der Hohlraum ist mit den Wänden (sie sollen die Temperatur T haben) im Gleichgewicht und daher mit einem Photonengas gefüllt. Von Max Planck stammt die Formel für die spektrale Intensität des Photonengases:

$$I(\omega) = \frac{\hbar\omega^3}{\pi^2 c^2} \frac{1}{e^{\hbar\omega/k_{\mathrm{B}}T} - 1} . \tag{7.118}$$

Das Atom wiederum ist mit dem Photonengas im thermischen Gleichgewicht. Seine Energieeigenzustände ϕ_j sind dann mit Wahrscheinlichkeiten

$$w_j = e^{(F - E_j)/k_{\mathrm{B}}T} \tag{7.119}$$

besetzt. Die freie Energie F muss so gewählt werden, dass die Summe der Wahrscheinlichkeiten gerade 1 ergibt. Für unsere beiden herausgegriffenen Zustände ergibt sich

$$\frac{w_f}{w_i} = e^{\hbar\omega_0/k_{\mathrm{B}}T} . \tag{7.120}$$

Die früher berechneten Wahrscheinlichkeitsraten für induzierte Übergänge bezeichnen wir mit Γ^{ind}. Es gilt

$$\Gamma_{i \leftarrow f} = \Gamma^{\mathrm{ind}}_{i \leftarrow f} \quad \text{und} \quad \Gamma_{f \leftarrow i} = \Gamma^{\mathrm{ind}}_{f \leftarrow i} + \Gamma^{\mathrm{sp}}_{f \leftarrow i} . \tag{7.121}$$

Damit kann man folgende Bilanzgleichungen für die Wahrscheinlichkeiten aufstellen:

$$\dot{w}_f = \Gamma_{f \leftarrow i} w_i - \Gamma_{i \leftarrow f} w_f \tag{7.122}$$

sowie

$$\dot{w}_i = \Gamma_{i \leftarrow f} w_f - \Gamma_{f \leftarrow i} w_i . \tag{7.123}$$

Atom und Hohlraumstrahlung befinden sich im Gleichgewicht, wenn

$$\dot{w}_f = \dot{w}_i = 0 \qquad (7.124)$$

gilt. Mit (7.118), (7.120) und

$$\Gamma_{f\leftarrow i}^{\text{ind}} = \Gamma_{i\leftarrow f}^{\text{ind}} = \frac{4\pi^2}{3c}\frac{1}{4\pi\epsilon_0\hbar^2}I(\omega_0)\sum_{j=1}^{3}|(\phi_f, d_j\phi_i)|^2 \qquad (7.125)$$

als Wahrscheinlichkeitsrate für strahlungsinduzierte Übergänge berechnet man

$$\Gamma_{f\leftarrow i}^{\text{sp}} = \frac{4}{3}\frac{\omega_0^3}{4\pi\epsilon_0\hbar c^3}\sum_{j=1}^{3}|(\phi_f, d_j\phi_i)|^2 \,. \qquad (7.126)$$

Das ist die Rate für den spontanen Zerfall eines angeregten Zustandes ϕ_i in einen anderen Zustand[14] ϕ_f mit niedrigerer Energie. d bezeichnet das elektrische Dipolmoment des Systems. Es gibt noch andere Beiträge, die durch das magnetische Dipolmoment, das elektrische Quadrupolmoment usw. verursacht werden, aber die sind proportional zu höheren Potenzen der Feinstrukturkonstanten[15] $\alpha \approx 1/137$.

Die gesamte Zerfallsrate des angeregten Zustandes ϕ_i ist

$$\frac{1}{\tau_i} = \Gamma_i = \sum_{E_f < E_i}\Gamma_{f\leftarrow i}^{\text{sp}} \,. \qquad (7.127)$$

Es ist also über alle Zustände ϕ_f zu summieren, deren Energie kleiner ist, als die des Zustandes ϕ_i. Eine triviale Folgerung daraus ist, dass der Grundzustand nicht zerfallen kann.

Wenn zur Zeit $t = 0$ das System mit Sicherheit im Zustand ϕ_i war, dann ist es das nach der Zeit t nur noch mit Wahrscheinlichkeit $W_i(t) = e^{-t/\tau_i}$. Deswegen nennt man τ_i auch die Lebensdauer des Zustandes ϕ_i.

Der Energieverlust pro Zeiteinheit beträgt

$$\sum_{E_f < E_i}(E_i - E_f)\,\Gamma_{f\leftarrow i}^{\text{sp}} = \frac{4}{3}\sum_{E_f < E_i}\frac{\omega_{fi}^4}{4\pi\epsilon_0 c^3}\sum_{j=1}^{3}(\phi_i, d_j\phi_f)(\phi_f, d_j\phi_i)\,, \quad (7.128)$$

mit $\hbar\omega_{fi} = E_i - E_f$.

Das kann man umformen. Bekanntlich lässt sich jeder Observablen A eine Rate $\dot{A}$ durch

---

[14] die beiden Zustände ϕ_i und ϕ_f sind normiert

[15] das Inverse der Lichtgeschwindigkeit in atomphysikalischen Einheiten

$$\dot{A} = \frac{i}{\hbar}\,[H, A] \qquad (7.129)$$

zuordnen. Speziell für Energieeigenzustände gilt

$$(\phi_j, \dot{A}\,\phi_k) = -i\frac{E_k - E_j}{\hbar}(\phi_j, A\,\phi_k)\,. \qquad (7.130)$$

Damit lässt sich (7.128) in

$$\sum_{E_f < E_i} (E_i - E_f)\,\Gamma^{\mathrm{sp}}_{f \leftarrow i} = \frac{4}{3} \sum_{E_f < E_i} \frac{1}{4\pi\epsilon_0 c^3} \sum_{j=1}^{3} (\phi_i, \ddot{d}_j \phi_f)(\phi_f, \ddot{d}_j \phi_i) \qquad (7.131)$$

umwandeln. Dabei ist die Summe über alle Energieeigenzustände ϕ_f zu bilden, die tiefer liegen als der Ausgangszustand ϕ_i. Für hochangeregte Zustände kann man zeigen, dass die Summe über alle Energieeigenzustände doppelt so groß ist. Das ist für den harmonischen Oszillator leicht nachzurechnen. Setzt man das ein, so ergibt sich der Ausdruck

$$P = \frac{2}{3}\frac{1}{4\pi\epsilon_0 c^3}\,(\phi_i, \ddot{\boldsymbol{d}}^{\,2}\,\phi_i) \qquad (7.132)$$

als Abstrahlleistung. Das stimmt mit dem Ergebnis der klassischen Rechnung überein, nach dem ein mit q geladenes Teilchen pro Zeiteinheit die Energie

$$P = \frac{2}{3}\frac{1}{4\pi\epsilon_0 c^3}\,q^2\,|\ddot{x}_k \ddot{x}^k| \qquad (7.133)$$

verliert. Dabei steht der Punkt für die Ableitung nach der Eigenzeit, die bei kleinen Geschwindigkeiten (wie im Falle der Atomphysik) mit der Ableitung nach der Zeit übereinstimmt. Außerdem tragen bei kleinen Geschwindigkeiten nur die räumlichen Komponenten $q\ddot{x} = \ddot{\boldsymbol{d}}$ bei. Siehe hierzu den Abschnitt *Oszillierender Dipol*.

Es ist interessant, über Einsteins Argumentation zu reflektieren. Im Ergebnis (7.126) kommt die Temperatur der Hohlraumstrahlung überhaupt nicht mehr vor. Die Beziehung (7.126) muss gelten, damit die bewährten Formeln für die Hohlraumstrahlung und für induzierte Übergänge gleichermaßen richtig sein können. Heute würde man die Formel für die Wahrscheinlichkeitsrate des spontanen Übergangs aus der Quantenelektrodynamik herleiten und dann damit die Plancksche Strahlungsformel begründen.

So hat Einstein immer wieder argumentiert. A ist richtig, B ebenfalls, und das verträgt sich nur dann, wenn auch C stimmt. Das kann man bei seinen Untersuchungen zur Brownschen Bewegung ebenso nachweisen wie bei den Überlegungen zur Relativitätstheorie.

7.10 Wirkungsquerschnitt und Streuamplitude

Bei einem Streuexperiment lässt man Teilchen (etwa Neutronen) auf eine dünne Folie von Streuzentren (etwa Blei-Kerne), das Target, aufprallen. Wenn das Target die Dicke dx hat und pro Volumeneinheit n Streuzentren enthält, ist die Anzahl der Streuzentren pro Flächeneinheit gerade $dx\,n$. Die Wahrscheinlichkeit $W(dx)$ dafür, dass ein Teilchen das Target unbehindert passiert, wird als

$$W(dx) = 1 - dx\,n\,\sigma \tag{7.134}$$

geschrieben. Ein Target der Dicke x wird daher vom Teilchen mit der Wahrscheinlichkeit

$$W(x) = e^{-x\,n\,\sigma} \tag{7.135}$$

ungehindert durchquert.

Man bezeichnet σ als Wirkungsquerschnitt. Der Wirkungsquerschnitt ist die Fläche, mit der ein Streuzentrum dem Teilchen den Weg verstellt. Allerdings hängt diese Fläche (also σ) im Allgemeinen vom Impuls der aufprallenden Teilchen ab.

Das Teilchen fehlt mit der Wahrscheinlichkeit $dx\,n\,\sigma$ im direkten Strahl nach der Folie, weil es aus seiner ursprünglichen Richtung abgelenkt[16] wurde. Mit der Wahrscheinlichkeit

$$dW(\theta) = dx\,n\,d\Omega\,\sigma_{\text{diff}}(\theta) \tag{7.136}$$

wird es um den Winkel θ abgelenkt und in den Raumwinkel $d\Omega$ gestreut. Das Raumwinkelintegral über den differentiellen Wirkungsquerschnitt σ_{diff} ist natürlich der Wirkungsquerschnitt

$$\sigma = \int d\Omega\,\sigma_{\text{diff}}(\theta) = 4\pi\,\frac{1}{2}\int_{-1}^{1} d\cos\theta\,\sigma_{\text{diff}}(\theta)\,. \tag{7.137}$$

Bisher haben wir uns auf den Standpunkt gestellt, dass <u>ein</u> Teilchen von einem Target von Streuzentren (mit Teilchendichte n) behindert wird. Man kann sich die Bedeutung des Wirkungsquerschnittes auch anders klarmachen.

Bei $\boldsymbol{x} = 0$ ruht das Streuzentrum. Darüber geht in Richtung $\boldsymbol{n}_{\text{ein}}$ ein Strom von Teilchen hinweg. Dessen Stromdichte (Zahl der Teilchen pro Flächen- und Zeiteinheit) sei j_{ein}. Pro Zeiteinheit werden gerade σj_{ein} Teilchen gestreut in dem Sinne, dass sie ihre Laufrichtung ändern. Im Abstand r vom Streuzentrum findet man in Richtung $\boldsymbol{n}_{\text{aus}}$ einen Strom von gestreuten Teilchen. Dessen Stromdichte ist

---

[16] Im Allgemeinen kommt es nur auf den Ablenkwinkel θ an, nicht auf den Azimut ϕ.

$$j_{\text{aus}}(r) = \frac{\sigma_{\text{diff}}(\theta)}{r^2}\, j_{\text{ein}} , \tag{7.138}$$

wenn $\boldsymbol{n}_{\text{ein}}$ und $\boldsymbol{n}_{\text{aus}}$ den Winkel θ einschließen. Integriert man nämlich (7.138) über die Oberfläche einer Kugel mit Radius r um das Streuzentrum, dann erhält man die Streurate σj_{ein}.

Wie ist der differentielle Wirkungsquerschnitt zu berechnen?

Den Strom der einlaufenden Teilchen beschreiben wir durch die Wellenfunktion

$$\psi_{\text{ein}}(\boldsymbol{x}) = e^{ik\boldsymbol{n}_{\text{ein}}\boldsymbol{x}} , \tag{7.139}$$

mit k als Wellenzahl und $p = \hbar k$ als Impuls. Diese Wellenfunktion beschreibt freie, nicht wechselwirkende Teilchen. Für die Streuung am Potential $V = V(\boldsymbol{x})$ reicht (7.139) nicht aus, es muss einen Zusatz ψ_{aus} geben, so dass $\psi = \psi_{\text{ein}} + \psi_{\text{aus}}$ die Schrödinger-Gleichung

$$\frac{\hbar^2}{2m}\left(\Delta + k^2\right)\psi(\boldsymbol{x}) = V(\boldsymbol{x})\,\psi(\boldsymbol{x}) \tag{7.140}$$

erfüllt. m ist die Masse der gestreuten Teilchen.

Man beachte, dass auf der linken Seite von (7.140) ψ durch ψ_{aus} ersetzt werden darf.

Die Gleichung

$$\frac{\hbar^2}{2m}\left(\Delta + k^2\right)G(\boldsymbol{x}) = \delta^3(\boldsymbol{x}) \tag{7.141}$$

sowie die Forderung nach sphärischer Symmetrie definieren die Greensche Funktion

$$G(\boldsymbol{x}) = -\frac{2m}{\hbar^2}\frac{e^{ikr}}{4\pi r} . \tag{7.142}$$

Damit lässt sich die Differentialgleichung (7.140) in die Integralgleichung

$$\psi(\boldsymbol{x}) = e^{ik\boldsymbol{n}_{\text{ein}}\boldsymbol{x}} - \frac{2m}{\hbar^2}\int d^3\xi\,\frac{e^{ik|\boldsymbol{x}-\boldsymbol{\xi}|}}{4\pi|\boldsymbol{x}-\boldsymbol{\xi}|}\,V(\boldsymbol{\xi})\psi(\boldsymbol{\xi}) \tag{7.143}$$

umschreiben. Für große Abstände r gilt in Richtung $\boldsymbol{n}_{\text{aus}}$

$$\psi_{\text{aus}} = \psi(\boldsymbol{x}) - e^{ik\boldsymbol{n}_{\text{ein}}\boldsymbol{x}} \approx f(\theta)\frac{e^{ikr}}{r} . \tag{7.144}$$

Die Streuamplitude f ist dabei durch

$$f(\theta) = -\frac{2m}{\hbar^2}\frac{1}{4\pi}\int d^3\xi\, e^{-ik\boldsymbol{n}_{\text{aus}}\boldsymbol{\xi}}\, V(\boldsymbol{\xi})\,\psi(\boldsymbol{\xi}) \tag{7.145}$$

gegeben.

Der Ausdruck (7.145) für die Streuamplitude enthält die Wellenfunktion in der Nahzone. Das ist der Bereich, in dem das Potential vorhanden ist. f hängt vom Impuls $p = \hbar k$ der einlaufenden Teilchen ab, über ψ indirekt von der Richtung $\boldsymbol{n}_{\text{ein}}$, aus der die Teilchen einlaufen und direkt von der Richtung $\boldsymbol{n}_{\text{aus}}$, in der die gestreuten Teilchen aufgesammelt werden. Bei sphärisch symmetrischen Potentialen kommt es allerdings nur auf den Winkel θ zwischen $\boldsymbol{n}_{\text{ein}}$ und $\boldsymbol{n}_{\text{aus}}$ an.

Vergleicht man (7.144) und (7.138), dann lässt sich unmittelbar

$$\sigma_{\text{diff}}(\theta) = |f(\theta)|^2 \tag{7.146}$$

ablesen. Der differentielle Wirkungsquerschnitt ist das Betragsquadrat der Streuamplitude. Die Streuamplitude gibt an, wie einer einlaufenden ebenen Welle auslaufende Kugelwellen zugesellt werden.

Wir hatten bisher angenommen, dass das Streuzentrum bei $\boldsymbol{x} = 0$ ruht. Das gilt natürlich nur dann, wenn die gestreuten Teilchen sehr viel leichter sind als die Streuzentren. Falls das nicht zutrifft, muss man die angeschriebenen Formeln ein wenig abändern. Statt der Masse m ist die reduzierte Masse

$$\mu = \frac{m_1 m_2}{m_1 + m_2} \tag{7.147}$$

der beiden aneinander gestreuten Teilchen 1 und 2 zu verwenden. Außerdem ist $p = \hbar k$ als Impuls jedes der beiden Teilchen im Schwerpunktsystem aufzufassen. (7.146) ist der differentielle Wirkungsquerschnitt im Schwerpunktsystem. Nach einfachen Vorschriften kann man ihn in den differentiellen Wirkungsquerschnitt $\sigma_{\text{diff}}^{\text{L}}$ im Laborsystem umrechnen, in dem vereinbarungsgemäß das Teilchen 2 vor dem Streuprozess ruht. Der Wirkungsquerschnitt σ hängt allerdings nicht von der Wahl des Bezugssystems ab,

$$\sigma = \int d\Omega\, \sigma_{\text{diff}}(\theta) = \int d\Omega_{\text{L}}\, \sigma_{\text{diff}}^{\text{L}}(\theta_{\text{L}})\,. \tag{7.148}$$

Aus einsichtigen Gründen schreibt man übrigens oft

$$\sigma_{\text{diff}} = \frac{d\sigma}{d\Omega}\,. \tag{7.149}$$

$d\Omega$ ist gerade der kleine Raumwinkel, der von einem weit entfernten Zähler erfasst wird.

7.11 Coulomb-Streuung in Bornscher Näherung

Wir betrachten zwei Teilchen mit Massen m_1 und m_2. $V = V(r)$ sei die vom Abstand $r = |\boldsymbol{x}|$ der Teilchen abhängende potentielle Energie. Mit der reduzierten Masse $\mu = m_1 m_2/(m_1 + m_2)$ ist die Streuamplitude durch

$$f(p, \theta) = -\frac{2\mu}{\hbar^2} \frac{1}{4\pi} \int d^3\xi \, e^{-ik\boldsymbol{n}_{\mathrm{aus}}\boldsymbol{\xi}} V(\boldsymbol{\xi}) \, \psi(\boldsymbol{\xi}) \tag{7.150}$$

gegeben. ψ löst die Schrödinger-Gleichung

$$\left\{ -\frac{\hbar^2}{2\mu}\Delta + V \right\} \psi = E\psi \tag{7.151}$$

mit der Bedingung

$$\psi(\boldsymbol{x}) = e^{ik\boldsymbol{n}_{\mathrm{ein}}\boldsymbol{x}} + \dots, \tag{7.152}$$

wobei die Punkte Terme andeuten, die mit wachsendem $r = |\boldsymbol{x}|$ abfallen. Die Energie im Schwerpunktsystem ist

$$E = \frac{p^2}{2\mu} = \frac{p^2}{2m_1} + \frac{p^2}{2m_2} \quad \text{mit } p = \hbar k. \tag{7.153}$$

θ ist der Winkel zwischen $\boldsymbol{n}_{\mathrm{ein}}$ und $\boldsymbol{n}_{\mathrm{aus}}$. Der differentielle Wirkungsquerschnitt im Schwerpunktsystem ist durch

$$\sigma_{\mathrm{diff}}(p, \theta) = |f(p, \theta)|^2 \tag{7.154}$$

gegeben, daraus berechnet man den Wirkungsquerschnitt als

$$\sigma(p) = 2\pi \int_0^\pi d\theta \sin\theta \, \sigma_{\mathrm{diff}}(p, \theta). \tag{7.155}$$

Auf Max Born geht die folgende Näherung zurück. Mit der Begründung, dass eine kleine Wechselwirkung auch nur eine kleine Abweichung von der einlaufenden Welle verursachen wird, setzt man (7.152) in (7.150) ein:

$$f(p, \theta) = -\frac{2\mu}{\hbar^2} \frac{1}{4\pi} \int d^3\xi \, e^{-ik(\boldsymbol{n}_{\mathrm{aus}} - \boldsymbol{n}_{\mathrm{ein}})\boldsymbol{\xi}} V(\boldsymbol{\xi}). \tag{7.156}$$

$\boldsymbol{\Delta} = k(\boldsymbol{n}_{\mathrm{aus}} - \boldsymbol{n}_{\mathrm{ein}})$ ist der Wellenvektorübertrag. Sein Betrag ist durch

$$|\boldsymbol{\Delta}| = 2k \sin\frac{\theta}{2} \tag{7.157}$$

gegeben. In Bornscher Näherung gilt also

$$f(p, \theta) = -\frac{2\mu}{\hbar^2} \frac{1}{4\pi} \hat{V}(\boldsymbol{\Delta}) \,. \tag{7.158}$$

Dabei ist $\hat{V}$ das Fourier-transformierte Potential. Wenn das Potential radial-symmetrisch ist, dann trifft das auch für die Fourier-Transformierte zu. Die Streuamplitude hängt also nicht vom Impuls p und vom Streuwinkel θ einzeln ab, sondern nur von der Kombination

$$\hbar\Delta = \Delta p = 2p \sin\frac{\theta}{2} \,, \tag{7.159}$$

dem Impulsübertrag.

Wir rechnen jetzt den Fall durch, dass die beiden Teilchen über das Coulomb-Potential

$$V(\boldsymbol{x}) = \frac{1}{4\pi\epsilon_0} \frac{q_1 q_2}{|\boldsymbol{x}|} \tag{7.160}$$

wechselwirken.

Zu berechnen ist die Fourier-Transformierte des Coulomb-Potential, dem Grenzwert[17]

$$\frac{1}{r} = \lim_{\lambda \to +0} \frac{e^{-\lambda r}}{r} \,. \tag{7.161}$$

Wir berechnen

$$\int d^3x \, e^{-i\boldsymbol{kx}} \frac{e^{-\lambda|\boldsymbol{x}|}}{|\boldsymbol{x}|} = \frac{4\pi}{k} \int_0^\infty dr \, e^{-\lambda r} \sin kr = \frac{4\pi}{k^2 + \lambda^2} \,. \tag{7.162}$$

Die Amplitude für Coulomb-Streuung in Bornscher Näherung ist demnach

$$f^{\mathrm{C}} = -2\mu \frac{q_1 q_2}{4\pi\epsilon_0} \frac{1}{|\Delta\boldsymbol{p}|^2} \,. \tag{7.163}$$

Das Ergebnis ist plausibel. Zuerst einmal sind alle Einflussgrößen enthalten: die Ladungen, die reduzierte Masse und der Impulsübertrag. Außerdem darf der Faktor $1/4\pi\epsilon_0$ nicht fehlen. Mehr Ladung—mehr Streuung, das stimmt. Und obendrein kann man sich gar keine andere Kombination der relevanten Beiträge ausdenken, so dass eine Länge herauskommt.

Unser Ergebnis besagt

$$\sigma_{\mathrm{diff}}^{\mathrm{C}}(p, \theta) = \frac{\mu^2}{(4\pi\epsilon_0)^2} \frac{q_1^2 q_2^2}{4p^4 \sin^4 \theta/2} \,. \tag{7.164}$$

---

[17] Das Photon hat eine Masse, aber die ist beliebig klein

Das ist die berühmte Rutherford[18]-Formel für den differentiellen Wirkungsquerschnitt geladener Teilchen, die mit dem Coulomb-Potential wechselwirken. Beachten Sie, dass das Plancksche Wirkungsquantum $\hbar$ nicht erscheint. Daher ist es nicht verwunderlich, dass man im Rahmen der klassischen Mechanik dasselbe Ergebnis erhält. Übrigens kann man die Schrödinger-Gleichung auch exakt lösen. Bis auf einen Phasenfaktor erhält man dasselbe wie in Bornscher Näherung, und in diesem Sinne ist (7.164) exakt, wenigstens in nichtrelativistischer Näherung.

Ein wenig wundern muss man sich, dass zwischen Anziehung und Abstoßung nicht unterschieden wird. Der Wirkungsquerschnitt für die Streuung von Elektronen an Protonen ist derselbe wie der für die Positron-Proton-Streuung.

Die Rutherford-Formel lässt sich folgendermaßen so umschreiben, dass sie auch für hochenergetische Streuung richtig bleibt.

Die beiden streuenden Teilchen werden durch ihre Viererimpulse p_{1i} und p_{2i} vor der Streuung charakterisiert. Nach der Streuung haben sie Viererimpulse q_{1i} und q_{2i}. Wegen der Erhaltung von Energie und Impuls gilt $p_1+p_2 = q_1+q_2$. Man definiert die beiden folgenden Streuparameter:

$$s = (p_1 + p_2)^2 = (q_1 + q_2)^2 \;\; \text{und} \;\; t = (q_1 - p_1)^2 = (q_2 - p_2)^2 . \qquad (7.165)$$

Diese Quadrate sind immer im Sinne von $x^2 = x_0^2 - \boldsymbol{x}^2$ gemeint. Man beachte, dass s und t gegen Änderungen des Bezugssystems invariant sind. s ist das Quadrat der Gesamtenergie im Schwerpunktsystem[19], t das Quadrat des Impulsübertrages im Schwerpunktsystem. In (7.163) ist der Ausdruck $|\Delta\boldsymbol{p}|^2$ durch t zu ersetzen, damit wird man die Einschränkung auf kleine Geschwindigkeiten los.

Die Streuung punktförmiger Teilchen durch Coulomb-Wechselwirkung ist allerdings ein pathologischer Fall. Der mit Hilfe von (7.164) berechnete Wirkungsquerschnitt ist unendlich groß. Das bedeutet, dass ein Teilchen vom anderen mit Sicherheit abgelenkt wird, weil die Coulomb-Kraft unendlich weit reicht. Tatsächlich streut man etwa Elektronen nicht an Kernen, sondern an neutralen Teilchen im Target. Das führt dann zu endlichen Wirkungsquerschnitten, wie wir sogleich erörtern werden.

7.12 Streuung und Struktur

Wir wollen in diesem Abschnitt an zwei Beispielen erörtern, wie man mit Hilfe von Streuexperimenten die Struktur zusammengesetzter Teilchen aufklärt.

Wir behandeln zuerst die Streuung thermischer Neutronen an Molekülen. Einer Temperatur von etwa 300 K entspricht die Energie 0.026 eV. Dazu gehört

---

[18] Ernest Rutherford, 1871 - 1937, britisch/neuseeländischer Physiker
[19] $\boldsymbol{p}_1 + \boldsymbol{p}_2 = 0$

die de Broglie-Wellenlänge $\lambda = \hbar/p = 0.3$ Å. Das ist noch immer groß im Vergleich mit typischen Durchmessern von Atomkernen, etwa 10^{-14} m. Aus diesem Grund darf man die Streuamplitude durch

$$f = -\frac{2\mu}{\hbar^2}\frac{1}{4\pi}\int d^3\xi\, V(\boldsymbol{\xi}) \qquad (7.166)$$

nähern. μ ist die reduzierte Masse aus Neutron und Kern, V das Wechselwirkungspotential.

Bei genügend niedrigen Energien hängt daher die Streuamplitude weder von der Energie noch vom Streuwinkel ab, sie ist eine Konstante.

Beispielsweise misst man bei der Streuung langsamer Neutronen an Sauerstoff-Atomen, also an den Kernen, einen Wirkungsquerschnitt $\sigma^A = 4.2\times10^{-28}$ m^2. Die Streuamplitude f^A hat also den Wert 0.58×10^{-14} m. Der differentielle Wirkungsquerschnitt ist tatsächlich isotrop.

Welchen Wirkungsquerschnitt misst man bei der Streuung an Sauerstoff-Molekülen?

Die gemeinsame Elektronenhülle bewirkt, dass sich ein Kern am Ort $-a\boldsymbol{n}/2$ aufhält, der andere bei $a\boldsymbol{n}/2$. a ist der Kernabstand, der Einheitsvektor $\boldsymbol{n}$ charakterisiert die Orientierung des Moleküls.

Während wir beim Atom mit dem Potential $V(\boldsymbol{x}) = g\delta^3(\boldsymbol{x})$ gerechnet haben, müssen wir nun

$$V(\boldsymbol{x}) = g\delta^3(\boldsymbol{x} + a\boldsymbol{n}/2) + g\delta^3(\boldsymbol{x} - a\boldsymbol{n}/2) \qquad (7.167)$$

ansetzen. Dazu gehört die Streuamplitude

$$f^M = -\frac{2\mu}{\hbar^2}\frac{1}{4\pi}g\left(e^{ia\boldsymbol{\Delta}\boldsymbol{n}/2} + e^{-ia\boldsymbol{\Delta}\boldsymbol{n}/2}\right) = 2f^A\cos(a\boldsymbol{\Delta}\boldsymbol{n}/2)\,. \qquad (7.168)$$

$\boldsymbol{\Delta}$ ist hier der Wellenvektorübertrag.

Weil man die O$_2$-Moleküle nicht ausrichten kann, muss man den differentiellen Wirkungsquerschnitt $\sigma^M_{\mathrm{diff}} = |f^M|^2$ noch über alle Orientierungen $\boldsymbol{n}$ mitteln. Das ergibt

$$\sigma^M_{\mathrm{diff}}(\Delta) = 2\sigma^A_{\mathrm{diff}}\left(1 + \frac{\sin a\Delta}{a\Delta}\right)\,, \qquad (7.169)$$

ein sehr bemerkenswertes Ergebnis.

Einmal weil klar wird, was Interferenz bedeutet.

Ist das einlaufende Neutron sehr langsam oder wird es nur um einen kleinen Winkel gestreut, dann ist auch der Impulsübertrag klein[20]. In diesem Fall

---

[20] im Sinne von $a\Delta \ll 1$

addieren sich die Amplituden, und der Wirkungsquerschnitt für die Streuung am Molekül ist viermal so groß wie für die Streuung am Atom.

Ist das einlaufende Neutron schnell und wird um einen großen Winkel gestreut ($a\Delta \gg 1$), dann addieren sich die Wirkungsquerschnitte und nicht die Amplituden.

Zwischen voller und keiner Interferenz gibt es alle Zwischenstufen.

Wenn man den differentiellen Wirkungsquerschnitt gemessen hat und wenn σ_{diff} an (7.169) gut angepasst werden kann, dann lässt sich so der Kernabstand a ermitteln. Außerdem ist die Form (7.169) für zufällig orientierte Moleküle mit zwei gleichen Kernen kennzeichnend. Dreiatomige Moleküle oder zweiatomige Moleküle mit verschiedenen Kernen ergeben einen anderen differentiellen Wirkungsquerschnitt.

Damit sollte die einleitende Äußerung klar geworden sein, dass sich durch Streuexperimente die Struktur zusammengesetzter Teilchen aufklären lässt, und zwar Form sowie Abmessung.

Neutronen sind allerdings blind für Elektronen, sie sehen nur die Atomkerne. Um auch die Ladungsverteilung aufzuklären, muss man geladene Teilchen streuen, zum Beispiel Elektronen.

Beispielhaft setzen wir uns hier mit der Streuung langsamer Elektronen an Wasserstoff-Atomen im Grundzustand auseinander. Allerdings hinterfragen wir nicht, ob die Bornsche Näherung gut ist, wir wenden sie einfach an.

In atomphysikalischen Einheiten wird der Grundzustand durch

$$\phi_{1s0}(\boldsymbol{x}) = \frac{1}{\sqrt{\pi}}\, e^{-|\boldsymbol{x}|} \tag{7.170}$$

beschrieben. Die Ladungsdichte eines im Koordinatenursprung ruhenden Wasserstoff-Atoms ist also

$$\varrho(\boldsymbol{x}) = \delta^3(\boldsymbol{x}) - |\phi_{1s0}(\boldsymbol{x})|^2 \,. \tag{7.171}$$

Diese Ladungsdichte muss man mit dem Coulomb-Potential falten und anschließend Fourier-transformieren. Das Ergebnis ist bekanntlich das Produkt der Fourier-transformierten Funktionen.

Die Streuamplitude ist also

$$f = \frac{2m}{\hbar^2}\, \frac{e^2}{4\pi\epsilon_0}\, \frac{g(\Delta)}{\Delta^2}\,, \tag{7.172}$$

mit Δ als Wellenvektorübertrag und $g(\Delta)$ als so genanntem Formfaktor. Er ist durch

$$g(\Delta) = 1 - \int d^3\xi\, |\phi_{1s0}(\boldsymbol{x})|^2\, e^{-i\boldsymbol{\Delta}\boldsymbol{\xi}} \tag{7.173}$$

gegeben, durch die dimensionslose Fourier-Transformierte der Ladungsdichte. Der Formfaktor gibt an, welche Ladung das einlaufende Elektron sieht.

Für das Wasserstoff-Atom im Grundzustand ergibt sich

$$
\begin{aligned}
g(\Delta) &= 1 - 2 \int_0^\infty dr\, r^2\, e^{-2r} \int_{-1}^{+1} dz\, e^{-i\Delta rz} \\
&= 1 - \frac{2}{\Delta} \int_0^\infty dr\, r\, e^{-2r} \sin \Delta r \\
&= 1 - \left\{ \frac{1}{1 + (\Delta a_*/2)^2} \right\}^2 .
\end{aligned}
\tag{7.174}
$$

Wir haben in die letzte Zeile den Bohrschen Radius a_* eingefügt.

Sehr langsame Elektronen ($\Delta a_* \approx 0$) sehen das Wasserstoff-Atom[21] überhaupt nicht, denn seine Gesamtladung verschwindet. Bei großem Impulsübertrag wird das Elektron nur vom punktförmigen Kern gestreut, es sieht also die Ladung 1. Dazwischen sind alle Abstufungen möglich.

Wir halten fest, dass sich durch Streuexperimente der vom Impulsübertrag abhängige Formfaktor g und damit, nach Fourier-Transformation, die Ladungsverteilung messen lässt.

Genau solche Experimente mit hochenergetischen Elektronen haben zu der Gewissheit geführt, dass Proton und Neutron keine wirklichen Elementarteilchen sind. Sie sind vielmehr aus punktförmigen Quarks zusammengesetzt, die drittelzahlige Ladungen tragen. Das up-Quark u hat die Ladung 2/3, das down-Quark d die Ladung -1/3. Das Proton ist ein (uud)-Zustand, das Neutron hat die Strukturformel (udd). Und damit beginnt eine ganz andere Geschichte ...

---

[21] Wie man ein genügend dichtes Target aus Wasserstoff-<u>Atomen</u> präpariert, soll uns in dieser Abhandlung über Theoretische Physik nicht kümmern.

8

Mehr Thermodynamik

Wir beginnen dieses vertiefende Kapitel zur Thermodynamik mit einem Variationsprizip für das Gleichgewicht. Die *Freie Energie* ist ein Funktional auf der Menge der gemischten Zustände, das von der Temperatur und den äußeren Parametern abhängt; es ist im Gibbs-Zustand minimal. Diese Formulierung ist Grundlage für eine Reihe von Näherungsverfahren.

Der Abschnitt über *Reale Gase* führt in ein anderes Näherungsverfahren ein, nämlich in die Clusterentwicklung der intermolekularen Wechselwirkung bei Gasen. Wir zeigen, wie man den zweiten Koeffizienten in der Virialentwicklung der thermischen Zustandsgleichung aus einem Wechselwirkungspotential berechnet. Damit kann man dann Effekte verstehen, die es beim idealen Gas nicht gäbe, wie den *Joule-Thomson-Effekt*.

Das *Debye-Modell für Gitterschwingungen* der Festkörper illustriert wiederum ein typisches Näherungsverfahren. Es handelt sich um simple harmonische Oszillatoren, und man weiß alles, wenn man die Zustandsdichte kennt. Eine grobe Näherung dafür geht auf Einstein zurück, Debye hat sie beträchtlich verbessert, indem der langwellige Teil des Spektrums (Schallwellen) asymptotisch exakt behandelt wird.

In dem Abschnitt über die *Ausrichtung von Dipolen* zeigen wir, wie elektrische und magnetische Felder als äußere Parameter einzubeziehen sind. Das auf Heisenberg zurückgehende Modell für den *Ferromagnetismus* untersuchen wir im Rahmen der Molekularfeld-Näherung, die sich elegant aus dem Variationsprinzip für die freie Energie herleiten lässt und damit mehr als eine Näherung liefert, nämlich eine obere Schranke.

Die nächsten vier Abschnitte handeln vom *Chemischen Potential*. Es kommt ins Spiel, wenn das System offen gegen Teilchenaustausch ist. Teilchenzahlen sind dann Observable.

Als konkretes Beispiel wird der *Wasserdampfdruck über Eis* behandelt. In die Rechnung gehen die Trägheitsmomente des Wassermoleküls, die elastischen

Eigenschaften des Eises und die Ablösearbeit für ein Wassermolekül ein, die Übereinstimmung mit den experimentellen Daten ist verblüffend gut.

Der Abschnitt über *Verdünnte Lösungen* führt zum Verständnis von Osmose, Dampfdruckerniedrigung, Siedepunkterhöhung und Gefrierpunkterniedrigung: Dinge, die üblicherweise in der physikalischen Chemie behandelt werden.

Das chemische Potential ist aber auch ein Schlüsselbegriff für das Verständnis der *Quantengase*. Je nachdem, ob die Observable 'Besetzungszahl eines Einteilchenzustandes' eine beliebige natürliche Zahl sein darf oder nur 0 und 1, erhält man unterschiedliche Formeln für Bosonen und Fermionen. Wir können leider kaum auf die wunderlichen Eigenschaften der Quantengase eingehen.

In den letzten vier Abschnitten befassen wir uns mit Thermodynamik im engeren Sinne, mit irreversiblen Prozessen.

Im Abschnitt über *Kontinuumsphysik* wird der Begriff vom materiellen Punkt fortentwickelt. Dieser materielle Punkt ist so groß, dass die Aussagen der statistischen Thermodynamik für praktisch unendlich große Systeme greifen. Er ist aber doch so klein, dass seine Zustandsänderungen reversibel verlaufen. Das System ist zwar lokal, aber nicht global im Gleichgewicht. Dieser Vorstellungen erlauben präzise Fassungen des ersten und des zweiten Hauptsatzes als partielle Differentialgleichungen. Die Entropiequellstärke kann nie negativ sein, aber wir zeigen auch, welche Effekte beitragen.

Die andere Art von Irreversibilität erörtern wir in den letzten beiden Abschnitten: die äußeren Parameter eines Systems ändern sich so schnell (verglichen mit der Relaxationszeit), dass ein Gleichgewicht nicht möglich ist. Wir studieren, in linearer Näherung, wie ein System auf Störungen des Gleichgewichtszustands durch zeitlich schnell veränderliche äußere Parameter reagiert (*Theorie der linearen Antwort*). Insbesondere behandeln wir die Störung eines Mediums durch das elektromagnetische Feld von Licht. Das ist der Schlüssel zum Verständnis optischer Materialien.

Der letzte Abschnitt befasst sich mit dem *Dissipations-Schwankungs-Theorem*. So ganz nebenbei ergibt sich ein Beweis für den zweiten Hauptsatz.

8.1 Freie Energie

In der statistischen Thermodynamik untersucht man große Systeme. Systeme, die sehr, sehr viele Teilchen enthalten. Von reinen Zuständen (im Sinne von Wellenfunktionen) kann dann nicht mehr die Rede sein. Die in Frage kommenden Zustände sind immer gemischt, mehr oder weniger.

Wir wissen bereits, dass man jedem gemischten Zustand ein Maß für den Mischungsgrad zuordnen kann, nämlich die Entropie:

$$S(W) = -k_B \, \mathrm{tr} \, W \ln W \, . \tag{8.1}$$

Für reine Zustände, die den Projektoren auf normierte Vektoren des Hilbert-Raumes entsprechen, verschwindet die Entropie, ansonsten ist sie positiv. Zwei Zustände W und $\bar{W}$, die durch eine unitäre Transformation $\bar{W} = UWU^\dagger$ auseinander hervorgehen, haben dieselbe Entropie. Im Sinne von

$$S(w_1 W_1 + w_2 W_2) \geq w_1 S(W_1) + w_2 S(W_2) \tag{8.2}$$

ist die Entropie eines gemischten Zustandes niemals kleiner als die Mischung der Entropien. Dabei sollen W_1 und W_2 gemischte Zustände sein, w_1 und w_2 mit $0 \leq w_1, w_2 \leq 1$ sowie $w_1 + w_2 = 1$ sind Gewichte.

Wir haben gelernt, dass das thermodynamische Gleichgewicht durch den Gibbs-Zustand

$$G = e^{(F - H)/k_\mathrm{B}T} \tag{8.3}$$

beschrieben wird. Dabei ist H die Energie und T die absolute Temperatur des Systems, und F steht für die freie Energie. In dieser Formulierung ist die freie Energie nur im thermodynamischen Gleichgewicht definiert, und es gilt $F = U - TS$, mit $U = \operatorname{tr} GH$ als innerer Energie und $S = S(G)$.

In Anlehnung an diesen Befund können wir die freie Energie auch als Funktional über den Zuständen definieren,

$$F(T, W) = \operatorname{tr} W\{H + k_\mathrm{B}T \ln W\}. \tag{8.4}$$

Jeder Zustand W, ob Gleichgewichtszustand oder nicht, hat eine freie Energie $F(T, W)$, die von der Temperatur T abhängt. T ist dabei als Temperatur der Umgebung aufzufassen.

Wie wir sogleich zeigen wollen, ist die freie Energie im thermodynamischen Gleichgewicht minimal,

$$F(T, G) = \min_W F(T, W) \quad \text{mit} \quad W \geq 0 \quad \text{und} \quad \operatorname{tr} W = 1. \tag{8.5}$$

Die Forderung $W \geq 0$ wird im Nachhinein gerechtfertigt. $\operatorname{tr} W = 1$ bedeutet

$$\operatorname{tr} \delta W = 0 \quad \text{für} \quad W = G + \delta W. \tag{8.6}$$

Dass auch die freie Energie als Funktional bei $W = G$ stationär sein soll, führt auf

$$\operatorname{tr} \delta W H + k_\mathrm{B}T \operatorname{tr} \delta W \ln G = 0. \tag{8.7}$$

Indem man (8.6) mit dem Lagrange-Parameter F multipliziert und davon (8.7) abzieht, ergibt sich

$$F \operatorname{tr} \delta W - \operatorname{tr} \delta W H - k_\mathrm{B}T \operatorname{tr} \delta W \ln G = 0, \tag{8.8}$$

also

$$G = e^{(F - H)/k_{\mathrm{B}}T} \, . \tag{8.9}$$

Das wussten wir zwar schon, aber jetzt auf einem höheren Niveau. Man spezifiziert die Umgebungstemperatur T als Parameter. Zu jedem Zustand W gibt es dazu eine freie Energie $F(T, W)$. Im Gleichgewichtszustand G ist die freie Energie dann minimal[1]. Dieser Befund ist der Ausgangspunkt für viele Näherungsrechnungen: wenn man schon nicht das Minimum über alle Zustände berechnen kann, so doch in vielen Fällen über eine hinreichend große Teilmenge von Zuständen.

Übrigens fällt bei der Temperatur $T = 0$ die freie Energie $F(T, W)$ mit dem Energiefunktional zusammen, das bekanntlich beim Grundzustand minimal ist. Der Gibbs-Zustand zur Temperatur $T = 0$ ist der Grundzustand des Systems.

Aus der Minimum-Eigenschaft der freien Energie $F = F(T, W)$ beim Gibbs-Zustand $W = G$ folgen interessante Einsichten.

Wir denken an irgendein fluides Medium, Gas oder Flüssigkeit. N Teilchen sind im Volumen V eingesperrt, die Temperatur sei T. Mit $F = F(T, V, N)$ bezeichnen wir die freie Energie im thermischen Gleichgewicht.

Wir stellen uns nun vor, das Volumen sei durch eine Trennwand in zwei Gebiet mit Volumen V_1 und V_2 unterteilt, in denen sich N_1 bzw. N_2 Teilchen befinden. Die freie Energie ist additiv, daher gilt

$$F(T, V_1 + V_2, N_1 + N_2) = F(T, V_1, N_1) + F(T, V_2, N_2) \, . \tag{8.10}$$

Man spricht von einem gehemmten Gleichgewicht, denn nähme man die Trennwand weg, dann würden sich die Teilchen wie $N_1 : N_2 = V_1 : V_2$ verteilen. Die Trennwand hemmt den Teilchenaustausch.

Wenn die Trennwand zwar trennt, aber so, dass die Aufteilung des Volumens V in V_1 und V_2 freigegeben wird, dann muss man das Minimum der freien Energie (8.11) über V_1 mit $V_2 = V - V_1$ ausrechnen. Am Minimum gilt

$$\frac{\partial F}{\partial V}(T, V_1, N_1) - \frac{\partial F}{\partial V}(T, V_2, N_2) = 0 \, , \tag{8.11}$$

also

$$p_1 = p_2 \quad \text{mit} \quad p(T, V, N) = -\frac{\partial F}{\partial V}(T, V, N) \, . \tag{8.12}$$

Die Drücke in den beiden Teilsystem, die Volumen austauschen können, müssen also übereinstimmen. Das wussten wir zwar schon, aber diesmal kommt diese Erkenntnis aus dem Variationsprinzip für die freie Energie.

---

[1] $W \rightarrow F(T, W)$ ist konkav, daher ist das einzige Extremum ein Minimum.

Dass der Druck immer positiv ist, kann man ebenfalls aus dem Variationsprinzip folgern.

Dass man die Teilchen in ein Gebiet $\mathcal{G}$ mit Volumen V einsperrt, muss mathematisch nachgebildet werden. Die Probe-Dichteoperatoren bauen sich aus Wellenfunktionen auf. Wenn auch nur eines der N Teilchen sich nicht in $\mathcal{G}$ befindet, muss die Wellenfunktion verschwinden. Falls $\mathcal{G}_1 \subset \mathcal{G}_2$ gilt, dann ist jede Wellenfunktion für $\mathcal{G}_1$ auch eine Wellenfunktion für $\mathcal{G}_2$, aber nicht umgekehrt. Für das größere Gebiet hat man also mehr Probewellenfunktionen, daher mehr Probe-Dichtematrizen, und deswegen fällt das Infimum niedriger aus. Die freie Energie im thermodynamischen Gleichgewicht fällt, wenn das Volumen wächst. Der Druck, als negative partielle Ableitung nach dem Volumen, ist also nie negativ.

Die freie Energie im thermodynamischen Gleichgewicht kann bei hinreichend großen System als

$$F(T, V, N_1, N_2 \ldots) = V f(T, n_1, n_2, \ldots) \qquad (8.13)$$

geschrieben werden, mit f als Dichte der freien Energie und n_a als Dichte der Teilchen der Sorte a. Freie Energie, Volumen und Teilchenzahlen sind extensive Größen. Temperatur, Druck und Dichten sind dagegen intensive Größen.

Wir werden uns später genauer mit dem chemischen Potential

$$\mu_a = \frac{\partial f}{\partial n_a} \qquad (8.14)$$

für Teilchen einer Sorte a beschäftigen. Hier nur soviel vorweg:

Wenn zwischen zwei Subsystemen 1 und 2 Teilchen der Sorte a ausgetauscht werden können, dann charakterisiert

$$\mu_{1,a} = \mu_{2,a} \qquad (8.15)$$

das Gleichgewicht. Diesen Befund leitet man völlig analog zu (8.12) ab.

8.2 Reale Gase

Wir betrachten N identische Moleküle, die sich in einem Gebiet $\mathcal{G}$ mit Volumen V bewegen dürfen. m sei die Teilchenmasse und ϕ das Wechselwirkungspotential. Wir schreiben $V = N d^3$, mit dem mittleren Teilchenabstand d. Im Falle $d\sqrt{2 m k_B T} \gg \hbar$ darf man in klassischer Näherung rechnen. T ist dabei die Temperatur des Gases.

$\Gamma = (\boldsymbol{x}_1, \ldots \boldsymbol{p}_N)$ bezeichnet die Punkte des Phasenraumes, mit $\boldsymbol{x}_a$ als Ort und $\boldsymbol{p}_a$ als Impuls des Teilchens a. Über den Phasenraum ist mit dem Maß

$$dΓ = \frac{1}{N!} \frac{d^3x_1 d^3p_1}{(2\pi\hbar)^3} \frac{d^3x_2 d^3p_2}{(2\pi\hbar)^3} \cdots \frac{d^3x_N d^3p_N}{(2\pi\hbar)^3} \tag{8.16}$$

zu integrieren. Die Ortsintegration erstreckt sich natürlich nur über das Gebiet $\mathcal{G}$. Es wird durch $N!$ dividiert, weil die Vertauschung der identischen Moleküle nicht zu neuen Zuständen führt.

Auf dem Phasenraum ist die Hamilton-Funktion

$$H(Γ) = \sum_a \frac{\boldsymbol{p}_a^2}{2m} + \sum_{b>a} \phi(\boldsymbol{x}_b - \boldsymbol{x}_a) \tag{8.17}$$

definiert, die klassische Entsprechung zum Hamilton-Operator.

Die freie Energie F ist durch

$$e^{-\beta F} = \int dΓ\, e^{-\beta H} \tag{8.18}$$

gegeben, mit $\beta = 1/k_B T$. Man erkennt sofort, dass sich die freie Energie für die Translationsbewegung aufspalten lässt in einen Teil F_{kin} für die kinetische Energie und in einen Zusatz F_{pot} für die potentielle Energie. Den ersten Teil haben wir schon einmal ausgerechnet. Er beschreibt die translatorischen Freiheitsgrade eines idealen Gases. Man findet

$$e^{-\beta F_{\text{kin}}} = \frac{V^N}{N!} \left(\frac{m}{2\pi\hbar^2\beta}\right)^{3N/2}. \tag{8.19}$$

Das läuft bei großen Teilchenzahlen und bei geringer Dichte auf

$$F_{\text{kin}} = -N k_B T \ln \frac{V}{N} \left(\frac{m k_B T}{2\pi\hbar^2}\right)^{3/2} \tag{8.20}$$

hinaus.

Wir interessieren uns hier für den Zusatz F_{pot} zur freien Energie, der durch die potentielle Energie verursacht wird, also für

$$e^{-\beta F_{\text{pot}}} = V^{-N} \int d^3x_1 d^3x_2 \ldots d^3x_N\, e^{-\beta \sum_{b>a} \phi(\boldsymbol{x}_b - \boldsymbol{x}_a)}. \tag{8.21}$$

Hält man die Teilchenzahl N fest und lässt das Volumen V immer größer werden, dann überwiegt immer mehr der Anteil der kinetischen Energie an der freien Energie. Weil die Wechselwirkung ϕ dann keine Rolle mehr spielt, spricht man vom idealen Gas: alle Gase benehmen sich gleich. Erst der Zusatz F_{pot} berücksichtigt, dass die Gase aus wechselwirkenden Molekülen bestehen und sich deswegen unterscheiden.

Wir führen die Abkürzungen

$$f(\boldsymbol{\xi}) = -1 + e^{-\beta\phi(\boldsymbol{\xi})} \quad \text{und} \quad f_{ba} = f(\boldsymbol{x}_b - \boldsymbol{x}_a) \tag{8.22}$$

ein,

damit lässt sich

$$F_{\text{pot}} = -k_{\text{B}}T \ln V^{-N} \int d^{3N}x \prod_{b>a}(1 + f_{ba}) \tag{8.23}$$

schreiben. Ausmultiplizieren ergibt

$$\prod_{b>a}(1 + f_{ba}) = 1 + \sum f_{ba} + \sum f_{cd}f_{ba} + \dots . \tag{8.24}$$

Die Einfachsumme erstreckt sich über Paare $(b > a)$, die Doppelsumme über Paare von Paaren $(d > c)$ und $(b > a)$ mit $c > a$ bzw. $c = a$ und $d > b$, usw. Diese Summe wird in Cluster (Teilchenansammlungen) umgeordnet, die entsprechende Theorie dafür heißt Clustertheorie. Es handelt sich dabei um ein eigenes Gebiet, das wir hier nur streifen können. Allein die zugehörige Graphensprache vorzustellen, würde zu weit führen.

Ein f_{ba}-Faktor verschwindet nur dann nicht, wenn die Teilchen a und b so nahe beieinander sind, dass sie wechselwirken können. Ein Beitrag $f_{ca}f_{ba}$ beispielsweise wird nur dann nicht verschwinden, wenn sowohl c in der Nähe von a ist als auch b. Das beschreibt einen Dreier-Cluster: drei Teilchen sind nahe beieinander.

Wir beschränken uns hier auf die Zweiercluster, also auf Produkte von f-Termen, bei denen kein Index mehrfach auftritt.

Wenn ein solcher Beitrag gerade aus j Faktoren besteht, erhält man das Integral

$$V^{-N} \int d^{3N}x \underbrace{f_{zy} \dots f_{ba}}_{j \text{ Faktoren}} = V^{-2j} \left(\int d^3x_1 d^3x_2\, f(\boldsymbol{x}_2 - \boldsymbol{x}_1) \right)^j . \tag{8.25}$$

Das Doppelintegral nähern wir durch

$$V \int d^3\xi\, f(\boldsymbol{\xi}) \tag{8.26}$$

mit der folgenden Begründung. $f(\boldsymbol{\xi})$ verschwindet, wenn der Abstand $|\boldsymbol{\xi}|$ zwischen den beiden Teilchen im Gebiet $\mathcal{G}$ größer als einige Å wird. Für fast alle Punkte $\boldsymbol{x}_1$ in $\mathcal{G}$ liegt damit auch eine Kugel vom Radius einiger Å im Gebiet $\mathcal{G}$. Lediglich für die Punkte in Å-Entfernung vom Rand $\partial\mathcal{G}$ gilt das nicht. Im

thermodynamischen Limes ($N \to \infty$, $V \to \infty$, $N/V \to n$) verschwindet die
Å-dicke Oberfläche im Vergleich mit dem Volumen.
Wir können also

$$V^{-N} \int d^{3N}x \underbrace{f_{zy} \cdots f_{ba}}_{j \text{ Faktoren}} = V^{-j} \left(\int d^3\xi\, f(\boldsymbol{\xi}) \right)^j \tag{8.27}$$

schreiben.
Es gibt

$$\frac{1}{j!} \frac{N(N-1)}{2} \frac{(N-2)(N-3)}{2} \cdots \frac{(N-2j+2)(N-2j+1)}{2} \tag{8.28}$$

solche Terme. Im thermodynamischen Limes (siehe oben) dürfen wir das zu

$$\frac{1}{j!} \left(\frac{N^2}{2} \right)^j \tag{8.29}$$

nähern. Die Beiträge der Zweier-Cluster summieren sich also auf zu

$$\sum_j \frac{1}{j!} \left(\frac{N^2}{2V} \right)^j \left(\int d^3\xi\, f(\boldsymbol{\xi}) \right)^j = e^{(N^2/2V) \int d^3\xi\, f(\boldsymbol{\xi})} \,. \tag{8.30}$$

Für die zusätzliche freie Energie bedeutet das

$$F_{\text{pot}} = k_{\text{B}}T \frac{N^2}{V} b_2(T) + \dots \tag{8.31}$$

mit

$$b_2(T) = \frac{1}{2} \int d^3\xi \left(1 - e^{-\phi(\boldsymbol{\xi})/k_{\text{B}}T} \right) \,. \tag{8.32}$$

Die Dreiercluster tragen proportional zu N^3/V^2 bei, usw.
Für den Druck eines realen Gases (d.h. bei Berücksichtigung der Wechselwirkung) findet man

$$p = k_{\text{B}}T \left(n + b_2(T)n^2 + b_3(T)n^3 + \dots \right) \,. \tag{8.33}$$

Diese Entwicklung des Druckes nach der Teilchendichte n wird als Virialentwicklung bezeichnet.
Dass der nullte Virialkoeffizient verschwindet, ist klar. Keine Teilchen—kein
Druck. Dass der erste Virialkoeffizient $b_1(T) = 1$ für alle Gase derselbe ist,
rechtfertigt die Bezeichnung 'ideales Gas'. Den zweiten Virialkoeffizienten

$b_2(T)$ haben wir soeben ausgerechnet. Er hängt von der Temperatur T und vom Wechselwirkungspotential ϕ ab.

Die Virialkoeffizienten höherer Ordnung sind beträchtlich schwieriger auszurechnen. Eine geschlossene Formel ist nicht bekannt.

Bei festgehaltener Temperatur T ist der Druck eine Potenzreihe in der Teilchendichte n,

$$p(T, n) = \sum_{k=1}^{\infty} b_k(T)\, n^k\,. \tag{8.34}$$

Wie jede Potenzreihe hat auch die Virialentwicklung (8.34) einen Konvergenzradius. Nur bis zu einer gewissen Teilchendichte $\bar{n} = \bar{n}(T)$ kann man den Druck durch die Potenzreihe (8.34) darstellen. Der endliche Konvergenzradius bedeutet eine Singularität im Druck (und damit auch in der freien Energie), die physikalisch einem Übergang zu einer anderen Phase entspricht. In unserem Falle handelt es sich um den Phasenübergang gasförmig zu flüssig bei wachsender Teilchendichte. Nimmt man nur endlich viele Virialkoeffizienten mit, wird man niemals dem Phänomen Phasenübergang begegnen, weil Polynome keine Singularitäten haben.

8.3 Joule-Thomson-Effekt

Der zweite Virialkoeffizient macht sich besonders dann bemerkbar, wenn es ohne ihn einen Effekt gar nicht gäbe. Als Beispiel führen wir den Joule-Thomson-Effekt[2] an. Reale Gase kühlen sich im Allgemeinen bei Entspannung ab, ein ideales Gas behält seine Temperatur, wie wir gleich sehen werden.

Wir lassen eine bestimmte Gasmenge durch eine Drossel strömen, so dass der Druck abgesenkt wird. Vor der Drossel habe die Gasmenge den Druck p_1 und das Volumen V_1. Nach der Entspannung beträgt der Druck p_2, das Volumen der Gasmenge ist V_2. In der Drossel soll keine Wärme an die Umgebung abgeführt werden. An der Gasmenge wird die Arbeit $p_1 V_1 - p_2 V_2$ geleistet, so dass man für die inneren Energien

$$U_2 = U_1 + p_1 V_1 - p_2 V_2 \tag{8.35}$$

schreiben muss. Mit $H = U + pV$ als Enthalpie bedeutet das

$$H_2 = H_1\,. \tag{8.36}$$

Wenn eine bestimmte Gasmenge durch ein System von Röhren mit unterschiedlichen Querschnitten und Drosseln strömt, bleibt ihre Enthalpie H er-

---

[2] William Thomson (Lord Kelvin), 1824 - 1907, britischer Physiker

halten. Die Enthalpie wird daher besonders in der chemischen Verfahrenstechnik oft gebraucht. Wir erinnern, dass die natürlichen Variablen der Enthalpie die Entropie S und der Druck p sind,

$$dH(S, p) = T dS + V dp. \tag{8.37}$$

Wir wollen in diesem Abschnitt den Joule-Thomson-Koeffizienten

$$\mu(T, p) = \frac{\text{Temperaturabfall}}{\text{Druckabfall}} = \frac{\delta T}{\delta p}\Big|_{\delta H = 0} \tag{8.38}$$

ausrechnen. Man benötigt also die Enthalpie als Funktion von Temperatur T und Druck p. Das sind leider <u>nicht</u> die natürlichen Variablen.

Wir ziehen unser Ergebnis für die freie Energie eines realen einatomigen Gases heran:

$$F = N k_B T \ln \frac{N}{V} \left(\frac{2\pi\hbar^2}{m k_B T} \right)^{3/2} + \frac{N^2 k_B T}{V} b_2(T) + \dots . \tag{8.39}$$

m ist die Masse der Atome, $b_2(T)$ der temperaturabhängige zweite Virialkoeffizient.

Mit der Entropie $S = -\partial F / \partial T$, $p = -\partial F / \partial V$ und $H = F + TS + pV$ berechnet man

$$H = \frac{5}{2} N k_B T + N p \left(b_2(T) - T b_2'(T) + \dots \right). \tag{8.40}$$

Für kleine Drücke ist der Joule-Thomson-Koeffizient also durch

$$k_B \mu(T, 0) = \frac{2}{5} \left(b_2(T) - T b_2'(T) + \dots \right) \tag{8.41}$$

gegeben.

Zuerst einmal sieht man, dass der Joule-Thomson-Effekt beim idealen Gas verschwindet. Weil wir die Virialentwicklung nur bis zum nächsten Term verwendet haben, kann das Ergebnis auch nur für kleine Drücke richtig sein.

Für die Beschreibung der Wechselwirkung zwischen Atomen hat sich das nach Lennard und Jones benannte Potential

$$\phi(r) = \phi_0 \left\{ \left(\frac{a}{r} \right)^{12} - 2 \left(\frac{a}{r} \right)^6 \right\} \tag{8.42}$$

bewährt. Bei $r = a$ ist es minimal und hat am Minimum den Wert $-\phi_0$. Der anziehende $1/r^6$-Anteil beschreibt die Wechselwirkung zwischen induzierten Dipolen. Der $1/r^{12}$-Beitrag sorgt für die kurzreichweitige Abstoßung. Das Lennard-Jones-Potential enthält zwei anpassbare Parameter.

Man sieht leicht ein, dass der zweite Virialkoeffizient als

$$b_2(T) = \frac{1}{2} \int d^3\xi \left(1 - e^{-\phi(\boldsymbol{\xi})/k_B T} \right) = \Lambda\beta(\theta/T) \tag{8.43}$$

geschrieben werden kann, mit

$$\Lambda = \frac{2\pi}{3}a^3 \quad \text{und} \quad k_B\Theta = \phi_0 \tag{8.44}$$

sowie

$$\beta(x) = \int_0^\infty ds \left(1 - e^{2x/s^2} e^{-x/s^4} \right) . \tag{8.45}$$

Im Anhang zu diesem Abschnitt untersuchen wir die Funktion $\beta(x)$ genauer. Wir passen unseren Ansatz (8.42) an die folgenden Messwerte[3] für Argon an:

T in °C	600	300	150	75	25	0
b_2 in Å³	32.34	17.88	2.42	-12.33	-26.65	-36.69

Der Fehler[4]

$$\Delta = \Delta(\Lambda, \Theta) = \sum_\alpha |b_{2,\alpha} - b_2(T_\alpha)|^2 \tag{8.46}$$

soll so klein wie möglich ausfallen. Dabei kann man für vorgegebenes Θ das optimale Λ analytisch ermitteln, nämlich als

$$\Lambda(\Theta) = \frac{\sum_\alpha b_{2,,\alpha} B_\alpha}{\sum_\alpha B_\alpha^2} \quad \text{mit} \quad B_\alpha = \beta(\Theta/T_\alpha) . \tag{8.47}$$

IN MATLAB beschreiben wir das durch

```
1    function mf=misfit(theta,t,b)
2    B=lj_beta(theta./t);
3    L=(B*b')/(B*B');
4    d=b-L*B;
5    mf=d*d';
```

Dabei ist `lj_beta` das Programm für die Funktion $\beta = \beta(x)$, das man im Anhang finden kann.

Nun ist nur noch das optimale Θ zu ermitteln,

---

[3] Landoldt-Börnstein, Eigenschaften der Materie in ihren Aggregatzuständen, Teil 1, p. 248

[4] α nummeriert die Messpunkte

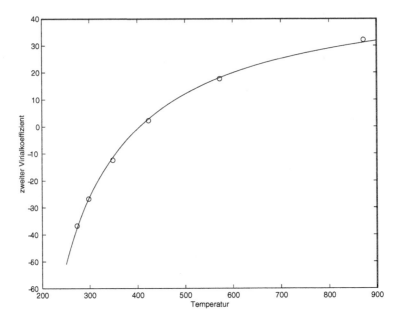

Abb. 8.1. Der zweite Virialkoeffizient $b_2(T)$ für Argon wurde mit Hilfe eines Lennard-Jones-Potentials an Messwerte (Kreise) angepasst. Temperatur in Kelvin, zweiter Virialkoeffizient in $Å^3$.

```
1    t=[600 300 150 75 25 0] + 273.16;
2    b=[32.34 17.88 2.42 -12.33 -26.65 -36.69];
3    fmin('misfit',100,300,FOPTIONS,t,b);
```

Das Ergebnis ist $\Theta = 218.5$ K und $\Lambda = 43.1$ $Å^3$. Damit ergibt sich $a = 2.74$ Å sowie $\phi_0 = 0.0188$ eV. Diese beiden Parameter kennzeichnen das Lennard-Jones-Potential für die Wechselwirkung zwischen Argon-Atomen. Übrigens: die hier ermittelten Parameter erlauben kein Argon-Molekül.

Hat man erst einmal einen analytischen Ausdruck für den zweiten Virialkoeffizienten, kann man den Joule-Thomson-Koeffizienten für niedrige Drücke ausrechnen.

Oberhalb der Inversionstemperatur (723 K für Argon, 202 K für Wasserstoff) führt Druckentspannung zur Erhitzung, sonst zur Abkühlung. Unsere Rechnung liefert eine Inversionstemperatur von 554 K. Daran erkennt man, dass das Lennard-Jones-Potential eine brauchbare Näherung ist, das wirkliche Potential aber nur näherungsweise darstellt.

Bei Zimmertemperatur ausströmender Wasserstoff erhitzt sich. Die Fachleute verneinen, dass dieser Effekt eine zukünftige Wasserstoffwirtschaft ernsthaft gefährdet.

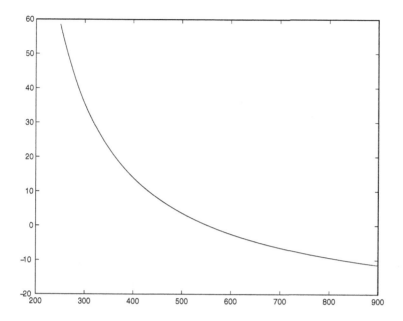

Abb. 8.2. Aufgetragen ist der Joule-Thomson-Koeffizient (d. h. $k_{\mathrm{B}}\mu$ in Å^3) über der Temperatur T (in Kelvin) für Argon.

8.3.1 Anhang

Wir wollen hier die Funktion

$$\beta(x) = \int_0^\infty ds \left(1 - e^{2xs^{-2}} e^{-xs^{-4}} \right) \tag{8.48}$$

so umformen, dass sie einfach zu programmieren ist.

Weil die Summanden nicht einzeln integriert werden können, schaffen wir die $(1 - \ldots)$-Struktur weg, indem mit $1 = (d/ds)s$ multipliziert und partiell integriert wird:

$$\beta(x) = 4x \int_0^\infty ds \left(s^{-4} - s^{-2} \right) e^{2xs^{-2}} e^{-xs^{-4}} . \tag{8.49}$$

Im nächsten Schritt schaffen wir das widerliche s^{-4} im Argument der Exponentialfunktion ab. Wir setzen $t = xs^{-4}$ und berechnen

$$\beta(x) = x^{1/4} \int_0^\infty dt\, t^{-1/4} e^{-t} e^{2\sqrt{xt}} \left(1 - \sqrt{\frac{x}{t}} \right) . \tag{8.50}$$

Nun wird der Faktor $e^{2\sqrt{xt}}$ als Potenzreihe entwickelt:

$$\beta(x) = x^{1/4} \sum_{k=0}^{\infty} \frac{(2\sqrt{x})^k}{k!} \int_0^{\infty} dt \; e^{-t} t^{-1/4} t^{k/2}$$

$$- x^{3/4} \sum_{k=0}^{\infty} \frac{(2\sqrt{x})^k}{k!} \int_0^{\infty} dt \; e^{-t} t^{-3/4} t^{k/2} . \tag{8.51}$$

Wir können damit

$$\beta(x) = x^{1/4} \sum_{k=0}^{\infty} c_k \, x^{k/2} \;\; \text{mit} \;\; c_k = -\frac{1}{4} \frac{2^k}{k!} \left(\frac{k}{2} - \frac{5}{4} \right)! \tag{8.52}$$

schreiben. Dabei wurde

$$\Gamma(1+x) = x! = \int_0^{\infty} dt \; e^{-t} \, t^x \tag{8.53}$$

herangezogen. $c_0 = \Gamma(3/4) = (-1/4)!$ hat den Wert 1.22541670246518, $c_1 = -\Gamma(1/4)/2 = -(-3/4)!/2$ beträgt -1.81280495411095.

(8.52) lässt sich durch die Rekursionsformel

$$c_k = \frac{2k-5}{k(k-1)} c_{k-2} \tag{8.54}$$

beschreiben.

Das folgende MATLAB-Programm stellt die Funktion $\beta(x)$ als Polynom der Ordnung 32 dar. Im Bereich $x \in [0,2]$ ist neunstellige Genauigkeit garantiert.

```
1    function b=lj_beta(x)
2    c=zeros(32,1);
3    c(32)=Gamma(0.75);
4    c(31)=-0.5*Gamma(0.25);
5    for n=(30:-1:1)
6        k=32-n;
7        c(n)=(2*k-5)/k/(k-1)*c(n+2);
8    end
9    b=polyval(c,x);
```

Das ist nicht optimal, denn bei jedem Funktionsaufruf werden die Koeffizienten neu berechnet. Die Rechenzeiten sind aber so klein, dass sich eine Verbesserung wirklich nicht lohnt.

8.4 Debye-Modell für Gitterschwingungen

Wir betrachten einen Kristall aus N identischen Einheitszellen. In jeder Einheitszelle befinden sich r Gitterbausteine. Die gemeinsamen Elektronen wirken als Leim, sie halten den Festkörper zusammen.

Im Sinne der Born-Oppenheimer-Näherung bewegen sich die Gitterbausteine in einem Potential, das durch die Coulomb-Abstoßung der Kerne und durch den Grundzustand der Elektronen (bei festgehaltener Position der Kerne) gegeben ist. Der Grundzustand des Festkörpers ist durch das Minimum dieses Potentials bestimmt. Ist der Festkörper hinreichend groß, dann wird das Minimum für eine regelmäßige Anordnung von Einheitszellen erreicht, eben für einen Kristall.

Man kann die potentielle Energie um ihre Gleichgewichtskonfiguration entwickeln. Die ersten Ableitungen nach den Kernkoordinaten verschwinden, weil es sich ja schließlich um ein Minimum handelt. Mit Q_j als den Abweichungen von der Ruhelage kann man den Hamilton-Operator für die Gitterschwingungen als

$$H = \sum_j \frac{P_j^2}{2M_j} + \frac{1}{2} \sum_{kj} V_{kj}'' Q_k Q_j + \dots \qquad (8.55)$$

schreiben, solange die Auslenkungen klein bleiben. Man beachte, dass V_{kj}'' eine reelle symmetrische Matrix ist.

Im vertiefenden Kapitel über Mechanik haben wir Hamilton-Funktionen untersucht, die in den Impulsen und Koordinaten quadratische Formen sind. Mit Hilfe kanonischer Transformationen kann man (8.55) in einen Ausdruck umformen, der ungekoppelte harmonische Schwingungen beschreibt.

In der klassischen Mechanik verlangt man von den verallgemeinerten Koordinaten Q_j und Impulsen P_j, dass sie den kanonischen Vertauschungsregeln

$$\{Q_j, Q_k\} = 0 \ , \ \{P_j, P_k\} = 0 \ \text{und} \ \{P_j, Q_k\} = \delta_{jk} \qquad (8.56)$$

gehorchen. $\{A, B\}$ ist die Poisson-Klammer. Eine Transformation in neue Koordinaten und Impulse heißt kanonisch, wenn sie diese Vertauschungsstruktur erhält. In der Quantenmechanik rechnet man nicht mit der Poisson-Klammer, sondern mit dem Kommutator. Formal hat man lediglich $\{A, B\}$ durch $\frac{\hbar}{i}[A, B]$ zu ersetzen.

Wir können daher die Ergebnisse der Mechanik unverändert übernehmen. Der Ausdruck (8.55) für die Schwingungsenergie kann in

$$H = \sum_\alpha \hbar\omega_\alpha \left(A_\alpha^\dagger A_\alpha + \frac{1}{2} \right) \qquad (8.57)$$

umgeformt werden. α indiziert die Normalschwingungen. Jede Normalschwingung hat die Energieeigenwerte $(1/2 + n)\hbar\omega$ für $n = 0, 1, \ldots$ Man sagt dann auch, dass die Normalschwingung α mit $n = 0, 1, \ldots$ Phononen der Energie $\hbar\omega_\alpha$ besetzt ist. $A_\alpha^\dagger$ erzeugt ein Phonon vom Typ a. Erzeugungsoperatoren zu verschiedenen Normalschwingungen vertauschen, daher sind die Normalschwingungen ungekoppelt. Wechselwirkungen zwischen den Phononen werden durch die in (8.55) fortgelassenen Terme beschrieben, die man als Anharmonizitäten bezeichnet.

Wir stellen jetzt einige Befunde über das Spektrum der Normalschwingungen zusammen.

Weil der Kristall aus Kopien einer Einheitszelle aufgebaut ist, kommen ebene Wellen mit Wellenvektor $\boldsymbol{k}$ ins Spiel. Wir nehmen hier einfachheitshalber einen kubischen Kristall an, dann gilt

$$-\frac{\pi}{a} < k_1, k_2, k_3 < \frac{\pi}{a}. \tag{8.58}$$

a, die Gitterkonstante, beschreibt die Abmessung der Einheitszelle.

Wir bezeichnen mit r die Anzahl der Ionen in einer Einheitszelle. Insgesamt gibt es $3r$ Phononenäste $\omega_j(\boldsymbol{k})$.

Drei davon, $\omega_1, \omega_2, \omega_3$, beschreiben akustische Phononen. Das sind solche Eigenschwingungen, bei denen die Einheitszellen insgesamt relativ zueinander schwingen. Die akustischen Phononenäste haben die Eigenschaft

$$\omega_j(\boldsymbol{k}) = c_j|\boldsymbol{k}| \quad \text{für} \quad |\boldsymbol{k}|a \ll \pi. \tag{8.59}$$

Für hinreichend lange Wellen sind Kreisfrequenz und Wellenzahl zueinander proportional. Die Proportionalitätskonstanten sind gerade die Schallgeschwindigkeiten c_1 für longitudinale Polarisation und c_2, c_3 für transversale Polarisation der Schallwellen.

Die übrigen $3r - 3$ Phononenäste nennt man optische. Sie beschreiben Schwingungsformen innerhalb der Einheitszellen relativ zueinander. Die Frequenzen sind hoch, die entsprechenden Schwingungen können durch infrarotes oder sichtbares Licht angeregt werden (daher der Name).

Weil die thermodynamischen Eigenschaften eines Systems nicht von der Art der Energieeigenzustände abhängt, sondern nur von den Energieeigenwerten, interessieren wir uns hier lediglich für die Zustandsdichte.

Die Zustandssumme ist durch

$$\Omega(\epsilon) = \sum_{j=1}^{3r} \sum_{\boldsymbol{k}} \theta(\epsilon - \hbar\omega_j(\boldsymbol{k})) \tag{8.60}$$

gegeben. Für wieviele Normalschwingungen liegt die Phononenenergie niedriger als ϵ? Das wird mit (8.60) beantwortet.

Die Ableitung der Zustandssumme nach der Energie wird als Zustandsdichte bezeichnet:

$$Z(\epsilon) = \Omega'(\epsilon) \,. \tag{8.61}$$

Da die freie Energie nicht-wechselwirkender Teilsysteme sich additiv aus den freien Energien der Teile zusammensetzt, darf man

$$F = \int d\epsilon \, Z(\epsilon) f(\epsilon) \tag{8.62}$$

schreiben, mit $f(\epsilon)$ als freier Energie <u>eines</u> harmonischen Oszillators mit Anregungsenergie $\epsilon = \hbar\omega$.

Dafür berechnen wir[5]

$$f(\hbar\omega) = -k_{\mathrm{B}}T \ln \sum_{n=0}^{\infty} e^{-n\hbar\omega/k_{\mathrm{B}}T} = k_{\mathrm{B}}T \ln \left(1 - e^{-\hbar\omega/k_{\mathrm{B}}T} \right) \,. \tag{8.63}$$

Für kleine Energien kann man die Zustandsdichte berechnen. Es tragen dann nur die drei akustischen Phononenäste bei. In der Brillouin[6]-Zone (das ist der Bereich der erlaubten Wellenvektoren) sind gerade N $\boldsymbol{k}$-Vektoren gleichmäßig verteilt, wenn der Kristall aus N Einheitszellen besteht. Mit (8.59) berechnen wir

$$\Omega(\epsilon) = \frac{N}{(2\pi/a)^3} \frac{4\pi}{3} \sum_{i=1}^{3} \left(\frac{\epsilon}{\hbar c_i} \right)^3 = \frac{V}{2\pi^2} \left(\frac{\epsilon}{\hbar c} \right)^3 \tag{8.64}$$

für die Zustandssumme. Dabei ist c eine gemäß

$$\frac{3}{c^3} = \frac{1}{c_1^3} + \frac{1}{c_2^3} + \frac{1}{c_3^3} \tag{8.65}$$

gemittelte Schallgeschwindigkeit.

Bereits 1912 hat Peter Debye[7] die folgende Näherung vorgeschlagen: Man verwende (8.64) auch bei höheren Energien, schneide die Zustandsdichte aber bei einem gewissen $\epsilon = k_{\mathrm{B}}\Theta$ scharf ab, und zwar so, dass

$$\Omega(k_{\mathrm{B}}\Theta) = 3rN \tag{8.66}$$

gilt. Zur Erinnerung: unser Kristall besteht aus N Einheitszellen mit jeweils r Gitterbausteinen. Und weil die Gitterbausteine in drei Dimensionen schwingen können, steht auf der rechten Seite von (8.66) die Anzahl der Schwingungsfreiheitsgrade.

---

[5] Der Zusatz $\hbar\omega/2$ ist ohne Belang und wird ab jetzt weggelassen.
[6] Léon Nicolas Brillouin, 1889 - 1969, französischer Physiker
[7] Peter Debye, 1884-1966, niederländischer Physiker und Chemiker

Die so genannte Debye-Temperatur Θ ist damit durch

$$\left(\frac{k_B \Theta}{\hbar c}\right)^3 = \frac{6\pi^2 r N}{V} \tag{8.67}$$

festgelegt.

In dieser Näherung ergibt sich für die freie Energie der folgende Ausdruck:

$$F = 9rN\,k_B T \int_0^1 dx\, x^2 \ln\left(1 - e^{-x\Theta/T}\right). \tag{8.68}$$

Mit etwas Fleiß lässt sich daraus die Wärmekapazität des Festkörpers ausrechnen:

$$C = 3rNk_B \left(\frac{T}{\Theta}\right)^3 \int_0^{\Theta/T} dz\, 3z^2 \left(\frac{z/2}{\sinh z/2}\right)^2. \tag{8.69}$$

Die Grenzfälle

$$C = \frac{12\pi^4}{5}\, rNk_B \left(\frac{T}{\Theta}\right)^3 \quad \text{bei } T \ll \Theta \tag{8.70}$$

und

$$C = 3rNk_B \quad \text{bei } T \gg \Theta \tag{8.71}$$

gelten übrigens unabhängig von der Debyeschen Näherung. Bei niedrigen Temperaturen kommt nur der niederenergetische Teil der Zustandsdichte ins Spiel, und der wird durch (8.64) richtig beschrieben. Bei hohen Temperaturen dagegen kommt es nur auf die Zahl der Oszillatoren an, von denen jeder mit k_B zur Wärmekapazität beiträgt.

(8.70) ist das Debyesche T^3-Gesetz für die Wärmekapazität. (8.71) ist als Regel von Dulong und Petit bekannt.

Man kann das Debye-Modell verbessern, indem die Näherung (8.64) nur für die akustischen Äste verwendet wird. Die optischen Äste nähert man dagegen durch eine konstante mittlere Kreisfrequenz (Einstein-Modell). Natürlich ändert sich dadurch der Wert der Debye-Temperatur, aber so, dass (8.70) nach wie vor richtig bleibt (mit $r = 1$).

Die Zustandsdichte von Eis wird durch eine Debye-Temperatur von $\Theta = 192\,\text{K}$ gut beschrieben.

8.5 Ausrichtung von Dipolen

Wir erinnern uns: ein äußerer Parameter ist eine physikalische Größe, von der der Hamilton-Operator des Systems abhängt. Allerdings einseitig in dem

Sinne, dass Zustandsänderungen im System nicht auf den äußeren Parameter zurückwirken. Als Beispiel hatten wir das Volumen V eines Behälters kennengelernt, den man im Prinzip so stabil bauen kann, dass Druckerhöhung im Inneren (praktisch) nicht zu einer Vergrößerung des Volumens führt.

Auch die Teilchenzahl kann man als einen äußeren Parameter auffassen. In einer Theorie, die Systeme mit beliebig vielen Teilchen beschreiben kann, schränkt man sich auf den Teil-Hilbertraum ein, der genau N Teilchen entspricht.

Die statische elektrische oder magnetische Feldstärke, denen eine Probe ausgesetzt wird, lassen sich gleichfalls als äußere Parameter verstehen. Ein leistungsfähiges Stromnetz und gute Netzgeräte sorgen dafür, dass eine bestimmte Spannung oder Stromstärke eingeregelt wird, unabhängig davon, welche Prozesse in der Probe ablaufen.

In diesem Abschnitt leiten wir den ersten Hauptsatz für Materie im elektromagnetischen Feld ab und gehen darauf ein, warum man in verschiedenen Lehrbüchern verschiedene Versionen findet. Danach befassen wir uns mit der teilweisen Ausrichtung elektrischer oder magnetischer Dipole im elektrischen oder magnetischen Feld.

Man betrachtet einen Kondensator aus zwei großen Platten der Fläche a, die sich im Abstand d gegenüberstehen. Dazwischen befindet sich ein homogenes Medium. Auf der oberen Platte befindet sich die elektrische Ladung Q, auf der unteren $-Q$. Die elektrische Feldstärke $\mathcal{E}$ im Medium und die Spannung U zwischen den Platten sind durch $U = d\mathcal{E}$ miteinander verknüpft. Die Verschiebung ist durch die Flächenladungsdichte gegeben, sie beträgt $\mathcal{D} = Q/a$. Bringt man nun die kleine Ladung δQ von der unteren auf die obere Platte, dann ist dafür die Arbeit $U\delta Q = d\mathcal{E}a\delta\mathcal{D}$ aufzuwenden, also $\mathcal{E}\delta\mathcal{D}$ pro Volumeneinheit.

Wir stellen nun eine analoge Überlegung für das magnetostatische Feld an. Dafür denken wir uns eine lange Spule mit Querschnitt a und Länge ℓ, die homogen mit N Windungen gewickelt ist. In der Spule soll sich ein ebenfalls homogenes Medium befinden. Wenn durch die Spule der Strom I fließt, dann beträgt die magnetische Feldstärke im Inneren $\mathcal{H} = NI/\ell$. $\mathcal{B}$ ist die Induktion und $\Phi = a\mathcal{B}$ der Induktionsfluss. Ändert man die Stromstärke, dann wird eine Gegenspannung $U = N\dot{\Phi}$ induziert. Dem System wird also die Leistung $UI = Na\dot{\mathcal{B}}\ell\mathcal{H}/N$ zugeführt. Zur Änderung der Induktion um $\delta\mathcal{B}$ ist also pro Volumeneinheit die Arbeit $\mathcal{H}\delta\mathcal{B}$ aufzuwenden.

Im Allgemeinen brauchen $\mathcal{E}$ und $\mathcal{D}$ oder $\mathcal{H}$ und $\mathcal{B}$ nicht parallel zu sein, und die Felder können sich auch von Ort zu Ort ändern. Für die am System geleistete Arbeit ist dann

$$\delta A = \int dV\, \boldsymbol{\mathcal{E}} \cdot \delta\boldsymbol{\mathcal{D}} + \int dV\, \boldsymbol{\mathcal{H}} \cdot \delta\boldsymbol{\mathcal{B}} \tag{8.72}$$

zu schreiben. Das ist der erste Hauptsatz für Materie im elektrostatischen oder magnetostatischen Feld.

In dieser Fassung sind die dielektrische Verschiebung $\mathcal{D}$ und magnetische Induktion $\mathcal{B}$ als äußere Parameter aufzufassen. Die elektrische und magnetische Feldstärke $\mathcal{E}$ bzw. $\mathcal{H}$ dagegen spielen die Rolle von verallgemeinerten Kräften.

Das ist aus theoretischer Sicht vollkommen korrekt, entspricht aber nicht den experimentellen Gegebenheiten. Man möchte vielmehr die elektrische oder magnetische Feldstärke als unabhängige Variable benutzen, weil diese Größen leicht einzuregeln sind.

Es gibt noch einen anderen Grund, den ersten Hauptsatz umzuformen. In (8.72) ist auch die Arbeit enthalten, die man zum Aufbau eines Feldes im Vakuum benötigt. Die Vakuumfeldenergie ist von der Temperatur völlig unabhängig und hat in der Thermodynamik eigentlich nichts zu suchen.

Wir spalten daher die freie Energie in einen Feld- und in einen Materieanteil auf, $F = F_\mathrm{f} + F_\mathrm{m}$. Wir arbeiten hier mit dem Ausdruck

$$F_\mathrm{f} = \int dV \left(\frac{\mathcal{D}^2}{2\epsilon_0} - \frac{\mathcal{P}^2}{2\epsilon_0} \right) + \int dV \left(\frac{\mathcal{B}^2}{2\mu_0} - \frac{\mu_0 \mathcal{M}^2}{2} \right) . \tag{8.73}$$

Dabei ist $\mathcal{P} = \mathcal{D} - \epsilon_0 \mathcal{E}$ die Polarisierung, $\mathcal{M} = \mathcal{B}/\mu_0 - \mathcal{H}$ die Magnetisierung. Aus (8.72) und (8.73) folgt für den Materie-Anteil der freien Energie

$$\delta F_\mathrm{m} = -S\delta T - \int dV \, \mathcal{P} \cdot \delta\mathcal{E} - \mu_0 \int dV \, \mathcal{M} \cdot \delta\mathcal{H} . \tag{8.74}$$

Man beachte, dass es ohne Materie weder Entropie noch Polarisierung noch Magnetisierung geben kann. (8.73) ist dann der vertraute Ausdruck für die Feldenergie im Vakuum, und (8.74) ist mit $F_\mathrm{m} = 0$ verträglich.

Wir weisen an dieser Stelle ausdrücklich darauf hin, dass andere Aufspaltungen in Feld- und Materieanteil möglich sind, so dass in Abwesenheit von Materie die soeben beschriebenen Sachverhalte ebenfalls gelten. Unsere Definition hat den Vorteil, dass nun die elektrische und die magnetische Feldstärke als äußerer Parameter auftreten.

8.5.1 Ausrichtung elektrischer Dipole

Betrachten wir zuerst ein Gas aus Molekülen mit einem permanenten Dipolmoment. Wasserdampf ist ein gutes Beispiel. Wenn H_0 der Hamilton-Operator ohne äußeres Feld ist, dann können wir für das Gas im elektrischen Feld den Ausdruck

$$H(\mathcal{E}) = H_0 - \sum_a p_a \cdot \mathcal{E} \tag{8.75}$$

schreiben.

Im Gegensatz zu den magnetischen Dipolen, die mit dem Spin verknüpft sind, vertauschen die drei Komponenten der Dipol-Operatoren untereinander. Wir dürfen klassisch rechnen, weil $\hbar$ im Zusammenhang mit dem elektrischen Dipolmoment keine Rolle spielt.

Am besten berechnen wir gleich den Erwartungswert eines beliebigen Dipols:

$$\langle \boldsymbol{p} \rangle = \frac{\int d\Omega \, e^{\boldsymbol{p} \cdot \boldsymbol{\mathcal{E}}/k_B T} \, \boldsymbol{p}}{\int d\Omega \, e^{\boldsymbol{p} \cdot \boldsymbol{\mathcal{E}}/k_B T}} \, . \tag{8.76}$$

Gemeint ist die Mittelung über alle Raumrichtungen. Mit $\boldsymbol{\mathcal{E}} = \mathcal{E} \, \boldsymbol{n}$ und $p = |\boldsymbol{p}|$ berechnet man

$$\langle \boldsymbol{p} \rangle = \left(\coth(z) - \frac{1}{z} \right) p\boldsymbol{n} \;\; \text{mit} \;\; z = \frac{p\mathcal{E}}{k_B T} \, . \tag{8.77}$$

Man sieht, dass mit $z \to \infty$ der Erwartungswert des Dipolmomentes gegen $p\boldsymbol{n}$ strebt; das bedeutet vollständige Ausrichtung. Im schwachen Feld, also im Fall $p\mathcal{E} \ll k_B T$, ergibt sich

$$\boldsymbol{\mathcal{P}} = n \langle \boldsymbol{p} \rangle = \frac{1}{3} \, n \, \frac{p^2}{k_B T} \, \boldsymbol{\mathcal{E}} + \ldots \tag{8.78}$$

für die Polarisierung. n ist die Teilchendichte.

Die dielektrische Suszeptibilität

$$\chi = \frac{1}{\epsilon_0} \frac{\partial \mathcal{P}}{\partial \mathcal{E}} \tag{8.79}$$

fällt mit der Temperatur wie $1/T$ ab (Curie-Gesetz[8]).

8.5.2 Ausrichtung magnetischer Dipole

Mit dem Elektronenspin $\boldsymbol{S} = \hbar\boldsymbol{\sigma}/2$ ist auch ein magnetisches Dipolmoment $\boldsymbol{m} = -m\boldsymbol{\sigma}$ verbunden[9]. Die $\boldsymbol{\sigma}$ sind dabei die bekannten Pauli-Matrizen:

$$\sigma_1 = \begin{pmatrix} 0 & 1 \\ 1 & 0 \end{pmatrix} \;\; , \;\; \sigma_2 = \begin{pmatrix} 0 & -i \\ i & 0 \end{pmatrix} \;\; , \;\; \sigma_2 = \begin{pmatrix} 1 & 0 \\ 0 & -1 \end{pmatrix} \, . \tag{8.80}$$

Wir haben das bereits im Abschnitt über den *Stark-Effekt* beim Wasserstoff-Atom erwähnt (Zeeman-Effekt).

Die Wechselwirkung frei drehbarer Elektronenspins mit einem Magnetfeld $\boldsymbol{\mathcal{H}} = \mathcal{H} \, \boldsymbol{n}$ wird durch den Hamilton-Operator

---

[8] Pierre Curie, 1859 - 1906, französischer Physiker
[9] $m = e\hbar/2m_e = 0.93 \times 10^{-23}$ Am^2

$$H = H_0 - \mu_0 \sum_a \boldsymbol{\mu}_a \cdot \boldsymbol{\mathcal{H}} = H_0 + \mu_0 m \mathcal{H} \sum_a \boldsymbol{n} \cdot \boldsymbol{\sigma}_a \qquad (8.81)$$

erfasst. Siehe hierzu den Abschnitt über *Magnetische Dipole* und die Gleichung (2.91).

Die Spin-Operatoren verschiedener Elektronen vertauschen miteinander und mit H_0. Genau das bedeutet 'frei drehbar'.

Jeder Term $\boldsymbol{n} \cdot \boldsymbol{\sigma}$ hat die Eigenwerte ± 1, und man berechnet

$$F = F_0 - k_\mathrm{B} T \ln 2 \cosh(\frac{\mu_0 m \mathcal{H}}{k_\mathrm{B} T}) . \qquad (8.82)$$

Für die Magnetisierung ergibt sich

$$\mathcal{M} = n \, m \tanh(\frac{\mu_0 m \mathcal{H}}{k_\mathrm{B} T}) \, \boldsymbol{n} = n \, \frac{\mu_0 m^2}{k_\mathrm{B} T} \, \boldsymbol{\mathcal{H}} + \dots . \qquad (8.83)$$

n ist die Raumdichte der freibeweglichen Spins.

Bei kleiner magnetischer Feldstärke ist die Magnetisierung zu $\boldsymbol{\mathcal{H}}$ proportional, die magnetische Suszeptibilität $\chi = \partial \mathcal{M} / \partial \mathcal{H}$ fällt positiv aus. Die Ausrichtung permanenter magnetischer Dipole führt zu paramagnetischem Verhalten. Wie die elektrische fällt auch die magnetische Suszeptibilität mit wachsender Temperatur wie $1/T$ ab (Curie-Gesetz).

Große Feldstärken richten bei niedrigen Temperaturen sowohl elektrische als auch magnetische Dipole vollständig aus. Man spricht in diesem Zusammenhang von Sättigung. Bei niedrigen Feldstärken sind dagegen die Polarisierung sowie die Magnetisierung zur anliegenden Feldstärke proportional. Die funktionalen Abhängigkeiten unterscheiden sich allerdings stark. Das liegt daran, dass man beim Spin quantenmechanisch rechnen muss (nur zwei Einstellmöglichkeiten $\uparrow$ und $\downarrow$), während für die Ausrichtung von Molekülen mit elektrischem Dipolmoment der klassische Limes gut ist.

8.6 Ferromagnetismus

In manchen Substanzen haben benachbarte frei beweglichen Spins die Neigung, sich parallel zueinander auszurichten. Heisenberg hat diese Tendenz in dem folgenden Modell nachgebildet:

$$H = H_0 + \mu_0 m \mathcal{H} \sum_a \boldsymbol{\sigma}_a \cdot \boldsymbol{n} - \frac{1}{2} \sum_{ba} g_{ba} \boldsymbol{\sigma}_b \cdot \boldsymbol{\sigma}_a . \qquad (8.84)$$

Der Hamilton-Operator H_0 beschreibt die Materie ohne Elektronenspin. Das äußere Magnetfeld $\boldsymbol{\mathcal{H}} = \mathcal{H} \boldsymbol{n}$ koppelt an die magnetischen Momente $\boldsymbol{m}_a = -m \boldsymbol{\sigma}_a$ der Elektronen. Hinzu kommt eine Wechselwirkung zwischen Paaren von Spins, die durch Kopplungskonstante g_{ba} beschrieben wird. Diese Matrix soll positiv sein, so dass gleichgerichtete Spins zu einer Absenkung der Energie führen.

Wir wollen hier nicht darauf eingehen, wie es zur so genannten Austauschwechselwirkung zwischen Spins kommt, das ist eine ganz andere Geschichte. Wir wollen uns hier vielmehr mit dem durch (8.84) definierten Heisenbergschen Ferromagneten beschäftigen.

Für das Modell des Heisenbergschen Ferromagneten in zwei Dimensionen hat Onsager eine analytische Lösungung gefunden, die allerdings extrem kompliziert ist. Den dreidimensionalen Heisenbergschen Ferromagneten hat bis heute noch niemand geschafft.

Wir stellen hier eine Näherung vor, die unter mehreren Namen bekannt ist, als Landau-Theorie[10], als Weißsche[11] Molekularfeld-Näherung oder MFA (*molecular field approximation*).

Wir addieren zu $-\boldsymbol{\sigma}_b \cdot \boldsymbol{\sigma}_a$ den Term $(\boldsymbol{\sigma}_b - \boldsymbol{s}_b) \cdot (\boldsymbol{\sigma}_a - \boldsymbol{s}_a)$. Die $\boldsymbol{s}_a$ sind dabei gewöhnliche Zweiervektoren, keine Observablen. Weil die Kopplungskonstanten g_{ba} eine positive Matrix bilden, wird dadurch die Energie vergrößert. Wir suchen nach demjenigen Satz von Vektoren $\boldsymbol{s}_a$, der den Fehler in einem noch zu präzisierenden Sinne so gering wie möglich werden lässt.

Wir erinnern uns an die Darstellung der freien Energie durch

$$F = \min_W \operatorname{tr} W \{H + k_{\mathrm{B}} T \ln W\}, \tag{8.85}$$

als Minimum einer freien Energie $F(T, W)$ über alle Zustände W. An dieser Darstellung erkennt man sehr schön, dass die freie Energie mit der Energie wächst in dem Sinne, dass $H_1 \leq H_2$ die Feststellung $F_1 \leq F_2$ nach sich zieht. Das gilt für jeden Zustand und dann auch für die Minima.

Der Näherungsausdruck

$$H = H_0 + \frac{1}{2} \sum_{ba} g_{ba} \boldsymbol{s}_b \cdot \boldsymbol{s}_a + \sum_a \left(\mu_0 m \mathcal{H} \boldsymbol{n} - \sum_b g_{ba} \boldsymbol{s}_b \right) \cdot \boldsymbol{\sigma}_a \tag{8.86}$$

ist größer als der ursprüngliche Ausdruck (8.84) für das Heisenbergmodell. Schließlich hatten wir angenommen, dass die Matrix g von Kopplungskonstanten positiv sein soll, dass das System von sich aus die Spins parallel ausrichten möchte.

Der Ausdruck ist handhabbar geworden, weil die störenden, in den Spinoperatoren quadratischen Terme verschwunden sind. Zu (8.86) gehört die freie Energie

---

[10] Lew Dawidowitsch Landau, 1908 - 1968, russischer Physiker
[11] Pierre Ernest Weiss, 1865 - 1940, französischer Physiker

$$F(s_1, s_2, \dots) = F_0 + \frac{1}{2} \sum_{ba} g_{ba} s_b \cdot s_a$$

$$- k_B T \sum_a \ln 2 \cosh \frac{\mu_0 m \mathcal{H} - \sum_b g_{ba} s_a \cdot n}{k_B T} . \qquad (8.87)$$

Das haben wir bereits im Abschnitt *Ausrichtung elektrischer und magnetischer Dipole* hergeleitet.

Wir suchen nun nach dem Minimum über die Vektoren s_a, denn damit machen wir den kleinsten Fehler bei der Näherung von (8.84) durch (8.86).

Wenn alle s_a in die gleiche Richtung zeigen und dieselbe Länge haben, dann ist die freie Energie kleiner als bei verschiedenen s_a. Das ist ebenso plausibel wie die Feststellung, dass $s_a = s$ parallel zu n sein wird, denn schließlich ist die Richtung n des äußeren Magnetfeldes der einzige Vektor im Spiel. Wir setzen also $s_a = -sn$ in (8.87) ein und berechnen

$$F(s) = F_0 + \frac{1}{2} N k_B \theta \, s^2 - N k_B T \ln 2 \cosh \frac{\mu_0 m \mathcal{H} + k_B \theta \, s}{k_B T} . \qquad (8.88)$$

Dabei haben wir $\sum_b g_{ba} = k_B \theta$ gesetzt und eingearbeitet, dass die Kopplungskonstanten zu den umgebenden Spins nicht von der Stelle a abhängen. N ist die Anzahl der Spins im System.

Nun muss man nur noch das Minimum über s aufsuchen. Wir setzen die Ableitung $dF(s)/ds$ gleich Null und erhalten die Gleichung

$$s = \tanh \left(\frac{\mu_0 m \mathcal{H}}{k_B T} + s \frac{\theta}{T} \right) . \qquad (8.89)$$

Für die Magnetisierung folgt

$$\mathcal{M} = -\frac{1}{V} \frac{\partial F}{\partial (\mu_0 \mathcal{H})} = \frac{N}{V} m s n . \qquad (8.90)$$

Ein plausibles Ergebnis. Die Magnetisierung ist natürlich zur Dichte N/V der freibeweglichen Elektronenspins proportional, und zu m, dem magnetischen Moment eines Elektrons. Die Richtung der Magnetisierung wird durch die Richtung n des äußeren Magnetfeldes bestimmt. Die dimensionslose Größe s ist offensichtlich der Polarisierungsgrad und variiert im Intervall $-1 \leq s \leq 1$.

Studieren wir zuerst den Fall $T > \theta$, also hohe Temperaturen. Die Gleichung $s = \tanh(s\theta/T)$ hat dann nur die Lösung $s = 0$. Die Entwicklung nach kleinen Feldstärken liefert

$$\mathcal{M} = \frac{N}{V} \frac{\mu_0 m^2}{k_B (T - \theta)} \mathcal{H} + \dots \qquad (8.91)$$

Die Substanz befindet sich also oberhalb der so genannten Curie-Temperatur θ im paramagnetischen Zustand. Magnetisierung und magnetische Feldstärke sind proportional und parallel. Allerdings fällt die magnetische Suszeptibilität nicht mehr wie $1/T$ ab, wie das für die Ausrichtung magnetischer Dipole im Magnetfeld charakteristisch ist. Die Temperaturabhängigkeit wird nun vielmehr durch $1/(T-\theta)$ beschrieben, durch das Curie-Weiß-Gesetz. Insbesondere wird die Suszeptibilität bei der Curie-Temperatur θ unendlich groß, was auf den Übergang zu einer anderen Phase hindeutet.

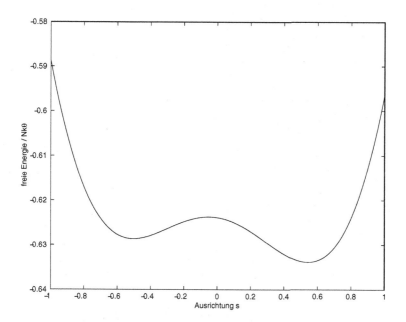

Abb. 8.3. Aufgetragen ist die freie Energie (8.88) pro Spin in Einheiten von $k_B\theta$ über dem Ausrichtungsgrad s. Die Temperatur $T = 0.9\,\theta$ liegt unterhalb der Curie-Temperatur. Ein Magnetfeld ($\mu_0 m \mathcal{H}/k_B\theta = 0.005$) hebt die Symmetrie $s \leftrightarrow -s$ auf.

Unterhalb der Curie-Temperatur, $T < \theta$, hat die Gleichung $s = \tanh(s\theta/T)$ drei Lösungen, nämlich $s = 0$ und $s = \pm s^*(T)$. Für $0 < \mathcal{H} \to 0$ ist $s = s^*(T) > 0$ gerade die Lösung, welche die freie Energie $F(s)$ minimiert. Wir erhalten also

$$\mathcal{M} = \frac{N}{V}\, m\, s^*(T)\, \boldsymbol{n} = \mathcal{M}^*(T)\, \boldsymbol{n} \tag{8.92}$$

als spontane Magnetisierung. Fährt man die Stärke $\mathcal{H}$ des äußeren Magnetfeldes auf 0, dann bleibt die Magnetisierung $\mathcal{M}^*$ zurück. Die Substanz befindet sich also im ferromagnetischen Zustand.

Abbildung 8.3 stellt die freie Energie als Funktion des Ausrichtungsgrades s für $T/\theta = 0.9$ und $\mu_0 m\mathcal{H}/k_B\theta = 0.005$ dar. Das ist ein relativ schwaches äußeres Magnetfeld, das trotzdem für klare Verhältnisse sorgt: das rechte Minimum der freien Energie liegt deutlich tiefer als das linke. Man beachte auch, dass schon wenig unterhalb der Curie-Temperatur die spontane Magnetisierung deutlich ausgeprägt ist.

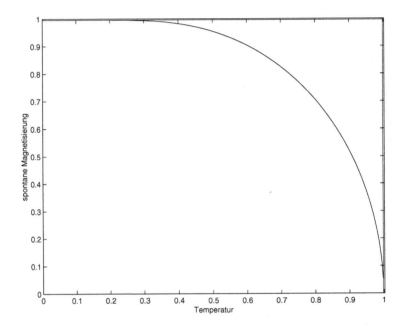

Abb. 8.4. Aufgetragen über dem Verhältnis T/θ von Temperatur und Curie-Temperatur ist das Verhältnis $\mathcal{M}^*/\mathcal{M}_0$ von spontaner zur Sättigungsmagnetisierung. Diese Kurve stellt das Ergebnis der Molekularfeldnäherung an das Modell des Heisenbergschen Ferromagneten dar.

Bild 8.4 zeigt, wie die spontane Magnetisierung von der Temperatur abhängt, und zwar gemäß der Molekularfeldnäherung an das von Heisenberg formulierte Modell für den Ferromagnetismus. Die Molekularfeldnäherung ist eine Näherung, und das Heisenberg-Modell ist ein Modell. Kein Wunder, dass die gemessenen Abhängigkeiten $\mathcal{M}^*(T)$ von dem in Abbildung 8.4 dargestellten Verlauf abweichen. Man muss sich eher darüber wundern, dass trotz aller Vereinfachungen und Näherungen die Übereinstimmung so gut ist.

8.7 Chemisches Potential

Wir haben bisher immer angenommen, dass die Zahl der Teilchen in einem System einen konstanten Wert N hat. Das bedeutet nicht, dass es sich um ein abgeschlossenes System handelt, schließlich kann mit der Umgebung Energie ausgetauscht werden. Die Temperatur ist ein Maß dafür, wie stark der Drang des Systems ist, Energie abzugeben. Wenn System und Umgebung gleiche Temperatur haben, dann herrscht Gleichgewicht in Bezug auf den Austausch von Energie.

Ebenso lässt sich der Druck verstehen. Wenn die Teilchen in einem Gebiet $\mathcal{G}$ eingesperrt sind, das sein Volumen anpassen kann, dann herrscht Gleichgewicht in Bezug auf Volumenaustausch, wenn die Drücke des Systems und der Umgebung übereinstimmen.

Wir wollen nun auch zulassen, dass ein System mit der Umgebung Teilchen austauscht. Damit erweitert man den Anwendungsbereich der Thermodynamik beträchtlich.

Man denke an eine biologische Zelle. Die Zellmembran ist für einige Molekül- oder Ionensorten passierbar, für andere nicht.

Ein Festkörper (Eis) kann mit seiner Umgebung (Luft plus Wasserdampf) H_2O-Moleküle austauschen.

Die gesamte Chemie wird erfasst. Denken wir nur an Wasser. Dabei hat man es mit den Teilchensorten H_2O, H^+,OH^-,H_2 und O_2 zu tun. Jede dieser Teilchensorten bildet ein System. Chemische Reaktionen wie $H_2O \rightarrow H^+ + OH^-$ und die entsprechenden Rückwärtsreaktionen beschreiben den Teilchenaustausch zwischen diesen Systemen. Das H_2O-System gibt ein Teilchen ab, dafür nehmen das H^+- sowie OH^--System jeweils ein Teilchen auf. Die Reaktion $2H_2O \rightarrow 2H_2+O_2$ beschreibt einen anderen Mechanismus, warum Wassermoleküle verschwinden oder in der Rückwärtsreaktion entstehen können.

Wir nummerieren gemäß $a = 1,2\ldots$ die Teilchensorten im System. Mit N_a bezeichnen wir die zugehörige Teilchenzahl, ab jetzt eine Observable. Jedes N_a hat die Eigenwerte $0,1,2,\ldots$.

Beim so genannten großkanonischen Gleichgewichtszustand G^* verschwindet die Variation der Entropie, weil diese maximal ist:

$$\delta S = S(G^* + \delta W) - S(G^*) = 0 \,. \tag{8.93}$$

Allerdings sind die Nebenbedingungen zu beachten, dass die Energie den Erwartungswert $U = \langle H \rangle$ hat und die mittleren Teilchenzahlen $\langle N_a \rangle$ einen vorgegebenen Wert $\bar{N}_a$ haben. Das bedeutet, dass die Variation δW des gemischten Zustandes folgenden Einschränkungen zu unterwerfen ist:

- Der Zustand W ist normiert, $\operatorname{tr} \delta W = 0$.
- Der Energieerwartungswert soll den vorgegebenen Wert $\langle H \rangle$ haben, daher $\operatorname{tr} \delta W H = 0$.

- Die Teilchenzahl-Erwartungswerte $\langle N_a \rangle$ sind vorgegeben, daher die Forderungen $\mathrm{tr}\,\delta W N_a = 0$.

Bekanntlich löst man solch eine Optimierungsaufgabe mit Hilfe von Lagrange-Parametern:

$$\mathrm{tr}\left(-k_B \ln G^* + \frac{F^*}{T} - \frac{1}{T}H + \sum_a \frac{\mu_a}{T}N_a\right)\delta W = 0. \tag{8.94}$$

Der großkanonische Gibbs-Zustand ist also durch den Ausdruck

$$G^* = e^{\left(F^* - H + \sum_a \mu_a N_a\right)/k_\mathrm{B}T} \tag{8.95}$$

gegeben.

Die großkanonische freie Energie F^* wird durch die Normierungsbedingung $\mathrm{tr}\,G^* = 1$ festgelegt,

$$F^* = -k_\mathrm{B}T \ln \mathrm{tr}\, e^{\left(\sum_a \mu_a N_a - H\right)/k_\mathrm{B}T}. \tag{8.96}$$

T ist nach wie vor die Temperatur. Wie beim kanonischen Gibbs-Zustand wächst der Energieerwartungswert mit der Temperatur T, so dass $\mathrm{tr}\,G^*H = U$ eine eindeutige Temperatur ergibt. Alle früheren Überlegungen, warum der Lagrange-Parameter T die absolute Temperatur kennzeichnet, lassen sich wiederholen.

Neu sind die Lagrange-Parameter μ_a, die man als chemische Potentiale bezeichnet. Wir werden diesen Namen gleich plausibel machen.

Wie bisher wollen wir die äußeren Parameter mit $\lambda = \lambda_1, \lambda_2, \ldots$ bezeichnen. Wir erinnern uns: das sind Parameter, von denen der Hamilton-Operator abhängt und die nach Belieben geändert werden können. Volumen, elektrische und magnetische Feldstärke sind typische Beispiele.

Die großkanonische freie Energie hängt gemäß (8.96) von der Temperatur, den äußeren Parametern und von den chemischen Potentialen ab, $F^* = F^*(T, \lambda, \mu)$.

Man weist leicht

$$dF^* = -SdT + dA - \sum_a \bar{N}_a d\mu_a \tag{8.97}$$

nach. Dabei ist S die Entropie des Zustandes G^*, dA die am System geleistete Arbeit (infolge von Änderungen der äußeren Parameter), und $\bar{N}_a = \mathrm{tr}\,G^*N_a = \langle N_a \rangle$ ist die mittlere Zahl der a-Teilchen.

Wir beschränken uns jetzt einfachheitshalber auf nur eine Sorte von Teilchen. Die großkanonische freie Energie kann als

$$F^*(T, \lambda, \mu) = -k_\mathrm{B} T \ln \sum_{N=0}^{\infty} e^{\left(-F(T, \lambda, N) + \mu N\right)/k_\mathrm{B} T} \tag{8.98}$$

geschrieben werden. Dabei steht $F = F(T, \lambda, N)$ für die freie Energie eines Systems mit <u>genau</u> N Teilchen, von der bisher immer die Rede war.

Je größer das System, umso mehr wird die Summe in (8.98) durch den größten Beitrag dominiert. Dahinter steckt ein Satz aus der Funktionalanalysis, dass die p-Norm

$$\|f\|_p = \left(\int dx \, |f(x)|^p \right)^{1/p} \tag{8.99}$$

einer anständigen Funktion f mit $p \to \infty$ gegen die Supremums-Norm

$$\|f\|_\infty = \sup_x |f(x)| \tag{8.100}$$

konvergiert.

Wir können daher für große Systeme wie folgt nähern:

$$F^*(T, \lambda, \mu) \approx \inf_N \left(F(T, \lambda, N) - \mu N \right). \tag{8.101}$$

Das Infimum ist durch

$$\frac{\partial F(T, \lambda, N)}{\partial N} = \mu \tag{8.102}$$

gegeben. Daher darf man

$$F^*(T, \lambda, \mu) \approx F(T, \lambda, N) - \mu N \tag{8.103}$$

schreiben. Wegen $\partial F^*/\partial \mu = \bar{N}$ muss man (8.103) zu

$$F^*(T, \lambda, \mu) \approx F(T, \lambda, \bar{N}) - \mu \bar{N} \tag{8.104}$$

präzisieren. Dabei ist $\bar{N} = \bar{N}(T, \lambda, \mu)$ die mittlere Teilchenzahl als Funktion der Temperatur, der äußeren Parameter und des chemischen Potentials.

Wir exerzieren das am Beispiel eines idealen Edelgases durch. Die freie Energie für genau N Teilchen im Volumen V ist

$$F = -N k_\mathrm{B} T \ln \frac{V}{N} \left(\frac{m k_\mathrm{B} T}{2\pi \hbar^2} \right)^{3/2}. \tag{8.105}$$

Wir berechnen

$$\mu = -k_\mathrm{B} T \ln \frac{V}{N} \left(\frac{m k_\mathrm{B} T}{2\pi \hbar^2} \right)^{3/2}. \tag{8.106}$$

Dabei haben wir zweifach davon Gebrauch gemacht, dass die Formeln für das ideale Gas nur dann richtig sein können, wenn V/N sehr groß ist im Vergleich mit der dritten Potenz der thermischen Wellenlänge $\hbar/\sqrt{mk_\mathrm{B}T}$.

Für die Teilchendichte $n = N/V$ erhalten wir in dieser Näherung (verdünntes Edelgas)

$$n = \left(\frac{mk_\mathrm{B}T}{2\pi\hbar^2}\right)^{3/2} e^{\mu/k_\mathrm{B}T} \ . \tag{8.107}$$

Man sieht:

Bei festgehaltener Temperatur wächst die Teilchendichte mit dem chemischen Potential. Die Umgebung muss ein negativ unendlichen chemischen Potentiales haben, um aus einem System alle Teilchen herauszusaugen.

Bei festgehaltenem chemischen Potential (negativ, damit der Grenzfall kleiner Teilchendichten beschrieben wird) wächst die Teilchendichte mit der Temperatur. Allerdings geht der Temperaturausgleich durch Wärmeleitung für gewöhnlich rascher vonstatten als der Ausgleich des chemischen Potentiales durch Diffusion, so dass die voranstehende Aussage keine praktischen Konsequenzen hat.

Wenn wir zwei nur schwach wechselwirkende große Subsysteme Σ_1 und Σ_2 zu einem System Σ vereinen, addieren sich die Energieobservablen H_1 und H_2 zu $H \approx H_1 + H_2$. Dasselbe gilt für die Teilchenzahloperatoren. Dahinter steckt die Vorstellung, dass die Zahl der Fälle zu vernachlässigen ist, in denen von einem Teilchen nicht genau gesagt werden kann, ob es zu Σ_1 oder Σ_2 gehört. Das ist z. B. in der Chemie der Fall, wenn gerade eine Reaktion stattfindet. Während einer winzigen Zeitspanne steht nicht fest, ob wir ein H_2O-Molekül oder zwei H_2-Moleküle und ein O_2-Molekül vor uns haben. Chemische Reaktionen sind nicht so wild, dass diese Fälle eine Rolle spielen.

Wir haben früher argumentiert, dass die Additivität der Energie dafür verantwortlich ist, dass die Temperatur das thermische Gleichgewicht beschreibt. Ist ein System Σ im Gibbs-Zustandes $G = G(T)$, dann befinden sich auch die Subsysteme Σ_1 und Σ_2 in Gibbs-Zuständen $G_1 = G_1(T)$ sowie $G_2 = G_2(T)$ zur selben Temperatur T.

Dasselbe gilt offensichtlich für die chemischen Potentiale, denn die Teilchenzahlen sind additive Observable. Ist ein Gesamtsystem im thermodynamischen Gleichgewicht, dann stimmen die Temperaturen und die chemischen Potentiale der Subsysteme überein. Ist die Membran einer Zelle für Wassermoleküle passierbar, dann stimmen die chemischen Potentiale μ_{H_2O} innerhalb und außerhalb der Zelle überein.

Wir gehen zum Abschluss noch auf eine Besonderheit eines fluiden Mediums aus nur einer Sorte von Molekülen ein.

Die großkanonische freie Energie F^* hängt von der Temperatur T, vom Volumen V und vom chemischen Potential μ für die betreffende Teilchensorte ab. Außerdem ist F^* eine extensive Größe und muss daher zum Volumen proportional sein. Wegen $\partial F^*/\partial V = -p$ gilt daher

$$F^*(T, V, \mu) = -V\, p(T, \mu)\,. \tag{8.108}$$

8.8 Wasserdampfdruck über Eis

Wenn zwei Systeme Teilchen austauschen können, dann stimmen im Gleichgewicht deren chemische Potentiale überein. Als Beispiel wollen wir hier den Dampfdruck des Eises untersuchen. Ein Festkörper aus H_2O-Molekülen, also Eis, steht im Gleichgewicht mit der gasförmigen Phase, also Wasserdampf. Von der Oberfläche eines Eisbrockens können sich Wassermoleküle ablösen, und umgekehrt können sich Wassermoleküle aus der Dampfphase an der Eisoberfläche anlagern. Gleichgewicht liegt dann vor, wenn die chemischen Potentiale für H_2O-Moleküle in der Gasphase und in der festen Phase übereinstimmen.

Damit ist die Aufgabe klar. Zu berechnen sind die freien Energien für Wasserdampf und für Eis, als Funktionen der Teilchenzahl N. Die Ableitung danach ergibt die chemischen Potentiale für Wassermoleküle in der festen und in der gasförmigen Phase, die gleichzusetzen sind.

Beginnen wir mit dem Festkörper[12]. Die freie Energie besteht aus der Bindungsenergie des Kristalls, die (bei einem hinreichend großem Eisbrocken) zur Teilchenzahl N proportional ist. Die Bindungsenergie pro Teilchen ϵ_B bezeichnet man auch als Ablösearbeit. Hinzu kommt die freie Energie für die Gitterschwingungen, für die wir das Debye-Modell verwenden wollen:

$$F^{\mathrm{sol}} = -N\epsilon_B + Nk_BT\, 9 \int_0^1 dx\, x^2 \ln\left(1 - e^{-x\Theta/T}\right)\,. \tag{8.109}$$

Die Debye-Temperatur Θ beträgt 192 K, das kann man durch Messung der Schallgeschwindigkeiten oder durch Anpassung an gemessene Wärmekapazitäten herausfinden. Siehe hierzu den Abschnitt über das *Debye-Modell für Gitterschwingungen*.

Wir wenden uns nun der Dampfphase[13] zu.

Da sind zuerst die translatorischen Freiheitsgrade zu berücksichtigen. Weil der Wasserdampfdruck über Eis immer klein ist, genügt die Näherung als ideales Gas:

$$F^{\mathrm{vap}} = -Nk_BT \ln \frac{V}{N}\left(\frac{mk_BT}{2\pi\hbar^2}\right)^{3/2} + \dots\,. \tag{8.110}$$

---

[12] Die feste Phase wird üblicherweise durch den Zusatz 'sol' für lat. *solidus*: fest gekennzeichnet.

[13] Die Gasphase wird üblicherweise durch den Zusatz 'vap' für lat. *vapor*: Dampf gekennzeichnet.

Noch nicht berücksichtigt sind die Dreh- und Schwingungsfreiheitsgrade der Wassermoleküle.

Molekülschwingungen kann man unbedenklich weglassen. Der Dampfdruck über Eis ist nur dann von Interesse, wenn es Eis gibt. Das ist nur unterhalb des Tripelpunktes möglich, bei dem Wasserdampf, Wasser und Eis gleichzeitig im Gleichgewicht sein können. Die Temperatur am Tripelpunkt des Wassers[14] beträgt 273.16 K. Die Molekülschwingungen machen sich jedoch erst bei weitaus höheren Temperaturen bemerkbar, bei Zimmertemperatur und unterhalb sind sie eingefroren.

Bleibt die Rotationsbewegung von Molekülen. Die hier interessierenden Temperaturen sind hoch im Vergleich mit den für die Rotationsbewegung charakteristischen Temperaturen, so dass man sich auf den klassischen Grenzfall berufen darf. (8.110) ist damit um

$$F^{\mathrm{vap}} = \ldots - N k_{\mathrm{B}} T \ln \prod_{a=1}^{3} \left(\frac{T}{\theta_a} \right)^{1/2} \tag{8.111}$$

zu ergänzen. Wir begründen das im Anhang. Die charakteristischen Temperaturen sind durch $k_{\mathrm{B}} \theta_a = \hbar^2 / 2 I_a$ erklärt, mit den Trägheitsmomenten I_a um die drei Hauptachsen des Wassermoleküls. Sie betragen $\theta_1 = 13$ K, $\theta_2 = 21$ K und $\theta_3 = 38$ K.

Wir setzen in (8.110) den Druck p eines idealen Gases ein,

$$\frac{V}{N} = \frac{k_{\mathrm{B}} T}{p}\,, \tag{8.112}$$

und berechnen für das chemische Potential von Wassermolekülen in der Gasphase

$$\mu^{\mathrm{vap}} = \frac{\partial F^{\mathrm{vap}}}{\partial N} = -k_{\mathrm{B}} T \ln \frac{k_{\mathrm{B}} T}{p} \left(\frac{m k_{\mathrm{B}} T}{2 \pi \hbar^2} \right)^{3/2} \prod_{a=1}^{3} \left(\frac{T}{\theta_a} \right)^{1/2}. \tag{8.113}$$

Das ist mit dem chemischen Potential von Wassermoleküle in der festen Phase zu vergleichen:

$$\mu^{\mathrm{sol}} = \frac{\partial F^{\mathrm{sol}}}{\partial N} = -\epsilon_{\mathrm{B}} + k_{\mathrm{B}} T\, D(T/\Theta)\,. \tag{8.114}$$

Dabei haben wir

$$D(z) = 9 \int_{0}^{1} dx\, x^2 \ln \left(1 - e^{-x/z} \right) \tag{8.115}$$

abgekürzt.

---

[14] Das definiert die Kelvin-Temperaturskala.

Wir setzen die chemischen Potentiale gleich und erhalten den folgenden Ausdruck

$$p^{\text{vap}}(T) = k_{\text{B}}T \left(\frac{mk_{\text{B}}T}{2\pi\hbar^2} \right)^{3/2} \prod_{a=1}^{3} \left(\frac{T}{\theta_a} \right)^{1/2} e^{D(T/\Theta)} \, e^{-\epsilon_{\text{B}}/k_{\text{B}}T} \quad (8.116)$$

für den Dampfdruck. Es gehen ein

- die Masse m der Wassermoleküle,
- das Plancksche Wirkungsquantum $\hbar$,
- die Gestalt des H_2O-Moleküls in Form der drei charakteristischen Temperaturen $\theta_1, \theta_2, \theta_3$, die für die Trägheitsmomente stehen,
- die Debye-Temperatur Θ für Eis, die das Spektrum der Gitterschwingungen charakterisiert, und
- die Ablösearbeit ϵ_{B} für ein Wassermolekül aus dem Eis-Festkörper.

Das Bild 8.5 zeigt eine beste Anpassung unserer Formel (8.116) an experimentelle Daten, die durch Kreise dargestellt sind. Lediglich die Ablösearbeit ϵ_{B} wurde angepasst, sie beträgt 0.0490 eV.

Man beachte, dass der Dampfdruck immerhin über drei Größenordnungen variiert. Deswegen haben wir auch die Datenpunkte $(T_\alpha, \ln p_\alpha)$ angepasst, also logarithmisch, und zwar so, dass die Summe der Fehlerquadrate als Funktion der Ablösearbeit so klein wie möglich wird. Das Minimum in ϵ_B ist sehr deutlich, so dass die vier angegebenen Nachkomma-Stellen echt sind. Zugleich wird bestätigt, dass die theoretischen Modelle, die eingeflossen sind, die Wirklichkeit gut beschreiben.

Eis muss also nicht unbedingt dadurch verschwinden, dass es sich oberhalb des Gefrierpunktes in Wasser umwandelt. Wenn sehr trockene Luft (mit einem Wasserdampf-Partialdruck, der niedriger ist als der Dampfdruck) über Eis streicht, dann sublimiert Eis direkt in die gasförmige Phase.

Umgedreht kann Luft mit einem gewissen Wasserdampfgehalt bei Abkühlung unter den Gefrierpunkt direkt Eis bilden (Raureif).

8.8.1 Anhang (Molekülrotation)

Moleküle können Energie auch dadurch aufnehmen, dass sie sich drehen. In guter Näherung verhalten sie sich dabei als starre Kreisel.

J sei der Drehimpuls des Moleküls. J^2 hat die Eigenwerte $j(j+1)\hbar^2$ mit ganzzahligen Quantenzahlen j. Jeder Eigenzustand mit Drehimpulsquantenzahl j ist $(2j + 1)$-fach entartet.

Im Schwerpunkt des Moleküls sei ein körperfestes kartesisches Koordinatensystem e_1, e_2 und e_3 angebracht. Der Trägheitstensor ist durch $I_{ik} =$

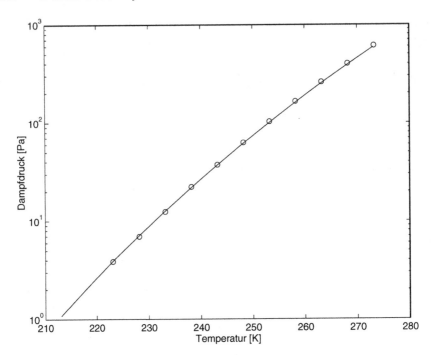

Abb. 8.5. Wasserdampfdruck über Eis. Die durchgezogene Linie stellt die beste Anpassung eines theoretischen Ergebnisses an experimentelle Daten (Kreise) dar.

$\sum_a m_a x_{a,i} x_{a,k}$ definiert. Dabei ist m_a die Masse des Kerns a und x_a der Ortsvektor in Bezug auf das mitbewegte Koordinatensystem. Weil I_{ik} symmetrisch ist, kann man das Koordinatensystem so wählen, dass nur Diagonalelemente I_1, I_2 und I_3 vorkommen.

Der Drehimpuls hat in Bezug auf das mitbewegte Koordinatensystem die Komponenten $K_i = \boldsymbol{J} \cdot \boldsymbol{e}_i$, und die Energie ist durch

$$H = \frac{1}{2I_1} K_1^2 + \frac{1}{2I_2} K_2^2 + \frac{1}{2I_3} K_3^2 \tag{8.117}$$

gegeben, in Analogie zur klassischen Mechanik des Kreisels. Man kann zeigen, dass die Operatoren $-K_i$ den Drehimpuls-Vertauschungsregeln genügen. Befindet sich das System in einem Zustand mit Drehimpulsquantenzahl j, dann hat $K^2 = J^2$ den Eigenwert $j(j+1)\hbar^2$, und für K_3 kommen die Eigenwerte $-j\hbar, (-j+1)\hbar, \ldots, j\hbar$ in Frage.

Wir schränken die Erörterung erst einmal auf ein zweiatomiges Molekül mit verschiedenen Kernen ein, etwa HCl. Zwei Trägheitsmomente stimmen überein, $I_1 = I_2 = I$, das dritte ist im Vergleich damit winzig. Wegen

$$H = \frac{1}{2I} \boldsymbol{K}^2 + \left(\frac{1}{2I_3} - \frac{1}{2I}\right) K_3^2 \tag{8.118}$$

folgt, dass nur der Eigenwert 0 für K_3 von Bedeutung ist, weil andernfalls die Drehenergie sehr groß würde. Wir erhalten also

$$\epsilon_j = \frac{\hbar^2}{2I} j(j+1) \ \text{mit} \ j = 0, 1, \ldots \tag{8.119}$$

als Energiespektrum. Jeder Eigenwert ϵ_j ist $(2j+1)$-fach entartet. Mit $k\theta = \hbar^2/2I$ ergibt sich

$$F = -kT \ln \sum_{j=0}^{\infty} (2j+1) \ e^{-j(j+1)\,\theta/T} \tag{8.120}$$

als freie Energie des Moleküls. Die charakteristische Temperatur für HCl beispielsweise beträgt $\theta = 15$ K. Bei Temperaturen, die höher liegen, darf man die Summe in (8.120) durch ein Integral nähern,

$$\sum_{j=0}^{\infty} (2j+1) \ e^{-j(j+1)\,\theta/T} \approx \frac{T}{\theta} \int_0^{\infty} dz \, 2z \, e^{-z^2} = \frac{T}{\theta} \tag{8.121}$$

Aus der freien Energie

$$F \approx -kT \ln \frac{T}{\theta} \tag{8.122}$$

folgt die Wärmekapazität $C = k$ für hinreichend hohe Temperatur. Wie im Falle der Molekülschwingungen verschwindet $C = C(T)$ bei $T \to 0$.

Bei zweiatomigen Molekülen mit identischen Kernen darf man in (8.120) nur über geradzahlige Werte für j summieren. Am Ergebnis $C = k$ für $T \gg \theta$ ändert das nichts. Für nichtlineare mehratomige Moleküle ergibt sich $C = 3k/2$ bei hinreichend hoher Temperatur, und für die freie Energie muss man (8.111) schreiben.

8.9 Verdünnte Lösungen

Wir untersuchen jetzt den Fall, dass das System, etwa eine biologische Zelle, von seiner Umgebung durch eine semipermeable Membran abgegrenzt ist. Die Moleküle des Lösungsmittels A können die halbdurchlässige Membran frei passieren, aber die Moleküle des gelösten Stoffes B bleiben in der Zelle eingesperrt.

Wir rechnen mit einer Mischform der freien Energie: großkanonisch bezüglich A, kanonisch bezüglich B. V ist das Volumen der Zelle, T die Temperatur, μ_A

das chemische Potential des Lösungsmittels und N_B die Anzahl der Moleküle des gelösten Stoffes. Für $F^*(T, V, \mu_A, N_B)$ gilt

$$dF^* = -SdT - pdV - \bar{N}_A d\mu_A + \mu_B dN_B \,, \tag{8.123}$$

mit S als Entropie und p als Druck.

$F_0^* = F^*(T, V, \mu_A, 0)$ ist die großkanonische freie Energie des reinen Lösungsmittels. Bringt man ein B-Molekül in die Zelle, so hat man es mit der freien Energie $F^*(T, V, \mu_A, 1) = F_0^* + \phi(T, V, \mu_A)$ zu tun. Bringt man viele, aber nicht zuviele B-Moleküle in die Zelle, dann gilt

$$F^*(T, V, \mu_A, N_B) = F_0^* + N_B \phi(T, V, \mu_A) - k_\mathrm{B} T \ln \frac{1}{N_B!} \,. \tag{8.124}$$

Der letzte Beitrag kommt daher, dass die B-Moleküle identisch sind, ihre Vertauschung führt nicht zu neuen Zuständen. Deswegen ist die Zustandssumme durch $N_B!$ zu dividieren, daher der Beitrag $k_\mathrm{B} T \ln N_B!$ zur freien Energie.

Damit die freie Energie F^* extensiv ist, muss $k_\mathrm{B} T \ln N_B! \approx N_B k_\mathrm{B} T \ln N_B$ durch einen Term $N_B k_\mathrm{B} T \ln V$ kompensiert werden, der noch in $\phi(T, V, \mu_A)$ verborgen ist. Auf Grund dieser Überlegungen setzen wir

$$\begin{aligned} F^*(T, V, \mu_A, N_B) = {} & F^*(T, V, \mu_A, 0) \\ & + N_B k_\mathrm{B} T \ln \frac{N_B}{V} + N_B f(T, \mu_A) + \dots \end{aligned} \tag{8.125}$$

an. Die ... deuten weggelassene Wechselwirkungsbeiträge der B-Moleküle untereinander an.

p_0 ist der Druck des reinen Lösungsmittels. Mit gelöstem Stoff ändert sich der Druck um

$$\pi = p - p_0 = n_B k_\mathrm{B} T + \dots \,. \tag{8.126}$$

Dabei ist $n_B = N_B/V$ die Dichte der gelösten Teilchen.

Man bezeichnet π als den osmotischen Druck. Der gelöste Stoff verursacht einen Überdruck, als wenn er allein als ideales Gas vorhanden wäre (Gesetz von van't Hoff[15], 1887). Dieser Überdruck wird von der elastischen Zellwand abgefangen.

Ein Standardexperiment für Physiker behandelt den osmotischen Druck von Saccharose in Wasser. Die semipermeable Wand besteht aus einem kolloidalen Film aus Kupfer(II)-hexacyanoferrat, der sich in den Poren einer nichtglasierten Keramikzelle niedergeschlagen hat. Es lassen sich leicht osmotische Drücke von mehr als 25 bar erzeugen, wenn man etwa ein Mol Saccharose in einem

---

[15] Jacobus Henricus van't Hoff, 1852 - 1911, niederländischer Chemiker

Liter Wasser löst. Bei dieser Konzentration haben die Saccharose-Moleküle einen Abstand von etwa 10 Å. Weil die Saccharose-Moleküle (Summenformel $C_6H_{12}O_6$) relativ lang sind, ist mit einer beträchtlichen Wechselwirkung zu rechnen. Das erklärt, warum bei der Konzentration von 1 Mol/Liter der osmotische Druck den Wert nach dem van't Hoffsche Gesetz bereits um 20% übersteigt.

Übrigens ist der Ausdruck (8.126) nur der erste Term einer entsprechenden Virialentwicklung:

$$p(T, \mu_A, n_B) = p(T, \mu_A, 0) + k_B T \left\{ n_B + b_2(T, \mu_A) \, n_B^2 + \ldots \right\} . \qquad (8.127)$$

Im Falle $\mu_A = -\infty$ hat man überhaupt kein Lösungsmittel, und (8.127) reduziert sich auf die gewöhnliche Virialentwicklung für ein Gas aus B-Molekülen. Diese Entwicklung bricht bekanntlich zusammen, wenn die Dichte $\bar{n}_B = \bar{n}_B(T)$ erreicht wird, bei der Kondensation stattfindet. Auch die Entwicklung (8.127) kann zusammenbrechen, wenn eine gewisse Dichte $\bar{n}_B = \bar{n}_B(T, \mu_A)$ erreicht wird. Dann nämlich ist die Lösung von B-Molekülen im Lösungsmittel A gesättigt. Zusätzliche B-Moleküle können nicht mehr gelöst werden, sie fallen aus.

Wir wollen jetzt eine andere Situation betrachten. Bei konstant gehaltener Temperatur T und bei festem vorgegebenem Druck p soll eine gewisse Menge des Stoffes B im Lösungsmittel A gelöst werden. Das chemische A-Potential kann nicht mehr konstant bleiben, weil sich ja sonst der Druck gemäß dem van't-Hoffschen Gesetzes (8.126) ändern müsste.

Wir haben schon im Abschnitt über das *Chemische Potential* erwähnt, dass für ein Einstoffsystem die Beziehung

$$F^*(T, V, \mu) = -V \, p(T, \mu) \qquad (8.128)$$

gilt. Daraus folgt in unserem Falle

$$\delta p' = \frac{\bar{N}_A}{V} \, \delta \mu_A \qquad (8.129)$$

für die Druckänderung in Folge einer kleinen Änderung des chemischen Potentials des Lösungsmittels. Wenn nun auch noch B-Moleküle gelöst werden, steigt der Druck um

$$\delta p'' = \frac{\bar{N}_B}{V} \, k_B T . \qquad (8.130)$$

Eine Druckänderung bleibt also genau dann aus, $\delta p' + \delta p'' = 0$, wenn

$$\delta \mu_A = -\frac{N_B}{\bar{N}_A} k_B T \approx -\frac{N_B}{\bar{N}_A + N_B} k_B T \qquad (8.131)$$

gilt. Mit

$$x_B = \frac{N_B}{\bar{N}_A + N_B} \tag{8.132}$$

bezeichnen wir den relativen Anteil des gelösten Stoffes. $x_B = 0$ beschreibt das reine Lösungsmittel, $x_B = 1$ den reinen Stoff. (8.131) gilt nur für verdünnte Lösungen, also für $x_B \ll 1$:

$$\mu_A(T, p, x_B) = \mu_A(T, p, 0) - x_B k_B T + \dots . \tag{8.133}$$

Diese Beziehung ist mit dem van't Hoffschen Gesetz gleichwertig.

Mit (8.133) kann man verstehen, warum der Dampfdruck einer Lösung kleiner ist als der Dampfdruck des reinen Lösungsmittels. Dabei wird allerdings vorausgesetzt, dass der gelöste Stoff nicht flüchtig ist, sein Beitrag zum Dampfdruck also vernachlässigt werden darf.

Das reine Lösungsmittel[16] steht mit seinem Dampf im Gleichgewicht, wenn

$$\mu_A^{\mathrm{liq}}(T, \bar{p}, 0) = \mu_A^{\mathrm{vap}}(T, \bar{p}) \tag{8.134}$$

gilt. Dabei ist $\bar{p} = \bar{p}(T)$ der Dampfdruck des reinen Lösungsmittels. Im Falle $x_B \neq 0$, wenn also der Stoff B gelöst ist, müssen ebenfalls die chemischen Potentiale des Lösungsmittels in der flüssigen und in der gasförmigen Phase übereinstimmen, und das ist nur mit einem veränderten Dampfdruck $\bar{p} + \delta\bar{p}$ möglich. Es muss

$$\mu_A^{\mathrm{liq}}(T, \bar{p} + \delta\bar{p}, x_B) = \mu_A^{\mathrm{vap}}(T, \bar{p} + \delta\bar{p}) \tag{8.135}$$

gelten. Mit

$$\mu_A^{\mathrm{liq}}(T, \bar{p} + \delta\bar{p}, x_B) = \mu_A^{\mathrm{liq}}(T, \bar{p}, 0) + v_A^{\mathrm{liq}}\delta\bar{p} - x_B k_B T \tag{8.136}$$

und

$$\mu_A^{\mathrm{vap}}(T, \bar{p} + \delta\bar{p}) = \mu_A^{\mathrm{vap}}(T, \bar{p}) + v_A^{\mathrm{vap}}\delta\bar{p} \tag{8.137}$$

folgt daraus

$$\Delta v_A \delta\bar{p} = -x_B k_B T . \tag{8.138}$$

$\Delta v_A = v_A^{\mathrm{vap}} - v_A^{\mathrm{liq}}$ ist der Zuwachs im molekularen Volumen eines Moleküls des Lösungsmittels, wenn es von der flüssigen in die gasförmige Phase übergeht. Wir gehen von $v_A^{\mathrm{liq}} \ll v_A^{\mathrm{vap}}$ aus und behandeln den Dampf als ideales Gas.

---

[16] Die flüssige Phase wird üblicherweise durch den Zusatz 'liq' für lat. *liquidus*: flüssig gekennzeichnet.

Dann ergibt sich

$$\frac{\delta \bar{p}}{\bar{p}} = -x_B \,, \tag{8.139}$$

das Gesetz von Raoult[17] für die Dampfdruckerniedrigung. Zur Erinnerung: x_B ist der Molenbruch des gelösten Stoffes. Das Gesetz (8.139) von Raoult gilt natürlich nur für relativ kleine Zugaben an nichtflüchtigem gelösten Stoff.

Die Siedetemperatur einer Flüssigkeit ist vereinbarungsgemäß diejenige Temperatur, bei welcher der Dampfdruck $\bar{p}$ gerade dem Luftdruck (am Boden) entspricht. Durch Zugabe von gelöstem Stoff wird sich der Dampfdruck gemäß (8.138) ändern, und dieser Effekt führt zu einer veränderten, nämlich erhöhten Siedetemperatur.

Eine vollkommen analoge Argumentation hat zum Ergebnis, dass der Gefrierpunkt einer Lösung niedriger ist als der Gefrierpunkt des reinen Lösungsmittels. Deswegen wird bei Frost oft Salz gestreut, und der Ozean friert nicht schon bei 0°C zu.

8.10 Quantengase

Teilchen mit halbzahligem Spin nennt man Fermionen. Quarks, Neutrinos, Elektronen, Protonen, Neutronen sind Fermionen. Ist der Eigendrehimpuls ganzzahlig, dann spricht man von Bosonen. Der Helium-Kern ^{4}He, das Helium-Atom, das Pion, auch das Photon sind Bosonen. Zwischen diesen beiden Arten von Teilchen gibt es einen beträchtlichen Unterschied. Fermionen sind Einzelgänger in dem Sinne, dass ein bestimmter Einteilchenzustand höchstens einfach besetzt werden darf. Bosonen dagegen können denselben Einteilchenzustand beliebig oft besetzen, sie sind gesellig.

Ω sei der Vakuumzustand, die Leere.

$A_a^\dagger$ erzeugt ein Teilchen im Zustand ϕ_a aus dem Nichts, A_a vernichtet es. Der Erzeuger $A_a^\dagger$ ist gerade der zum Vernichter A_a adjungierte Operator.

Für Bosonen gilt

$$A_a A_b - A_b A_a = 0 \ \ \text{und} \ \ A_a A_b^\dagger - A_b^\dagger A_a = \delta_{ab} \,. \tag{8.140}$$

Daraus folgt, dass $N_a = A_a^\dagger A_a$ ein Anzahloperator ist, der die Teilchen im Zustand ϕ_a zählt. N_a hat die Eigenwerte $0, 1, \ldots$. Das erkennt man an

$$N_a (A_a^\dagger)^k \Omega = k (A_a^\dagger)^k \Omega \,. \tag{8.141}$$

Fermionen benehmen sich ebenso, mit einem bedeutsamen Unterschied. Nicht der Kommutator, sondern der Antikommutator bestimmt die Erzeugungs- und Vernichtungseigenschaften. Für Fermionen ist

---

[17] François Marie Raoult, 1830 - 1901, französischer Chemiker und Physiker

$$A_a A_b + A_b A_a = 0 \quad \text{und} \quad A_a A_b^\dagger + A_b^\dagger A_a = \delta_{ab} \tag{8.142}$$

zu fordern. Plus anstelle von Minus, das ist der kleine Unterschied mit immensen Konsequenzen! Insbesondere folgt $(A_a^\dagger)^2 = 0$. Es ist nicht möglich, dass zwei oder mehr Teilchen denselben Einteilchenzustand ϕ_a besetzen.

In beiden Fällen, für Fermionen und Bosonen, kann man den Hamilton-Operator als

$$H = \sum_a E_a N_a + \dots \tag{8.143}$$

schreiben, wobei ... für die Wechselwirkung der Teilchen steht. Wir wollen für die folgende Abhandlung annehmen, dass es darauf nicht ankommt. Die E_a sind die Energien der Einteilchenzustände ϕ_a.

Ob man die Wechselwirkung ignorieren darf, muss von Fall zu Fall begründet werden. Beispielsweise darf man in guter Näherung die Leitungselektronen eines Metalles als freie Teilchen betrachten. Der Hauptteil der Coulomb-Wechselwirkung ist nämlich bereits dadurch verbraucht, dass aus den nackten Elektronen die Quasiteilchen des Leitungsbandes geworden sind. Diese werden dann übrigens auch durch eine vom Festkörper abhängige Beziehung zwischen Energie und Impuls charakterisiert, durch die so genannte Dispersionsbeziehung $E = \hbar\omega(\boldsymbol{k})$.

Für die großkanonische freie Energie eines Quantengases nicht-wechselwirkender Fermionen berechnen wir

$$F^* = -k_\mathrm{B}T \sum_a \ln\left\{ 1 + e^{(\mu - E_a)/k_\mathrm{B}T} \right\}. \tag{8.144}$$

Dabei wurde eingearbeitet, dass als Besetzungszahlen nur 0 und 1 in Frage kommen. Für Bosonen erhält man

$$F^* = -k_\mathrm{B}T \sum_a \ln \sum_{\nu=0}^{\infty} e^{\nu(\mu - E_a)/k_\mathrm{B}T} \tag{8.145}$$

und damit

$$F^* = -k_\mathrm{B}T \sum_a \ln \frac{1}{1 - e^{(\mu - E_a)/k_\mathrm{B}T}}. \tag{8.146}$$

Dieses Ergebnis steht unter dem Vorbehalt, dass die geometrische Reihe konvergiert: das chemische Potential μ muss kleiner sein als der niedrigste Energieeigenwert.

Ist das Gebiet, in dem die Teilchen eingesperrt sind, hinreichend groß, dann darf man die Summe über alle Einteilchenzustände als proportional zum Volumen V ansetzen. Für Fermionen heißt das

$$F^*(T, V, \mu) = -V k_{\mathrm{B}} T \int d\epsilon\, z(\epsilon)\, \ln\left\{1 + e^{(\mu - \epsilon)/k_{\mathrm{B}}T}\right\}, \tag{8.147}$$

für Bosonen gilt

$$F^*(T, V, \mu) = +V k_{\mathrm{B}} T \int d\epsilon\, z(\epsilon)\, \ln\left\{1 - e^{(\mu - \epsilon)/k_{\mathrm{B}}T}\right\}. \tag{8.148}$$

$z = z(\epsilon)$ ist die spezifische Zustandsdichte[18]: im Energieintervall $[\epsilon, \epsilon + d\epsilon]$ gibt es $V z(\epsilon)\, d\epsilon$ verschiedene Einteilchenzustände.

Die Ausdrücke (8.147) und (8.148) belegen übrigens einen Befund, den wir schon früher erwähnt haben: die großkanonische freie Energie eines Einstoffsystems ist zum Volumen proportional.

Für die Teilchendichte $n = \langle N \rangle / V$ erhalten wir den Ausdruck

$$n(T, \mu) = \int d\epsilon\, z(\epsilon) \frac{1}{e^{(\epsilon - \mu)/k_{\mathrm{B}}T} \pm 1}. \tag{8.149}$$

Das positive Zeichen steht für Fermionen, das negative für Bosonen.

Der Bruch ist offensichtlich die mittlere Besetzungszahl eines Einteilchenzustandes. Wie es sein muss, liegt dieser Wert für Fermionen zwischen 0 und 1, während er für Bosonen beliebig groß werden kann.

Den Ausdruck

$$\langle N_a \rangle = \frac{1}{e^{(E_a - \mu)/k_{\mathrm{B}}T} \pm 1} \tag{8.150}$$

für den Besetzungsgrad eines Zustandes mit Einteilchenenergie E_a sollte man sich merken.

Er ist für Fermionen $(+)$ und Bosonen $(-)$ verschieden. Die Besetzungswahrscheinlichkeit wächst mit der Temperatur T und mit dem chemischen Potential μ. Ist das chemische Potential sehr negativ, dann fällt der Unterschied zwischen Fermi- und Bose-Statistik weg, und die Besetzungswahrscheinlichkeit degeneriert zu

$$\langle N_a \rangle \propto e^{-E_a/k_{\mathrm{B}}T}. \tag{8.151}$$

Man spricht auch von der Maxwell-Boltzmann-Statistik, wenn man sich auf den Grenzfall (8.151) für kleine Teilchendichten beruft.

Bei Gasen unter Laborbedingungen kommt man immer mit der klassischen Näherung (8.151) aus.

Untersucht man das thermische Verhalten der Leitungselektronen eines Metalles, dann muss man auf die korrekte Formel (8.150) zurückgreifen. Festkörper

---

[18] 'spezifisch' bedeutet hier pro Volumeneinheit

sind immer sehr kalt, denn die typischen Energien liegen im eV-Bereich, das entspricht etwa 10^4 K, und da wäre das Material schon längst geschmolzen. Die Dichte der Leitungselektronen liegt fest, das zugehörige chemische Potential für $T = 0$ wird auch als Fermi-Energie ϵ_F bezeichnet. Die Zustände unterhalb der Fermi-Energie sind besetzt, die Zustände darüber unbesetzt, also leer. Bei endlicher Temperatur ist der Übergang nicht so schroff, die Wärmekapazität der Leitungselektronen wächst linear mit der Temperatur, $C \propto T$. Weil die Wärmekapazität der Festkörperschwingungen mit T^3 variiert, dominiert bei sehr tiefen Temperaturen das T-Gesetz, natürlich nur bei elektrischen Leitern.

Der korrekte Ausdruck für die Fermi-Statistik ist auch dann von Bedeutung, wenn man sich mit dem Druck eines Plasmas aus Kernen und Elektronen befasst (weiße Zwerge) oder mit einem Neutronenstern.

Auch die Bose-Statistik zeigt interessante Phänomene. Die Bedingung, dass das chemische Potential niedriger sein muss als die tiefste Einteilchenenergie, führt auf eine maximale Teilchendichte $n_{max}(T)$. Nur wenn die Teilchendichte n kleiner ist als dieser Wert, gelten unsere Formeln. Übersteigt die Teilchendichte diesen Maximalwert, dann kann nur noch ein gewisser Anteil von Teilchen gemäß der Bose-Statistik untergebracht werden. Der Rest geht kollektiv in den Grundzustand des Systems: Bosonen dürfen das. Suprafluidität und Supraleitung sind nur zwei Beispiele für dieses Phänomen.

Leider können wir hier nicht auf viele andere wunderliche Eigenschaften von Quantengasen eingehen. Das klassische, makroskopische elektromagnetische Feld als Bose-Kondensat sehr langwelliger Photonen: eine faszinierende Vorstellung!

8.11 Kontinuumsphysik

In der Thermodynamik ist meist von Gleichgewichts- oder Gibbs-Zuständen die Rede, und dieses Gebiet der Physik müsste eigentlich Thermostatik heißen. Auch Schwankungserscheinungen wie die Brownsche Bewegung sind Eigenschaften des Gibbs-Zustandes. Wir wollen im Rahmen dieser vertiefenden Studien wenigstens zwei Bereiche ansprechen, in denen sowohl von thermodynamischen Größen als auch von der Zeit die Rede ist.

Bekanntlich ist zwischen äußeren Parametern und Gleichgewichtsparametern zu unterscheiden. Erstere sind Größen, von denen der Hamilton-Operator abhängt, wie das Volumen eines Gases, die elektrische oder magnetische Feldstärke, usw. Zu den Gleichgewichtsparametern zählen wir die Temperatur, den Druck, die chemischen Potentiale usw.

Ändert man die äußeren Parameter sehr rasch, dann kann das System überhaupt nicht ins Gleichgewicht kommen. Diesen Fall wollen wir später beispielhaft abhandeln, indem wir die lineare Antwort des Systems auf solche Störungen untersuchen. Hier befassen wir uns mit einer anderen Art von thermischem Nicht-Gleichgewicht.

Ein Medium kann lokal, aber nicht global im Gleichgewicht sein. So genannte materielle Punkte, Gebiete von etwa einem Mikrometer Abmessungen, enthalten so viele Teilchen, dass die Formeln für unendlich große Gebiete gelten. Weil sie trotzdem klein sind, stellt sich das thermodynamische Gleichgewicht sehr schnell ein. Die materiellen Punkte befinden sich lokal im Gibbs-Zustand, die entsprechenden Parameter können sich jedoch großräumig und zeitlich ändern. In diesem Sinne kann man von einem Temperaturfeld $T = T(t, \boldsymbol{x})$ usw. reden.

In der Vertiefung zur Mechanik haben wir uns schon einmal mit den mechanischen Eigenschaften eines Kontinuums beschäftigt. Das soll jetzt auf die Thermodynamik ausgeweitet werden.

Wir erinnern uns:

Zu jeder addier- und transportierbaren physikalischen Größe (Quantität) Y gibt es eine Dichte $\varrho(Y)$, eine Stromdichte $\boldsymbol{j}(Y)$ und eine Quellstärke $\pi(Y)$.

$\varrho(Y; t, \boldsymbol{x}) \, dV$ gibt an, wieviel Y-Quantität Y sich im Volumen dV bei $\boldsymbol{x}$ zur Zeit t befindet.

Durch das Flächenstück $d\boldsymbol{A}$ bei $\boldsymbol{x}$ strömt zur Zeit t pro Zeiteinheit die Y-Quantität $\boldsymbol{j}(Y; t, \boldsymbol{x}) \cdot d\boldsymbol{A}$ von der Rück- zur Vorderseite.

Im Volumen dV bei $\boldsymbol{x}$ wird zur Zeit t pro Zeiteinheit $\pi(Y; t, \boldsymbol{x}) \, dV$ an Y-Quantität produziert.

Diese Felder, nämlich Dichte, Stromdichte und Quellstärke, genügen der Bilanzgleichung[19]

$$\nabla_t \varrho(Y) + \nabla_i j_i(Y) = \pi(Y) \, . \tag{8.152}$$

Dabei steht ∇_t für die partielle Ableitung nach der Zeit, ∇_i für $\partial/\partial x_i$. Der zweite Term in (8.152) ist also nichts anderes als die Divergenz der Stromdichte.

8.11.1 Teilchenzahlen

Wir bezeichnen mit N^a die Anzahl der Teilchen der Sorte $a = 1, 2, \ldots$ im System. Beispielsweise kann es sich um H_2O, H^+, OH^-, H_2 und O_2 handeln. Mit

$$\varrho(N^a) = n^a \tag{8.153}$$

ist die a-Teilchendichte gemeint. Wir schreiben die a-Stromdichte als

$$j_i(N^a) = n^a v_i^a \tag{8.154}$$

---

[19] Einsteinsche Summenkonvention: tritt in einem Term derselbe Index $i = 1, 2, 3$ doppelt auf, ist automatisch darüber zu summieren.

und definieren so die Strömungsgeschwindigkeit v_i^a der Teilchensorte a. Man darf das tun, weil bei verschwindender Teilchendichte auch keine Teilchenstromdichte vorhanden ist.

Teilchen werden in chemischen Reaktionen erzeugt. Mit $r = 1, 2 \ldots$ nummerieren wir die verschiedenen Reaktionstypen. Man denke an die Dissoziation von Wassermolekülen in H^+ und OH^- oder an die Aufspaltung von Wasser in Wasserstoff und Sauerstoff. In einer Reaktion vom Typ r werden gerade ν^{ra} Teilchen der Sorte a erzeugt. Die stöchiometrischen Umsatzzahlen ν^{ra} sind ganze Zahlen, für festgehaltenes r ohne gemeinsamen Teiler. Ist eine stöchiometrische Umsatzzahl negativ, dann verschwindet das entsprechende Teilchen, steht also vor dem Reaktionspfeil. Für unser Beispiel gilt

Reaktion	H_2O	H^+	OH^-	H_2	O_2
$H_2O \rightarrow H^+ + OH^-$	-1	1	1	0	0
$2H_2O \rightarrow 2H_2 + O_2$	-2	0	0	2	1

Mit Γ^r wollen wir die Anzahl der pro Zeit- und Volumeneinheit ablaufenden chemischen Reaktionen vom Typ r bezeichnen. Dafür wird häufig die Benennung 'Reaktionsgeschwindigkeit' gebraucht. Da bei jeder solchen Reaktion ν^{ra} Teilchen der Sorte a erzeugt werden, ist die Quellstärke für Teilchenzahlen durch den Ausdruck

$$\pi(N^a) = \sum_r \Gamma^r \nu^{ra} \tag{8.155}$$

gegeben. Damit kann die Bilanzgleichung für Teilchenzahlen in der Form

$$\nabla_t n^a + \nabla_i n^a v_i^a = \sum_r \Gamma^r \nu^{ra} \tag{8.156}$$

geschrieben werden.

8.11.2 Masse und Ladung

Zu jeder Teilchenart a gehört die Teilchenladung q^a und die Teilchenmasse m^a. Ladung und Masse sind erhalten in dem folgenden Sinn:

$$\sum_a \nu^{ra} q^a = 0 \quad \text{und} \quad \sum_a \nu^{ra} m^a = 0 \,. \tag{8.157}$$

Bei jeder chemischen Reaktion bleibt die elektrische Ladung und die Masse erhalten. Das bedeutet $\pi(Q) = 0$ für die elektrische Ladung und $\pi(M) = 0$ für die Masse.

Mit

$$\varrho(M) = \varrho = \sum_a m^a n^a \tag{8.158}$$

als Dichte der Masse M (Massendichte) und mit der durch

$$j_i(M) = \varrho v_i \tag{8.159}$$

erklärten Strömungsgeschwindigkeit gilt

$$\nabla_t \varrho + \nabla_i \varrho v_i = 0. \tag{8.160}$$

Das beschreibt die Massenerhaltung auf phänomenologischer Ebene. Ebenso definieren wir die Dichte der elektrischen Ladung Q^e:

$$\varrho(Q^e) = \varrho^e = \sum_a q^a n^a. \tag{8.161}$$

Die elektrische Stromdichte ist

$$j_i(Q^e) = j_i^e = \sum_a q^a n^a v_i^a. \tag{8.162}$$

Es gilt

$$\nabla_t \varrho^e + \nabla_i j_i^e = 0. \tag{8.163}$$

Das beschreibt die Ladungserhaltung auf phänomenologischer Ebene. (8.163) ist mit dem ersten Teil von (8.157) gleichwertig. Interessanterweise folgt die Kontinuitätsgleichung (8.163) auch aus den Maxwell-Gleichungen für das elektromagnetische Feld.

8.11.3 Strömung und Leitung

Strömende Materie nimmt ihre Eigenschaften mit. Zu jeder Quantität Y gehört eine Stromdichte $\varrho(Y)v_i$. Dieser Strömungsanteil ist im Allgemeinen aber nicht alles. Die besagte Quantität kann sich auch anderweitig ausbreiten, durch Leitung. Die restliche Stromdichte $J(Y)$ bezeichnen wir als Leitungsanteil.

Der Leitungsanteil der Massenstromdichte verschwindet definitionsgemäß. Denken Sie über diesen Satz gut nach!

Der Leitungsanteil der Teilchenstromdichte

$$J_i^a = J_i(N^a) = \sum_a n^a(v_i^a - v_i) \tag{8.164}$$

wird auch als Diffusionsstromdichte bezeichnet. Er gibt an, wie sich Teilchen relativ zur Strömungsgeschwindigkeit ausbreiten.

Auch die elektrische Stromdichte zerfällt in einen Strömungsanteil $\varrho^e v_i$ und in den Leitungsanteil

$$J_i^e = J_i(Q^e) = \sum_a q^a J_i^a \,. \tag{8.165}$$

Man beachte, dass der Strömungsanteil einer Stromdichte vom Bezugssystem abhängt, nicht aber der Leitungsanteil.

8.11.4 Impuls

Die mechanischen Eigenschaften des Kontinuums werden durch die Bilanzgleichungen für Impuls und Drehimpuls beschrieben. Damit haben wir uns schon an anderer Stelle befasst.

$\varrho(P_k) = \varrho v_k$ ist die Dichte der Quantitäten P_k, der drei Komponenten des Impulses. Für die Impulsstromdichte schreiben wir $j_i(P_k) = \varrho v_k v_i - T_{ki}$. Der (negative) Leitungsanteil heißt Spannungstensor[20]. Die Quellstärke des Impulses $\pi(P_k) = f_k$ ist eine äußere Kraft pro Volumeneinheit. Wir beziehen hier nur die Schwerkraft und die elektrostatische Kraft ein, die beide ein Potential besitzen:

$$f_k = -\varrho \nabla_k \phi^g - \varrho^e \nabla_k \phi^e \,. \tag{8.166}$$

Bekanntlich ist $D_t = \nabla_t + v_i \nabla_i$ die substanzielle Zeitableitung, die ein mitschwimmender Beobachter wahrnimmt. Damit lässt sich die Impulsbilanzgleichung besonders einleuchtend formulieren:

$$\varrho D_t v_k = \nabla_i T_{ki} + f_k \,. \tag{8.167}$$

Wir erinnern hier an unser früheres Ergebnis zur Drehimpulsbilanzgleichung. Sie ist erfüllt, wenn der Spannungstensor symmetrisch ist, $T_{ik} = T_{ki}$.

8.12 Der erste Hauptsatz als Feldgleichung

Es gibt kinetische Energie E^k, potentielle Energie E^p und einen Rest U, der treffend als innere Energie bezeichnet wird. In der kollektiven, gerichteten Bewegung der Moleküle steckt kinetische Energie. Bewegen sich die Moleküle in äußeren Kraftfeldern, dann ändert sich die potentielle Energie. Die sehr vielen Moleküle in einem infinitesimalen Volumenelement bewegen sich aber auch kreuz und quer und wechselwirken miteinander, und damit ist innere Energie verbunden. Der erste Hauptsatz der Thermodynamik ist nichts anderes als die Bilanzgleichung für die innere Energie U.

---

[20] oft auch mit σ_{ki} bezeichnet

Die Dichte der kinetischen Energie ist

$$\varrho(E^k) = \frac{1}{2}\,\varrho\,v^2 \ \text{ mit } \ v^2 = v_k v_k\,. \tag{8.168}$$

Mit Hilfe der Impulsbilanzgleichung (siehe den Abschnitt über *Kontinuums-mechanik*) berechnet man

$$\begin{aligned}
\varrho D_t \frac{1}{2}\,v^2 &= v_k \varrho D_t v_k = v_k \nabla_i T_{ki} + v_k f_k \\
&= \nabla_i v_k T_{ki} - T_{ki} \nabla_i v_k + v_k f_k\,.
\end{aligned} \tag{8.169}$$

Wir lesen den Leitungsbeitrag zur Stromdichte und die Quellstärke der kinetischen Energie ab:

$$J_i(E^k) = -v_k T_{ki} \ \text{ und } \ \pi(E^k) = -T_{ki} \nabla_i v_k + v_k f_k\,. \tag{8.170}$$

Die Dichte der potentiellen Energie ist offensichtlich

$$\varrho(E^p) = \varrho\,\phi^g + \varrho^e \phi^e\,. \tag{8.171}$$

Wir setzen voraus, dass sowohl das Gravitations- als auch das elektrische Potential zeitlich konstant sind. Dann folgt

$$\begin{aligned}
\nabla_t\,\varrho(E^p) &= \phi^g \nabla_t \varrho + \phi^e \nabla_t \varrho^e \\
&= -\phi^g \nabla_i \varrho v_i - \phi^e \nabla_i j_i^e \\
&= -\nabla_i \phi^g \varrho v_i + \varrho v_i \nabla_i \phi^g \\
&\quad -\nabla_i \phi^e j_i^e + j_i^e \nabla_i \phi^e \\
&= -\nabla_i (\phi^g \varrho v_i + \phi^e j_i^e) \\
&\quad +v_i (\varrho \nabla_i \phi\,g + \varrho^e \nabla_i \phi^e) \\
&\quad +J_i^e \nabla_i \phi^e\,.
\end{aligned} \tag{8.172}$$

Man kann diesem Ausdruck die Stromdichte und Quellstärke für potentielle Energie entnehmen:

$$j_i(E^p) = \phi^g j_i(M) + \phi^e j_i(Q^e) \ \text{ und } \ \pi(E^p) = -v_i f_i - J_i^e \mathcal{E}_i\,. \tag{8.173}$$

Zur Erinnerung: v_i ist die Schwerpunktsgeschwindigkeit, f_i die äußere Kraft pro Volumeneinheit, J_i^e der Leitungsbeitrag der elektrische Stromdichte und $\mathcal{E}_i$ die elektrische Feldstärke.

Die Dichte der inneren Energie schreiben wir als

$$\varrho(U) = \varrho u\,. \tag{8.174}$$

u ist also die spezifische[21] innere Energie, die innere Energie pro Masseneinheit. Für die Stromdichte wird

$$j_i(U) = \varrho u v_i + J_i^w \tag{8.175}$$

angesetzt. Der Leitungsbeitrag J_i^w der inneren Energie heißt Wärmestromdichte.

Nun zur Quellstärke für innere Energie. Man weiß, dass die Gesamtenergie $E^k + E^p + U$ erhalten ist, denn die äußeren Kräfte haben ein Potential, und das Potential soll zeitlich konstant sein. Daraus folgt nämlich die Erhaltung der Gesamtenergie. Wegen

$$\pi(E^k + E^p + U) = \pi(E^k) + \pi(E^p) + \pi(U) = 0 \tag{8.176}$$

schließen wir aus (8.170) und (8.173) auf

$$\pi(U) = T_{ki}\nabla_i v_k + J_i^e \mathcal{E}_i \,. \tag{8.177}$$

Der Spannungstensor muss in zwei Beiträge zerlegt werden. Der elastische (oder reversible) Anteil T'_{ki} transformiert sich bei Bewegungsumkehr wie der Verschiebungsterm $\varrho v_k v_i$. Der inelastische (oder irreversible) Beitrag T''_{ki} verhält sich entgegengesetzt. Bewegungsumkehr: das ist die Transformation $x(t) \mapsto x(-t)$ für alle Teilchentrajektorien. Natürlich sind beide Anteile für sich symmetrische Tensoren.

Ebenso muss die elektrische Leitungsstromdichte in den elastischen Beitrag $J_i^e{}'$ und in einen irreversiblen Anteil $J_i^e{}''$ zerlegt werden.

Die Bilanzgleichungen für kinetische und für potentielle Energie folgen aus den Bilanzgleichungen für Masse und Impuls, sie sind deswegen auch nicht besonders interessant. Die Bilanzgleichung für die innere Energie heißt auch Erster Hauptsatz der Thermodynamik:

$$\nabla_t \varrho u + \nabla_i(\varrho u v_i + J_i^w) = T'_{ki}\nabla_i v_k + T''_{ki}\nabla_i v_k + J_i^e{}'\mathcal{E}_i + J_i^e{}''\mathcal{E}_i \,. \tag{8.178}$$

Aussagekräftiger ist die folgende Fassung des Ersten Hauptsatzes:

$$\varrho D_t u = -\nabla_i J_i^w + T'_{ki}\nabla_i v_k + T''_{ki}\nabla_i v_k + J_i^e{}'\mathcal{E}_i + J_i^e{}''\mathcal{E}_i \,. \tag{8.179}$$

Der mitschwimmende Beobachter merkt, dass sich die Dichte der inneren Energie zeitlich ändert. Dafür gibt es fünf Ursachen. Einmal wird innere Energie durch Wärmeleitung zugeführt, $-\nabla_i J_i^w$. Dann wird am System Deformationsarbeit geleistet: $T'_{ki}\nabla_i v_k$. Ein dritter Beitrag $T''_{ki}\nabla_i v_k$ charakterisiert die Energiezufuhr wegen innerer Reibung. Der vierte Term $J_i^e{}'\mathcal{E}_i$ beschreibt

---

[21] hier und im folgenden Text steht 'spezifisch' für eine auf die Masseneinheit bezogene Größe.

die Polarisierungsarbeit in einem äußeren elektrischen Feld. Der letzte Beitrag $J_i^e{}''\mathcal{E}_i$ schließlich betrifft die Aufheizung im äußeren elektrischen Feld, er wird als Joulsche Wärme bezeichnet. Man beachte, dass weder durch die Einwirkung der Schwerkraft noch durch chemische Reaktionen innere Energie erzeugt wird.

Diese und die übrigen Bilanzgleichungen enthalten zu viele Felder. Sie müssen durch Materialgleichungen ergänzt werden, die das betrachtete Medium genauer kennzeichnen. Wir erinnern an dieser Stelle an einige Materialgleichungen, denen wir schon an anderer Stelle begegnet sind:

- Das Fourier-Gesetzbesagt, dass bei nicht zu großem Temperaturgradienten die Beziehung

$$J_i^w = -\lambda \, \nabla_i T \tag{8.180}$$

gilt, dass die Wärmestromdichte zum negativen Temperaturgradienten proportional ist. Die Wärmeleitfähigkeit λ hängt vom Material, von der Temperatur und von anderen Parametern ab.

- Die Teilchenstromdichte ist zum Gradienten der Teilchendichte proportional,

$$J_i^a = -D^a \, \nabla_i n^a \, . \tag{8.181}$$

Die D^a sind Diffusionskonstante. Wir haben im Abschnitt über die *Brownsche Bewegung* vorgeführt, wie Einstein die Diffusionskonstante berechnet hat.

- Der reversible Anteil am Spannungstensor einer Flüssigkeit oder eines Gases (eines Fluidums) ist

$$T_{ki}' = -p \, \delta_{ki} \, . \tag{8.182}$$

$p = p(T, \ldots)$ ist dabei der Druck. Inkompressible Flüssigkeiten (Wasser ist ein gutes Beispiel) erfüllen die Bedingung $\nabla_i v_i = 0$.

- Der reversible Anteil am Spannungstensor eines isotropen elastischen Mediums ist

$$T_{ki}' = \frac{E}{1+\nu} \left(S_{ki} + \frac{\nu}{1-2\nu} \delta_{ki} S_{jj} \right) \, . \tag{8.183}$$

E ist der Elastizitätsmodul, ν die Poissonnsche Querkontraktionszahl, und der Verzerrungstensor wird aus dem Verschiebungsfeld $\boldsymbol{u}$ gemäß $S_{ki} = (\nabla_k u_i + \nabla_i u_k)$ berechnet. Das Verschiebungsfeld gibt an, wie weit ein materieller Punkt durch die Belastung des Festkörpers verschoben worden ist.

- Der irreversible Beitrag zum Spannungstensor einer Newtonschen Flüssigkeit ist

$$T_{ki}'' = \eta \left(\nabla_k v_i + \nabla_i v_k \right) . \tag{8.184}$$

Man nennt η die Zähigkeit, oder Viskosität, des Mediums.

- In einem elektrisch polarisierbaren Medium setzt man

$$J_i^{e\,\prime} = \dot{\mathcal{P}}_i \tag{8.185}$$

an. Dabei ist $\mathcal{P}$ die (elektrische) Polarisierung des Mediums.

- Das Ohmsche Gesetz besagt

$$J_i^{e\,\prime\prime} = \sigma \mathcal{E}_i . \tag{8.186}$$

Der irreversible Leitungsbeitrag zur elektrischen Stromdichte ist proportional zur elektrischen Feldstärke. Man bezeichnet den Proportionalitätsfaktor σ als Leitfähigkeit.

In allen angesprochenen Punkten kann man nun genauer werden. Nicht alle Medien sind isotrop. Nicht alle Ströme sind linear in den antreibenden Kräften. Nicht alle Effekte sind instantan und lokal. Es gibt Kreuzeffekte. Temperaturgradienten können elektrische Ströme antreiben, Potentialdifferenzen verursachen einen Wärmestrom, usw.

8.13 Der Zweite Hauptsatz als Feldgleichung

Wir konzentrieren uns jetzt wieder auf einen sehr kleinen Bereich des Kontinuums, auf einen so genannten materiellen Punkt. Der materielle Punkt soll einerseits genügend viele Teilchen enthalten, so dass sinnvoll vom thermodynamischen Gleichgewicht geredet werden kann. Nach einer Störung stellt sich das Gleichgewicht verzögert ein, und zwar umso langsamer, je größer das System ist. Der materielle Punkt soll also wiederum so klein sein, dass seine Relaxationszeit (die Zeit, in der das Ungleichgewicht abgebaut wird) auf der makroskopischen Zeitskala vernachlässigt werden darf.

Der gedanklich herausgegriffene Bereich befindet sich dann jederzeit im thermodynamischen Gleichgewicht mit seiner Umgebung. Der Gleichgewichtszustand, und damit die den Gleichgewichtszustand charakterisierenden Parameter, werden sich allerdings ständig ändern, weil auch die Umgebung des betrachteten materiellen Punktes sich ständig verändert. Obgleich jeder materielle Punkt mit sich und mit seiner unmittelbaren Umgebung im Gleichgewicht ist, gibt es im allgemeinen kein Gleichgewicht zwischen weit entfernten Punkten.

Zwar durchläuft jeder materielle Punkt für sich eine Folge von Gleichgewichtszuständen. Die Zeitentwicklung eines jeden materiellen Punktes ist ein reversibler Prozess. Die Gleichgewichtszustände unterscheiden sich aber sowohl
örtlich als auch zeitlich. Das Kontinuum als Ganzes befindet sich daher im
allgemeinen nicht im Gleichgewicht. Die Zeitentwicklung des gesamten Kontinuums ist i.a. ein irreversibler Prozess.

Der herausgegriffene materielle Punkt befinde sich zur Zeit t an der Stelle $\boldsymbol{x}$.
Seine Masse sei $M = \varrho(t, \boldsymbol{x})\, V(t, \boldsymbol{x})$. Damit deuten wir an, dass der materielle
Punkt im Laufe der Zeit sowohl seine Dichte als auch sein Volumen ändern
kann, dass aber die Masse immer dieselbe bleiben soll. Der materielle Punkt
kann seine innere Energie, seine Entropie und seine chemische Zusammensetzung ändern, und diese Änderungen verlaufen reversibel. Während der Zeit dt
ändern sich die innere Energie um dU und die Entropie um dS. Dabei leistet
die Umgebung die Arbeit dA, die Teilchenzahlen ändern sich um dN^a. Das
Gleichgewicht mit der Umgebung bezüglich Energieaustausch wird durch die
Temperatur T beschrieben, das Gleichgewicht bezüglich Teilchenaustausch
durch die chemischen Potentiale μ^a. Bei einer reversiblen Zustandsänderung
gilt

$$dU = T\,dS + dA + \sum_a \mu^a dN^a \,. \tag{8.187}$$

Mit s als spezifischer Entropie können wir

$$dS = M\,dt\,D_t\,s = V\,dt\,\varrho\,D_t\,s \tag{8.188}$$

schreiben. Der mitschwimmende Beobachter misst die Änderungsrate der
Entropie pro Masseneinheit. Das Ergebnis wird mit der Zeitspanne dt und mit
der Masse M des materiellen Punktes multipliziert und ergibt die Änderung
seiner Entropie.

Die Änderung $dU = M\,dt\,D_t\,u$ der inneren Energie haben wir schon früher
ausgerechnet:

$$dU = V\,dt\,(-\nabla_i J_i^w + T'_{ki}\nabla_i v_k + T''_{ki}\nabla_i v_k + J_i^{e}{}'\mathcal{E}_i + J_i^{e}{}''\mathcal{E}_i)\,. \tag{8.189}$$

Zur Erinnerung: J_i^w ist die Wärmestromdichte, T'_{ki} der reversible und T''_{ki}
der irreversible Anteil am Spannungstensor. $J_i^{e}{}'$ bedeutet die reversible La-
dungsverschiebung pro Zeit- und Flächeneinheit, $J_i^{e}{}''$ steht für die irreversible
elektrische Leitungsstromdichte.

Die reversiblen Beiträge zur Änderung der inneren Energie gelten als Arbeit:

$$dA = V\,dt\,(T'_{ki}\nabla_i v_k + J_i^{e}{}'\mathcal{E}_i)\,. \tag{8.190}$$

Die Änderung der chemischen Zusammensetzung des materiellen Punktes wird
durch den Ausdruck

$$dN^a = M\,dt\,D_t\frac{n^a}{\varrho} = V\,dt\,(-\nabla_i J_i^a + \sum_r \Gamma^r \nu^{ra}) \qquad (8.191)$$

beschrieben. Zur Erinnerung: J_i^a ist die Diffusionsstromdichte für die Teilchensorte a, und Γ^r steht für die Anzahl der chemischen Reaktionen pro Zeit- und Volumeneinheit. Bei jeder solchen Reaktion werden gerade ν^{ra} Teilchen der Sorte a erzeugt.

Jetzt kombinieren wir (8.187) mit (8.188) bis (8.191) und erhalten

$$T\varrho D_t\,s = -\nabla_i J_i^w + T_{ki}'' \nabla_i v_k + J_i^e{}''\,\mathcal{E}_i$$
$$+ \sum_a \mu^a \nabla_i J_i^a + \sum_r \Gamma^r A^r\,. \qquad (8.192)$$

Wir haben mit

$$A^r = -\sum_a \nu^{ra}\mu^a \qquad (8.193)$$

soeben die chemische Affinität für eine Reaktion vom Typ r eingeführt.

(8.192) lässt sich in die Bilanzgleichung $\nabla_t \varrho(S) + \nabla_i j_i(S) = \pi(S)$ für die Entropie umformen. Es gilt einmal

$$j_i(S) = \varrho s v_i + \frac{1}{T}J_i^w - \sum_a \frac{\mu^a}{T} J_i^a \qquad (8.194)$$

für die Entropiestromdichte. Wie man sieht, strömt Entropie zusammen mit der Materie, aber auch dann, wenn Wärme geleitet wird oder wenn Teilchen diffundieren.

Von besonderem Interesse ist aber die Entropiequellstärke:

$$\pi(S) = J_i^w\,\nabla_i\frac{1}{T} \qquad (8.195)$$

$$- \sum_a J_i^a\,\nabla_i\frac{\mu^a}{T} \qquad (8.196)$$

$$+ \frac{1}{T}T_{ki}''\,\nabla_i v_k \qquad (8.197)$$

$$+ \frac{1}{T}J_i^e{}''\,\nabla_i\phi^e \qquad (8.198)$$

$$+ \frac{1}{T}\sum_r \Gamma^r A^r\,. \qquad (8.199)$$

Der Zweite Hauptsatz der Thermodynamik behauptet

$$\pi(S) \geq 0\,. \qquad (8.200)$$

Entropie wird ständig erzeugt. Sie kann in einem System nur dann gleichbleiben oder sogar abnehmen, wenn die Erzeugungsrate durch einen entsprechenden Abflussstrom kompensiert oder übertroffen wird.

Unsere Formulierung des zweiten Hauptsatzes ist allerdings erheblich genauer als (8.200), wir können auch die Ursachen für irreversible, mit Entropieproduktion verbundene Vorgänge aufzeigen.

Der Term in (8.195) beschreibt den Temperaturausgleich durch Wärmeleitung. Wenn irgendwo die Temperatur einen Gradienten besitzt und dort auch innere Energie fließt, wird Entropie erzeugt. Dieser irreversible Prozess hört auf, wenn die Temperatur ausgeglichen ist oder wenn auf Grund von sehr guter thermischer Isolation ein Wärmestrom nicht fließen kann.

Falls sich das mit der inversen Temperatur bewertete chemische Potential für eine Teilchensorte örtlich ändert, kommt es zur Diffusion. Das ist immer dann der Fall, wenn es einen Konzentrationsgradienten gibt. Die Diffusion hört auf, sobald sowohl die Temperatur als auch die chemischen Potentiale örtlich konstant geworden sind oder die Teilchen mit Wänden an der Diffusion gehindert werden. Das besagt der Beitrag (8.196) zur Entropiequellstärke.

Der nächste Term stellt die Entropiequellstärke bei innerer Reibung dar. Das Strömungsfeld besitzt einen Gradienten $\nabla_i v_k$. Benachbarte materielle Punkte strömen also mit verschiedener Geschwindigkeit, reiben sich. Deswegen wird irreversibel Impuls transportiert, und zwar so lange, bis die Geschwindigkeitsunterschiede verschwunden sind.

Wenn irgendwo eine elektrische Feldstärke und bewegliche Ladungsträger vorhanden sind, kommt es zu einem elektrischen Strom, der das elektrische Feld abzubauen versucht. Damit ist die Erzeugung von Entropie verbunden, wie das der vierte Term (8.198) beschreibt. Diese Entropieerzeugung verschwindet, wenn das elektrische Potential überall gleich ist, oder wenn die leitenden Gebiete voneinander elektrisch isoliert werden.

Ist die Affinität A^r für eine chemische Reaktion von Null verschieden, dann finden so lange Reaktionen statt, bis die Affinität abgebaut worden ist. Damit ist stets eine Entropieproduktion verbunden, so der fünfte Term (8.199). Wenn Druck oder Temperatur zu niedrig sind oder wenn ein Katalysator fehlt, können die Reaktionsgeschwindigkeiten Γ^r verschwinden, so dass ein chemisches Ungleichgewicht bestehen bleibt.

8.14 Theorie der linearen Antwort

... auf Störungen des thermodynamischen Gleichgewichtes – so müsste dieser Abschnitt genauer heißen. Der Hamilton-Operator $H_t = H + V(t)$ hat einen explizit zeitabhängigen Zusatz, und daher kann es ein Gleichgewicht im üblichen Sinne gar nicht geben. Wir behandeln hier dieses Problem nicht in voller Allgemeinheit. Vielmehr erörtern wir den wichtigen Spezialfall, dass

die Zeitabhängigkeit durch einen zeitabhängigen äußeren Parameter λ einge-
schleppt wird, $V(t) = -\lambda(t)\Lambda$. Man beachte: der Hamilton-Operator H des
ungestörten Systems sowie Λ^{22} sind Observable.

Der Dichteoperator W_t, der den Zustand des Systems beschreibt, ist nun explizit von der Zeit abhängig.

Wir nehmen an, dass die Störung irgendwann eingeschaltet worden ist, dass
also

$$\lambda(t) \to 0 \quad \text{bei} \quad t \to -\infty \tag{8.201}$$

gilt. Vorher soll sich das System in einem Gibbs-Zustand befunden haben,

$$W_t \to G = e^{(F - H)/k_B T} \quad \text{bei} \quad t \to -\infty. \tag{8.202}$$

Der gemischte Zustand W_t gehorcht der zeitabhängigen Schrödinger-Gleichung

$$\frac{d}{dt} W_t = \frac{i}{\hbar} [W_t, H_t], \tag{8.203}$$

mit dem Hamilton-Operator

$$H_t = H - \lambda(t)\, \Lambda. \tag{8.204}$$

Dabei ist die Zeitentwicklung auf die Zustände abgewälzt, die Observablen
hängen, wenn überhaupt, dann nur explizit von der Zeit ab, wie H_t. Man
kann die Zeitentwicklung—Warten zwischen Präparieren eines Zustandes und
Messen—auch auf die Observablen verschieben, vom Schrödinger-Bild zum
Heisenberg-Bild wechseln.

Es gibt eine dritte Möglichkeit, von der gern im Zusammenhang mit Störungen
Gebrauch gemacht wird: das Wechselwirkungs-Bild. In der Hauptsache denkt
man im Heisenberg-Bild, nur die Störung verursacht eine zeitliche Änderung
des Zustandes.

Wir führen den Zeitverschiebungsoperator

$$U_t = e^{-\frac{i}{\hbar} Ht} \tag{8.205}$$

ein. Er beschreibt die Zeitentwicklung des Systems <u>ohne</u> Störung. Damit zeit-
verschobene Operatoren werden als $A(t) = U_{-t} A U_t$ abgekürzt. Für W_t gilt
daher

$$\frac{d}{dt} W_t(t) = U_{-t} \left(\frac{i}{\hbar} [H, W_t] + \frac{d}{dt} W_t \right) U_t$$

$$= \lambda(t)\, \frac{i}{\hbar} [\Lambda(t), W_t(t)]. \tag{8.206}$$

---

[22] eine verallgemeinerte Kraft im Sinne des Abschnittes über den *Ersten Hauptsatz*

In der Tat wird nun die Zeitentwicklung des Zustandes durch die Störung bestimmt. Das war der erste Schritt, die Formulierung des Problems im Wechselwirkungsbild. Im nächsten Schritt fassen wir die Differentialgleichung und die Anfangsbedingung zu einer Integralgleichung zusammen. Weil G mit H und deswegen auch mit U_t vertauscht, kann die Anfangsbedingung (8.202) auch als

$$W_t(t) \to G \ \ \text{wenn} \ \ t \to -\infty \tag{8.207}$$

geschrieben werden. Damit integrieren wir (8.206) von $-\infty$ bis t:

$$W_t(t) = G + \int_{-\infty}^{t} dt' \, \lambda(t') \, \frac{i}{\hbar} \, [\Lambda(t'), W_{t'}(t')] \,. \tag{8.208}$$

Der dritte Schritt besteht darin, den Ausdruck für die rechte Seite in eben diese rechte Seite einzusetzen,

$$W_t(t) = G + \int_{-\infty}^{t} dt' \lambda(t') \, \frac{i}{\hbar} \, [\Lambda(t'), G + \int_{\infty}^{t'} dt'' \lambda(t'') \dots] \,. \tag{8.209}$$

Damit ergibt sich automatische eine Störungsreihe. Die in der Störung lineare Antwort ist

$$W_t(t) = G + \int_{-\infty}^{t} dt' \, \lambda(t') \, \frac{i}{\hbar} \, [\Lambda(t'), G] \,. \tag{8.210}$$

Jetzt muss man nur noch die Zeitverschiebung rückgängig machen, so dass (8.210) zu

$$W_t = G + \int_{0}^{\infty} d\tau \, \lambda(t - \tau) \, \frac{i}{\hbar} \, [\Lambda(-\tau), G] \tag{8.211}$$

wird. Wir haben das Alter $\tau = t - t'$ einer Störung als neue Integrationsvariable eingeführt.

Mit diesem Ausdruck können wir den Erwartungswert einer beliebigen Observablen M ausrechen. Dabei machen wir davon Gebrauch, dass unter der Spur zyklisch vertauscht werden darf und dass der Gibbs-Zustand G stationär ist. Hier das Ergebnis:

$$\langle M \rangle_t = \langle M \rangle + \int_{0}^{\infty} d\tau \, \Gamma(\tau) \, \lambda(t - \tau) \tag{8.212}$$

mit

$$\Gamma(\tau) = \langle \, \frac{i}{\hbar} \, [M(\tau), \Lambda] \, \rangle \,. \tag{8.213}$$

Man beachte, dass sich die Erwartungswerte $\langle \dots \rangle$ ohne Suffix t auf den Gibbs-Zustand G des ungestörten Systems beziehen.

Das Ergebnis ist aus mehreren Gründen bemerkenswert. Einmal, weil auf ganz natürliche Weise kausale Greensche Funktionen (Einflussfunktionen) ins Spiel kommen. Man kann so etwas natürlich postulieren, aber wir wissen jetzt, wie die Greensche Funktion im Prinzip auszurechnen ist. In der Tat hängt die Einflussfunktion Γ von allem ab, worauf es ankommt:

- Mit welchem Operator (hier Λ) wird gestört?
- Auf welche Observable (hier M) wirkt sich die Störung aus?
- Welche Zeitspanne τ liegt zwischen der Einwirkung und der Auswirkung der Störung?
- Welcher Gleichgewichtszustand G wird gestört?

Wir wollen diese allgemeinen Ergebnisse nun auf die Wechselwirkung von Licht mit Materie anwenden. Die Polarisierung[23] der Materie an der Stelle $\boldsymbol{x}$ ist

$$\boldsymbol{P}(\boldsymbol{x}) = \sum_a q_a \boldsymbol{x} \delta^3(\boldsymbol{x}_a - \boldsymbol{x})\,. \tag{8.214}$$

a nummeriert die Teilchen, die bei $\boldsymbol{x}_a$ sitzen und die elektrische Ladung q_a tragen. Zum Hamilton-Operator H der Materie tritt die Wechselwirkung mit dem zeitliche veränderlichen elektrischen Feld $\boldsymbol{E} = \boldsymbol{E}(t, \boldsymbol{x})$, und zwar

$$H_t = H - \int d^3 y\, \boldsymbol{E}(t, \boldsymbol{y}) \cdot \boldsymbol{P}(\boldsymbol{y})\,. \tag{8.215}$$

Von besonderem Interesse ist die Auswirkung der Störung auf die Polarisierung[24] selber:

$$\langle\, P_j(\boldsymbol{x})\,\rangle_t = \sum_k \int_0^\infty d\tau \int d^3\xi\, \Gamma_{jk}(\tau, \boldsymbol{\xi})\, E_k(t - \tau, \boldsymbol{x} - \boldsymbol{\xi})\,. \tag{8.216}$$

Die Einflussfunktionen sind gemäß (8.213) durch

$$\Gamma_{jk}(\tau, \boldsymbol{\xi}) = \langle\, \frac{i}{\hbar}\, [P_j(\tau, \boldsymbol{\xi}), P_k(0, 0)]\,\rangle \tag{8.217}$$

gegeben. Dabei haben wir ein homogenes Medium angenommen und

$$\langle\, \frac{i}{\hbar}\, [P_j(\tau, \boldsymbol{x}), P_k(0, \boldsymbol{y})]\,\rangle = \langle\, \frac{i}{\hbar}\, [P_j(\tau, \boldsymbol{x} - \boldsymbol{y}), P_k(0, 0)]\,\rangle \tag{8.218}$$

gesetzt.

---

[23] ein Feld von Observablen

[24] Der Erwartungswert der Polarisierung im ungestörten Zustand verschwindet im Allgemeinen.

Sowohl das elektrische Feld $\boldsymbol{E}(t, \boldsymbol{x})$ als auch die induzierte Polarisierung $\boldsymbol{P}(t, \boldsymbol{x}) = \langle \boldsymbol{P}(\boldsymbol{x}) \rangle_t$ werden gemäß

$$f(t, \boldsymbol{x}) = \int \frac{d\omega}{2\pi} \int \frac{d^3 k}{(2\pi)^3} \, e^{-i\omega t} \, e^{i\boldsymbol{k} \cdot \boldsymbol{x}} \, \hat{f}(\omega, \boldsymbol{k}) \tag{8.219}$$

in Fourier-Komponenten zerlegt. Wir erhalten

$$\hat{P}_j(\omega, \boldsymbol{k}) = \epsilon_0 \sum_k \chi_{jk}(\omega, \boldsymbol{k}) \, \hat{E}_k(\omega, \boldsymbol{k}) \,. \tag{8.220}$$

Eine ebene elektrische Welle erzeugt ein ebenes Polarisationsfeld mit gleicher Kreisfrequenz und mit gleichem Wellenvektor. Der Proportionalitätsfaktor, nachdem man ϵ_0 abgespalten hat, ist der Tensor χ_{jk} der dielektrischen Suszeptibilität:

$$\chi_{jk}(\omega, \boldsymbol{k}) = \frac{1}{\epsilon_0} \int_0^\infty d\tau \int d^3 \xi \, e^{i\omega\tau} \, e^{-i\boldsymbol{k} \cdot \boldsymbol{\xi}} \, \Gamma_{jk}(\tau, \boldsymbol{\xi}) \,. \tag{8.221}$$

Die Suszeptibilität im engeren Sinne[25] ist der Wert bei $\boldsymbol{k} = 0$, also

$$\chi_{jk}(\omega) = \frac{1}{\epsilon_0} \int_0^\infty d\tau \int d^3 \xi \, e^{i\omega\tau} \, \Gamma_{jk}(\tau, \boldsymbol{\xi}) \,. \tag{8.222}$$

Die optische Aktivität wird allerdings durch einen im Wellenvektor linearen Zusatz beschrieben, siehe die Gleichung (6.152).

(8.221) ist Ausgangspunkt für alle weitergehenden Untersuchungen zum dielektrischen Verhalten der Materie. Man kann daraus die Kramers-Kronig-Beziehungen zwischen refraktivem und absorptivem Anteil herleiten. Das Verhalten unter Bewegungsumkehr führt auf die Onsager-Beziehungen: $\chi_{jk}(\omega) = \chi_{kj}(\omega)$, wenn man mit den Indizes auch die Richtung eines äußeren Magnetfeldes vertauscht. Auch kann man den Einfluss äußerer Parameter[26] auf die dielektrische Suszeptibilität studieren: Pockels-Effekt[27], Faraday-Effekt, Kerr-Effekt[28], Cotton-Mouton-Effekt, usw. Dabei handelt es sich jeweils um den Einfluss eines quasistatischen elektrischen oder magnetischen Feldes in erster und zweiter Ordnung auf die dielektrische Suszeptibilität.

Mit dem Dissipations-Schwankungs-Theorem, das im folgenden Abschnitt hergeleitet wird, lässt sich zeigen, dass der absorptive Anteil

$$\chi_{jk}''(\omega) = \frac{\chi_{jk}(\omega) - \chi_{kj}(\omega)^*}{2i} \tag{8.223}$$

---

[25] Wechselwirkungen im Festkörper breiten sich wesentlich langsamer aus als Licht
[26] der ungestörte Hamilton-Operator H hängt davon ab, daher auch der Erwartungswert (8.217) im ungestörten Gibbs-Zustand G
[27] Friedrich Carl Alwin Pockels, 1865 - 1913, deutscher Physiker
[28] John Kerr, 1824 - 1907, britischer Physiker

je nach dem Vorzeichen von ω positiv oder negativ definit ist. Das wiederum zieht nach sich, dass die vom elektrischen Feld am System insgesamt geleistete Arbeit

$$A = -\int dt \int d^3y \, \langle \, \dot{\boldsymbol{E}}(t, \boldsymbol{y}) \cdot \boldsymbol{P}(\boldsymbol{y}) \, \rangle_t \tag{8.224}$$

niemals negativ sein kann. Wie raffiniert man die Störung $\boldsymbol{E}(t, \boldsymbol{x})$ auch austüftelt: niemals kann man einem System einheitlicher Temperatur Arbeit abzapfen. Es gibt kein *perpetuum mobile*, eine Maschine, die sich immerfort bewegt, weil sie Wärme in Arbeit umwandelt.

8.15 Dissipations-Schwankungs-Theorem

Wir betrachten ein System mit dem Hamilton-Operator H. Der Gleichgewichtszustand zur Temperatur ist $G \propto e^{-\beta H}$, mit $\beta = 1/k_\mathrm{B}T$. Für den Erwartungswert einer Observablen M im Gibbs-Zustand schreiben wir wie üblich $\langle \, M \, \rangle = \mathrm{tr} \, GM$.

Wenn das Gleichgewicht durch einen zeitabhängigen Beitrag gestört wird,

$$H_t = H - \lambda(t)\Lambda, \tag{8.225}$$

dann ist die lineare Antwort darauf

$$\langle \, M \, \rangle_t = \langle \, M \, \rangle + \int_0^\infty d\tau \, \Gamma(M\Lambda; \tau) \, \lambda(t - \tau). \tag{8.226}$$

Es gibt einen engen Zusammenhang zwischen der Antwortfunktion Γ und der Korrelationsfunktionen K. Diesen Zusammenhang wollen wir in diesem Abschnitt aufdecken.

8.15.1 Wiener-Chintschin-Theorem

A sei irgendeine Observable des Systems. Wir nennen

$$A(t) = U_{-t}AU_t \ \text{ mit } \ U_t = e^{-\frac{i}{\hbar}tH} \tag{8.227}$$

einen Prozess[29]. Man beachte[30], dass der Erwartungswert

$$\langle \, A(t) \, \rangle = \mathrm{tr} \, GU_{-t}AU_t = \mathrm{tr} \, U_t GU_{-t}A = \mathrm{tr} \, GA \tag{8.228}$$

---

[29] Wir denken im Heisenberg-Bild: die Observablen hängen von der Zeit ab.
[30] unter der Spur darf zyklisch vertauscht werden

von der Zeit nicht abhängt, weil der Gibbs-Zustand stationär ist.

Es gibt aber Schwankungen (Fluktuationen). Wir beschreiben sie durch Zeit-Korrelationsfunktionen

$$K(AB;\tau) = \frac{\langle A(t+\tau)B(t) + B(t)A(t+\tau) \rangle}{2} - \langle A \rangle \langle B \rangle \,. \tag{8.229}$$

Wir haben das symmetrisierte Produkt genommen, damit die Zeit-Korrelationsfunktion für Observable reell ausfällt. Das Argument t fehlt auf der linken Seite, weil der Gibbs-Zustand stationär ist. $K(AB;0)$ ist die Korrelationsfunktion im engeren Sinne, $K(AA;\tau)$ bezeichnet man als Auto-Korrelationsfunktion: was hat die Observable A jetzt mit der Observablen eine Zeitspanne τ später zu tun?

Wir setzen jetzt die Fourier-transformierten Prozesse ein[31]:

$$A(t+\tau) = \langle A \rangle + \int \frac{d\omega}{2\pi} \, e^{-i\omega(t+\tau)} \, \hat{A}(\omega) \tag{8.230}$$

und

$$B(t) = \langle B \rangle + \int \frac{d\omega'}{2\pi} \, e^{-i\omega' t} \, \hat{B}^\dagger(\omega') \,. \tag{8.231}$$

Der Faktor $e^{i(\omega' - \omega)t}$ darf nicht zu einer Abhängigkeit von t führen, und deswegen müssen wir

$$\frac{\langle \hat{A}(\omega)\hat{B}^\dagger(\omega') + \hat{B}^\dagger(\omega')\hat{A}(\omega) \rangle}{2} = 2\pi\delta(\omega - \omega')S(AB;\omega) \tag{8.232}$$

schreiben. Die Fourier-Komponenten der Fluktuationen zu verschiedenen Frequenzen sind unkorreliert, weil der Gibbs-Zustand stationär ist. Es gibt dann keine Schwebungen. Die Funktionen $S(AB;\omega)$ bezeichnet man als Spektraldichten. Mit (8.232) erhalten wir

$$K(AB;\tau) = \int \frac{d\omega}{2\pi} \, e^{-i\omega\tau} \, S(AB;\omega) \,. \tag{8.233}$$

$S(AA;\omega)$, die Spektraldichte zu einer Auto-Korrelationsfunktion $K(AA;\tau)$, ist niemals negativ. Das liest man dem Ausdruck (8.232) ab. Der Befund

$$K(AA;\tau) = \int \frac{d\omega}{2\pi} \, e^{-i\omega\tau} \, S(AA;\omega) \quad \text{mit} \quad S(AA;\omega) \geq 0 \tag{8.234}$$

ist als Wiener-Chintschin-Theorem bekannt.

---

[31] Abspalten des konstanten Erwartungswertes erspart uns eine δ-Funktion in der Fourier-Transformierten

8.15.2 Kubo-Martin-Schwinger-Formel

Für komplexes $z \in \mathbb{Z}$ definiert man

$$A(z) = e^{-\frac{i}{\hbar}zH} A e^{\frac{i}{\hbar}zH} . \tag{8.235}$$

Wir nützen nun aus, dass sowohl der Gibbs-Zustand als auch der Zeit-Verschiebungsoperator Exponentialfunktionen des Hamilton-Operators sind. Etwas blumig gesprochen: Zeit ist eine imaginäre inverse Temperatur, die inverse Temperatur benimmt sich wie eine imaginäre Zeit. Das bedeutet konkret

$$A(z) e^{-\beta H} = e^{-\beta H} e^{\beta H} A(z) e^{-\beta H} , \tag{8.236}$$

also

$$A(z)G = GA(z - i\hbar\beta) . \tag{8.237}$$

Wir multiplizieren von rechts mit B und bilden die Spur:

$$\langle BA(z) \rangle = \langle A(z - i\hbar\beta)B \rangle . \tag{8.238}$$

Das ist die berühmte KMS-Formel, nach Kubo,[32] Martin und Schwinger.[33] Wir haben immer über Systeme mit endlich vielen Teilchen geredet und anschließend, bei den Formeln, den Limes betrachtet, dass die Teilchenzahl zusammen mit dem Volumen usw. gegen unendlich geht. Man kann aber auch direkt unendliche Systeme untersuchen. Der Hamilton-Operator und der entsprechende Gibbs-Zustand als Dichteoperator sind nun nicht mehr gut definiert. Zur Kennzeichnung eines Gleichgewichtszustandes mit $\beta = 1/k_B T$ wird dann die KMS-Bedingung (8.238) herangezogen.

8.15.3 Antwort- und Korrelationsfunktion

Den Ausdruck für die Antwortfunktion

$$\Gamma(AB; \tau) = \frac{i}{\hbar} \langle A(\tau)B - BA(\tau) \rangle \tag{8.239}$$

haben wir im voranstehenden Abschnitt hergeleitet.
Der Ausdruck für die Korrelationsfunktion

$$K(AB; \tau) = \frac{1}{2} \langle A(\tau)B + BA(\tau) \rangle - \langle A \rangle \langle B \rangle \tag{8.240}$$

---

[32] Ryogo Kubo, 1920 - 1995, japanischer Physiker
[33] Julian Schwinger, 1918 - 1994, US-amerikanischer Physiker

sieht sehr ähnlich aus. Einmal ist der Kommutator, einmal der Antikommutator gemeint. Wir behandeln daher das Produkt

$$\phi(\tau) = \langle A(\tau)B \rangle - \langle A \rangle \langle B \rangle . \tag{8.241}$$

Die Fourier-Transformierte ist

$$\hat{\phi}(\omega) = \int d\tau \, e^{i\omega\tau} \, \phi(\tau) . \tag{8.242}$$

Wir betrachten die Funktion

$$f(z) = \int \frac{d\omega}{2\pi} \, e^{-i\omega z} \, \hat{\phi}(\omega) . \tag{8.243}$$

Von dieser Funktion lässt sich zeigen, dass sie in einem genügend breiten Streifen um die reelle Achse analytisch ist. Auf der reellen Achse selber gilt $f(\tau) = \phi(\tau)$. Damit ist $z \to f(z)$ die analytische Fortsetzung der Funktion $\tau \to \phi(\tau)$.

Mit (8.235) können wir

$$g(z) = \langle A(z)B \rangle - \langle A \rangle \langle B \rangle \tag{8.244}$$

nachweisen. Diese Funktion ist ebenfalls in einem genügend breiten Streifen um die reelle Achse analytisch. Auf der reellen Achse selber gilt $g(\tau) = f(\tau)$, und deswegen stimmen g und f überall überein, auch im Komplexen.

Mit der KMS-Formel gilt also

$$\langle BA(\tau) \rangle - \langle A \rangle \langle B \rangle = f(\tau - i\hbar\beta) . \tag{8.245}$$

Andererseits hat man

$$\langle A(\tau)B \rangle - \langle A \rangle \langle B \rangle = f(\tau) . \tag{8.246}$$

8.15.4 Das Callen-Welton-Theorem

Nach diesen Vorbereitungen dürfen wir

$$\Gamma(AB; \tau) = \frac{i}{\hbar} \{ f(\tau) - f(\tau - i\hbar\beta) \} \tag{8.247}$$

schreiben. Für die Korrelationsfunktion findet man

$$K(AB; \tau) = \frac{1}{2} \{ f(\tau) + f(\tau - i\hbar\beta) \} . \tag{8.248}$$

Wir setzen die Darstellung (8.243) ein:

$$\Gamma(AB;\tau) = \frac{i}{\hbar} \int \frac{d\omega}{2\pi} e^{-i\omega\tau} \hat{\phi}(\omega) \left\{ 1 - e^{-\beta\hbar\omega} \right\}, \tag{8.249}$$

$$K(AB;\tau) = \frac{1}{2} \int \frac{d\omega}{2\pi} e^{-i\omega\tau} \hat{\phi}(\omega) \left\{ 1 + e^{-\beta\hbar\omega} \right\}. \tag{8.250}$$

Diesen Ausdrücken kann man die Fourier-Transformierten entnehmen und dann die unbekannte Funktion $\hat{\phi}(\omega)$ eliminieren. Das ergibt

$$\hat{\Gamma}(AB;\omega) = \frac{2i}{\hbar} S(AB;\omega) \tanh \frac{\beta\hbar\omega}{2}. \tag{8.251}$$

Allerdings sind wir nicht so sehr an der Fourier-Transformierten $\hat{\Gamma}$ der Einflussfunktion interessiert, sondern an der (verallgemeinerten) Suszeptibilität,

$$\chi(AB;\omega) = \int_0^\infty d\tau\, e^{i\omega\tau} \Gamma(AB;\tau), \tag{8.252}$$

also an der Fourier-Transformierten von $\theta(\tau)\Gamma(AB;\tau)$. Dafür gilt bekanntlich (Gleichung (6.114) im Abschnitt über die *Kramers-Kronig-Beziehung*)

$$\chi(AB;\omega) - \chi(BA;\omega)^* = \hat{\Gamma}(AB;\omega). \tag{8.253}$$

Also haben wir

$$\frac{\chi(AB;\omega) - \chi(BA;\omega)^*}{2i} = \frac{1}{\hbar} \tanh(\beta\hbar\omega)\, S(AB;\omega) \tag{8.254}$$

nachgewiesen.

(8.254) ist das berühmte Dissipations-Fluktuations-Theorem von Callen[34] und Welton in voller Allgemeinheit. Auf der linken Seite steht der Imaginärteil (antihermitesche Anteil) der Suszeptibilität, er beschreibt die Dämpfung von Anregungen, oder die Dissipation. Auf der rechten Seite tritt die Spektraldichte der Fluktuationen auf. Dass Dissipation und Fluktuation miteinander verwandt sind, ist eine sehr tiefe Einsicht in die Natur des thermodynamischen Gleichgewichtes, sie hat mannigfaltige Konsequenzen. Die Einsteinsche Beziehung zwischen der Diffusionskonstanten und der Reibungskonstanten eines Brownschen Teilchens lässt sich so verstehen, auch die Nyquist-Formel für das Widerstandsrauschen. Wir gehen hier lediglich auf eine Konsequenz ein.

8.15.5 Dissipation

Wir wollen ausrechnen, welche Arbeit am System zu leisten ist, wenn dieses gemäß (8.225) gestört wird. Man berechnet

---

[34] Herbert B. Callen, 1919 - 1993, US-amerikanischer Physiker

$$A = - \int d\lambda(t) \langle \Lambda \rangle_t = \int dt \, \dot{\lambda}(t) \int_0^\infty d\tau \, \Gamma(\tau) \lambda(t - \tau) \, . \tag{8.255}$$

Dabei haben wir schon eingearbeitet, dass $\lambda(t)$ für $t \to \pm\infty$ verschwindet und demzufolge der Erwartungswert $\langle \Lambda \rangle$ nicht beiträgt. Wir haben $\Gamma(\Lambda\Lambda; \tau)$ mit $\Gamma(\tau)$ abgekürzt. Wir werden ebenso $\chi(\omega)$ für $\chi(\Lambda\Lambda; \omega)$ schreiben, für die Suszeptibilität.

Wir setzen in (8.255) die jeweiligen Fourier-Darstellungen ein und erhalten

$$A = - \int \frac{d\omega}{2\pi} \, i\omega \, \lambda(\omega) \chi(\omega) \lambda^*(\omega) \, . \tag{8.256}$$

Dieser Ausdruck ist reell, stimmt also mit dem komplex-konjugierten überein. Indem man den komplex-konjugierten Ausdruck addiert und durch zwei teilt, entsteht

$$A = \int \frac{d\omega}{2\pi} \, \omega \, \lambda^*(\omega) \, \frac{\chi(\omega) - \chi^*(\omega)}{2i} \, \lambda(\omega) \, . \tag{8.257}$$

Jetzt ziehen wir das Dissipations-Schwankungs-Theorem (8.254) heran, mit $S(\omega)$ für $S(\Lambda\Lambda; \omega)$ als Spektraldichte des Prozesses $t \to \Lambda(t)$. Damit ergibt sich der Ausdruck

$$A = \frac{\beta}{2\hbar} \int_0^\infty \frac{d\omega}{2\pi} \, \omega \, \tanh(\beta\hbar\omega) \, |\lambda(\omega)|^2 \, S(\omega) \, . \tag{8.258}$$

Die am System geleistete Arbeit ist immer positiv! Damit haben wir den zweiten Hauptsatz der Thermodynamik bewiesen, wenn auch nur in linearer Näherung für die Auswirkung einer Störung durch zeitveränderliche äußere Parameter.

Unser Ergebnis ist einfach auf den Fall zu verallgemeinern, dass mehr als ein äußerer Parameter von der Zeit abhängt. Wenn die Störung durch

$$H_t = H - \sum_k \lambda_k(t) \Lambda_k \tag{8.259}$$

verursacht wird, dann gilt für die am System geleistete Arbeit

$$A = \frac{\beta}{2\hbar} \int_0^\infty \frac{d\omega}{2\pi} \, \omega \, \tanh(\beta\hbar\omega) \sum_{jk} \lambda_j^*(\omega) S_{jk}(\omega) \lambda_k(\omega) \, . \tag{8.260}$$

Die Matrix der Spektraldichten $S_{jk}(\omega) = S(\Lambda_j\Lambda_k; \omega)$ ist positiv definit, nach dem Wiener-Chintschin-Theorem. Die am System geleistete Arbeit kann daher nie negativ sein.

Es ist nicht möglich, durch Ändern der äußeren Parameter so auf das System im thermischen Gleichgewicht einzuwirken, dass Arbeit gewonnen wird. Ohne Temperaturgefälle kann man Wärme nicht in Arbeit umwandeln.

Übrigens, der Ausdruck für die Wechselwirkung von Licht mit Materie in Dipol-Näherung, nämlich

$$H_t = H - \int d^3y \, \boldsymbol{E}(t, \boldsymbol{y}) \cdot \boldsymbol{P}(\boldsymbol{y}) \,, \tag{8.261}$$

ist vom Typ (8.259), wenn man großzügig das Integral und die Summe des Skalarprodukts als 'Summe' auffasst. Davon war im voranstehenden Abschnitt die Rede.

Sachverzeichnis

Printed in the United States
By Bookmasters